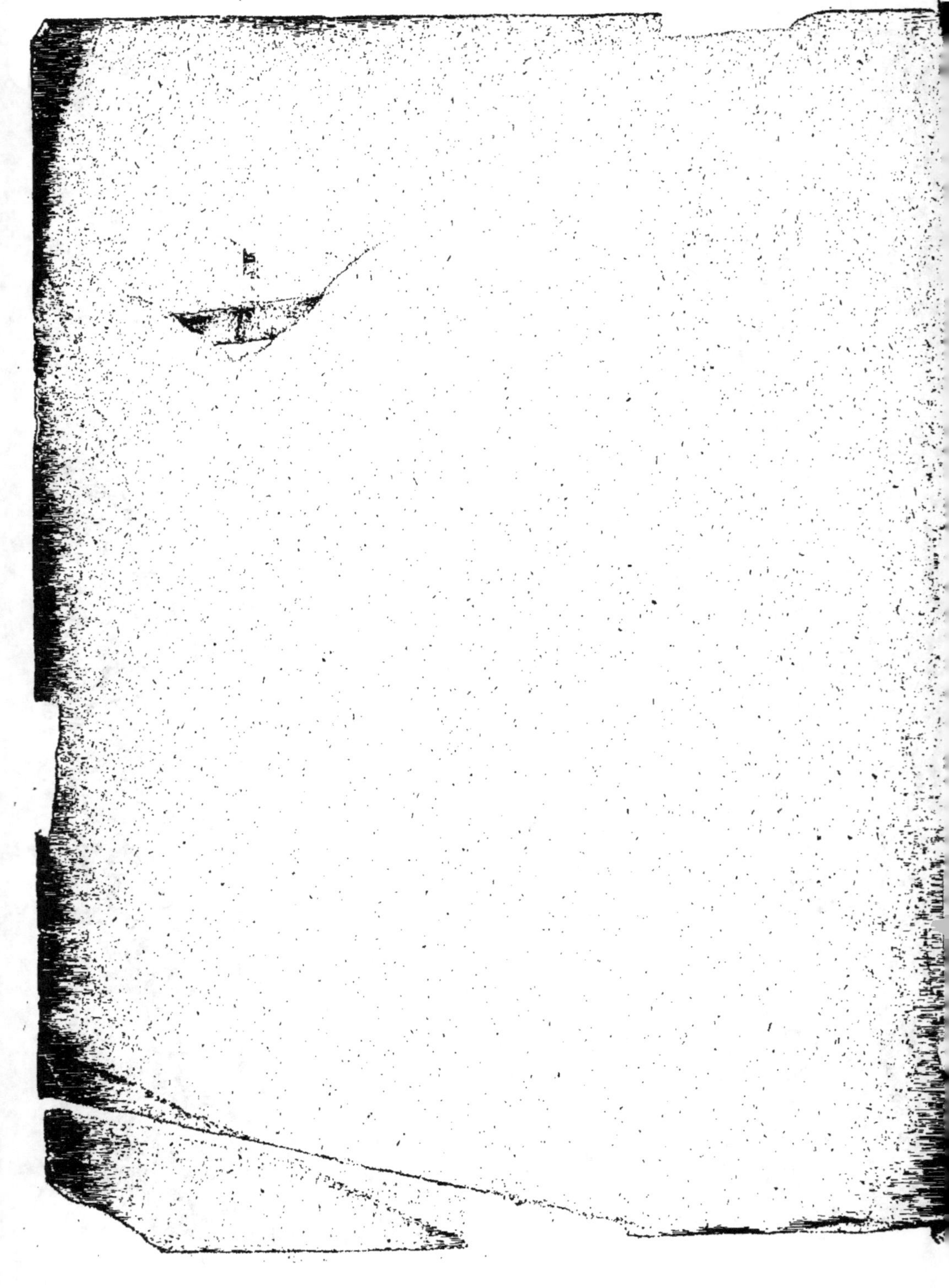

BOTANIQUE

ACCOMPAGNÉE DE

Nombreux Dessins, Photogravures, Tableaux synoptiques
Résumés, Lectures

PAR

Henri COUPIN ET **E. BOUDRET**

Docteur ès sciences
Chef de travaux pratiques d'histoire naturelle
à l'Université de Paris
Lauréat de l'Institut

Professeur agrégé au lycée
Janson-de-Sailly

PREMIER CYCLE

DIVISIONS A ET B

Classe de Cinquième

QUATRIÈME ÉDITION REVUE ET CORRIGÉE

PARIS

LIBRAIRIE CLASSIQUE FERNAND NATHAN

16, RUE DES FOSSÉS-SAINT-JACQUES, 16

(Place du Panthéon, Vᵉ)

1920

PRÉFACE

Ces notions de Botanique à l'usage des classes de *Cinquième* A et B sont conçues d'après les mêmes principes que nos notions de Zoologie déjà parues : *illustration* précise, abondante et pittoresque à l'occasion, emploi aussi *restreint* que possible des *mots savants*, appel à *l'observation* ainsi qu'à *l'expérience*, division en Leçons comprenant chacune un Résumé avec *alinéas numérotés*, développement de chaque alinéa avec emploi de caractères typographiques spéciaux pour mettre en vedette les notions les plus importantes, puis enfin une ou deux Lectures, de sujets très variés, se rattachant à l'un des points traités dans la Leçon ou à leurs applications.

Dans la première Partie, consacrée à la Botanique générale, au lieu de décrire longuement les organes dans leur infinie variété avant d'aborder l'étude de leurs fonctions, nous avons cru plus intéressant pour des débutants, et en même temps plus éducatif, *d'entremêler la description et le fonctionnement* en faisant appel tantôt à l'expérience, tantôt à l'observation, de façon à *faire découvrir* en quelque sorte à l'élève les faits importants.

Lorsque l'élève a pris une idée suffisante de l'importance d'un certain groupe d'organes se rattachant à une même fonction, organes de nutrition, organes de reproduction, nous consacrons une ou quelques leçons à l'étude de leur *variété de formes*, sans y insister cependant outre mesure, car cette idée se dégagera naturellement de l'étude des familles, dans la deuxième Partie. Nous avons surtout visé à donner à l'élève les notions nécessaires pour comprendre les grandes divisions de l'embranchement des Phanérogames.

Dans la Botanique descriptive (2ᵉ Partie), tout en traitant avec plus de détails les familles les plus importantes, nous n'avons pas cru devoir négliger d'en indiquer un bon nombre d'autres, qui, quoique secondaires à certains points de vue, fournissent cependant des espèces utiles. Il sera facile, d'ailleurs, d'y faire un choix suivant les circonstances locales.

La troisième partie, consacrée aux Cryptogames, est réduite à cinq Leçons et comprend surtout l'étude de quelques exemples choisis parmi les plus connus.

Enfin, la dernière lecture est consacrée à la manière de *déterminer* les plantes, de les *recueillir* et de les *conserver*.

Nous nous permettrons enfin de faire remarquer que les nombreuses figures théoriques que nous offrons sont à une grande échelle, de telle sorte que les élèves n'auront aucun embarras à les examiner et à les lire : c'est un avantage que nous croyons considérable.

Une table alphabétique placée à la fin du livre permet de trouver rapidement le nom des plantes sur lesquelles on désire avoir des renseignements.

En présentant ce volume à l'examen bienveillant de nos collègues, nous souhaitons d'avoir fait une œuvre utile pour répandre chez les enfants le goût de la Botanique, en même temps que pour développer le goût de l'*observation* et de l'*expérience*.

PARU PRÉCÉDEMMENT

DES MÊMES AUTEURS

Zoologie, *classe de Sixième.* 1 magnifique vol. in-8, relié.   **2 75**

Fig. 1. — Cultures en pots dans des terres plus ou moins richement additionnées d'engrais (d'après une photographie de M. Hégot).

NOTIONS PRÉLIMINAIRES

La **Botanique** est la partie de l'**Histoire naturelle** qui s'occupe de l'étude des **plantes** ou **végétaux**.

Le nombre des espèces de plantes connues est immense, et leur diversité est infinie.

Celles qui attirent le plus facilement notre attention sont celles qui, à un moment donné, sont pourvues de fleurs. On les appelle *plantes à fleurs* ou **Phanérogames** (du grec *phanéros*, apparent, et *gamos*, union : allusion à la fleur qui est l'organe de reproduction). Elles sont de taille très variable, depuis les grands arbres, comme le *Marronnier d'Inde*, le *Chêne*, jusqu'aux espèces réduites, comme partie visible, à quelques feuilles et une tige florale, comme la *Primevère*. Ce sont ces plantes à fleurs que nous étudierons le plus en détail.

Mais il y a un très grand nombre d'autres végétaux qui, même dans leur pays d'origine, ne sont pourvus de fleurs à aucun moment de leur existence, comme les *Fougères*, les *Mousses*, les *Champignons*, les *Algues*, les *Lichens*. On les appelle d'une façon générale les *plantes sans fleurs* ou **Crypto-**

games (du grec *cryptos*, caché, et *gamos*, union : allusion à ce fait que les organes de reproduction sont moins apparents que ceux des Phanérogames). L'étude de ces plantes est plus difficile que celle des plantes à fleurs, parce qu'elle exige souvent l'emploi du microscope. Nous ne les étudierons que très sommairement.

NOTIONS GÉNÉRALES SUR LES PLANTES A FLEURS OU PHANÉROGAMES

On sait que n'importe quelle plante à fleur comprend :
1° Une *partie souterraine*, qui est la racine ;
2° Une *partie aérienne*, qui est la tige, supportant les feuilles. A un certain moment, variable selon les espèces,

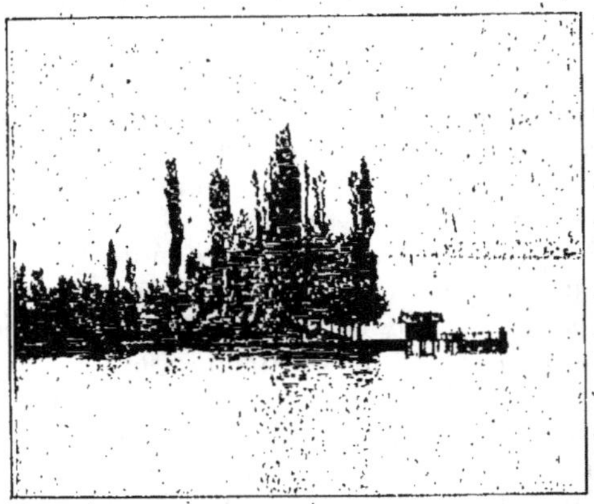

Fig. 2. — Les Peupliers prospèrent particulièrement bien dans les endroits humides.

on voit apparaître des fleurs, qui bientôt se flétrissent, laissant à leur place des fruits contenant une ou plusieurs graines. Chacune des graines arrivées à maturité est capable de donner, en germant à la saison favorable, une nouvelle plante semblable à celle qui lui a donné naissance. Une plante donnée ne *prospère* pas, en général, sous n'importe quel climat. Ainsi les palmiers que nous cultivons comme plante d'appartement végètent péniblement sous le climat de Paris, alors que, dans les régions chaudes, ils se développent avec exubérance.

D'autre part, même sous un climat qui lui convient, une plante peut *prospérer* ou *dépérir* suivant la nature du sol. Ainsi certaines plantes, comme les *Saules*, les *Aulnes*, les *Peupliers* (*fig.* 2), prospèrent dans les terrains *argileux* et *humides*. D'autres, comme le *Chêne*, le *Châtaignier*, préfèrent les terrains *sablonneux* et plutôt *secs*.

Cela ne doit pas nous étonner, car la plante est assujettie au sol par sa racine. Et ceci nous amène à chercher, dès le début de cet ouvrage, quels sont les phénomènes qui se passent entre la racine et le sol dans lequel elle est plongée.

PREMIÈRE PARTIE

ÉTUDE GÉNÉRALE DES PLANTES A FLEURS

I. — LA NUTRITION DE LA PLANTE

LEÇON 1

La racine.

RÉSUMÉ. — **1.** Sous un climat et dans un sol convenables, une plante *prospère* en *absorbant* dans le sol de l'eau contenant certaines substances dissoutes.

2. Cette *absorption* se produit par les *poils absorbants*, situés à une petite distance de l'extrémité de la racine. L'eau ainsi absorbée constitue la *sève brute*, qui circule dans le végétal.

3. L'*allongement* de la racine se produit entre l'extrémité et la région des poils. Ceux-ci se renouvellent continuellement de façon à être toujours à la même distance de l'extrémité.

4. La racine principale se *ramifie* : les ramifications, ou *radicelles*, ressemblent à la racine principale et sont pourvues comme elle de poils absorbants.

5. La racine principale et ses ramifications sont protégées à l'extrémité par une *coiffe*.

6. L'ensemble des racines d'un végétal présente tantôt la disposition *pivotante* (racine principale prédominante, ex. : *Haricot*, *Chêne*), tantôt la disposition *fasciculée* (faisceau de racines de même grosseur, ex. : *Blé*).

7. Ces racines se renflent quelquefois par l'accumulation de *réserves nutritives* que la plante utilise ultérieurement et dont l'homme sait aussi tirer parti (*Carotte*, *Betterave*, *Dahlia*).

1. Absorption d'eau. — Chacun sait que les plantes **ont besoin d'eau pour vivre.** Ainsi les plantes cultivées en pots dans les appartements ne tardent pas à dépérir lorsqu'on oublie de les arroser. Et, dans les champs, on voit les plantes se faner et présenter un aspect souffreteux lorsqu'il n'a pas plu depuis longtemps. C'est aussi à l'abondance de l'eau qu'est due la luxuriance de la végétation au bord des eaux et à sa pénurie que l'on doit l'absence de végétation dans certains déserts.

Est-ce de l'eau seulement que la plante puise dans le sol ?

Remarquons, à ce propos, que l'eau qui a pénétré dans le sol à quelque profondeur n'est plus de l'eau absolument pure. Ainsi les eaux de sources, les eaux de puits, même absolument limpides, et saines au point de vue hygiénique, ne sont pas pures au point de vue chimique. Elles ont **dissous**, en traversant le sol, **différentes substances**, que l'on peut retrouver sous forme de dépôt so-

Fig. 3. — Comment on fait germer des graines sur de la Mousse humide.

lide en faisant évaporer l'eau par la chaleur.

L'eau absolument pure, ne contenant aucune substance dissoute, est *l'eau distillée*. L'eau *de pluie*, recueillie avant son infiltration dans le sol, par exemple, l'eau qui s'écoule des gouttières d'une maison, est aussi de l'eau à peu près pure.

Ceci étant rappelé, voici quelques expériences qui vont nous renseigner sur les relations de la plante avec le sol.

Faisons **germer** des graines, par exemple des Haricots, du Maïs, des graines de Lupin, en les mettant (*fig.* 3) dans de la Mousse humide (ou du coton hydrophile humide) et en les maintenant dans une chambre tiède; puis, quand les racines auront pris une certaine longueur, choisissons quelques-unes des graines, et, en les soutenant par une toile métallique à larges mailles ou en les plaçant dans les trous d'un bouchon, disposons-les dans le col d'un vase contenant de l'eau, de façon à ce que les racines viennent plonger

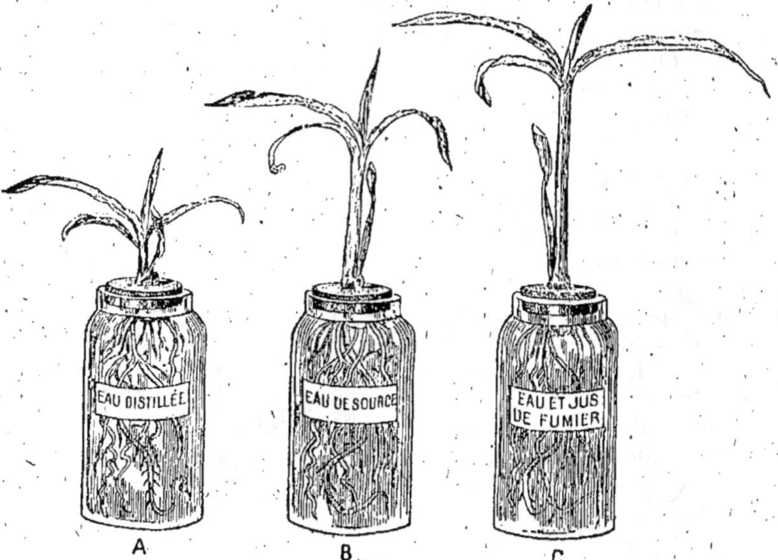

Fig. 4. — Culture de pieds de Maïs dans trois liquides inégalement nutritifs: leur vigueur est loin d'être la même.

dans l'eau. Nous ferons en même temps deux expériences comparatives. Dans l'un des vases, nous alimenterons les racines avec de l'eau distillée ou simplement avec de l'eau de pluie. Dans l'autre, nous les alimenterons avec de l'eau de source ou de puits. Dans les deux cas, nous renouvellerons l'eau de temps à autre.

Au bout de quelques jours nous pouvons constater que les plantes alimentées avec de l'eau de source ont poussé bien mieux que les autres (fig. 4).

Cette expérience montre donc que l'eau ne suffit pas aux besoins de la plante. L'eau absorbée doit **contenir différentes substances** que les chimistes appellent des **sels minéraux**, et qui se trouvent généralement dans le sol (sels de chaux, sels de potasse, sels ammoniacaux, phosphates, nitrates, etc.). L'eau sert de véhicule pour l'introduction de ces sels dans le végétal.

Ce que nous venons de dire sera encore renforcé par une troisième expérience (*fig.* 4). Faisons croître une plante dans un vase comme précédemment, mais en employant de l'eau que nous aurons enrichie en sels, soit en ajoutant ceux-ci directement, soit en y versant un peu de jus de fumier : nous obtiendrons une végétation encore plus vigoureuse qu'avec la culture dans l'eau de source.

2. Lieu de l'absorption. — On peut se demander si l'absorption de l'eau se produit par toute l'étendue de la racine ou seulement par une région particulière.

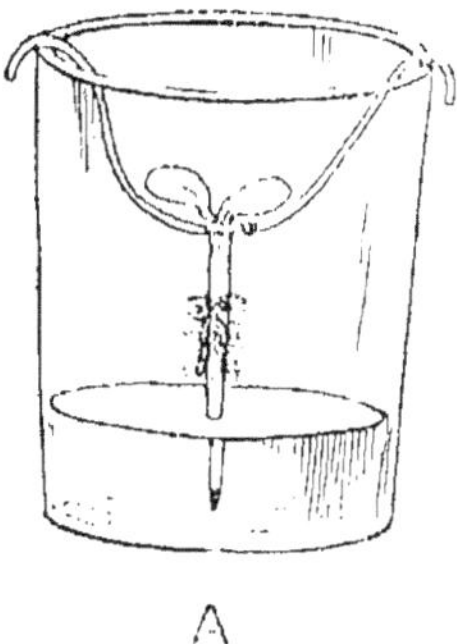
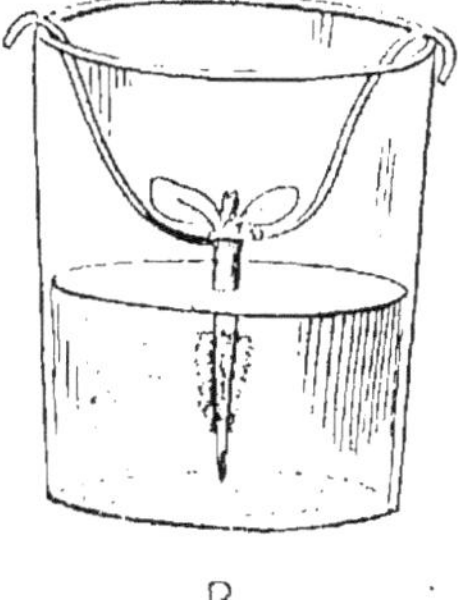

Fig. 5. — Expérience disposée pour montrer que ce sont les poils de la racine qui, seuls, sont capables d'absorber l'eau.

En *A*, les poils ne plongent pas dans le liquide, et la jeune plante va dépérir. — En *B*, les poils plongent dans l'eau, et la jeune plante va continuer à se développer.

Si on observe à la loupe la racine d'une plante que l'on a fait germer dans la Mousse humide, on remarque, dans une région comprise entre 2 et 5 centimètres de l'extrémité, des sortes de petits poils : c'est la **région pilifère** (du latin *pilum*, poil, et *ferre*, porter).

Prenons deux des graines germées et disposons-les dans
deux verres contenant de l'eau ordinaire, de façon à ce que la
racine plonge, dans l'un, seulement par la région de l'extrémité qui n'a pas de poils, et, dans l'autre, un peu plus profondément pour que les poils eux-mêmes plongent dans l'eau
(*fig.* 5).

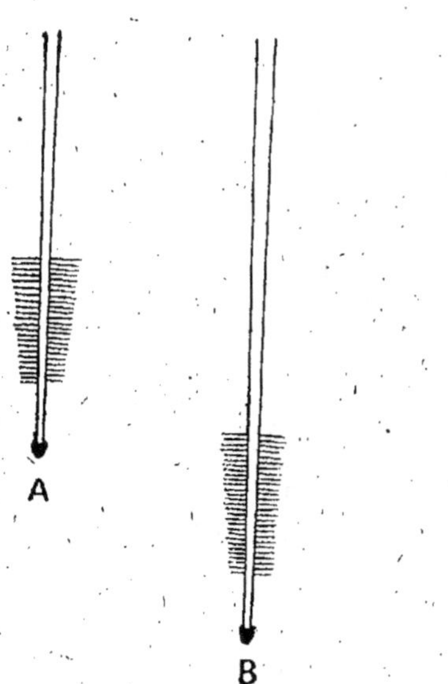

Fig. 6. — Jeune racine représentée à quelques jours de
distance.

En *B* elle est plus longue qu'en *A*, mais,
néanmoins, les poils sont toujours à
la même distance de la pointe.

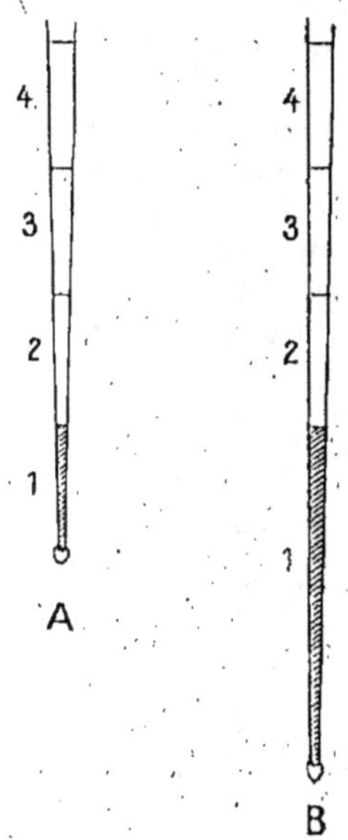

Fig. 7.

A, jeune racine, sur laquelle on a tracé
des traits distants les uns des autres
de 1 centimètre. — *B*, la même racine,
quelques jours après : l'espace situé près
de la pointe s'est seul accru.

On constate bientôt que la deuxième plante prospère, tandis que la première languit et meurt rapidement. Cette expérience, confirmée d'ailleurs par un grand nombre d'autres
faites d'une façon plus rigoureuse, montre que c'est par ces
poils que se produit l'**absorption**, à travers la membrane très
mince qui les limite. De là le nom de poils **absorbants** qu'on a
donné à ces poils.

L'eau qui a ainsi pénétré dans la racine constitue la **sève brute.** Elle trouve dans la racine de *petits canaux microscopiques* qui lui facilitent le passage pour circuler dans le végétal, ainsi que nous le verrons bientôt.

3. Allongement de la racine. — Les expériences que nous venons de décrire permettent de voir en même temps comment la racine se développe. Nous la voyons s'allonger tous les jours et nous pouvons constater que la région des poils absorbants reste *toujours à la même distance de l'extrémité* (*fig.* 6). On pourrait donc croire que l'allongement se produit dans la région de la racine située entre les poils absorbants et la base de la tige.

Pour nous en rendre compte, prenons une des plantes des expériences précédentes, et marquons sur la racine, avec du vernis résistant à l'eau, à partir de l'extrémité, des traits espacés de 1 centimètre (*fig.* 7). Le lendemain, nous constaterons que c'est **seulement le premier centimètre** — celui qui aboutit à la pointe de la racine — qui s'est allongé.

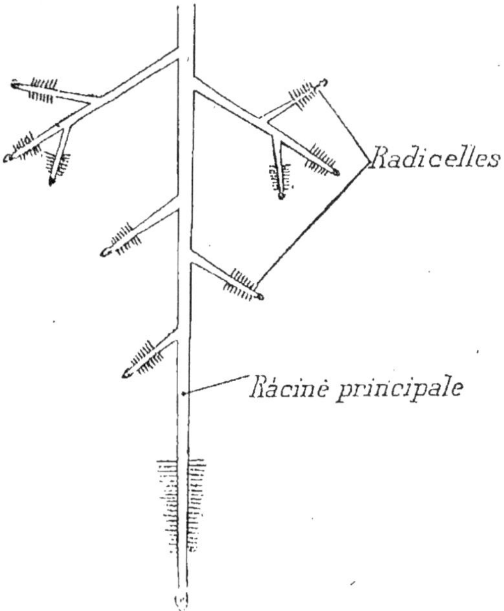

Si les poils absorbants se montrent toujours à la même distance de l'extrémité, c'est qu'ils se renouvellent continuellement. Il s'en forme de nouveaux du côté de l'extrémité pendant que les plus éloignés se flétrissent et tombent.

Fig. 8. — Jeune racine commençant à se ramifier.

4. Ramification. — Nous pourrons voir aussi, dans les expériences précédentes, qu'après s'être allongée d'une certaine quantité la **racine se ramifie** (*fig.* 8) et que chaque *ramification*, ou **radicelle**, présente le même aspect que la *racine principale*; elle porte aussi des poils absorbants et peut se ramifier à son tour.

Les radicelles peuvent donc jouer le même rôle que la racine principale. On comprend ainsi que plus la racine porte de nombreuses ramifications, plus elle présente de surface propre à absorber l'eau du sol, et plus la plante peut pousser vigoureusement.

5. Coiffe. — Pour achever la description extérieure de la racine, il ne nous reste qu'à dire un mot de l'extrémité elle-même. On y remarque, en effet, tant sur la racine principale que sur chaque ramification, une sorte de petit capuchon, de teinte un peu plus foncée, que l'on a appelé la **coiffe**. C'est un **organe protecteur** de l'extrémité. Celle-ci, en effet, formée de parties tendres, se détériorerait facilement en s'enfonçant dans la terre, si elle n'était pas ainsi protégée.

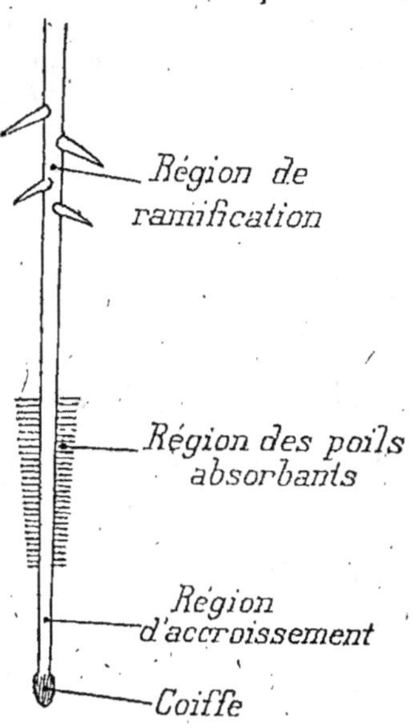

Fig. 9. — Figure simplifiée montrant les quatre régions d'une jeune racine.

En résumé, la racine, ou une de ses ramifications, comprend, à partir de l'extrémité (*fig.* 9) :

1° La **coiffe**, organe protecteur ;
2° La **région d'accroissement** en longueur ;
3° La **région pilifère** ou des **poils absorbants** ;
4° La **région de ramification**, où naissent les **radicelles**.

6. Disposition d'ensemble de la racine. — Les expériences décrites plus haut et faites avec des graines de diverses espèces de plantes nous montrent enfin les deux dispositions

différentes que peut présenter l'ensemble des racines d'un
végétal, lorsque cet ensemble a pris un certain développement.

Fig. 10. — Racine
pivotante.

Celles du *Haricot* présentent une
racine principale facile à reconnaître,
plus longue et plus grosse que les ramifications. C'est
la disposition dite
pivotante, la racine
principale formant
comme le **pivot** de
l'ensemble (*fig.* 10).

Celles du *Blé* se
composent de *longs
filaments*, parmi
lesquels on n'en
distingue pas de
sensiblement plus
gros que les autres.
C'est la disposition
dite **fasciculée** ou en
faisceau (*fig.* 11).

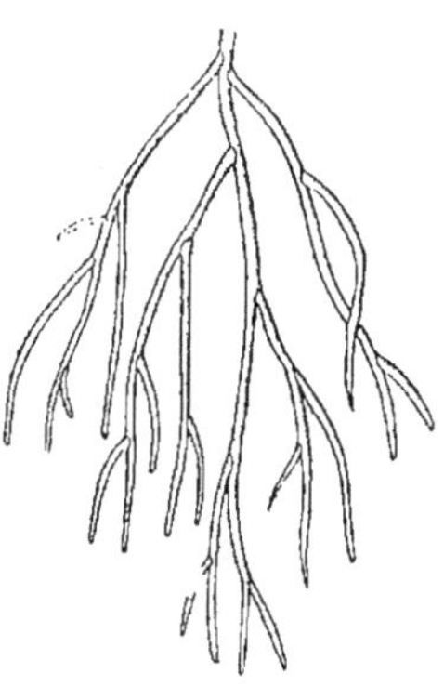

Fig. 11. — Racine
fasciculée.

Dans la première disposition, la racine s'enfonce généralement plus profondément que
dans la seconde.

7. Racines renflées. — Chez
certaines plantes, dont la racine
présente la disposition pivotante,
on remarque que la racine principale se renfle considérablement. Ex. : *Radis*, *Carotte*,
Betterave (voir *fig.* 339), etc.

Ces racines **renflées** ou **tuber-
culeuses** sont généralement utilisées pour l'alimentation de
l'Homme ou des animaux, parce
qu'elles contiennent des matières
alimentaires telles que du *sucre*,

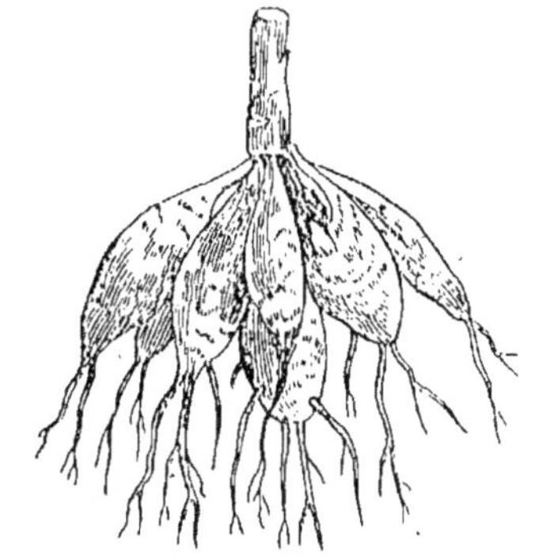

Fig. 12. — Racines de Dahlia.

de la *fécule*, etc. Ces matières forment pour la plante une
réserve nutritive, qu'elle utilise plus tard, — à moins que

l'Homme n'intervienne auparavant pour l'utiliser à son profit.

Certaines plantes à racines fasciculées, comme le *Dahlia*, présentent la même particularité, avec cette différence qu'il y a plusieurs racines renflées au lieu d'une seule (*fig.* 12).

LECTURE

Un arbre singulier. — Les Racines adventives. — On trou-

Un arbre singulier. — Les Racines adventives. — On trouve

dans l'Inde, à la Chine, et beaucoup plus loin (Océanie), un arbre, le figuier, qui s'étend sur d'immenses surfaces.

Fig. 14. — Palétuviers et leurs curieuses « racines-échasses ».

branches s'étendent horizontalement, et on y voit pendre des sortes de câbles dont quelques-uns atteignent le sol et s'y enfoncent.

On voit ainsi de ces arbres qui ont, en plus de leur tige véritable, jusqu'à une cinquantaine de ces sortes de tiges accessoires de toutes grosseurs et qui arrivent à couvrir plus de 300 mètres de circonférence.

Il n'est pas étonnant qu'un arbre aussi singulier soit devenu l'objet de légendes qui lui ont donné un caractère sacré. Il orne la cour des pagodes et on élève des chapelles entre ses piliers naturels. On l'appelle le *Figuier des Indes*, ou *Figuier des pagodes*, ou *Figuier des Banyans*.

Qu'est-ce donc que ces filaments qui naissent des rameaux et se dirigent vers le sol? Ce sont des *racines*, que l'on a appelées *adventives* (c'est-à-dire naissant hors de leur place normale) pour les distinguer des racines proprement dites. Une fois qu'elles ont pénétré dans le sol, elles se comportent comme ces dernières, absorbant l'eau du sol et contribuant ainsi à la nutrition de la plante.

Ce fait, qui se présente d'une manière si frappante dans le Figuier des Indes, est loin d'être unique. On peut en observer des exemples même sur des plantes de nos régions. Sur le *Cresson de fontaine*, on voit souvent, autour du point d'attache des feuilles, quelques *filaments blancs* qui sont également des *racines adventives*. Les organes par lesquels le *Lierre* se fixe sur l'arbre ou sur le mur voisins peuvent aussi être rapprochés de ces racines adventives; on les appelle *racines-crampons* à cause de leur fonction spéciale (Voir *fig.* 241).

Chez beaucoup de végétaux, l'apparition de ces racines est fréquente dans le bas de la tige, c'est-à-dire au voisinage du sol. Quelquefois même la racine proprement dite disparaît, entièrement remplacée par ces racines latérales. C'est ce qui explique l'aspect si curieux des *Palétuviers* (*fig.* 14) que l'on voit à l'embouchure des fleuves dans les régions équatoriales, et qui semblent perchés sur des échasses.

Dans nos pays, le *Blé*, le *Maïs* et beaucoup d'autres plantes ont aussi de ces racines. Le contact du sol en favorise l'apparition. Ainsi, quand on « roule » les Blés au printemps, c'est-à-dire lorsqu'on fait passer sur eux un rouleau qui les couche sur la terre, il se forme au contact du sol sur les tiges couchées de nouvelles racines qui augmentent la vigueur de la plante.

Le contact du sol agit encore de la même façon sur les rameaux. De là les pratiques du *bouturage* et du *marcottage*

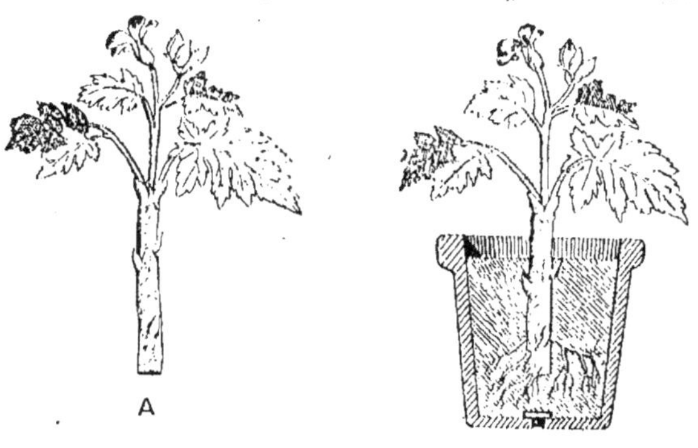

Fig. 15. — Bouture.

A, détachée de la plante. — B, enracinée dans un pot à fleurs.

employés dans la culture et surtout dans le jardinage.

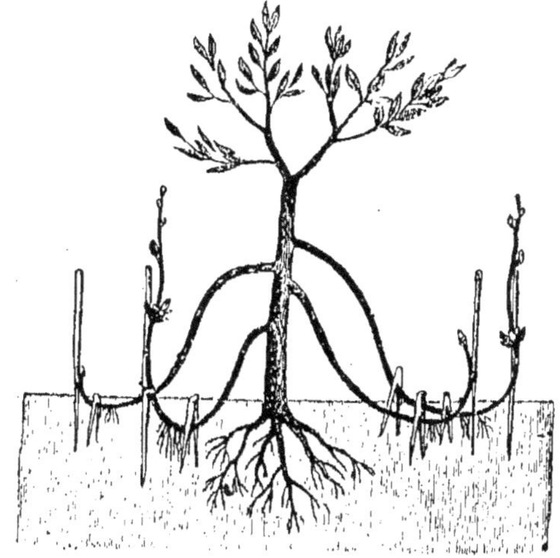

Fig. 16. — Marcottage au niveau du sol : les rameaux inclinés de force dans la terre y prennent racine.

Pour faire une *bouture* (*fig.* 15), on détache un rameau du végétal qui lui a donné naissance, et on enfonce légèrement dans le sol l'extrémité inférieure. Si l'opération est faite à la saison convenable, c'est-à-dire au printemps ou au mois d'août, il se développe des racines sur la partie enterrée, et les bourgeons que porte le rameau se développent, de sorte que l'on obtient un nouveau végétal complet. Cette opération est très employée pour la multiplication des *Géraniums*, des *Rosiers*, de la *Vigne*. Elle réussit aussi très bien pour certains arbres comme le *Saule*, le *Peuplier*.

Le *marcottage* diffère du *bouturage* en ce que l'on ne détache le rameau qu'après la formation des racines au contact de la terre, soit au niveau même du sol (*fig.* 16), soit placée artificiellement à une certaine hauteur sur le végétal (*fig.* 17). De cette façon le rameau continue à recevoir de la nourriture en attendant que les racines se soient développées sur la partie enterrée. Cette opération est aussi employée pour la Vigne.

Fig. 17. — Marcottage au-dessus du sol. — Il se forme des racines adventives sur les branches que l'on a entourées de terre.

Leçon II

La tige.

RÉSUMÉ. — **1.** La tige d'un Chêne, par exemple, se compose d'un *tronc*, qui porte un certain nombre de *rameaux* se *ramifiant* à leur tour. Chaque rameau porte des *feuilles*, plus rapprochées vers l'extrémité et se séparant du *bourgeon terminal* à mesure que le rameau s'allonge. À l'aisselle de chaque feuille se trouve un *bourgeon axillaire*, qui, en se développant, donne un nouveau rameau.

2. Examinée sur une coupe transversale, une tige âgée de plusieurs années comprend : l'*écorce*, le *bois* formé de couches concentriques traversées par des *rayons médullaires*, et la *moelle* souvent peu visible dans les tiges âgées. Dans la tige du Chêne, le bois se partage en *cœur*, partie centrale d'autant plus développée que l'arbre est plus âgé, et *aubier* ou jeune bois.

3. La *sève brute*, fluide comme de l'eau, monte dans la tige, poussée avec force dans de petits tubes contenus dans l'aubier. Une autre sève plus épaisse, dite *sève élaborée*, propre à nourrir le végétal, descend sous l'écorce.

4. Au microscope, on voit que le *liber*, encastré dans l'écorce, contient des tubes différents de ceux de l'aubier et destinés à la sève élaborée.

5. On voit aussi, *entre le liber et l'aubier*, une zone étroite de cellules à vie très active. C'est le *cambium* ou *zone génératrice*, qui engendre, chaque année, vers le dedans une *nouvelle couche d'aubier* et vers le dehors une *nouvelle couche de liber*.

6. L'écorce est formée surtout de *liège*, qui s'accroît, chaque année, pour protéger les régions plus intérieures.

7. Les autres tiges montrent les mêmes parties essentielles, c'est-à-dire les deux sortes de vaisseaux pour la circulation des deux sortes de sèves.

1. Aspect extérieur de la tige du Chêne. — Pour nous faire une idée de la tige en général, considérons un de nos grands arbres, un *Chêne*, par exemple (*fig.* 18). Nous voyons que l'ensemble de la partie extérieure au sol comprend une *partie principale* très grosse nommée **tronc**, qui porte un certain nombre de *branches* ou **rameaux** se ramifiant à leur tour en rameaux plus petits.

L'observation montre que tous ces rameaux se ressemblent à tel point, qu'il devient difficile de reconnaître la tige principale au voisinage du sommet. Examinons donc un de ces rameaux.

Nous voyons qu'il porte des feuilles insérées une par une à diverses hauteurs tout autour du rameau. Les dernières vers le haut sont de plus en plus rapprochées et de plus en plus

Fig. 18. — Chêne. Remarquer le tronc et les rameaux.

petites. Comme on appelle **nœud** le point d'attache d'une feuille, on dit que les **entre-nœuds** sont de plus en plus courts en se rapprochant de l'extrémité. Si on suit au printemps le développement d'un de ces rameaux, on voit que les feuilles nouvelles se séparent d'un petit renflement nommé **bourgeon terminal** à mesure que le rameau s'allonge. Ce bourgeon, coupé en long et examiné avec une loupe, se montre formé de jeunes feuilles en voie de développement qui se recouvrent plus ou moins les unes les autres. On le voit plus facilement encore sur le bourgeon terminal du Frêne, qui est assez gros et de couleur noire, ou sur les gros bourgeons des arbres fruitiers (*fig.* 19).

A l'aisselle de chaque feuille, c'est-à-dire *dans l'angle aigu* formé par la feuille et le rameau, il se forme bientôt un bour-

Fig. 19.
Bourgeons de Poirier.

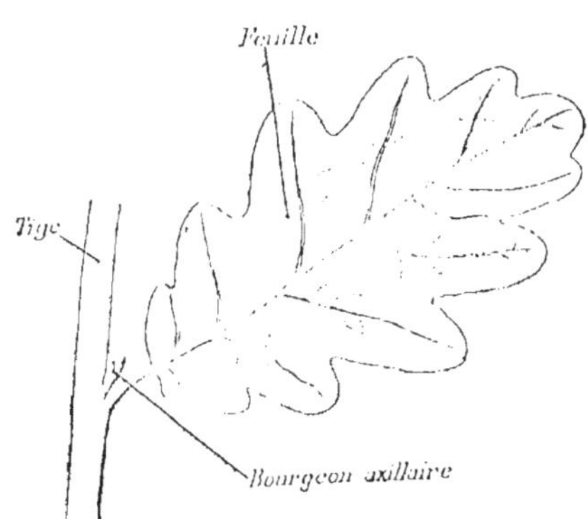

Fig. 20. — A l'aisselle des feuilles,
il y a un petit bourgeon axillaire.

geon (*fig.* 20) tout à fait semblable au bourgeon terminal, sauf qu'il est plus petit. A cause de sa situation, on l'appelle **bourgeon axillaire** (du latin *axilla*, aisselle).

Ce sont ces bourgeons qui, en se développant comme le bourgeon terminal, donnent naissance aux *ramifications nouvelles*, dont ils constituent les bourgeons terminaux. On les observe aussi très facilement sur le Frêne, à cause de leur couleur noire.

Nous voyons donc que *l'allongement de la tige et des rameaux* se produit par le *bourgeon terminal*.

2. Accroissement en diamètre. — On sait que les arbres — du moins ceux de nos pays — sont d'autant plus gros qu'ils sont plus âgés ; un Marronnier d'Inde d'un an n'est pas plus gros que le petit doigt, tandis qu'à dix ans il est plus volumineux que le bras. Cherchons à nous rendre compte de la façon dont se produit cet accroissement. Pour cela, examinons la section transversale d'une tige (*fig.* 21) ou d'une branche âgée de plusieurs années. On y distingue très facilement : 1° une écorce extérieure ; 2° une région intérieure appelée **bois** qui se partage en une série de **couches concentriques**, c'est-à-dire ayant le même centre ; 3° une région centrale nommée **moelle**, formée de substance molle, très visible dans les jeunes tiges de Sureau, de Frêne, mais souvent très réduite dans les tiges âgées.

Dans la région du bois, on distingue aussi un grand nombre de lignes rayonnantes, nommées **rayons médullaires** (du latin *medulla*, moelle), parce qu'ils sont formés de substance molle comme la moelle. Quelques-uns de ces rayons vont jusqu'à la moelle, mais pas tous.

On sait depuis longtemps que **chacune des couches de bois correspond à une année de végétation.** Le fait est

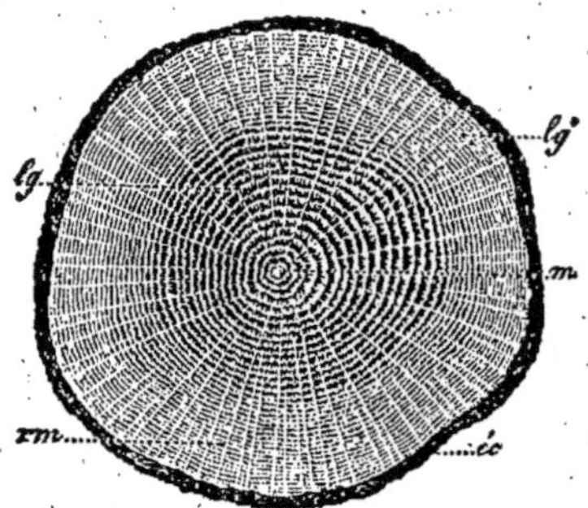

Fig. 21. — Coupe en travers du tronc d'un arbre.

éc, écorce ; *lg*, cœur ; *lg'*, aubier ; *m*, moelle ; *rm*, rayon médullaire. — Remarquer dans le bois (*lg* et *lg'*) les zones concentriques, dont le nombre indique l'âge de l'arbre que l'on a coupé (35 ans dans cette figure).

facile à constater en comptant les couches de bois d'un arbre que l'on abat et dont on connaît l'époque de plantation. On peut aussi faire la même constatation d'une façon plus rapide, ainsi que nous allons l'expliquer.

Vers la fin de l'été ou dans le courant de l'automne, on distingue facilement, sur la plupart des arbres, les pousses de l'année (*fig.* 22) par une légère différence de teinte de l'écorce. On coupe un de ces rameaux : 1° à une dizaine de centimètres au-dessous de la pousse de l'année ; 2° un peu au-dessus. Si on observe les deux sections, on constate que, sur la *section inférieure*, il y a *deux cercles de bois*, et que, sur la *section supérieure*, il n'y en a *qu'un seul* autour de la moelle.

Cherchons maintenant quelle est celle des deux couches qui est la plus récente.

Nous constatons d'abord que la région de la moelle paraît sèche et dépourvue de sève, tandis que la région du bois qui est au contact de l'écorce est beaucoup plus humide. Cela nous montre déjà que la sève se trouve surtout au voisinage de l'écorce.

De plus, si nous coupons une tige de Chêne assez âgée, nous constatons que la région centrale ou moelle est disparue, ce qui nous montre qu'elle ne joue pas un rôle important (contrairement à ce que son nom pourrait faire croire, par analogie avec la moelle épinière des animaux vertébrés). Nous voyons aussi que le bois du Chêne est partagé en deux régions de teinte différente. La plus centrale ou **cœur** est de teinte *plus foncée* que la plus extérieure ou **aubier**. La substance du bois dans la région du cœur est plus serrée, plus dense, moins riche en sève. C'est la région qui fournit le bois le plus solide. Plus le nombre des couches concentriques est grand, plus la région du cœur est étendue. Ces faits nous amènent à penser que le **cœur est** le **plus vieux bois**, c'est-à-dire que la couche annuelle de nouveau bois se forme en dehors des autres, au voisinage de l'écorce.

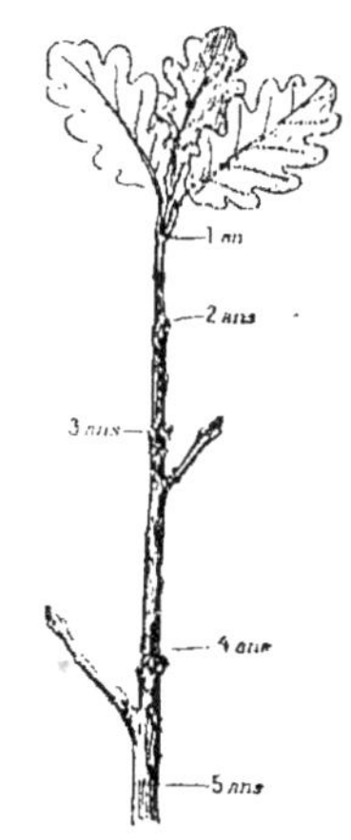

Fig. 22. — En examinant une branche d'arbre, on peut savoir son âge en observant la couleur de l'écorce ou le nombre des cicatrices qu'elle porte à sa surface et dont chacune correspond à une année.

Cette opinion nous est d'ailleurs confirmée par l'observation des arbres creux. On voit fréquemment des arbres, des Saules notamment (*fig.* 23), dont l'intérieur est absolument creux et qui ne paraissent pas en souffrir. C'est donc que les parties disparues ne sont pas indispensables.

3. Mouvements de la sève. — Pour compléter ces observations, il faut maintenant nous rendre compte des mouvements de la sève dans la tige.

Il est facile de remarquer, au printemps, que la **sève monte dans la tige**. Lorsqu'on taille la Vigne un peu tardivement, dans le courant de mars par exemple, il n'est pas rare de voir la section que l'on vient de faire se mouiller par suite de l'arrivée de la sève. Les vignerons disent alors que la Vigne *pleure*. On peut même voir par l'expérience que la sève est ainsi poussée avec une force assez grande. Il suffit d'adapter à la tige ou au rameau ainsi coupé un tube de verre mastiqué

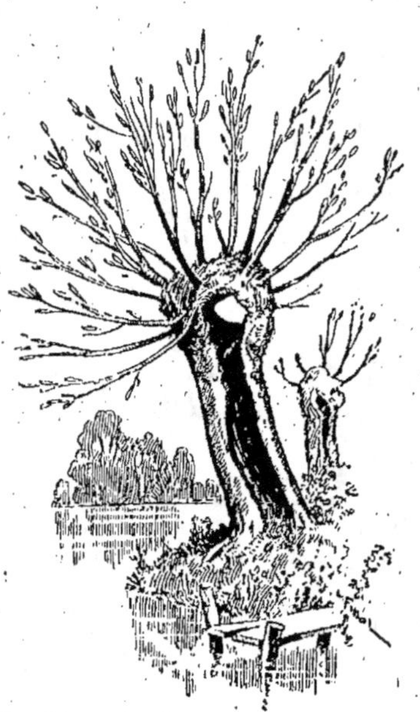

Fig. 23. — Saule creux : il continue à vivre malgré le bois qui manque à l'intérieur du tronc.

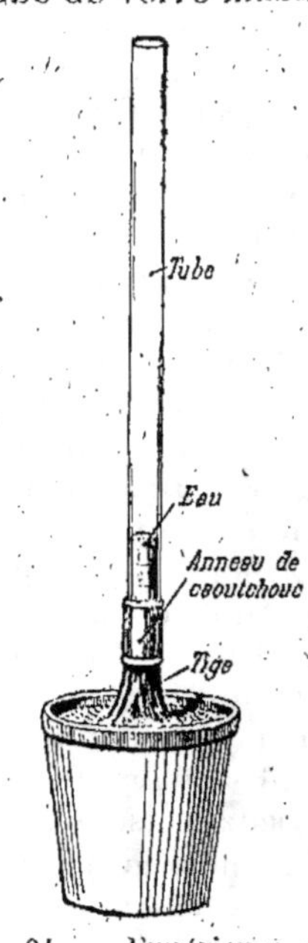

Fig. 24. — Expérience montrant l'existence de la sève ascendante ou sève brute.

en bas de façon à éviter les fuites (*fig.* 24). On constate que la sève s'accumule dans le tube jusqu'à une hauteur assez grande ; elle est analogue à de l'eau limpide. On peut observer la même chose sur un arbre qui a été coupé au voisinage du sol, comme on le fait régulièrement dans les forêts. Mais ici on peut constater, de plus, que l'arrivée de la sève ne se produit pas par toute la section. Si on essuie la section humide et qu'on attende quelques instants, **on voit perler des goutte-**

lettes de sève sur la région du bois la plus voisine de l'écorce, c'est-à-dire dans l'**aubier**. On distingue même à la loupe quelques-uns des petits trous par lesquels la sève arrive (*fig. 25*). Cette sève a été appelée la **sève ascendante** à cause de son mouvement ascensionnel. On l'appelle aussi **sève brute** pour exprimer qu'elle est à peu près identique à celle qui a pénétré dans la racine, c'est-à-dire très fluide, à peu près comme de l'eau ordinaire.

On peut se rendre compte qu'il existe une **deuxième sorte de sève**. Si on enlève, au mois de juin, sur une branche de cinq à six ans d'un arbre fruitier, un petit anneau d'écorce (*fig. 26*) que l'on a détaché par deux incisions circulaires faites jusqu'aux parties dures, c'est-à-dire jusqu'au bois, on constate d'abord

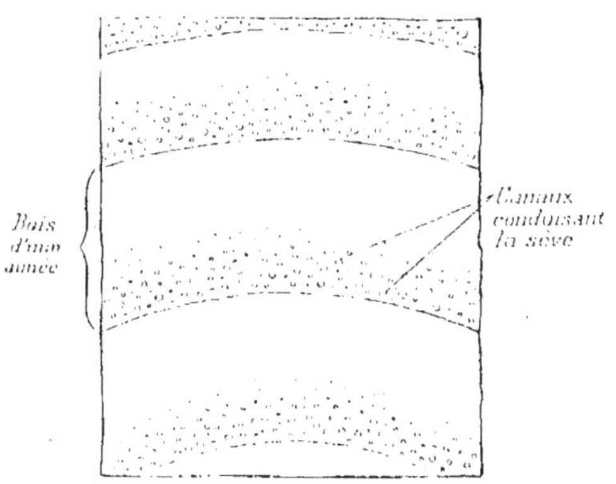

Fig. 25. — Surface de la section d'une bûche de bois, vue à la loupe; on y distingue les orifices des vaisseaux, c'est-à-dire des canaux conduisant la sève.

que les doigts qui ont touché cette écorce deviennent visqueux, collants, bien plus que quand on a touché la sève brute. De plus, on voit bientôt se produire un **boursouflement sur le bord supérieur de la plaie**, comme si quelque chose qui, auparavant, descendait plus bas s'était trouvé arrêté dans son mouvement. La substance qui descend ainsi doit servir à la nutrition, car les fruits qui se trouvent au-dessus de l'incision deviennent plus gros que ceux qui sont au dessous. Les horticulteurs appliquent cette constatation pour faire grossir les fruits.

La substance qui descend ainsi est appelée souvent **sève descendante**, parce que, comme cette expérience le prouve, elle *descend, au moins en partie, vers la racine*; mais on l'appelle plutôt **sève élaborée**, c'est-à-dire *travaillée, transformée*.

Mais par où passe cette sève? Ce n'est pas dans le bois,

puisque l'incision n'a pas atteint celui-ci. C'est donc dans une région plus extérieure que le bois. Pour s'en assurer, il faut *examiner au microscope des coupes de la tige.*

4. Examen de la tige au microscope. Liber. — On constate ainsi l'existence dans la tige de deux régions pourvues de vaisseaux :

1° La *région de l'aubier*, contenant les vaisseaux où nous avons vu monter la sève brute. On retrouve ces mêmes vaisseaux dans la *région du cœur*, mais leurs parois sont épaissies, de sorte que le vaisseau est comme obstrué;

2° Une région qui est comme *encastrée dans l'écorce*, et que l'on a nommée **liber**, parce qu'elle se sépare en tranches minces comme les feuillets d'un livre, principalement chez certains arbres, comme le *Tilleul.*

Ces deux régions à vaisseaux contiennent aussi des fibres, *cellules allongées et à parois épaissies*, qui donnent à la tige de la solidité. Ce sont ces fibres que l'on utilise dans les *plantes textiles*, comme le *chanvre* et le *lin.*

5. Zone génératrice. — Entre le liber et l'aubier, on voit au microscope une couche mince, formée de cellules remplies de liquide et capables de se multiplier rapidement pendant la belle saison. On a appelé cette mince couche le **cambium** ou la **zone génératrice**, c'est-à-dire *qui engendre*, parce que, chaque année, la partie *intérieure* de

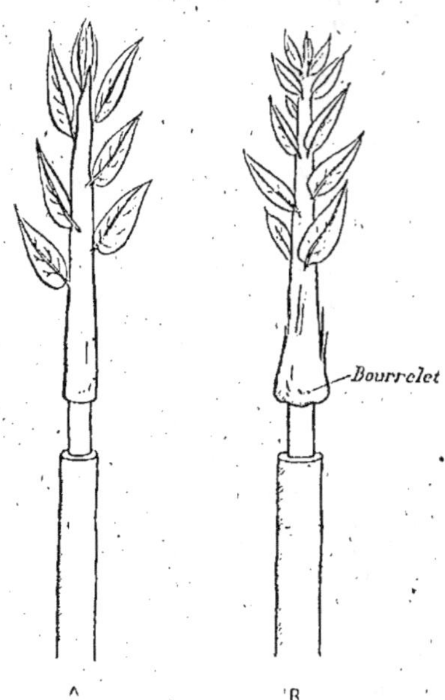

Fig. 26. — Expérience montrant l'existence de la *sève descendante* ou sève *élaborée.*

A, rameau décortiqué suivant un petit espace. *B*, le même, quelques jours après : il s'est formé un bourrelet à la partie supérieure de la partie décortiquée, par suite de la sève qui s'y est accumulée en cherchant à descendre plus bas.

cette couche se transforme peu à peu en une *nouvelle couche d'aubier* par *l'allongement des cellules* en vaisseaux et en fibres, et la partie *extérieure* en une *nouvelle feuille de liber*. La région centrale reste à l'état de cellules qui, l'année suivante, se comporteront de la même façon.

Les régions à fibres et à vaisseaux non obstrués sont, avec la zone génératrice, les parties les plus importantes de la tige *au point de vue de la végétation*, à cause de leur rôle dans les mouvements de la sève. Le cœur ne sert qu'à augmenter la solidité de la tige.

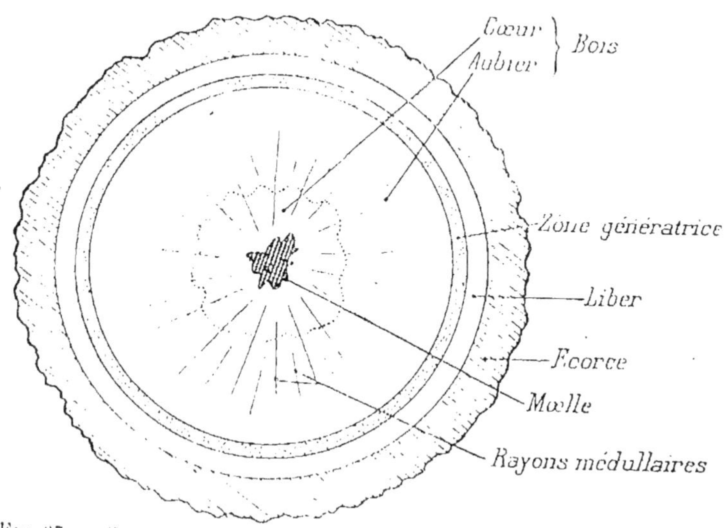

Fig. 27. — Coupe en travers d'une branche d'arbre, représentée d'une manière un peu théorique, afin de bien préciser quelles sont ses différentes régions (Pour simplifier le dessin, on n'a pas figuré les zones concentriques du bois).

6. Écorce. — Quant à l'écorce, son rôle est de protéger les parties essentielles. Sa partie principale est le **liège**, qui y existe souvent en quantité plus ou moins grande. A mesure que la tige s'épaissit, il se forme de nouvelles couches de liège, pour compenser l'augmentation de diamètre.

Les tiges très jeunes ne sont pas revêtues de liège, mais d'une mince membrane appelée *épiderme*.

En définitive, on trouve dans une tige de Chêne assez âgée, en allant de l'extérieur vers le centre (*fig.* 27) :

1° L'écorce, formée principalement de liège protecteur;

2° Le liber, contenant des tubes pour la circulation de la sève élaborée ;

3° Le cambium ou **zone génératrice**, qui engendre le bois et le liber ;

4° Le bois, partagé en **aubier**, contenant des tubes pour la circulation de la sève brute, et cœur ou vieux bois ;

5° La moelle, souvent très réduite dans les tiges âgées, mais qui est de même nature que les **rayons médullaires**, toujours visibles dans le bois.

7. Si on étudie les autres tiges, on constate qu'il y a toujours, même dans celles qui ne durent que peu de temps, les parties essentielles dont nous avons parlé, c'est-à-dire les deux sortes de tubes servant à la circulation des deux sortes de sèves.

LECTURES

1. — *Les usages du bois.* — Les bois nous sont utiles à de nombreux points de vue. Ceux dont le cœur est très dur, comme c'est le cas du *Hêtre* et du *Chêne*, sont appelés *bois durs*. Ceux dont le cœur n'est pas très distinct et dont la taille est facile sont les *bois blancs* : le *Peuplier* et le *Saule* en sont des exemples. On réserve, enfin, le nom de *bois résineux* aux bois qui sont imprégnés de résine, comme c'est le cas du *Pin* et du *Sapin*.

La plupart de ces bois, débités en poutres, servent à construire des maisons tout entières — par exemple en Suisse — ou seulement leur charpente. Débitées en planches, elles servent à faire des caisses, des granges, des hangars, etc.

C'est avec le bois que sont faits tous nos meubles, soit avec les espèces de nos pays — Chêne, Noyer, etc., — soit avec des espèces des pays chauds — Acajou, Palissandre, etc.

Beaucoup de bois enfin servent au chauffage, soit qu'on les utilise tels quels sous forme de bûches ou de fagots que les pauvres gens vont chercher dans les bois, soit qu'on les transforme d'abord en *charbon de bois* par une combustion incomplète.

Les forêts constituent pour celui qui les possède une fortune,

Fig. 28. — Une belle futaie (d'après un cliché du *Manuel de l'arbre*, édité par le Touring-Club).

une véritable caisse d'épargne qui fait fructifier ses capitaux dans des proportions considérables. Supposons qu'un lycéen ait acheté pour 100 francs un hectare de terrain — ce qui n'est pas ruineux — et qu'il y ait planté 5.000 petits plants forestiers, ce qui demande une quinzaine de jours de travail. Au bout de 60 ans — après avoir récolté déjà beaucoup de petits arbres secs ou trop serrés par leurs voisins — il trouvera dans sa caisse 500 beaux arbres cubant 400 mètres cubes et valant 6.000 francs ! Et si ses descendants les laissent croître jusqu'à 120 ans, ils pourront s'ébahir devant une belle futaie comme celle que représente notre gravure (*fig.* 28), renfermant 350 arbres et 700 mètres cubes de bois d'une valeur de 14.000 francs. Voilà ce qui s'appelle un vrai placement de père de famille ! ou plutôt de grand-père de famille !

2. — *Les tiges gigantesques.* — Dès la plus haute antiquité, on a signalé la riche végétation des Platanes des rivages du Bosphore et de la mer Noire. Les savants de notre époque ont pu constater que ce qu'avaient dit nos devanciers n'avait rien d'exagéré. Ainsi on était presque tenté de douter du récit de Pline lorsqu'il raconte qu'il existait de son temps, en Lycie, un robuste et magnifique Platane, dans le tronc duquel se voyait une vaste grotte de 30 mètres de circonférence, dont tout le pourtour était tapissé d'une verte et veloutée tenture de mousse. Licinius Mutianus, gouverneur de la province, émerveillé de la délicieuse fraîcheur de cette salle agreste, y donna un souper à dix-huit convives de sa suite. Puis, après le festin, ceux-ci transformèrent le lieu de leur festin en une tente et y passèrent la nuit. Ce fait a été pleinement confirmé par le botaniste de Candolle.

Cependant le Baobab des bords du Niger (*fig.* 52) surpasse encore, par sa splendide végétation, les géants du Bosphore. Il se fait surtout remarquer par son épaisseur, qui contraste avec son peu d'élévation. Le tronc, à peine haut de 3 à 4 mètres, offre plus de 30 mètres de circonférence au niveau du sol. Lorsque le temps a creusé ces extraordinaires colonnes végétales, les Arabes en utilisent la cavité. Là, ils les transforment en un lieu d'agrément, un boudoir, où ils vont fumer le chibouc et prendre des rafraîchissements ; ailleurs, au contraire, ils en font une prison ou même un tombeau.

Mais la merveille végétale, quant à ses colossales dimensions, est assurément le Châtaignier qui vit sur les premières assises de l'Etna. Dans la contrée, on le nomme le « Châtaignier des cent chevaux », parce que l'on prétend qu'une cen-

laine de cavaliers, qui accompagnaient une reine d'Aragon,
ont pu trouver un refuge sous son feuillage, pendant toute la
durée d'un violent orage. Dans son immense excavation, on
a bâti une maison qui abrite un pâtre et son troupeau. Durant
l'hiver, le bois de l'arbre suffit pour chauffer l'habitant de
cette solitaire retraite, et ses fruits abondants le nourrissent
l'été.

Fig. 29. — Un arbre gigantesque : le Dragonnier.

Trois fois célèbre par son aspect étrange, par son volume et
son ancienneté, le Dragonnier (*fig.* 29) ne l'est pas moins par
l'immobilité de son accroissement. Dans le récit légendaire
de Ténériffe, il est dit que cet arbre singulier était adoré par
les Gouanches, primitifs habitants de l'île. On rapporte qu'au
xv° siècle on célébra la messe dans l'intérieur de son tronc;
fait qu'attestait, naguère encore, un petit autel dont on y
voyait les vestiges. Ce végétal s'accroît si lentement qu'à
plus de quatre cents années de distance on n'a pu constater
aucun changement dans sa circonférence[1].

1. D'après Pouchet.

Les plus grands arbres connus sont les Séquoias (*fig.* 30),

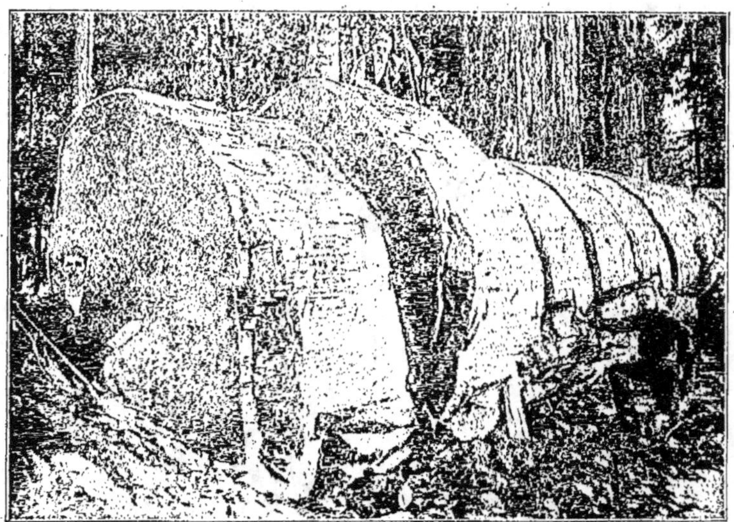

Fig. 30. — Portion du tronc abattu d'un gigantesque Séquoia :
c'est une belle bûche de Noël.

qui habitent les Montagnes Rocheuses, et les Eucalyptus, qui
peuplent l'Australie.

Leçon III

La feuille. — La respiration.

RÉSUMÉ. — **1.** Les feuilles tombent toutes en automne
chez beaucoup de nos arbres (*feuilles caduques*) et persistent
en hiver chez quelques-uns, comme le Pin (*feuilles persistantes*). L'observation nous montre que la feuille est indispensable au végétal pour ne pas dépérir et mûrir ses fruits,

2. La plupart des feuilles comprennent un *pétiole* ou *queue* et une partie aplatie ou *limbe*. Le limbe, partie essentielle, se compose des *nervures*, souvent ramifiées en un réseau très fin, et d'un tissu spécial ou *parenchyme*.

3. Au microscope, sur la coupe transversale d'une feuille, on distingue le *parenchyme*, formé de cellules contenant de petits grains verts de *chlorophylle*. Il est limité en haut et en bas par l'*épiderme*, percé à la face inférieure de nombreux trous appelés *stomates*, et il est parsemé de *nervures* dans lesquelles on distingue les deux sortes de *vaisseaux* déjà trouvés dans le bois et le liber. Ces vaisseaux existent aussi dans le pétiole, de sorte que la sève brute peut arriver jusque dans la feuille.

4. Respiration. — Les feuilles, comme toutes les parties vivantes de la plante, vertes ou non, respirent, c'est-à-dire *absorbent de l'oxygène* et *rejettent du gaz carbonique* aussi bien pendant le jour que pendant la nuit; mais, dans les parties vertes, cette fonction est plus ou moins masquée pendant le jour. On peut cependant la constater par des moyens détournés.

1. Durée et importance de la feuille. — Nous avons vu que **les feuilles,** organes aplatis portés par la tige et les rameaux, **se séparent successivement du bourgeon terminal.** Elles grandissent rapidement jusqu'à ce qu'elles aient pris leur taille définitive, puis restent ensuite sans changement jusqu'à leur disparition.

Chez la plupart des arbres ou arbustes de nos pays, les feuilles ne durent qu'une saison de végétation. Les premières apparaissent au printemps et de nouvelles continuent à se former pendant toute la belle saison; puis, **en automne,** elles jaunissent toutes et **tombent.** On les appelle à cause de cela **feuilles caduques** (du latin *cadere,* tomber).

La plupart des arbres des pays chauds, comme les Palmiers, et quelques arbres ou arbustes de nos pays, comme le Pin, le Sapin, le Houx, le Lierre, gardent leurs feuilles pendant toute l'année et n'en sont jamais complètement dépourvus.

On les appelle arbres à feuilles persistantes. Ces feuilles cependant ne durent pas aussi longtemps que l'arbre qui les porte. On en voit une partie jaunir et tomber dans le courant de l'année. Dans les bois de Pins ou de Sapins, on en voit toujours de sèches sur le sol.

Les feuilles sont des organes des plus **importants pour le végétal.** Nous pouvons nous en rendre compte par la remarque suivante : Lorsque des insectes, comme les Chenilles, ou certains Champignons microscopiques comme le Mildiou de la Vigne, détruisent les feuilles d'un végétal, celui-ci dépérit et est incapable d'amener ses fruits à maturité.

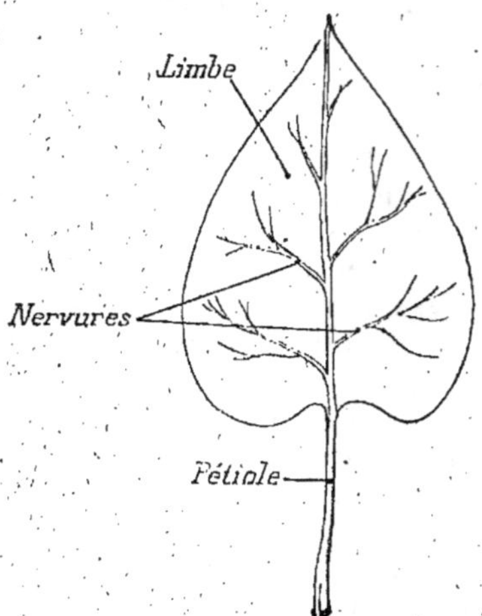

FIG. 3. — Les différentes parties d'une feuille.

Pour nous rendre compte du rôle des feuilles, examinons d'abord leurs parties essentielles et leur structure intime.

2. Nervures et parenchyme. — Nous voyons d'abord que la plupart des feuilles (*fig.* 34) se composent de deux parties : le **pétiole,** ou *queue,* et la partie aplatie, ou **limbe.**

Le pétiole est plus ou moins long ; quelquefois même il n'existe pas (*feuille sessile*) (*fig.* 32).

FIG. 32. — Une feuille sessile, c'est-à-dire dépourvue de pétiole.

Examinons donc surtout le limbe, qui est la partie la plus constante de la feuille. Nous y distinguons facilement deux parties :

1° Une **sorte de charpente** qui donne à la feuille de la solidité : ce sont les **nervures**, qui paraissent être le prolongement du pétiole et qui se ramifient en filaments de plus en plus fins. Les plus grosses se distinguent très facilement à l'œil nu, et elles font saillie plus ou moins fortement à la face inférieure de la feuille. Mais, si on examine la feuille par

Fig. 33. — Feuille de Platane récoltée à terre pendant l'hiver : elle est réduite à ses nervures.

transparence, surtout à la loupe, on distingue alors des ramifications de plus en plus fines, qui se répartissent dans tout le limbe comme les fils d'une fine dentelle.

2° La **substance** qui remplit les intervalles entre ces fines nervures : c'est le *tissu spécial de la feuille* ou **parenchyme**.

On trouve souvent dans les bois, au cours de l'hiver, des feuilles réduites à l'état de fine dentelle par la destruction du parenchyme, moins résistant que les nervures (*fig.* 33). On peut obtenir un résultat analogue en quelques minutes, en étalant une feuille sèche sur une planche, la face inférieure tournée vers le haut, et en la frappant doucement avec les poils d'une brosse. Le parenchyme est détruit, et les nervures plus résistantes persistent.

3. Chlorophylle et stomates. — Pour compléter notre connaissance de la feuille, il nous faut l'examiner au microscope.

Sur une coupe transversale très mince (*fig.* 34), on distingue :

1° En haut et en bas de la coupe, une membrane limitante, nommée **épiderme** ;

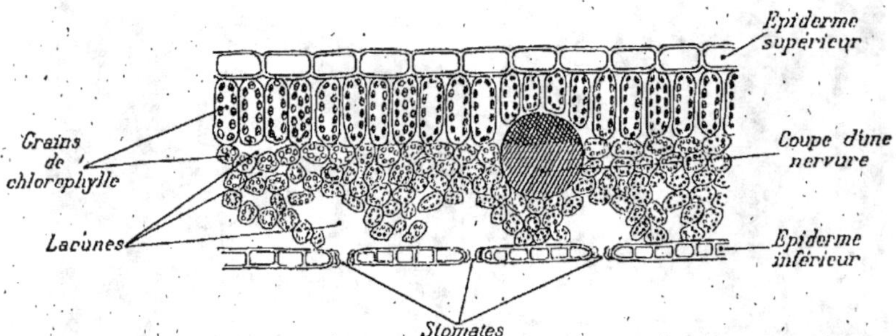

Fig. 34. — Coupe en travers d'une feuille, vue au microscope.

2° Entre ces deux membranes, la partie principale, formée du tissu spécial de la feuille, ou **parenchyme**.

L'épiderme, qui est durci sur sa face extérieure, est une *couche protectrice.* On peut l'examiner de face (*fig.* 35) en l'arrachant sur certaines feuilles, par exemple sur les feuilles de Choux, où il se détache assez facilement. On distingue alors le contour irrégulier des cellules qui le forment. On constate aussi que l'épiderme de la face inférieure diffère de celui de la face supérieure par la présence d'une multitude de petits orifices nommés **stomates** (du grec *stoma*, bouche). On en trouve quelquefois *plusieurs centaines sur 1 millimètre carré.* Ces petites ouvertures, dont on aperçoit aussi quelques-unes sectionnées sur la coupe transversale, établissent une *communication permanente* entre l'air extérieur et le parenchyme.

Quant à celui-ci, il est formé de cellules contenant une

multitude de petits grains verts. La couleur verte est due à
une substance nommée **chlorophylle** (du grec *chloros*, vert, et
phyllon, feuille), qui existe dans toutes les parties vertes des
végétaux. Les cellules à grains de chlorophylle sont plus
serrées au voisinage de l'épiderme supérieur. Dans la région
voisine de l'épiderme inférieur on voit de place en place des
espaces vides, dépourvus de cellules, que l'on nomme **lacunes**.
Il y en a, en particulier, *vis-à-vis des stomates*. La présence de
ces lacunes ex-
plique que la
face inférieure
de la feuille pa-
raît souvent d'un
vert moins foncé
que la face su-
périeure.

De place en
place, sur la
coupe transver-
sale, on voit la
coupe d'une ner-
vure plus ou
moins grosse.

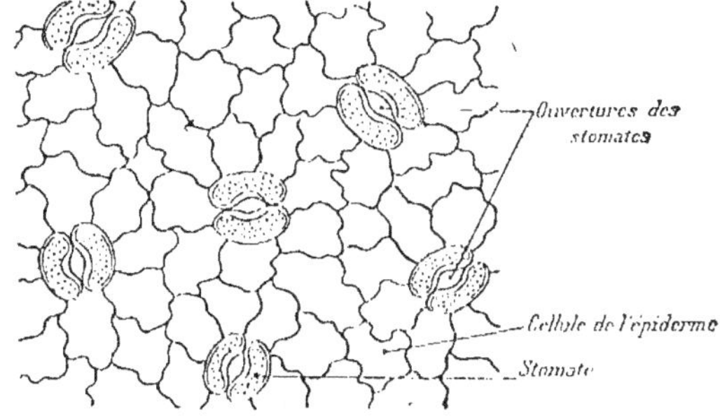

Fig. 35. — Portion de l'épiderme inférieur d'une
feuille, vue au microscope. Remarquer surtout
les stomates.

On reconnaît dans cette coupe les **deux sortes de vaisseaux**
déjà observées dans la tige et les rameaux, c'est-à-dire *ceux
de l'aubier* qui servent à la circulation de la sève brute, et
ceux du liber qui servent à la circulation de la sève élaborée.

On peut aussi observer ces vaisseaux sur une coupe du
pétiole, de sorte que **les vaisseaux des nervures sont en conti-
nuité avec ceux de la tige**. Il en résulte que la sève brute peut
arriver facilement de la racine, qui l'a puisée dans le sol,
jusque dans les feuilles.

Nous sommes donc amenés à nous demander si ce ne serait
pas là, dans les feuilles, qu'a lieu l'élaboration de la sève, qui
transforme la sève brute, riche en eau et incapable de nourrir
le végétal, en *sève élaborée*, plus concentrée et contenant de
nouveaux produits qui la rendent propre à la nutrition de la
plante. Cela nous expliquerait l'importance de la feuille, déjà
signalée plus haut. Mais, avant d'éclaircir cette question,

étudions d'abord la **respiration**, fonction déjà étudiée chez les animaux [1].

4. Respiration. — Nous nous rappelons que la respiration, chez les animaux, consiste en une **absorption d'oxygène et un rejet de gaz carbonique**. Cette deuxième partie du phénomène de la respiration se constate facilement au moyen de l'*eau de chaux*, qui *se trouble* quand on y fait passer l'air sortant des poumons.

L'eau de chaux va encore nous servir pour constater la respiration chez les plantes, car le mot *respiration* a exactement le même sens pour les végétaux que pour les animaux. L'absence d'appareil respiratoire spécial, poumon ou branchie, n'empêche pas l'existence du phénomène respiratoire, c'est-à-dire l'*absorption d'oxygène* et le *rejet*

Fig. 38. — Expérience montrant que les plantes respirent.

de *gaz carbonique*. Celui-ci s'effectue directement dans chaque cellule, comme nous l'avons vu déjà chez certains animaux inférieurs.

On peut le constater dans toutes les parties vivantes de la plante, par exemple avec des racines renflées, comme la Carotte, la Betterave, ou avec des tubercules de Pommes de terre. Il suffit d'enfermer quelques-unes de ces racines (*fig.* 38) ou quelques tubercules dans un vase bien bouché contenant un verre avec de l'eau de chaux. On voit celle-ci se troubler peu à peu, assez lentement, parce que ces racines ou ces tuber-

1. Voir notre *Zoologie*, p. 52.

cules, lorsqu'ils sont extraits de la terre, ne sont plus en état de vie très active. Ils sont cependant vivants, puisque, en les remettant en terre au printemps, ils repassent à l'état de vie active.

Les feuilles, qui, dans la belle saison, sont formées de cellules à vie très active, respirent aussi. Pour le constater, on enferme sous une cloche de verre une plante élevée en pot, ainsi qu'un verre contenant de l'eau de chaux. Si on dispose l'expérience, le soir, on constate, le lendemain matin, un trouble sensible de l'eau de chaux.

On constate encore la même chose en faisant l'expérience dans la journée, mais dans une pièce obscure.

Mais, si on essaye l'expérience en pleine lumière, l'eau de chaux ne se trouble pas ou se trouble à peine, *comme si la respiration ne s'effectuait pas à la lumière*. Ce n'est là qu'une **apparence**, que nous nous expliquerons quand nous aurons étudié l'action de la chlorophylle en présence de la lumière. En effet, si on **endort** en quelque sorte la chlorophylle en ajoutant dans la cloche une *éponge imbibée d'éther ou de chloroforme*, dont les vapeurs se répandent dans la cloche et dans les tissus de la feuille, *on voit l'eau de chaux se troubler* comme dans les deux autres expériences.

Donc **la plante respire continuellement** dans toutes ses parties vivantes, *comme les animaux*.

LECTURES

1. — *L'importance des feuilles pour le végétal*. — Cette importance nous est montrée par l'observation de certains fléaux qui sévissent sur les végétaux.

Un premier exemple très frappant est celui du *Mildiou*, sorte de Champignon microscopique qui vit en *parasite sur la Vigne*. Il s'attaque principalement aux feuilles (*fig.* 37), dont il provoque la dessiccation et la chute.

Ce parasite a été surtout remarqué depuis vingt-cinq ans environ dans nos vignobles. Les vignerons du Midi commençaient à peine à reprendre courage dans leur lutte contre le Phylloxéra lorsque ce nouveau fléau vint les atteindre. Les Vignes qui avaient été épargnées par le Phylloxéra, dépouillées de leurs feuilles par le Mildiou, ne donnèrent aucune récolte. Le raisin ne se développait pas et n'arrivait pas à maturité.

Les botanistes étudièrent la maladie, en reconnurent la cause et en cherchèrent le remède. Ils le trouvèrent dans un certain liquide, nommé *bouillie bordelaise*, formé d'une *dissolution de sulfate de cuivre* (vitriol bleu) additionnée de *chaux éteinte*. On répand ce liquide en fines gouttelettes sur les feuilles de la Vigne (*fig.* 38), soit aussitôt que l'on voit apparaître la maladie, soit, mieux encore, avant son apparition. Le Champignon est tué par le contact du composé cuivrique.

Lorsque l'on eut indiqué ce traitement, certains vignerons se mirent à l'appliquer immédiatement. D'autres, reculant devant ce supplément de travail et cette nouvelle dépense, attendirent. On vit alors un contraste frappant entre les Vignes traitées et celles qui ne l'avaient pas été. Les premières formaient une sorte d'oasis de verdure au milieu des autres absolument dépourvues de feuilles. Les Vignes traitées donnèrent leur récolte, tandis que les autres ne produisirent rien. La preuve de l'efficacité du traitement était évidente.

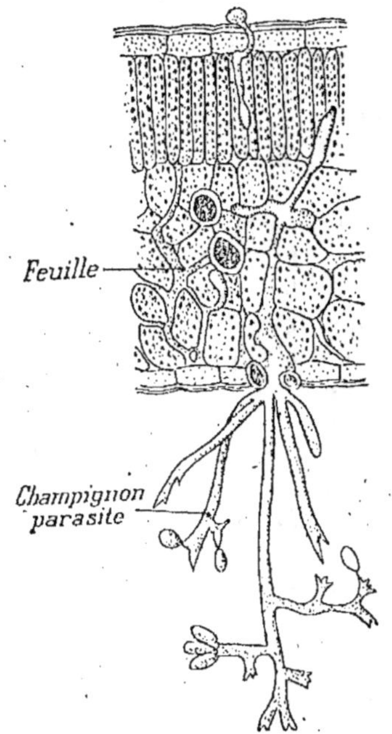

Fig. 37. — Coupe, en travers, d'une feuille de Vigne attaquée par le Mildiou et vue au microscope.

Nous en tirons en même temps la preuve de l'importance des feuilles pour le développement normal du fruit.

On pourrait citer plusieurs autres exemples qui nous fourniraient une preuve analogue. Contentons-nous d'en citer un dans lequel le destructeur des feuilles est une espèce de *Chenille*.

On voit quelquefois les *Pruniers* envahis par des *légions de Chenilles* qui dévorent toutes les feuilles à mesure qu'elles apparaissent. Au mois de juin, l'arbre dépourvu de feuilles est entouré d'une sorte de filet blanchâtre tissé par les Chenilles et dans lequel elles se tiennent enfermées pour se transformer en papillons

Fig. 38. — Sulfatage des vignes.

Dans ce cas encore, on constate que les fruits ne grossissent pas et n'arrivent pas à maturité. Nous concluons donc de tous ces faits que la feuille est indispensable au végétal pour son évolution complète.

2. — *Les feuilles dessinées par elles-mêmes.* — Examinées de près, les feuilles sont fort jolies, et certaines, par la manière dont elles sont découpées, possèdent une finesse à laquelle aucune fleur ne saurait atteindre.

Aussi rien n'est-il plus attrayant qu'une collection de feuilles, collection des plus faciles à faire, puisqu'il suffit de les laisser sécher entre les feuillets d'un livre et de les coller ensuite dans un cahier de papier blanc. On apprend ainsi la botanique et le nom des plantes presque sans s'en apercevoir.

Une telle collection ne va pas cependant sans quelques inconvénients. Les feuilles séchées deviennent cassantes et, une page étant mal tournée, on risque de les mettre en miettes. Et, d'autre part, certains insectes ont la mauvaise habitude de les attaquer et de les réduire en poussière.

Heureusement, il y a un moyen de faire une collection de feuilles ne courant pas ces risques. Ce moyen — ou plutôt ces moyens — consiste à en garder le dessin exact.

Rien n'est plus simple.

Sur une table bien plane, on dispose une feuille de papier couverte à sa face supérieure de fusain ou de sanguine, ou, à défaut, de suie, et sur elle on place une feuille d'arbre, de manière que les nervures en saillie touchent la matière colorée.

On recouvre le tout d'une feuille de papier quelconque, d'un carton et enfin de trois ou quatre livres faisant fonction de presse.

Au bout de quelques minutes, on démolit cette pile, on enlève délicatement la feuille d'arbre et on la transporte, toujours dans la même position, sur une belle feuille de papier blanc, on la recouvre, en prenant grand soin de ne pas la bouger, d'une autre feuille de papier, d'un carton et de plusieurs livres.

Cinq minutes environ après, on démolit à nouveau la pile, et on enlève *toujours délicatement* (ce point est important) la feuille d'arbre : on la trouve alors reproduite sur le papier avec une finesse extrême et une précision absolue. C'est une véritable dentelle.

Ce dessin a malheureusement l'inconvénient d'être très fragile et de s'effacer au moindre attouchement. Pour remédier à cet état de choses, on a le choix entre deux procédés : 1° repasser tous les traits au crayon gris et, à la fin, enlever ce qui reste de fusain ou de sanguine avec un pinceau sec ; 2° « fixer » l'empreinte avec les « fixateurs » de dessins au fusain, liquides qui se trouvent chez tous les papetiers et que l'on applique à l'aide d'un pulvérisateur.

Mais à ceux qui font de la photographie ou qui connaissent seulement quelqu'un s'en occupant, je recommanderai un procédé donnant de bien meilleurs résultats que ceux qui précèdent.

On se sert pour cela d'un châssis-presse. L'appareil étant ouvert, on place sur la glace la feuille à reproduire, étalée avec soin et on la recouvre d'une feuille de papier sensible (au citrate d'argent, par exemple), la gélatine de celui-ci tournée, bien entendu, du côté du verre. On recouvre de la planche brisée, on ferme les ressorts et on expose en plein soleil. Lorsqu'on juge que le temps d'exposition est suffisant, — quelques minutes pour les feuilles minces et transparentes, plusieurs heures pour les feuilles coriaces, — on relève un des côtés de la planche brisée et on soulève un coin de la feuille de papier sensible. Cette opération doit être faite le plus doucement possible pour ne rien déranger. Si la silhouette de la feuille apparaît en blanc sur fond noir, on expose à nouveau (à moins naturellement qu'on ne la désire ainsi). Si la feuille apparaît, au contraire, avec ses nervures et tous ses détails, on arrête l'opération.

Une fois l'épreuve obtenue, il est nécessaire de la « fixer » pour l'empêcher de noircir à la lumière. Pour

Fig. 39. — Feuille d'une Ombellifère, dont la silhouette a été obtenue directement à l'aide d'une feuille de papier sensible.

cela on demande à une personne s'occupant de photographie — un professionnel au besoin — de bien vouloir la « fixo-virer à l'or ». A défaut, on opère de la façon suivante, qui est beaucoup plus simple et qui n'a que le défaut de donner des tons « chocolat » au lieu de teintes noires ou violacées. On achète, chez un marchand de produits chimiques, de l'hyposulfite de soude (40 centimes le kilogramme, c'est pour rien), et on en fait dissoudre une poignée dans un litre d'eau, lequel sera étiqueté « bain fixateur ». Dans ce bain, mis dans une assiette creuse, on plonge l'épreuve, en prenant grand soin qu'il n'y ait pas de bulles d'air à la surface de la gélatine (ce qui, plus tard, produirait des taches). Au bout de dix minutes environ, pendant lesquelles il est bon d'agiter le liquide, on retire l'épreuve et on la met dans de l'eau ordinaire pendant trois ou quatre heures, en ayant soin de renouveler toutes les demi-heures. On peut aussi laver à l'eau courante pendant trois quarts d'heure. A la fin de l'opération, on retire l'épreuve de l'eau et on la laisse sécher tranquillement. La figure 39 a été obtenue par le procédé que nous venons de décrire.

Leçon IV

Les fonctions de la chlorophylle. — La nutrition de la plante.

RÉSUMÉ. — **1. Transpiration.** — Les *parties vertes* de la plante, contenant de la *chlorophylle*, *perdent de l'eau* à l'état de vapeur par les stomates sous *l'influence de la lumière*. Cette perte d'eau *concentre la sève*.

2. Assimilation du carbone. — Ces mêmes *parties vertes*, sous *l'influence de la lumière*, *décomposent le gaz carbonique* provenant de l'air en *oxygène*, qui se dégage, et *carbone*, qui reste dans la plante pour former différents composés (sucre, amidon, etc.) qui *enrichissent la sève*.

3. Nutrition de la plante. — La sève ainsi *modifiée* ou *sève élaborée* repart par les *tubes du liber* qui la distribuent dans les différentes parties du végétal pour les *nourrir*.

4. Plantes parasites. — Les plantes *non vertes, dépourvues de chlorophylle*, comme l'*Orobanche*, la *Cuscute*, les *Champignons*, sont incapables d'effectuer ces fonctions et *ne peuvent vivre qu'en parasites*.

5. Par les fonctions de la chlorophylle, la végétation a une *action purifiante* sur l'atmosphère en décomposant le gaz carbonique, gaz nuisible aux animaux.

1. Transpiration. -- Pendant la belle saison, à l'époque
où la végétation est active, prenons une *plante verte* cultivée

en pot, un Géranium
par exemple; posons-
la sur une *plaque de
verre bien plane* et
recouvrons-la avec
une cloche de verre à
bords *bien plans et
graissés* de façon à
avoir une fermeture
aussi complète que
possible. Exposons
ensuite le tout *au
soleil*. Au bout de
quelques heures nous
verrons la cloche se
recouvrir à l'intérieur
d'une buée formée de
gouttelettes d'eau.

Pour constater le

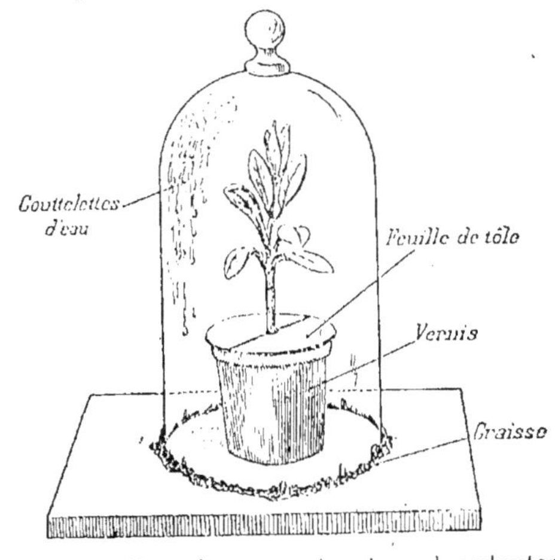

Fig. 40. -- Expérience montrant que les plantes
transpirent.

phénomène avec plus de précision (*fig.* 40), prenons un pot
recouvert de vernis, et dont la terre a été elle-
même recouverte d'une feuille de tôle découpée de façon à laisser passer seulement la
tige. Nous obtiendrons encore l'apparition de
gouttelettes d'eau sur la paroi interne de la
cloche. Donc la *perte
d'eau n'a pu se pro-
duire que par la plante
elle-même.*

On peut déterminer
approximativement la
perte d'eau en met-
tant ce même pot sur
*l'un des plateaux d'une
balance* (*fig.* 41) et en

Fig. 41. -- Expérience permettant d'obtenir,
en poids, la valeur de la perte d'eau qu'é-
prouvent les plantes par leur transpiration.

établissant l'équilibre. Au bout de quelques heures d'exposition au soleil, on constate que le pot contenant la plante est

devenu plus léger, et, en ajoutant des poids du côté du pot pour rétablir l'équilibre, on voit quel est le nombre de grammes que la plante a perdus.

Ces mêmes expériences, répétées *dans l'obscurité*, donnent une *perte de poids beaucoup moindre*. Donc la *lumière active* considérablement le départ de l'eau.

Enfin, si on essaie la même expérience en pleine lumière avec une plante semblable dont on enlève les feuilles au moment de faire l'expérience, on constate que la perte d'eau est bien plus faible. Donc la perte de poids se produit surtout par les feuilles.

En variant les expériences, relatives au même phénomène, on a pu constater que le **départ de l'eau se produit principalement par les petites ouvertures** de la feuille nommées *stomates* et est dû surtout à *l'action de la chlorophylle*. Il y a donc là autre chose que la simple dessiccation qui se produirait avec un corps contenant de l'eau.

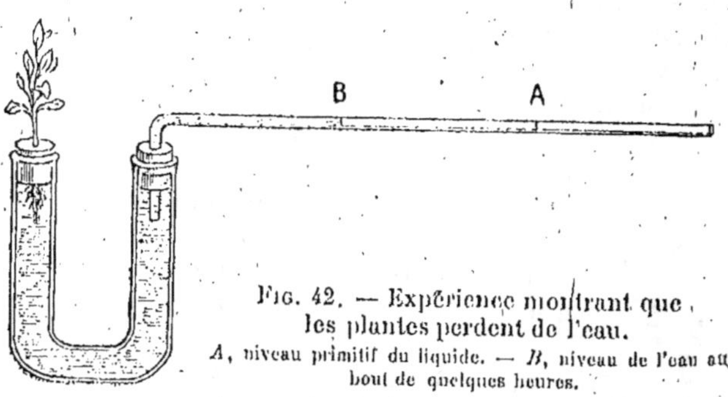

FIG. 42. — Expérience montrant que les plantes perdent de l'eau.
A, niveau primitif du liquide. — *B*, niveau de l'eau au bout de quelques heures.

On peut encore montrer assez rapidement que **la feuille perd de l'eau** en effectuant l'expérience suivante :

On prend un tube en U rempli d'eau, on ferme l'une des ouvertures avec un bouchon qui laisse passer un rameau pourvu de feuilles vertes, de façon à ce que sa partie inférieure plonge dans l'eau (*fig.* 42). L'autre ouverture du tube est fermée également par un bouchon qui laisse passer un tube étroit recourbé horizontalement. En enfonçant le bouchon, ce tube lui-même s'est rempli d'eau jusqu'en un certain point. En exposant l'appareil à l'action de la lumière, on voit le niveau du liquide se déplacer vers le tube en **U**, c'est-à-dire qu'il y a diminution du volume de l'eau.

L'eau perdue par la feuille a été remplacée par l'eau absorbée dans le tube.

Le même appareil, placé dans l'obscurité pendant le même temps, indique un déplacement bien moindre.

Il est facile de comprendre que l'*effet de cette perte d'eau* est de **concentrer** la *sève brute* qui arrive continuellement par les tubes très fins du bois et des nervures.

2. Assimilation du carbone. — Pour bien comprendre ce qui va suivre, il faut se rappeler que le *gaz carbonique*, qui existe en petite quantité dans l'air, résulte de la *combustion du charbon*, c'est-à-dire de l'*union du charbon avec l'oxygène de l'air*. C'est le phénomène que nous voyons se produire dans les *foyers où nous brûlons du charbon*. Cette union est accompagnée d'un *dégagement de chaleur* que nous utilisons pour nous chauffer. Elle se produit aussi dans la *respiration des animaux et des végétaux*.

L'action de la chlorophylle que nous allons étudier est *en quelque sorte l'inverse de cette combustion :* elle consiste à **séparer le charbon de l'oxygène** qui lui est uni dans le gaz carbonique. *Cette séparation exige de la chaleur ou quelque chose d'analogue*, qui est ici fourni par la *lumière solaire*.

Pour constater cette action de la chlorophylle, prenons un de ces larges tubes, fermés à un bout, que les chimistes nomment *éprouvette;* mettons-y quelques *feuilles vertes* que l'on vient de détacher d'une plante, remplissons l'éprouvette d'*eau ordinaire additionnée d'un peu d'eau de Seltz* pour y introduire du gaz carbonique, puis retournons-la en la maintenant bouchée avec la main jusqu'à ce que l'ouverture soit plongée dans l'eau d'une cuvette. Le tube restera ainsi plein d'eau. Exposons ensuite le tout **au soleil** (*fig.* 43).

Au bout de quelque temps nous verrons que la face inférieure des feuilles est parsemée de *petites bulles de gaz*. A la longue ces bulles grossissent, se détachent de la feuille et montent en haut du tube. Au bout de deux ou trois heures, le tube contiendra une certaine quantité de ce gaz, et on pourra essayer ses propriétés en bouchant de nouveau l'éprouvette avec la main et la retournant. On constate ainsi qu'il *rallume une allumette* qui vient de s'éteindre et dont le bois est encore incandescent. C'est là l'un des *caractères de l'oxygène*. Donc les **bulles** que nous avons vu sortir de la feuille **sont de l'oxygène**.

On a pu constater, d'autre part, que le gaz carbonique a diminué dans l'eau de l'éprouvette à la fin de l'expérience.

Il importe de préciser les conditions dans lesquelles se produit ce phénomène

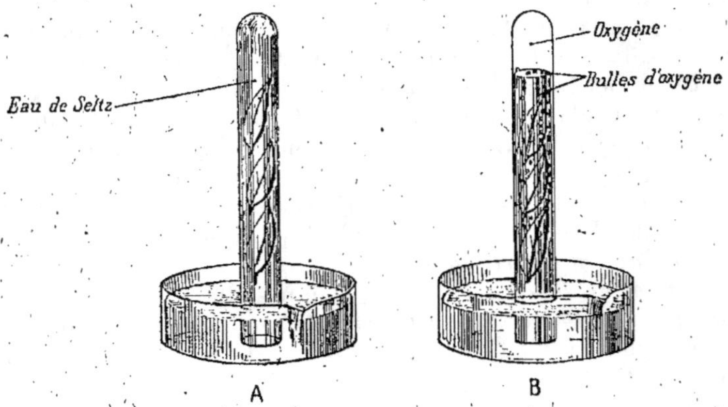

Fig. 43. — Expérience montrant que les feuilles, à la lumière, dégagent de l'oxygène.

A, début de l'expérience. — *B*, l'expérience, après exposition de quelques heures à la lumière.

Si on répète la même expérience *dans l'obscurité*, on constate qu'elle ne donne pas les mêmes résultats; donc la **lumière** est nécessaire à sa réussite.

Si on essaie cette même expérience en *pleine lumière* avec des *feuilles blanches*, comme celle que l'on trouve dans un cœur de salade, on constate que l'expérience *ne réussit pas* non plus. Donc la *matière verte, ou chlorophylle, est également nécessaire*. Et l'on comprend pourquoi on donne au phénomène le nom de **fonction chlorophyllienne**.

Enfin, si on essaie de répéter l'expérience *à la lumière* avec des *feuilles vertes*, mais en ajoutant à l'eau de l'éprouvette quelques gouttes de *chloroforme*, on constate que le *dégagement d'oxygène ne se produit pas*. Le chloroforme a donc suspendu l'action de la chlorophylle.

Nous nous expliquons maintenant très facilement les faits indiqués au sujet de la respiration dans la leçon précédente.

Dans l'obscurité, la fonction chlorophyllienne ne se produisant pas, nous constatons facilement le dégagement de gaz carbonique dû à la respiration. Mais, dès que la lumière est suffisante, la fonction chlorophyllienne se produit et agit en sens inverse de la respiration. **Le gaz carbonique** dégagé par la respiration est **décomposé par la chlorophylle**, en même temps que celui qui vient de l'air. On ne peut donc plus constater ce dégagement, à moins de suspendre l'action de la chlorophylle par l'éther ou le chloroforme.

Revenons maintenant à la fonction chlorophyllienne. Un grand nombre d'expériences faites de différentes façons ont confirmé celles que nous avons décrites et ont fait admettre que le *dégagement d'oxygène* est dû à la *décomposition du gaz carbonique*, dont le charbon, ou *carbone, reste dans la plante* pour former les différents produits carbonés que l'on y trouve : la dénomination d'**assimilation du carbone** est donc synonyme de *fonction chlorophyllienne*. Les produits formés par suite de l'assimilation du carbone sont extrêmement variés. Citons parmi eux le *sucre*, l'*amidon*. D'autres plus complexes ont besoin, pour se former, des sels minéraux contenus dans la sève brute.

Par la *perte d'eau due à la transpiration* et par l'*addition de composés carbonés* dus à l'assimilation du carbone, la **sève brute est devenue la sève élaborée** propre à nourrir la plante.

3. Nutrition de la plante verte. — Cette *sève élaborée* est ensuite reprise par les *tubes* qui existent dans *le liber et les nervures*, et *répartie dans les différents organes* de la plante qui ont besoin de nourriture.

Nous pouvons donc nous rendre compte maintenant de la façon dont une plante verte se nourrit :

Elle *puise dans le sol la sève brute* qui contient les substances minérales dont elle a besoin. Cette *sève brute monte*, par les *vaisseaux du bois* et ceux qui leur font suite, dans le pétiole et dans les nervures des feuilles, et elle *arrive ainsi dans le paren-chyme*. Là, *sous l'action de la chlorophylle et de la lumière, elle perd de l'eau et s'enrichit de corps contenant du carbone puisé dans l'atmosphère ;* et, devenue ainsi *sève élaborée*, elle se répartit dans les différentes régions de la plante par les *tubes du liber*, qui ont aussi leurs prolongements dans les nervures.

On voit donc que la plante verte tire sa nourriture *en partie du sol et en partie de l'atmosphère.*

4. Nutrition des plantes non vertes. — Il existe des *plantes qui ne sont pas vertes,* c'est-à-dire ne contiennent pas de chlorophylle, même quand elles sont en état de végétation active. Examinons une de ces plantes, *l'Orobanche* par exemple. Nous constatons que *ses racines,* au lieu de s'enfoncer dans le sol, *s'enfoncent dans les tissus d'une autre plante* pourvue de

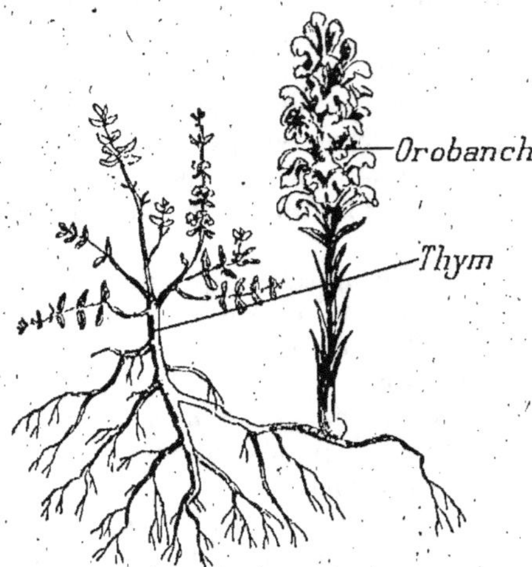

chlorophylle. Il est donc capable d'effectuer les fonctions de la chlorophylle et n'est pas un parasite au même degré que les végétaux précédents.

5. Les plantes vertes, grâce à leur chlorophylle, exercent une **action purifiante** sur l'air en *décomposant le gaz carbonique* que les animaux, les foyers de combustion, etc. rejettent continuellement dans l'atmosphère, et en le *remplaçant par de l'oxygène.*

C'est une des raisons pour lesquelles *l'air de la campagne* est *plus pur que celui des villes,* et c'est pourquoi il est très utile de multiplier dans les villes les *jardins publics* et les *voies larges plantées d'arbres.*

Fig. 45. — Le Gui, plante parasite sur les branches des arbres. (Cliché Hégor.)

Labours. — Amendements. — Engrais. — Assolements. — La culture des plantes susceptibles de donner un produit rémunérateur ne se fait pas au hasard : elle exige des soins assidus et des connaissances spéciales, appliquées avec méthode.

Il faut notamment porter son attention sur la terre et la *labourer (fig. 46),* on seulement pour « donner de l'air » aux

racines et leur permettre de respirer, mais aussi pour soulever
la partie profonde — plus nutritive — avec la partie superficielle — épuisée par la culture.

On peut encore améliorer les *propriétés physiques* du sol en
y apportant certaines substances, en y pratiquant, comme l'on
dit, des *amendements*. Les plus fréquemment employés sont
les *amendements calcaires*, par l'apport de marne, de chaux,
de plâtre ou simplement de coquilles marines. Ce dernier

Fig. 46. — Labourage nivernais (tableau de Rosa Bonheur).

procédé est surtout employé en Bretagne; il a si bien amélioré les terres de la côte que l'on donne aujourd'hui à cette
zone le nom de *ceinture dorée*.

Si les substances que l'on ajoute au sol agissent *chimiquement*, on leur donne le nom d'*engrais :* les plus connus sont le
fumier de ferme, les engrais azotés (nitrate de soude, sulfate
d'ammoniaque), les engrais phosphatés (superphosphates), les
engrais potassiques (chlorure de potassium). On ne doit les
employer qu'après avoir fait une analyse chimique soignée du
sol. Si, par exemple, on a constaté que la terre est pauvre en
phosphates, on y ajoute des superphosphates. Si elle n'a pas
assez d'azote, on y ajoute du nitrate de soude.

Il est facile de se rendre compte des bons effets des engrais en mettant dans des pots de fleurs (*fig. 1*) du sable additionné pour les uns de nitrate, pour les autres de superphosphate, et pour d'autres d'un mélange de toutes ces substances. On y sème des graines et, quelques semaines après, on trouve des différences considérables dans le « rendement » des cultures.

Remarquons enfin qu'il est nécessaire d'*alterner* les cultures sur un même terrain pour éviter l'épuisement de la terre, l'envahissement des mauvaises herbes, le développement des maladies des plantes. C'est la pratique de l'*assolement*; elle repose sur diverses constatations faites de longue date par les cultivateurs. L'une des plus connues est celle qui consiste à faire alterner une culture d'une plante à *racines pivotantes* avec une culture de plantes à *racines fasciculées*. Et cela est très rationnel, si l'on remarque que la première épuise le sol surtout dans la profondeur, tandis que la deuxième l'épuise surtout dans la région superficielle.

<hr>

Leçon V

Variété des tiges et des feuilles. — Greffe.

RÉSUMÉ. — **1.** Certaines plantes ont un *rhizome*, ou *tige souterraine*, pourvu d'un bourgeon terminal, de feuilles réduites à des écailles blanchâtres avec des bourgeons axillaires. Elles donnent des *rameaux aériens* portant des feuilles et des fleurs (Ex. : *Sceau-de-Salomon*, *Iris*, *Ortie*, *Asperge*). Les *tubercules* (*Pommes de terre*) sont des portions de tiges souterraines renflées. Les *bulbes* (*Oignons*) sont des tiges souterraines très courtes, recouvertes de feuilles généralement charnues.

2. Les tiges peuvent se présenter sous d'autres formes encore : tiges *rampantes* (*Fraisier*), tiges *volubiles* (*Liseron*), tiges *grimpantes* à *vrilles* (*Pois*) ou à *racines-crampons* (*Lierre*), tiges *dressées* (*Blé*, *Giroflée*). Les unes sont *ligneuses*, c'est-à-dire dures comme du bois, les autres *herbacées*.

3. La tige ligneuse des Palmiers, ou *stipe*, n'a pas de couches concentriques de bois, mais de petits *faisceaux* *formés de bois et de liber*, nombreux surtout vers l'extérieur et séparés par de la moelle.

4. Les feuilles peuvent avoir *une seule nervure* (*Pin*), ou plusieurs *nervures parallèles et non ramifiées* (*Blé*), ou une *nervure principale* avec *ramification pennée* (*Orme*) ou *palmée* (*Lierre, Vigne*).

5. La *feuille simple*, c'est-à-dire à *limbe d'une seule pièce*, peut être *entière* (*Magnolia*), *dentée* (*Châtaignier*), *lobée* (*Chêne, Vigne*). La *feuille composée*, c'est-à-dire à *limbe partagé en folioles*, peut être *pennée* (*Faux Acacia*) ou *palmée* (*Marronnier*).

6. Au point de vue de la *disposition sur la tige*, les feuilles peuvent être *alternes* (*Orme, Pêcher*), *opposées* (*Lamier blanc, Houblon*) ou *verticillées* (*Laurier-Rose*).

7. Certaines feuilles ont à la base deux petites lames vertes appelées *stipules* (*Rosier*) ou une sorte de *gaine* entourant la tige (*Blé*).

8. Les feuilles peuvent se réduire à des *écailles* (*Sceau-de-Salomon*), se transformer en *vrilles partiellement* (*Pois*) ou *totalement* (*Gesse sans feuilles*), se modifier *suivant le milieu* (*Sagittaire*), se transformer en *pièces florales*, etc.

9. Greffe. — La greffe a pour but de *transporter un rameau ou même un simple bourgeon d'un végétal sur un autre* de même espèce ou d'espèce voisine, de façon à ce qu'il s'y développe aux dépens de la sève de son nouveau support.

❧ ❧ ❧

Dans les leçons précédentes nous avons étudié la tige et la feuille, en quelque sorte normales, telles que la possèdent, par exemple, la majorité des plantes ordinaires. Mais ces deux organes peuvent présenter bien des formes et des détails qui, quoique secondaires, sont intéressants à connaître.

1. Tiges souterraines. — On trouve, dans beaucoup de nos bois, une plante qui porte, au printemps, de petites fleurs en forme de clochettes allongées d'un blanc verdâtre, disposées par une ou deux le long de la tige, avec des feuilles de forme ovale, terminées en pointe et s'écartant à droite et à gauche à peu près dans le même plan.

Si l'on cherche la partie souterraine de cette plante (*fig. 47*), on trouve à une faible profondeur une masse assez grosse allongée horizontalement et portant un nombre considérable de filaments dirigés dans tous les sens. La tige portant les feuilles et les fleurs vient s'y rattacher à peu près perpendiculairement au voisinage de l'extrémité. De place en place on voit sur la partie horizontale des *creux arrondis* que l'on a comparés à l'empreinte d'un cachet dans la cire molle, et qui ont fait donner à la plante le nom de **Sceau-de-Salomon**.

En examinant attentivement l'extrémité, on y voit un certain nombre

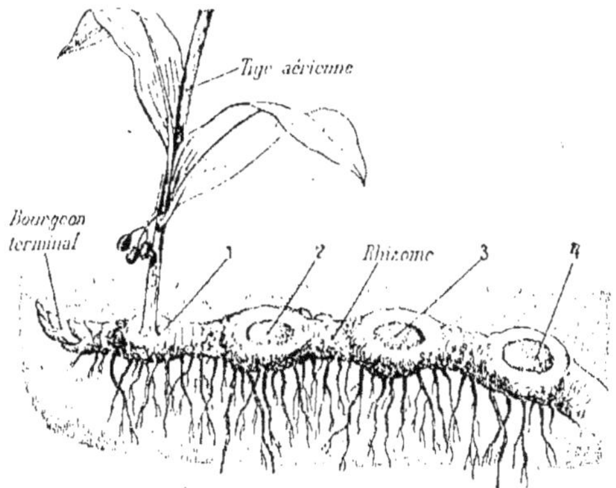

Fig. 47. — Pied de Sceau-de-Salomon.

1, point d'insertion de la tige aérienne de l'année. — 2, cicatrice laissée par la tige aérienne de l'année précédente. — 3, 4, cicatrices encore plus anciennes.

d'*écailles blanchâtres* qui rappellent un *bourgeon terminal*. Il n'y a *pas de poils absorbants* au voisinage de l'extrémité.

Cette partie souterraine horizontale est une **tige souterraine**, ou **rhizome** (du grec *rhisa*, racine), qui s'allonge lentement sous terre. La tige aérienne portant les feuilles et les fleurs n'est qu'une ramification de cette tige souterraine provenant du développement d'un bourgeon placé à l'aisselle d'une des écailles blanchâtres qui figurent des feuilles rudimentaires.

Les *filaments* que porte cette tige souterraine sont des *racines adventives*. Quant aux *empreintes* qui ont valu son nom à la plante, ce sont les *traces des rameaux aériens* des années précédentes, qui se sont flétris à l'automne et finalement détachés.

La plante est donc capable de vivre un grand nombre d'an-

nées, bien que la partie aérienne disparaisse à chaque automne.

Un grand nombre de plantes de nos pays sont dans le même
cas : Chiendent, Ortie, etc. Si nous nous contentons de les

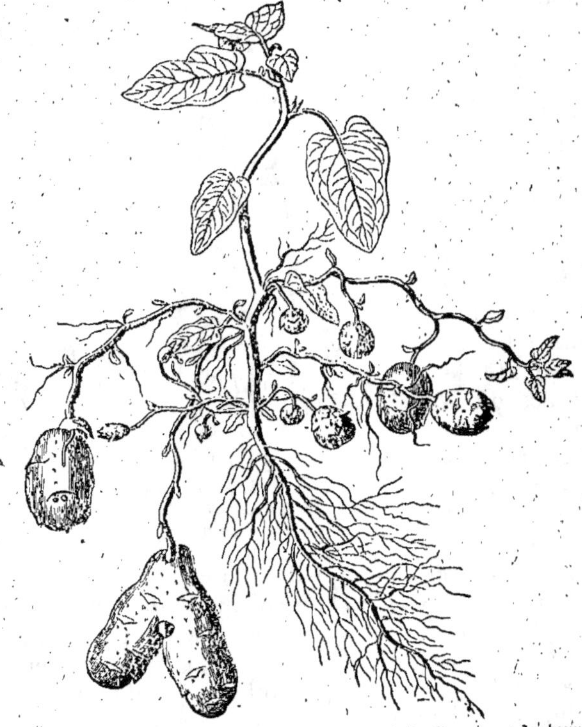

Fig. 48. — Partie inférieure d'un pied de Pomme de terre.

Dans la partie souterraine, outre les racines, on voit les tubercules, qui ne sont autres que des
tiges renflées. Remarquer, à la surface de ces derniers, des sortes de petites écailles qui
sont autant de feuilles rudimentaires, avec un bourgeon à leur aisselle.

couper sans prendre le soin d'enlever la partie souterraine,
nous les voyons bientôt repousser à la même place.

Les *jeunes pousses d'Asperges* que nous mangeons au printemps sont les *rameaux aériens* d'une tige souterraine.

Les **tubercules** de *Pommes de terre* (*fig.* 48), également comestibles, sont des *portions de rameaux souterrains* qui se sont *renflés* par l'accumulation de réserves nutritives, et surtout de fécule. Les *yeux*, c'est-à-dire les trous que l'on observe à leur surface, contiennent des bourgeons, que nous voyons pousser au printemps, quand les Pommes de terre *germent*. Ces tubercules sont donc bien différents des racines renflées que nous avons vues dans la Carotte, le Radis, etc., et qui ne portent pas de bourgeons.

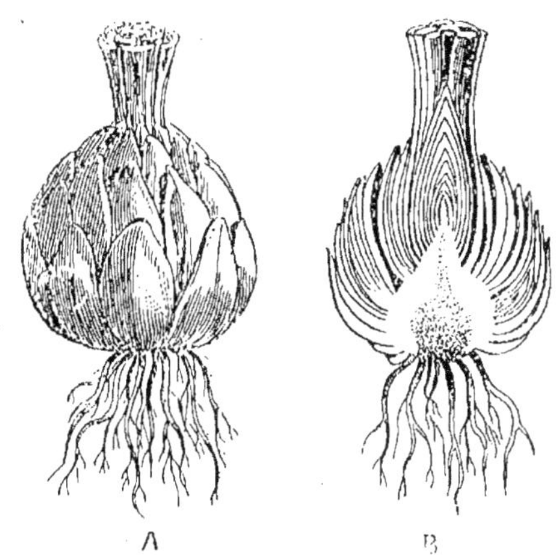

Fig. 49. — Pied de Crocus, dont on a coupé le bulbe en long.

Fig. 50. — Bulbe de Lis.

A, entier. — B, coupé, en long. — On voit qu'il est en partie formé par une tige renflée et par des feuilles.

Les *Crosnes du Japon*, dont l'usage commence à se répandre dans nos pays, sont aussi des tubercules.

Les **bulbes** que nous trouvons dans les *Oignons, Jacinthes, Crocus, Lis*, etc., sont encore des tiges souterraines très courtes, portant tantôt un petit nombre de feuilles (*fig.* 49), tantôt un grand nombre de feuilles se recouvrant plus ou moins les unes les autres (*fig.* 50), et quelquefois renflées et comestibles comme dans l'Oignon.

2. Formes intermédiaires. — Les tiges peuvent d'ailleurs se présenter sous bien d'autres aspects que ceux que nous venons de citer. Énumérons les principales :

Les **tiges rampantes**, qui se traînent sur le sol, en y prenant racine de place en place, comme celles du *Fraisier* (*fig.* 217);

Les **tiges volubiles**, qui s'enroulent autour d'un support, — et toujours dans le même sens pour une espèce donnée — comme celles du *Houblon*, du *Liseron* (*fig.* 51);

Les **tiges grimpantes**, qui se fixent aux corps voisins par des vrilles [Pois (*fig.* 73), Vigne (*fig.* 197)], ou par des *racines adventives* jouant le rôle de **crampons** [Lierre (*fig.* 241)];

Les **tiges dressées**, qui, sans acquérir la dureté du bois, sont cependant assez résistantes pour se soutenir d'elles-mêmes, comme le **chaume** des Graminées [Blé (*fig.* 377)], ou la tige de beaucoup de nos petites plantes (Giroflée, Lis, etc.).

Au point de vue de la *dureté*, ces différentes tiges se distinguent en **tiges ligneuses**, c'est-à-dire acquérant la dureté du bois (du latin *lignum*, bois), et dont certaines, comme, par exemple, le Baobab (*fig.* 52), acquièrent un diamètre considérable, et en **tiges herbacées**, qui restent relativement molles et vertes.

Fig. 51. — Tige volubile du Liseron.

3. Stipe. — Un dernier cas intéressant à considérer est celui des *Palmiers* (*fig.* 374), qui ont une *tige ligneuse*, mais d'un aspect très différent du tronc des arbres de nos pays.

Cette tige, nommée **stipe**, n'est pas ramifiée ; elle se termine par un bouquet de feuilles souvent très longues.

Sur une coupe transversale (*fig.* 53), on ne distingue *pas de couches concentriques de bois*. La partie la plus dure est la plus voisine de l'extérieur. Au microscope, on distingue une série de *petits faisceaux composés de bois et de liber* et beaucoup plus serrés vers la circonférence que vers le centre. La substance qui sépare ces faisceaux est de la moelle.

En définitive, on peut dire que *toutes les tiges*, quelle que

soit leur forme, présentent un *caractère commun* : c'est
qu'elles contiennent les *deux sortes de tubes* destinés à la
circulation des *deux sortes de sèves.*

4. Feuilles. — Leurs nervures. — La variété des feuilles
est pour ainsi dire **infinie.** Nous nous contenterons d'en
donner une idée en les considérant successivement à plu-

Fig. 52. — Baobab (cliché Réaume).

sieurs points de vue : *nervures, forme, disposition du contour,
disposition sur la tige,* etc. Considérons d'abord les *nervures.*

Les feuilles très étroites du Pin (*fig.* 394), dites *aiguilles,* ont
une seule nervure.

Les feuilles longues et étroites des Graminées, les feuilles
plus courtes du Muguet, de la Jacinthe ont les nervures à peu
près **parallèles et non ramifiées** (*fig.* 54).

Les feuilles qui, tout en étant plus longues que larges,

sont cependant moins allongées que celles des Graminées,
présentent souvent la disposition de nervures dite **pennée** (du latin *pennu*, plume), dans laquelle une *nervure principale médiane* donne naissance à des *nervures secondaires* qui s'en détachent à droite et à gauche comme les barbes d'une plume d'oiseau se détachent de la hampe [ex. : Châtaignier (*fig.* 55), Chêne (*fig.* 56)].

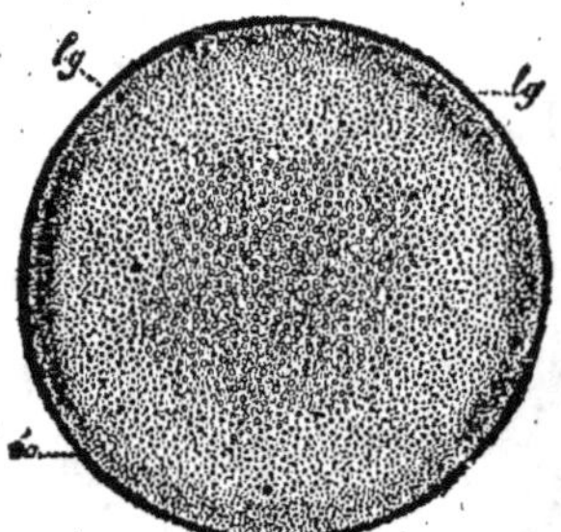

FIG. 53. — Coupe, en travers, du tronc d'un Palmier.

éc, écorce. — *lg*, *lg'*, faisceaux disséminés dans la moelle.

Enfin, les feuilles qui ont une largeur à peu près égale ou même supérieure à leur longueur présentent souvent la disposition de nervures dite **palmée**, à cause de

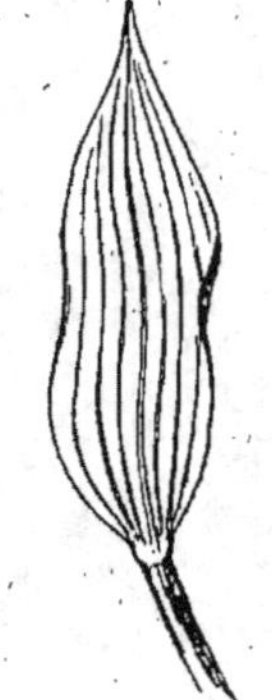

FIG. 54. — Exemple d'une feuille à nervures parallèles.

sa ressemblance avec la main grande ouverte, les doigts écartés : du *même point de la nervure principale* partent 5, 7, 9 *nervures secondaires* qui s'écartent dans des directions différentes [ex. : Lierre (*fig.* 241), Vigne (*fig.* 197)].

5. Forme et disposition du contour. — La forme de la feuille, infiniment variée, s'exprime par une foule de noms sur lesquels nous n'insistons pas : ronde, ovale, elliptique, etc.

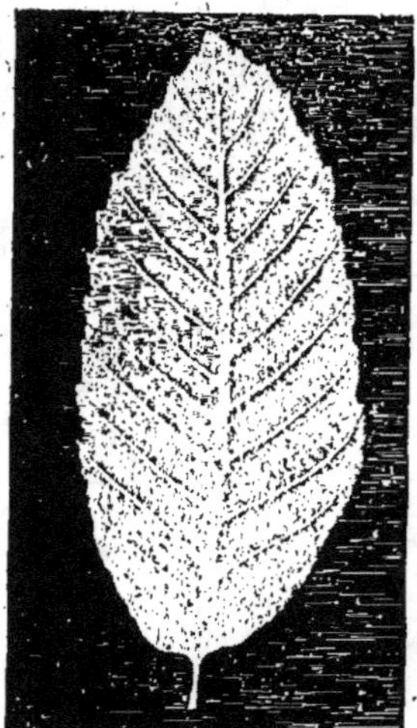

FIG. 55. — Feuille dentée, à nervation pennée (*Châtaignier*).

Le contour du limbe peut être plus ou moins découpé. On

peut distinguer à ce point de vue les **feuilles simples** et les

Fig. 56. — Feuille lobée et à nervation pennée (*Chêne*).

Fig. 57. — Feuille entière (c'est-à-dire au bord lisse) (*Nerprun*).

feuilles composées. Dans les *feuilles simples*, le *limbe plus ou moins découpé* est cependant *d'une seule pièce*.

Si le bord du limbe ne présente *aucune découpure*, la feuille est dite **entière** [*Lilas, Nerprun (fig. 57)*].

S'il présente des *découpures fines et nombreuses*, elle est dite **dentée**. Les dents peuvent être *aiguës* (*Châtaignier*) (*fig. 55*) ou *arrondies* (*Fusain*).

Si les *découpures, moins nombreuses et plus profondes*, partagent le limbe en un certain nombre de *lobes*, la feuille est dite **lobée** [*Chêne* (*fig. 56*), *Vigne*]. Suivant les cas, les découpures s'approchent plus ou moins de la nervure médiane (*fig.* 39). On passe ainsi insensiblement à la **feuille composée**, dans laquelle le *limbe*

Fig. 58. — Rameau de Faux-Acacia montrant des feuilles composées pennées.

est partagé en un certain nombre de pièces distinctes, figurant comme de *petites feuilles*, et nommées **folioles**. Suivant la disposition des nervures de la feuille, les folioles présenteront soit la disposition **pennée**, comme dans la feuille de *Faux Acacia* (*fig.* 58), soit la disposition **palmée**, comme dans la feuille du *Marronnier d'Inde* (*fig.* 199).

<table>
<tr><td>Fig. 59. — Exemple de feuilles
alternes (Pêcher).</td><td>Fig. 60. — Exemple de feuilles
opposées (Houblon).</td></tr>
</table>

Ces feuilles composées ne peuvent être confondues avec des rameaux portant plusieurs feuilles simples, car il n'y a *ni bourgeon terminal à l'extrémité*, *ni bourgeons axillaires à l'aisselle des folioles.*

6. Disposition sur la tige. — Dans certains cas on voit *une seule feuille* prendre naissance *à chaque nœud.* On dit alors que les feuilles sont **alternes** [*Orme, Chêne, Pêcher* (*fig.* 59)].

Dans d'autres cas on voit *à chaque nœud deux feuilles* placées *en regard l'une de l'autre.* On dit alors que les feuilles sont **opposées** [*Houblon* (*fig.* 60)].

Enfin quelquefois on trouve *à chaque nœud plus de deux feuilles*, depuis trois jusqu'à quinze ou vingt. On dit alors que les feuilles sont **verticillées** [*Laurier-Rose* : 3 feuilles ; *Gratteron* : 4 feuilles ou plus (*fig.* 308), etc.].

7. Stipules et gaine. — Nous avons indiqué comme partie essentielle de la feuille le *limbe*, souvent accompagné d'un *pétiole*. Certaines feuilles présentent en plus, à la base, de part et d'autre du pétiole, deux sortes de *petites feuilles* appelées **stipules** [ex. : *Rosier* (*fig.* 61)]. Quelquefois ces stipules prennent un *développement presque comparable à celui des folioles*, comme dans la *feuille du Pois* (*fig.* 203).

Elles arrivent même quelquefois *à suppléer le limbe absent* ou réduit à sa nervure principale, comme dans la *Gesse sans feuilles* (*fig.* 62).

Enfin certaines feuilles se prolongent à la base en une *sorte de gaine* qui entoure plus ou moins la tige : on les appelle

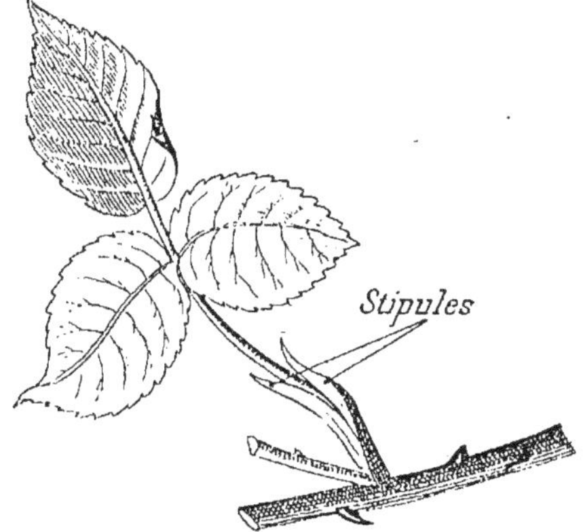

Fig. 61. — Exemple de feuille munie de stipules (*Rosier*).

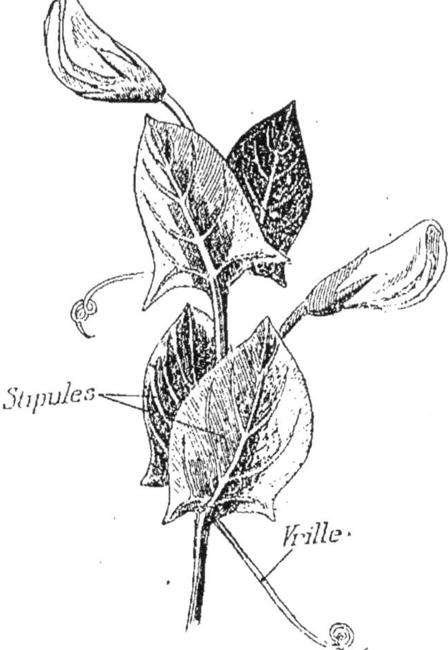

Fig. 62. — Gesse sans feuilles (grandeur naturelle).

feuilles engaînantes. L'exemple le plus net est celui des *Graminées* (*Blé*, *Maïs*, etc.), dans lesquelles cette gaine est très.longue et forme une sorte de *fourreau* à la tige (*fig.* 377).

8. Feuilles transformées. — Nous avons déjà parlé des feuilles souterraines réduites à des *sortes d'écailles*: *Sceau-de-Salomon*, *Chiendent*, etc. Certaines feuilles aériennes sont transformées en **vrilles**, soit *en partie* comme dans le *Pois* (*fig.* 203), soit *en totalité* comme dans la *Gesse sans feuilles* (*fig.* 62). Dans les *plantes aquatiques* on remarque quelquefois **plusieurs formes de feuilles**, suivant que celles-ci *restent dans.l'eau* ou *sortent de l'eau*. Ainsi la *Sagittaire* (*fig* 63) a des feuilles de trois formes: celles qui *sortent de l'eau* et dont la forme en *fer de flèche* a valu son nom à la plante (du latin *sagitta*, flèche), celles qui *flottent sur l'eau* et qui sont *arrondies en cœur*, et celles

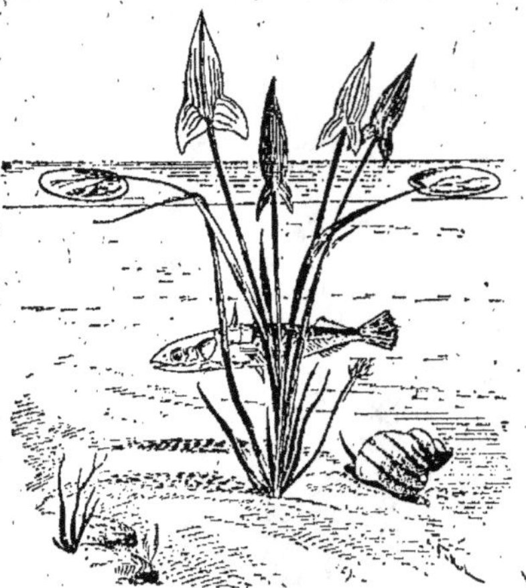

Fig. 63. — Une plante aquatique, la Sagittaire, qui présente trois formes de feuilles.

qui *restent sous l'eau* en forme de *long ruban*.

Enfin nous verrons bientôt que les *pièces florales* ne sont que des *feuilles plus ou moins transformées*.

9. Greffe. — La greffe est une opération très employée pour *propager les variétés d'arbres fruitiers* dont les fruits ont été *améliorés par la culture*.

Si on sème les graines contenues dans ces fruits, les arbres qui en résultent ne produisent pas, en général, des fruits aussi savoureux que ceux dont ils proviennent. Ainsi un noyau de Cerise, en germant, donnera généralement un Merisier, comme ceux qui produisent les petites Merises aigrelettes des bois. Pour obtenir un Cerisier à fruits vraiment succulents, il faudra greffer ce Merisier.

Il y a bien des manières de faire cette opération. Nous décrirons seulement le procédé dit **greffe en fente** (*fig.* 64).

On coupe la tige de l'arbre sauvage que l'on veut greffer, on la fend sur une longueur de quelques centimètres, et on introduit, à chaque extrémité de cette fente, un *rameau* ou *greffon* pris sur l'arbre dont on veut propager les fruits. Ce rameau a été *taillé en sifflet* à sa partie inférieure. On le place de façon à ce que *le dessous de l'écorce*, c'est-à-dire *le liber*

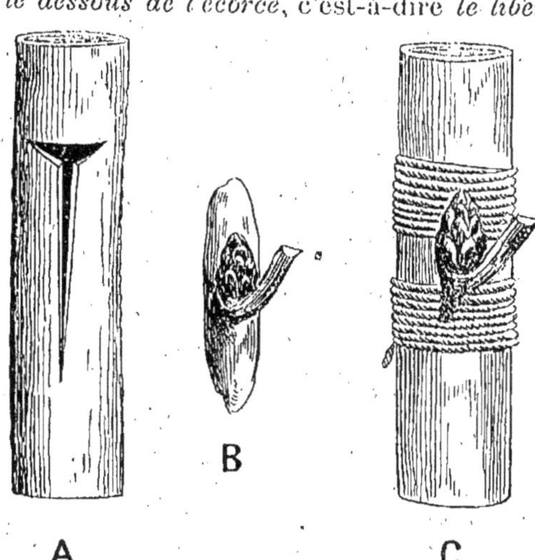

Fig. 64. — Greffe en fente.
A, greffon isolé. — B, greffon mis en place.

Fig. 65. — Greffe en écusson.
A, tige préparée pour recevoir un bourgeon. — B, bourgeon isolé. — C, bourgeon-greffon mis en place.

et *le cambium du greffon*, coïncide avec les mêmes régions de *l'arbre-support*. Les bords de la fente rapprochés serrent le greffon; on consolide avec un lien, puis la blessure est recouverte d'un mastic spécial.

Si l'opération a été bien faite, les *greffons se développent*, grâce à la sève qu'ils reçoivent de leur support, et, chose curieuse, ils *donnent des fruits aussi bons* que si on les avait laissés sur leur support primitif.

Dans d'autres procédés de greffe c'est un simple bourgeon que l'on transporte ainsi d'un arbre sur un autre [greffe en écusson (*fig.* 65)].

La greffe ne réussit que si le *support* et le *greffon* appartiennent à la *même espèce* ou à des *espèces voisines*. On peut greffer, par exemple, *Cerisier sur Merisier*, *Poirier sur Cognassier*, *Amandier sur Prunier*, etc.

On emploie aussi la greffe pour certaines plantes d'ornement, comme les *Rosiers*.

Enfin, on la pratique beaucoup aujourd'hui pour la *Vigne*, en greffant des *Vignes françaises* sur des *Vignes américaines* dont les racines résistent au Phylloxéra.

LECTURES

1. — *Les tiges et les feuilles comestibles*. — Parmi les tiges comestibles, les plus importantes sont les tubercules des *Pommes de terre* (*fig.* 48), qui occupent dans notre alimentation une place considérable. D'autres constituent plutôt des mets de luxe : tels sont les *Topinambours*, dont le goût rappelle celui des fonds d'Artichauts; les *Crosnes du Japon*, dont le goût est peut-être un peu fade; les *Asperges*, que nous ramène le printemps. A citer aussi la *Canne à sucre*

Fig. 66. — Canne à sucre.

(*fig.* 66) que les nègres s'amusent à sucer en guise de friandise et de laquelle on extrait du sucre.

Les feuilles alimentaires sont plus nombreuses, notamment sous forme de Salades : *Laitue*, *Escarole*, *Mâche*, *Chicorée*, etc., que l'on mange crues. D'autres ont besoin d'être cuites, par exemple l'*Oseille*, l'*Épinard*, le *Chou* (*fig.* 144). Certaines ne sont pas des aliments à proprement parler, mais plutôt des condiments : tel est le cas du *Persil* (*fig.* 234) et du *Cerfeuil*. N'oublions pas non plus les feuilles de Thé (*fig.* 169), dont on fait une excellente boisson.

2. — *Les plantes carnivores.* — Certaines plantes ont un mode d'alimentation tout particulier : elles mangent des insectes, elles se nourrissent de chair et ont, pour cela, reçu le nom de *plantes carnivores*. Il n'est pas besoin d'aller très loin pour en trouver. Dans beaucoup de nos régions marécageuses, en effet, on trouve une gentille petite plante, d'une teinte générale rougeâtre, qui rentre dans cette catégorie : c'est le *Droséra*. Ses feuilles (*fig.* 67) ont la forme d'une spatule et

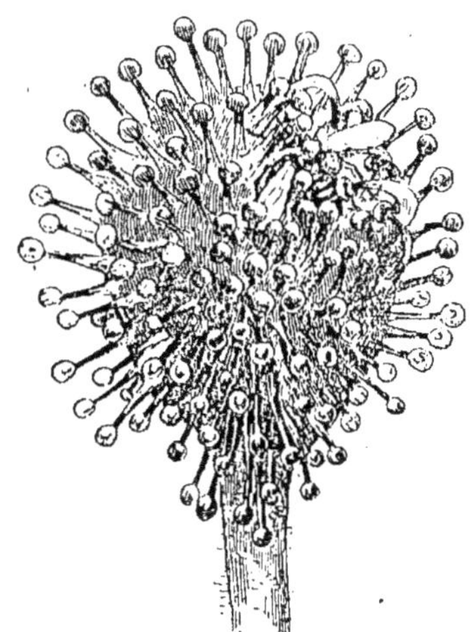

Fig. 67. — Feuille de Droséra (un peu grossie) commençant à capturer une mouche.

se prolongent aussi bien à la face supérieure qu'au pourtour par de longs poils terminés chacun par une gouttelette d'un liquide limpide et collant. Vienne une Mouche se poser sur une de ces feuilles, elle s'y trouve prise comme avec de la glu. Et pendant qu'elle se débat désespérément, les poils se rabattent

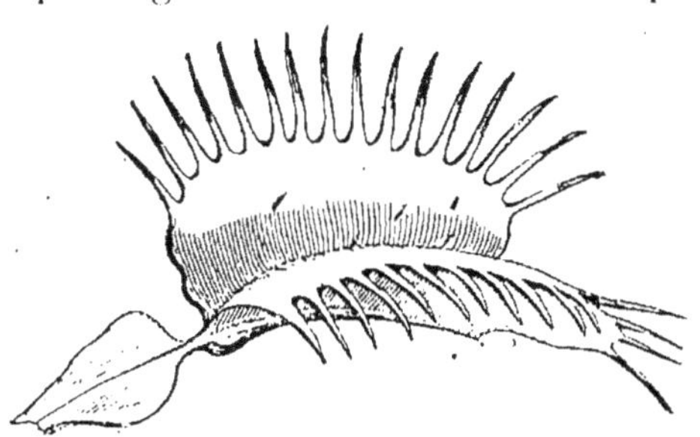

Fig. 68. — Un piège naturel à insectes : la feuille de la Dionée attrape-mouches.

sur elle et l'emprisonnent si bien qu'elle succombe rapidement. Une fois la Mouche morte, la plante digère sa chair et s'en nourrit ; puis, elle la rejette quand elle est complètement vidée.

Tout aussi curieuse est la *Dionée attrape-mouches*, des régions tropicales : chacune de ses feuilles (*fig.* 68) se termine par un double volet, articulé dans la région médiane et pourvu de dents sur les bords. A peine un insecte s'est-il posé sur ce

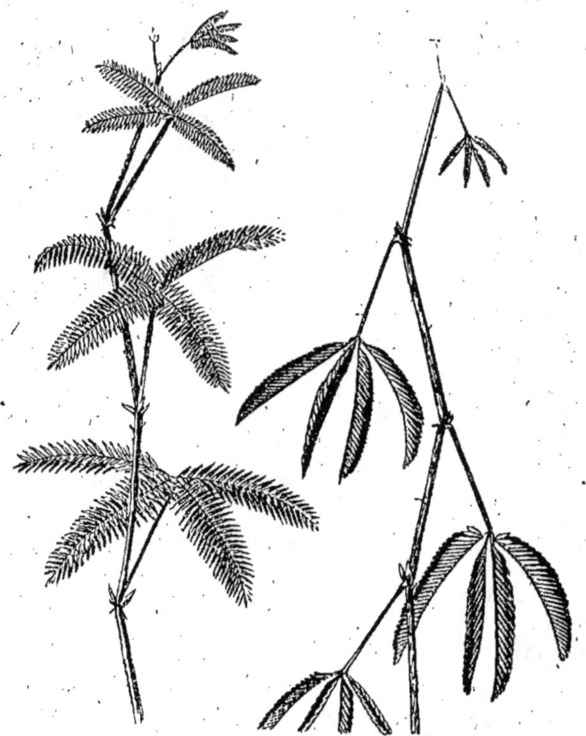

Fig. 69. — Sensitive.

A gauche : à l'état normal. — A droite : après que l'on a touché les feuilles.

singulier piège que celui-ci se ferme et l'emprisonne, puis le digère.

Citons encore parmi les autres plantes carnivores : les *Sarracénias*, dont la feuille a l'aspect d'un long cornet, et les *Népenthès*, dont les feuilles se prolongent par des sortes de pipes allemandes munies d'un couvercle : ces cuves sont remplies d'un liquide qui a vite fait de tuer et de digérer les insectes ayant le malheur de s'y noyer.

3. — *Les feuilles sensibles.* — La plupart des feuilles sont, par elles-mêmes, d'une immobilité absolue. Quelques-unes cependant sont susceptibles de mouvements. Le cas le plus connu est celui de la *Sensitive* (*fig.* 69), dont les feuilles sont composées d'un grand nombre de folioles. Aussitôt que l'on

Fig. 70. — Desmodie oscillante, plante dont les petites folioles sont, sans cesse, en mouvement.

Fig. 71. — Oxalis.

En haut : feuille étalée pendant le jour. — En bas : feuilles aux folioles rabattues pendant la nuit.

touche une feuille, les folioles se rabattent les unes sur les autres, puis tout le pétiole se rabat et pend le long de la tige. Si on laisse alors la plante en repos, au bout d'une heure ou deux, la feuille s'étale et reprend son aspect primitif.

C'est là un mouvement *provoqué*. Mais il y a aussi, chez les végétaux, des mouvements *spontanés :* c'est le cas, par exemple, de la *Desmodie oscillante* (*fig.* 70), dont les feuilles sont composées de trois folioles, une grande médiane et deux petites latérales ; ces deux dernières sont sans cesse animées d'un mouvement de bascule ; quand l'une s'élève, l'autre s'abaisse, et réciproquement, et cela aussi bien pendant toute la nuit que pendant le jour.

Citons, enfin, le cas de la plupart des feuilles composées, par exemple, le Robinier faux acacia, le Trèfle, l'Oxalis (*fig.* 71), etc., dont les feuilles ne sont étalées que pendant le jour. Dès que le soir arrive, les folioles se rabattent lentement les unes sur les autres et demeurent ainsi pendant toute la nuit : c'est ce que l'on appelle le *sommeil des feuilles*. C'est un mouvement très net, quoique plus lent que celui dont nous avons donné des exemples plus haut [1].

1. Pour plus de détails sur les singularités du monde des plantes, lire : Henri Coupin, *les Plantes originales*. Vuibert et Nony, édit., Paris.

TABLEAU SYNOPTIQUE DE LA NUTRITION DES PLANTES VERTES

Les organes de nutrition de la plante verte sont :

la Racine

Différentes régions
- *coiffe* : organe protecteur.
- région *d'accroissement* en longueur.
- région *pilifère*.
- région de *ramification*, où naissent les *radicelles*.

Disposition de l'ensemble
- *pivotante* | *fasciculée* | renflée ou non.

Racines *latérales* et *adventives* naissant de la tige (*bouturage* et *marcottage*).

la Tige

Fonctions
- fixe la plante au sol.
- puise dans le sol la *sève brute* par les poils absorbants.
- conduit la *sève brute* dans la tige par les vaisseaux du bois.
- ramène la *sève élaborée* par les vaisseaux du liber.
- et sert quelquefois de lieu de réserves nutritives.

Organes extérieurs
- *bourgeon terminal* par où s'allonge la tige.
- feuilles, nées des bourgeons.
- *bourgeons axillaires*, d'où naissent les rameaux.

Dureté
- ligneuse.
- herbacée.

Aspect extérieur et composition

Tronc
- *Écorce* avec liège.
- *Liber* avec fibres et vaisseaux pour la sève élaborée
- *Zone génératrice* (engendre bois et liber).
- *Bois* en couches concentriques avec fibres et vaisseaux pour la sève brute.
- *Moelle* et rayons médullaires.

Stipe non ramifié, avec faisceaux libéro-ligneux disséminés dans la moelle.

Tiges
- *grimpantes* (vrilles) : Pois.
- *volubiles* : Liseron.
- *rampantes* : Fraisier.
- *souterraines* (rhizomes, tubercules, bulbes).

TABLEAU SYNOPTIQUE DE LA NUTRITION DES PLANTES VERTES (*suite*)

Les organes de nutrition de la plante verte sont (*suite*) :

la Tige (*suite*)

Fonctions
- supporte les feuilles.
- conduit la sève brute vers les feuilles par les vaisseaux du bois.
- conduit la sève élaborée dans toutes les régions par les vaisseaux du liber et sert quelquefois de lieu de réserves nutritives.

et les Feuilles

Différentes parties
- *pétiole.*
- *limbe,* formé de *nervure* et de *parenchyme,* contenant la *chlorophylle*
- quelquefois *stipules* ou *gaine.*

Nervures
- une seule.
- plusieurs parallèles, non ramifiées.
- plusieurs ramifiées, suivant la disposition *pennée* ou *palmée.*

Découpures : Feuilles
- *simples*
  - entières : Lilas.
  - dentées : Châtaignier.
  - lobées : Chêne.
- *composées*
  - pennées : Robinier.
  - palmées : Marronnier d'Inde

Disposition sur la tige : Feuilles
- *alternes* (1 par nœud) : Orme.
- *opposées* (2 par nœud) : Houblon.
- *verticillées* (plus de 2 par nœud) : Gratteron.

Modifications
- en *vrilles.* Pois
- suivant le milieu
  - feuilles souterraines en *écailles* : Chiendent.
  - feuilles aquatiques, flottantes ou submergées : Sagitane.
- pièces florales

Fonctions
- *élaboration de la sève* par l'action de la *chlorophylle* en présence de la *lumière.*
  - *transpiration* ou perte d'eau.
  - *fixation du carbone.*
- *respiration* en tout temps (absorption d'oxygène et rejet de gaz carbonique).

Fig. 72. — Une marchande de fleurs dans les rues de Paris (cliché Régot).

II. — LA REPRODUCTION DE LA PLANTE

Leçon VI

La fleur et la fécondation.

RÉSUMÉ. — 1. La fleur du pois comprend quatre parties ou verticilles :

a) Le *calice*, formé de 5 *sépales verts* soudés à la base ;

b) La *corolle* formé de 5 *pétales blancs* de formes différentes ;

c) L'*androcée*, formé de 10 *étamines*, comprenant chacune un *filet* et une *anthère*, qui laisse échapper des *grains de pollen*, poussière jaune;

d) Le *pistil*, partie centrale allongée, verte.

2. Le *pistil*, que l'on voit se développer pour former le *fruit*, comprend : l'*ovaire*, contenant les *ovules*, puis le *style* et le *stigmate*, renflement terminal gluant. Le *fruit* contient les *graines* à la place des ovules, dont elles proviennent. Pendant cette transformation, le style et le stigmate se sont flétris ainsi que les étamines et les pétales.

3. Le pistil ne peut former le fruit que si du *pollen tombe sur le stigmate*, comme le montrent l'exemple du Palmier-Dattier et de nombreuses expériences.

4. Le grain de pollen, au contact de l'eau sucrée ou gommée, se gonfle et produit un *tube pollinique* incapable à lui seul de reproduire la plante.

5. Si le grain de pollen tombe sur le stigmate, le tube pollinique qu'il produit s'enfonce dans le pistil et vient se mettre en relation avec un ovule; celui-ci est ainsi *fécondé* et se développe en une *graine*. L'ovule non fécondé ne se développe pas.

1. **La fleur du Pois.** — Tout le monde peut remarquer que la fleur se transforme en un **fruit** contenant une ou plusieurs graines.

Par exemple, sur un même pied de Pois (*fig.* 73), on voit souvent, à l'extrémité supérieure, des fleurs en bouton, puis plus bas des *fleurs épanouies*, puis des fleurs flétries dont la partie centrale persiste et s'allonge en *un fruit*.

Examinons en détail une fleur de Pois (*fig.* 74). Nous y trouvons 4 parties successives que l'on appelle souvent les **4 verticilles**, pour indiquer que les *différentes pièces* qui composent chacun d'eux sont disposées *en cercle* autour du support. Ces 4 parties sont, *de dehors en dedans* :

a) Le **calice** (*fig.* 75), sorte de tube **vert**, évasé, à 5 dents. Chacune de ces dents est l'extrémité d'une petite feuille, ou sépale, soudée à sa base aux deux feuilles voisines.

b) La **corolle**, formée aussi de 5 pièces nommées pétales (*fig.* 76).

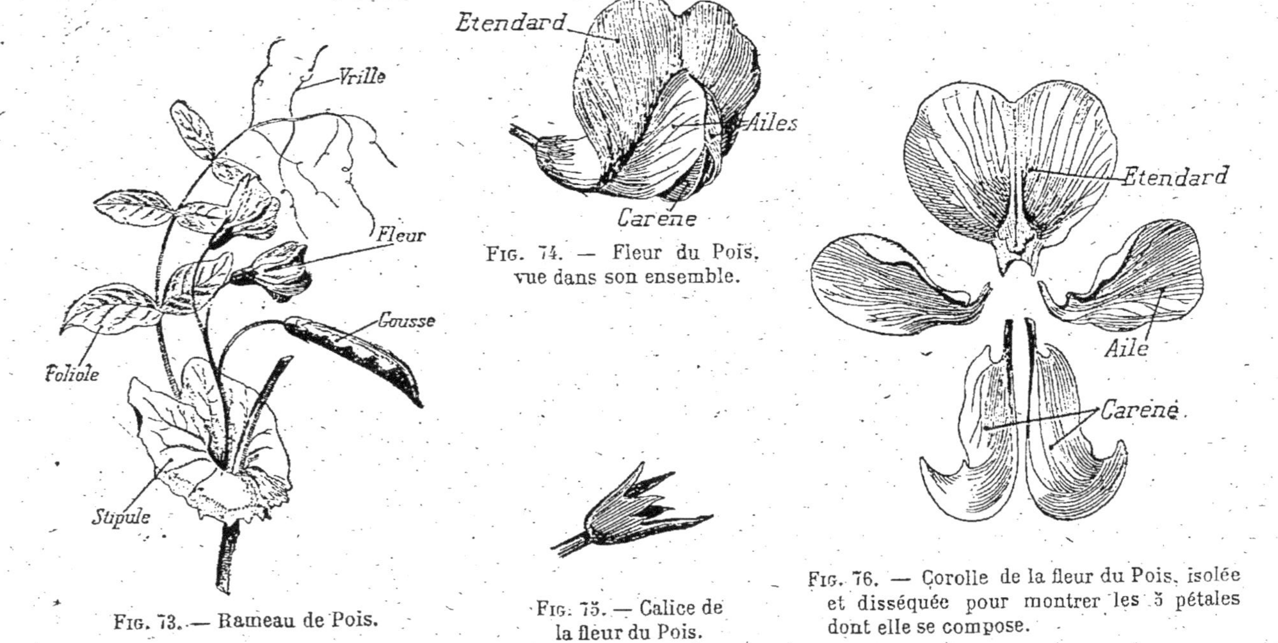

Fig. 73. — Rameau de Pois.

Fig. 74. — Fleur du Pois, vue dans son ensemble.

Fig. 75. — Calice de la fleur du Pois.

Fig. 76. — Corolle de la fleur du Pois, isolée et disséquée pour montrer les 5 pétales dont elle se compose.

Ce sont des sortes de feuilles de couleur blanche et de formes différentes. L'ensemble de cette corolle a été comparé à un papillon en train de voler, de sorte que l'on a nommé cette forme de corolle **papilionacée**. Le *pétale supérieur dressé* a été appelé **étendard** ; les deux pétales latéraux, les **ailes** ; et enfin les *deux pétales inférieurs*, rapprochés en avant, ont été appelés **carène**, parce qu'ils rappellent la carène d'un vaisseau.

c) L'**androcée**, formé de **10 étamines** (*fig*. 77). L'une d'elles est formée d'un **filet**, simple support cylindrique, et d'une **anthère**, renflement terminal jaune qui, à un moment donné, **s'ouvre** par deux fentes pour laisser échapper une *poussière jaune* formée de **grains de pollen**. Les neuf autres étamines, semblables à la première dans leur ensemble, sont soudées à la base par leurs filets et ne deviennent distinctes qu'au voisinage de l'anthère.

d) Le **pistil** (*fig*. 78), partie centrale allongée, de couleur verte.

2. Comparaison du pistil et du fruit. — C'est cette partie centrale que l'on voit persister et s'agrandir en tous sens pour former le fruit (*fig*. 79), alors que les pétales et les étamines se flétrissent et tombent. Examinons donc attentivement cet organe en nous servant de la loupe.

Nous y remarquons une partie principale nommée **ovaire**, cavité fermée contenant une *rangée de petits corps ronds* nommés **ovules** (*fig*. 80). La ligne légèrement saillante et blanchâtre sur laquelle sont attachés les ovules s'appelle le **placenta**. Cette cavité se prolonge par un support cylindrique coudé, nommé **style**, qui se termine par un *renflement* poilu et gluant, nommé **stigmate** (*fig*. 78).

Si nous examinons ensuite le *fruit*, nommé **gousse** (ou *cosse de Pois*), nous retrouvons dans *cette gousse la cavité de l'ovaire agrandie* (*fig*. 81), et à l'intérieur nous voyons, *à la place des ovules, les graines* que nous mangeons. Donc l'**ovaire est devenu le fruit**, et **les ovules sont devenus les graines**. Le *style* et le *stigmate* se sont *flétris* et se détachent au moindre contact.

3. Nécessité du pollen. — Il nous faut maintenant examiner les conditions de cette transformation. Le pistil suffit-il à lui seul pour donner le fruit, ou le concours d'une autre partie de la fleur est-il nécessaire ?

Le moyen le plus simple de s'en rendre compte est de s'adresser à des fleurs moins compliquées que celles du Pois,

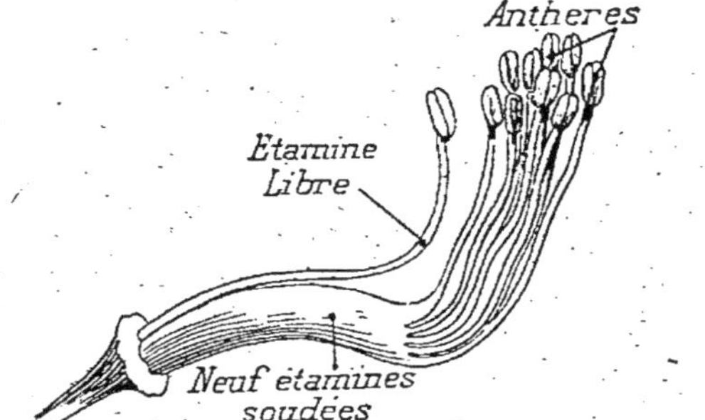

FIG. 77. — L'androcée de la fleur du Pois, isolé pour montrer les 10 étamines dont il se compose.

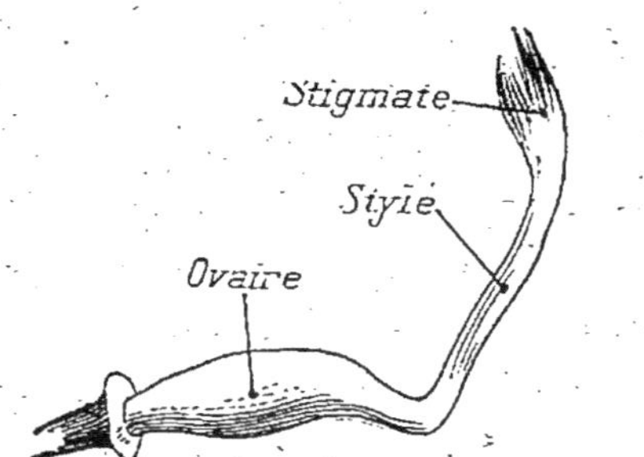

FIG. 78. — Pistil de la fleur du Pois, isolé.

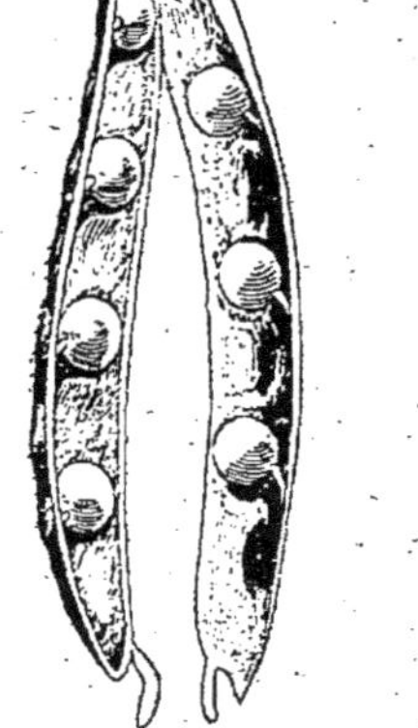

FIG. 79.
Gousse de Pois
(ouverte).

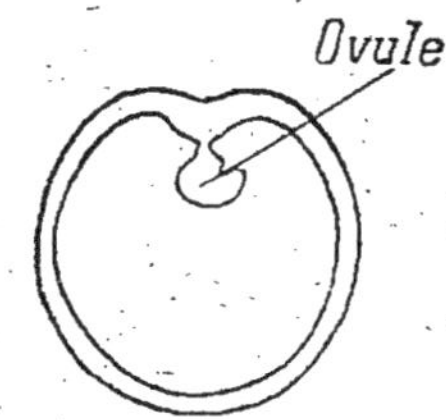

FIG. 80. — L'ovaire du Pois, coupé en travers.

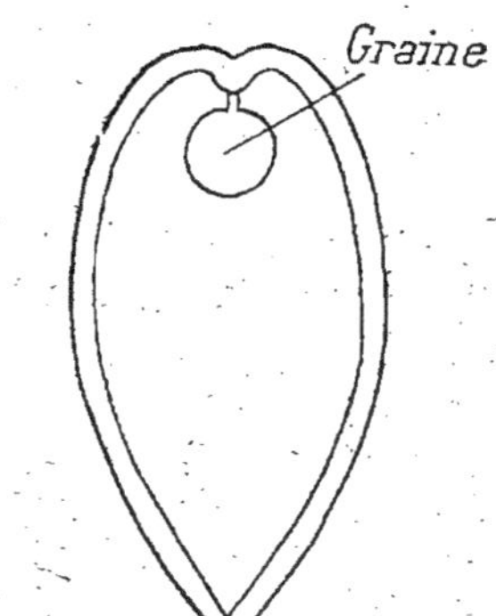

FIG. 81. — La gousse du Pois, coupée en travers.

par exemple à celles du Palmier-Dattier. Les fleurs de cet arbre, qui sont en *énormes grappes* nommées *régimes*, n'ont que 3 verticilles au lieu de 4. Le *verticille qui manque* est *tantôt l'andro-cée, tantôt le pistil* (*fig.* 82), mais sur un même arbre toutes les fleurs sont semblables.

Fig. 82. — Fleur de Dat-tier, dans laquelle il n'y a que l'androcée; le pistil manque et ne se trouve que sur d'autres fleurs, qui, elles, par contre, n'ont pas d'étamines.

Les arbres por-tant les fleurs à pistil sont les seuls qui produisent des dattes. Il est donc tout naturel que les cultivateurs plan-tent de préférence ces derniers. Mais ils ont reconnu de-puis longtemps que

Fig. 83. — Arabe procédant au transport du pollen sur les fleurs à pistil du Dattier.

si on les plantait seuls, on n'obtiendrait aucun fruit, et qu'il faut, pour obtenir des fruits, le concours des fleurs à étamines. Ils plantent donc quelques arbres produisant ces fleurs, par exemple *un pour cent autres*, et, au moment où le pollen s'échappe des étamines, ils coupent un de ces régimes montent au sommet des arbres à fleurs pistillées et font tomber du pollen (*fig.* 83) sur ces dernières fleurs. De cette façon ils obtiennent des fruits. On en conclut donc que le *pollen est indispensable*. Si on se rappelle que le *stigmate est gluant*, on comprend que la *fine poussière de pollen puisse se fixer sur ce stigmate*.

On a fait sur les fleurs pourvues à la fois d'étamines et d'un pistil un grand nombre d'expériences qui prouvent le même fait. Dans ces expériences, on cherche à empêcher le pollen d'arriver sur le stigmate, par exemple, en coupant les étamines avant qu'elles laissent échapper le pollen, ou en coupant le stigmate, ou en le protégeant par une gaze très fine (*fig.* 84) ou par du vernis, etc. En

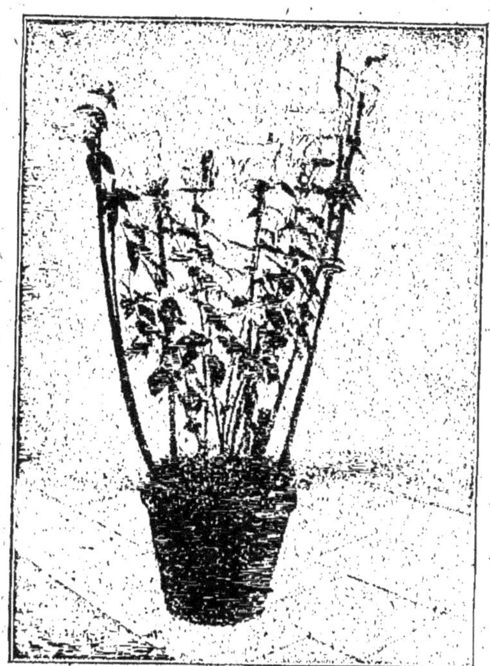

Fig. 84. — Fleurs entourées d'un sac de gaze pour étudier le phénomène de la fécondation et, notamment, la nécessité du transport du pollen sur le stigmate pour l'obtention de graines (cliché P. P. Richen).

agissant de la sorte, les fleurs mises en expériences **ne donnent jamais de fruits**; leur pistil se flétrit et tombe.

Le fait de la nécessité de l'intervention du pollen pour le développement du fruit est donc bien établi.

4. Étude du pollen. — Si on met dans de *l'eau sucrée* ou *gommée* des *grains de pollen* et qu'on les examine au *micros-*

cope, on les voit donner naissance à un prolongement nommé **tube pollinique** (*fig. 85*), qui peut atteindre des *centaines de fois* le diamètre du grain de pollen. Le contenu du grain de pollen s'est gonflé en absorbant de l'eau, a déchiré son enveloppe extérieure, alors que la deuxième enveloppe, plus souple, s'est allongée pour former le tube pollinique.

Dans l'eau sucrée ou gommée, le développement du grain de pollen s'arrête là, et il ne donne rien de comparable à une plante. *Le pollen est donc insuffisant aussi à lui seul pour reproduire la plante.*

5. La fécondation. — Le microscope montre que, lorsqu'un *grain de pollen tombe sur le stigmate*, il donne aussi naissance à un *tube pollinique*. Ce fin filament s'allonge petit à petit, en suivant l'intérieur du style, et finalement, arrive dans l'ovaire. Là, il ne tarde pas à se mettre **en relation avec un ovule**, lequel, dès lors, **sort de sa torpeur** et se transforme en une **graine** : c'est le phénomène de la **fécondation** (*fig. 86*).

Tout ovule qui n'a pas reçu de tube pollinique ne se déve-

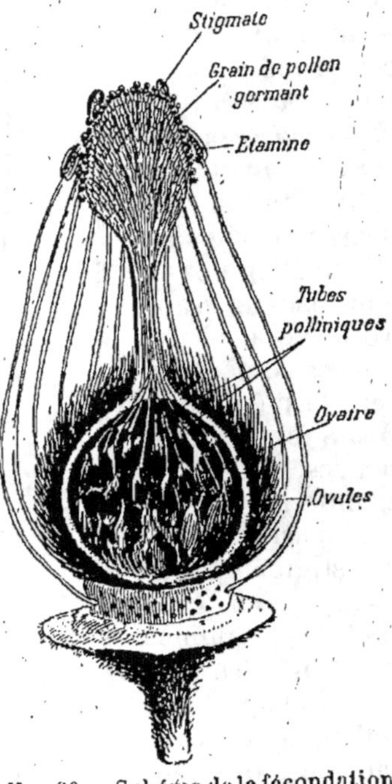

Fig. 85. — Grain de pollen émettant un tube pollinique (vu à un très fort grossissement).

Fig. 86. — Schéma de la fécondation des fleurs.

loppe pour ainsi dire pas : c'est une *graine avortée*, ou *coulée*, comme disent les cultivateurs. La *coulure* se produit souvent lorsque de fortes pluies surviennent au moment de la floraison, parce que l'eau qui tombe sur les fleurs détériore le pollen.

LECTURES

1. — *Le transport du pollen de l'étamine sur le stigmate.* — Nous avons vu que, dans le cas du Palmier-Dattier, l'Homme intervient pour assurer ce transport. Mais c'est là un cas tout à fait exceptionnel. En général le transport s'effectue sans l'intervention de l'Homme.

Il suffit souvent de l'action de la pesanteur et du vent. Les grains de pollen, lorsqu'ils sont mis en liberté, ont une ten-

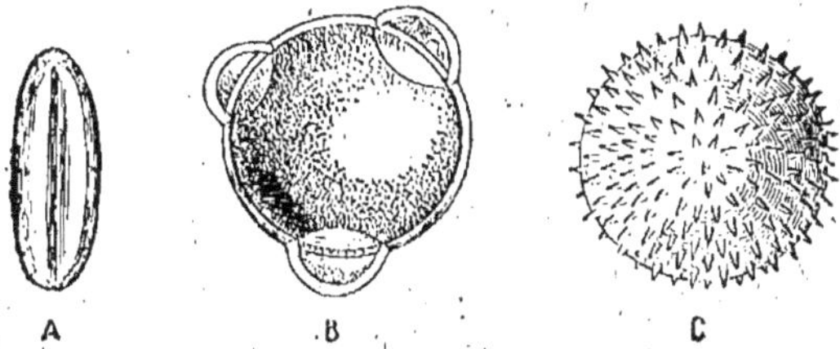

Fig. 87. — Trois grains de pollen vus au microscope.
A, Gentiane. — B, Onagre. — C, Rose-trémière.

dance à tomber. Le moindre souffle de vent les entraîne à cause de leur extrême petitesse. Il est donc facile de comprendre que les grains de pollen peuvent ainsi rencontrer le stigmate d'une fleur et s'y attacher, grâce à la matière gluante qui le recouvre et aussi aux petits piquants et aux bosses qu'eux-mêmes présentent souvent (*fig.* 87).

Il est certain qu'il y en a beaucoup de perdus; mais ils sont tellement nombreux qu'il y a des chances pour que quelques-uns tombent au bon endroit, c'est-à-dire sur le stigmate d'une fleur de *même espèce*.

Le pollen peut quelquefois être transporté par le vent à des distances considérables : c'est le cas, par exemple, du pollen de Pin, qui, à cet effet, est pourvu sur le côté de deux sortes de petits ballons. Dans les départements qui touchent à celui des Landes, où il y a beaucoup de Pins, on voit quelquefois, à la suite des tempêtes du printemps, les flaques d'eau recouvertes d'une poussière jaune que l'on prenait autrefois pour du soufre : c'est ce qu'on appelait des pluies de soufre. En observant au microscope cette poussière, on y a reconnu des grains de pollen de Pin (*fig. 88*), qui ont dû être transportés par le vent. — Les Insectes peuvent aussi intervenir, sans en avoir conscience, en butinant d'une fleur à l'autre pour chercher le *liquide sucré*, ou *nectar*, qui se trouve souvent au fond des fleurs (*fig. 89*). En entrant dans une première fleur, ils peuvent toucher les étamines mûres, ce qui fait tomber sur eux du pollen. En allant ensuite à une autre fleur, il leur arrive de frôler le stigmate qui peut retenir quelques grains de pollen.

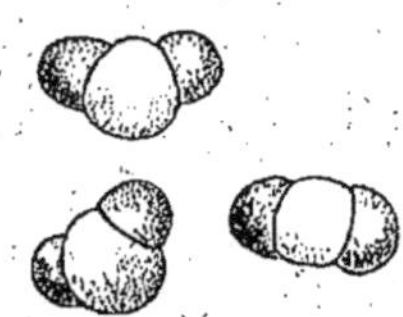

Fig. 88. — Trois grains de pollen du Pin, vus au microscope. Remarquer que chacun d'eux possède deux petits ballonnets à droite et à gauche.

Certains naturalistes pensent que la couleur brillante des fleurs, leur odeur, la présence du nectar ne sont peut-être que des artifices employés par la nature pour attirer les insectes, ce qui, indirectement, facilite la fécondation.

Pour que le pollen exerce son action fécondante, il y a cependant une *condition indispensable* : c'est qu'il *tombe sur le stigmate d'une fleur de même espèce* que celle qui l'a produit, ou *d'espèce très voisine*. Dans le premier cas, la fécondation donne une graine qui produira une plante semblable à la plante-mère : c'est la *fécondation normale*. Dans le deuxième cas, le résultat de la fécondation est de produire une graine qui donnera une *plante légèrement différente* de celle qu'aurait donnée la fécondation normale : cette plante est ce

Fig. 89. — Abeilles butinant sur des fleurs de Poirier.

qu'on appelle un *hybride*. Les horticulteurs pratiquent souvent la fécondation entre variétés d'une même espèce ou entre espèces voisines pour obtenir de nouvelles variétés. C'est ce qu'on appelle le *croisement* ou *hybridation*.

2. — *Les plantes mellifères.* — En général, quand on désire se livrer à la culture des Abeilles, on n'est pas maître de choisir la région où l'on veut établir ses ruches, car on se trouve fixé par ses occupations dans un pays déterminé. On doit donc se rendre compte avec le plus grand soin des ressources mellifères (c'est-à-dire des plantes donnant du nectar ou miel susceptible d'être récolté par les Abeilles) de la contrée avant d'y établir un rucher. D'une manière très générale, on peut dire que :

1° Si les ruches sont dans une contrée où dominent le Sainfoin et des plantes mellifères de prairies (Trèfle blanc, Colza, Minette) et où se trouvent aussi des Tilleuls et des Faux-Acacias, la région est excellente pour l'apiculture, et le miel récolté est de bonne qualité ;

2° Si les ruches sont dans une contrée où abondent les Sarrasins dans les champs, et les Bruyères dans les bois ou dans les landes, la contrée peut être aussi favorable à l'apiculture, mais le miel sera d'une qualité inférieure ;

3° Si les ruches sont dans une contrée où dominent les bois, les Abeilles trouveront ordinairement de quoi faire une petite récolte, mais la région sera rarement très favorable à l'apiculture ;

4° Si les ruches sont dans une contrée où domine la culture des Betteraves, des Céréales, du Lin, du Chanvre ou les Vignes, sans arbres mellifères ni prairies, le pays est mauvais pour l'apiculture : on n'y fera jamais de récolte abondante [1].

Le liquide sucré, ou nectar, que récoltent les Abeilles est, dans les fleurs, sécrété par de petits organes appelés *nectaires.* On les trouve surtout à la base des étamines [Giroflée *(fig.* 173), Vigne *(fig.* 198, *B*)] ou dans les creux de certains pétales (Violette).

1. D'après MM. G. Bonnier et de Layens.

Leçon VII

La graine et la germination.

RÉSUMÉ. — 1. Une graine de Haricot, débarrassée de son *tégument* ou *enveloppe protectrice*, se sépare facilement en *deux moitiés*, dont l'une entraîne avec elle l'*embryon* ou *plantule*.

2. L'*embryon* ou *plantule* est une *petite plante*, pourvue d'une *radicule* ou petite racine, d'une *tigelle* ou petite tige portant 2 *cotylédons* très gros et terminée par *une gemmule* ou petit bourgeon terminal. La *germination* n'est que le *développement de cette plantule*, grâce à la *réserve nutritive* contenue dans les cotylédons, lesquels ne sont autres que les *premières feuilles*. Cette réserve nutritive permet à la plantule d'acquérir une racine et des feuilles vertes pour se nourrir comme les autres plantes.

3. Toutes les graines contiennent ainsi un embryon et une réserve nutritive. Dans les *graines à albumen*, comme le Blé, la Renoncule, l'embryon est très petit, et l'*albumen* ou *réserve nutritive* forme la plus grande partie de la graine. Dans les *graines sans albumen*, comme le Haricot, la *réserve nutritive* est contenue *dans les cotylédons* très gros. Dans les *Dicotylédones* (Haricot, Renoncule) l'embryon a *deux cotylédons*. Dans les *Monocotylédones* (Blé) l'embryon *n'a qu'un cotylédon*.

4. La germination exige *de l'humidité*, *une température convenable et de l'air*, puis, plus tard, de la lumière, pour former des feuilles vertes. Il faut, de plus, que la graine soit bien constituée et ne soit pas trop vieille.

☙ ☙ ☙

1. La graine du Haricot. — On sait que la graine, placée dans des conditions convenables, **germe**, c'est-à-dire se développe pour donner un nouveau végétal semblable à celui dont elle provient. Nous allons essayer de nous rendre compte de ce phénomène.

Considérons, en premier lieu, les graines du Haricot(*fig* 90), du Pois ou de la Fève[1] que nous mangeons souvent. Pour les étudier plus facilement, mettons-les pendant quelques heures (vingt-quatre heures, par exemple) dans de l'eau, qui les fait gonfler un peu et les rend plus molles. Nous pouvons alors enlever facilement avec l'ongle une *enveloppe extérieure*, qui ne sert qu'à

Fig. 90. — Graine de Haricot entière.

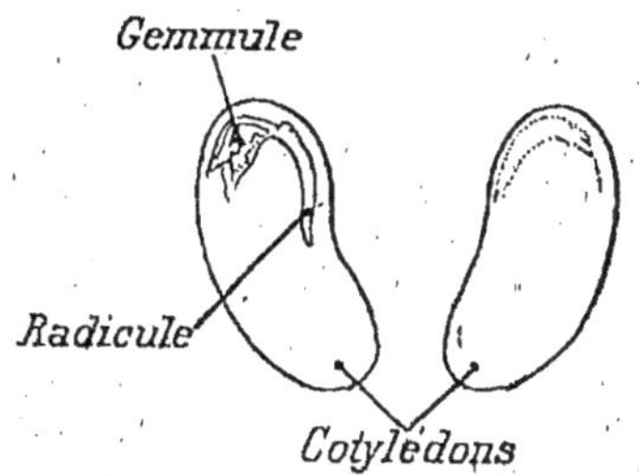

Fig. 91. — Graine de Haricot dépouillée de son tégument et les 2 cotylédons écartés.

protéger les parties essentielles : c'est le **tégument** ou *enveloppe protectrice*.

Aussitôt que le tégument est enlevé, l'intérieur se partage très facilement en *deux moitiés* sensiblement égales (*fig*. 91). Cependant, si nous examinons attentivement les deux moitiés sur leurs faces qui se touchaient, nous voyons que *l'une d'elles a entraîné une petite masse* qui forme une légère saillie, tandis que l'autre moitié porte à l'endroit correspondant une petite cavité.

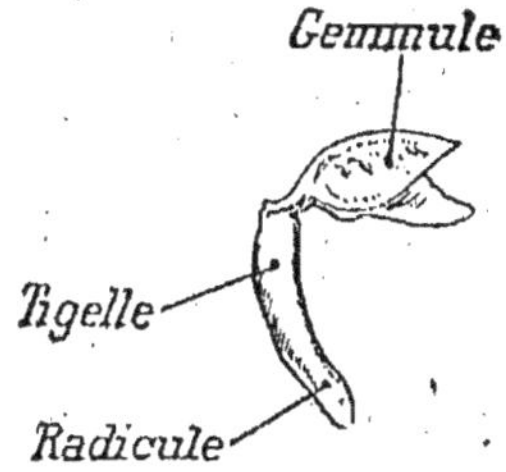

Cette *masse saillante* (*fig*. 92), qui ne représente *qu'une partie insignifiante de la graine comme volume*, a cependant une *grande importance*. On remarque, en effet, en observant les phénomènes de germination, que c'est *cette petite masse qui se transforme en une nouvelle plante*: de là le nom

Fig. 92. — Embryon de la graine du Haricot.

1. L'étude des différentes sortes de graines est fort intéressante et constitue un excellent sujet d'observation. Voir, à ce propos : Henri Coupin, *les Graines expliquées*. Vuibert et Nony, édit., Paris.

de germe que lui donnent les cultivateurs. Son nom scientifique est **embryon** (d'un mot grec qui veut dire germe) ou **plantule**, c'est-à-dire *petite plante*.

2. Les différentes parties de l'embryon et leur rôle. — Pour nous rendre compte plus facilement de la composition de l'embryon, faisons germer dans la Mousse humide un certain nombre de graines de Haricots, par exemple, et prenons-en une chaque jour pour comparer l'état de l'embryon dans ces

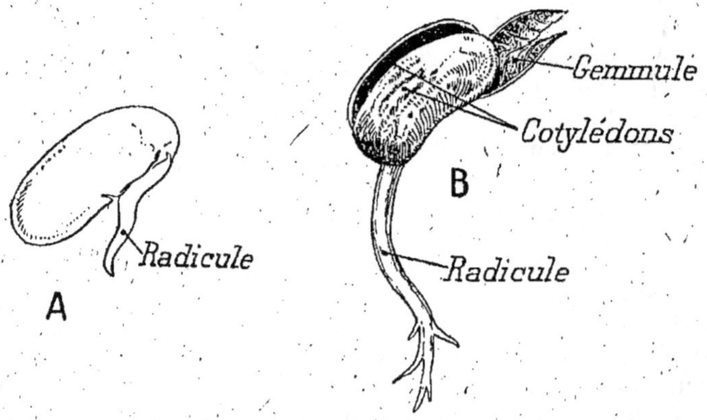

Fig. 93. — Graine de Haricot germant.
A, sortie de la radicule. — B, sortie de la gemmule.

graines en train de germer avec son état primitif dans une graine conservée sèche.

Nous voyons alors que l'une des extrémités de l'embryon, qui a la forme d'un *petit cône blanc*, s'allonge (*fig.* 93, *A*), en se dirigeant de haut en bas, pour donner la *racine principale*. On a donc nommé cette extrémité **radicule**, c'est-à-dire *petite racine*.

Quand la racine a déjà pris un certain développement, on voit l'autre extrémité de l'embryon s'allonger à son tour (*fig.* 93, *B*), mais en sens inverse, c'est-à-dire de bas en haut. Son extrémité a la forme d'un *bourgeon terminal*, d'où sortent les feuilles. On a donc nommé cette extrémité **gemmule** (diminutif du mot *gemme*, synonyme de *bourgeon*).

La partie intermédiaire a été nommée **tigelle**, c'est-à-dire *petite tige*. Quant aux *deux grosses masses* qui forment à elles seules presque toute la graine, et que nous avons vues se séparer facilement l'une de l'autre, nous les voyons s'élever, entraînées par la tige (*fig. 94*), et former comme *deux petites feuilles ovales*, beaucoup moins épaisses que ne l'étaient ces mêmes organes dans la graine, comme s'ils s'étaient vidés pendant la germination. On les a nommées **cotylédons**.

On peut donc comparer l'ensemble que nous venons de décrire à une *petite plante en miniature*, comprenant une **radicule** ou *petite racine* et une **tigelle** ou *petite tige*, portant **2 cotylédons** ou *petites feuilles*, et terminée par une **gemmule** ou *petit bourgeon terminal*. De là le nom de **plantule** ou **embryon** donné à cet ensemble.

La *germination* n'est donc que le *développement de cette petite plante* qui attendait, dans une sorte de sommeil, les circonstances favorables pour se transformer en une plante nouvelle.

Quant au *rôle des 2 cotylédons*, nous pouvons nous en rendre compte en nous rappelant *qu'ils se vident pendant la germination*. Que contenaient-ils donc au début? La réponse nous est donnée par ce fait que les *graines du Haricot, du Pois, de la Fève servent à notre alimentation*. La partie nutritive est la masse principale, c'est-à-dire les cotylédons, où se sont

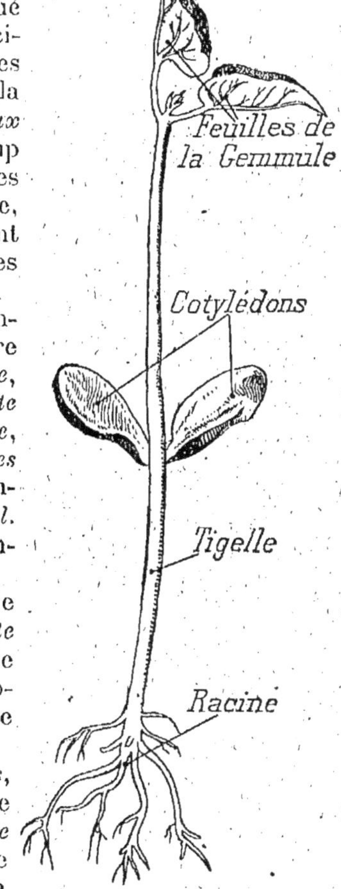

Fig. 94. — Germination d'une graine de Haricot.

accumulées des substances préparées par la plante-mère, et qui forment une **réserve nutritive.**

En rapprochant ces faits, nous sommes amenés à penser que l'*embryon*, encore incapable d'extraire du sol et de l'atmosphère les substances dont il a besoin pour se développer, *utilise cette réserve nutritive* qui se trouve à sa disposition dans la graine elle-même. Cela lui permet d'*acquérir une racine*, qui puisera dans le sol de la *sève brute*, et des *feuilles vertes*, qui lui permettront d'*élaborer cette sève* pour l'utiliser ensuite. Cette manière de voir est confirmée par ce fait que les *graines qui ont germé dans la mousse humide dépérissent bientôt si on ne les alimente pas*, comme nous l'avons vu dans la leçon 1 : *leur réserve nutritive est épuisée.*

3. Différentes sortes de graines. — L'étude des *différentes graines* montre que, malgré leur variété de formes, elles contiennent toujours les mêmes parties essentielles, c'est-à-dire une plantule accompagnée d'une **réserve nutritive** pour servir à son premier développement.

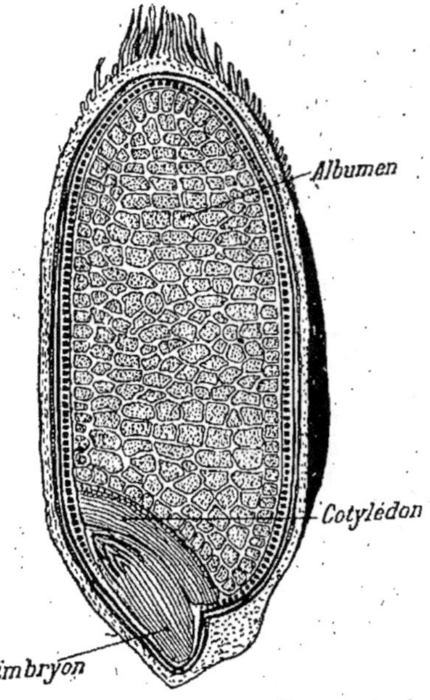

Fig. 95. — Coupe en long d'un grain de Blé. Il contient un albumen et l'embryon ne porte qu'un cotylédon.

Tantôt, comme nous venons de le voir dans le Haricot, *la réserve nutritive est* **dans** *les cotylédons*, c'est-à-dire dans l'embryon lui-même. Dans ce cas, *les cotylédons sont très gros* et forment à eux seuls presque toute la graine.

Tantôt, comme dans le Blé (*fig.* 95), la Renoncule (*fig.* 96), cette *réserve est* **en dehors** *de l'embryon*, qui ne forme alors avec les cotylédons qu'une très petite partie de l'ensemble de la graine. La masse principale est formée par la *réserve nutritive* et s'appelle alors **albumen**, nom qui rappelle son analogie de composition et de rôle avec *l'albumine du blanc d'œuf*. Ces dernières graines sont dites **graines à albumen**.

Les autres, qui, comme celles du Haricot, ont leur *réserve dans les cotylédons*, sont dites **graines sans albumen**. On reconnaît ces dernières à ce qu'elles se séparent facilement en deux moitiés quand on a enlevé les téguments.

Enfin l'étude des graines montre que *l'embryon n'est pas toujours pourvu de deux cotylédons*, comme c'était le cas du Haricot, que nous avons étudié en détail. Les graines des céréales notamment, comme le Blé (*fig.* 95), l'Orge, l'Avoine, le Maïs, etc., ont un *embryon pourvu d'un seul cotylédon*. De là la distinction que l'on fait *parmi les plantes à fleurs* en **Dicotylédones** (2 *cotylédons*) et **Monocotylédones** (*un seul cotylédon*).

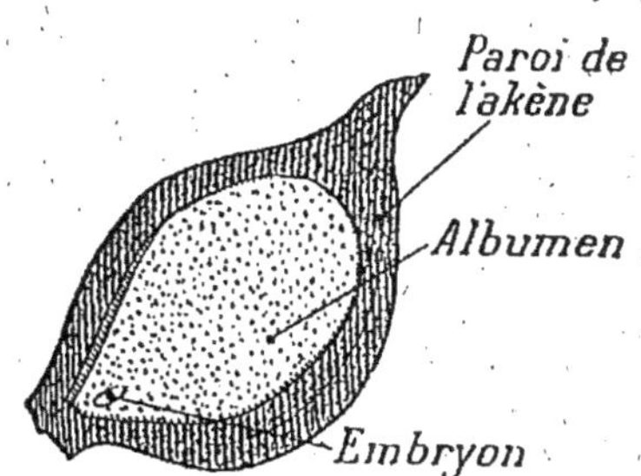

Fig. 96. — Fruit de Renoncule, coupé en long. Remarquer que la graine qu'il renferme contient un albumen abondant.

4. Conditions de la germination. — Il ne nous reste plus qu'à préciser un peu les circonstances qui favorisent la germination. Ce sont, au début, **l'humidité**, une **température convenable** et une **certaine quantité d'air**, puis plus tard **de la lumière**.

Humidité. — Nous avons vu que, pour faire germer les graines, on les place dans la Mousse humide (*fig.* 3). *Inversement*, les cultivateurs savent par expérience que, pour conserver leurs graines sans qu'elles germent, ils doivent les mettre au sec. Lorsque des pluies persistantes, au moment de la moisson, empêchent les cultivateurs de rentrer leurs Blés ou leurs Avoines, on voit quelquefois les graines germer dans l'épi même. Les Blés transportés par mer sont quelquefois endommagés pendant le voyage par l'humidité, qui provoque un commencement de germination.

Température convenable. — Pour faire germer nos graines dans la Mousse humide, il faut les tenir à **une température qui ne soit pas trop basse.** Pendant la belle saison, il nous suffira de les abandonner à la température extérieure. Mais, si nous voulons les faire germer en hiver, il nous faudra les tenir dans une pièce chauffée.

L'observation de ce qui arrive pour les mauvaises herbes, qui se multiplient d'elles-mêmes, nous en fournit encore une preuve. Les graines de ces plantes, tombées sur le sol vers la fin de l'été ou au courant de l'automne et enterrées plus ou moins profondément par les pluies ou les labours, passent l'hiver sans germer, quoiqu'elles aient de l'humidité; puis, à mesure que la température se relève, à la fin de l'hiver et au printemps, on voit apparaître les plantes qui en naissent.

Air. — C'est l'expérience surtout qui nous montre la nécessité de l'air. Une graine privée d'air ne germe pas, même lorsqu'elle est placée dans la Mousse humide à une température convenable.

On peut attribuer à la même cause le fait que des graines enfouies trop profondément ne germent pas. Ainsi pendant le creusement d'un grand canal, en Angleterre, on vit apparaître, à la surface des boues rejetées sur les berges, une végétation spéciale, différente de celle du voisinage et dont une espèce, même, n'existait plus depuis longtemps dans la Grande-Bretagne. On attribua ce fait à ce que des graines enfouies dans la terre depuis un grand nombre d'années n'avaient pu germer faute d'une quantité d'air suffisante.

Fig. 97. — Lorsque la plante est éclairée d'un seul côté, la tige se dirige vers la lumière.

Lumière. — La lumière, d'abord inutile, devient **nécessaire,** quand la tige se développe, pour *former les parties vertes.* On constate en effet que, maintenue dans l'obscurité, la nouvelle plante s'étiole, c'est-à-dire *reste blanchâtre*. Si la lumière n'arrive que d'un côté, par exemple par une fenêtre, on voit la tige s'incliner vers cette fenêtre (*fig.* 97).

Autres conditions. — Les conditions précédentes sont toutes indépendantes de la graine elle-même. Mais l'expérience montre qu'*elles ne sont pas toujours suffisantes*. En effet, dans un lot assez important de graines soumises à la germination dans les mêmes conditions, il y en a toujours un certain nombre qui ne germent pas. Il y a donc aussi à la germination des conditions qui dépendent de la graine elle-même.

Il faut que celle-ci soit **bien constituée** et qu'elle ne soit pas **trop vieille.**

Ces conditions varient, d'ailleurs, d'une espèce à l'autre. L'expérience montre que certaines graines ne conservent la *faculté de germer* que pendant *quelques mois*, tandis que d'autres la conservent pendant *plusieurs années*, pourvu qu'elles ne soient *pas absolument privées d'air*, car pendant ce temps la plantule reste dans une *sorte de sommeil* que l'on appelle **vie ralentie.** Celle-ci, d'après les expériences les plus récentes, ne peut plus guère être « réveillée » au-delà de quatre-vingt-dix ans — et encore est-ce là un cas tout à fait exceptionnel. Dans les tombeaux des anciens rois égyptiens on trouve toutes sortes de graines, notamment des grains de Blé, auxquels on a donné le nom de *Blé de momie*. Des observations incomplètes avaient fait croire que ce Blé était capable de germer — bien qu'il eût plusieurs siècles d'existence. On sait aujourd'hui qu'il n'en est rien. Le Blé de momie est mort et bien mort.

LECTURES

1. — *Les graines alimentaires.* — L'Homme utilise, soit pour son alimentation propre, soit pour celle des animaux domestiques, un assez grand nombre de graines.

Cet emploi s'explique par la constitution même de la graine que nous venons d'étudier. La plante a rassemblé là, à la portée de l'embryon, une *petite réserve de substances alimentaires* : les unes, telles que l'*amidon*, qui sont au point de vue chimique assez voisines des *sucres* ; les autres, telles que le *gluten*, plus ou moins analogues à l'*albumine du blanc d'œuf* ;

d'autres, enfin, semblables aux *graisses* ou au *beurre*. Ces substances sont précisément celles qui conviennent aussi à notre alimentation.

Suivant les cas, l'une ou l'autre de ces substances prédomine. Ainsi, dans les graines dites *oléagineuses* (du latin *oleum*, huile), c'est la *matière grasse*. Nous les utilisons pour en extraire des *huiles*, qui, suivant leur saveur spéciale, servent soit à l'*alimentation* (Œillette, Noyer), soit à l'*industrie* (Lin, Colza).

Fig. 98. — Nègres africains pilant du Millet.

Dans d'autres graines, comme le Riz, c'est l'*amidon* qui prédomine. On en extrait industriellement de l'amidon.

Un certain nombre de ces graines servent directement à notre alimentation ou à celle des animaux domestiques.

Il y a d'abord le groupe des *Légumineuses* : *Pois, Haricot, Fève*.

Puis surtout le groupe des *Céréales* : *Blé, Seigle, Avoine, Orge, Maïs, Riz, Millet* (*fig.* 98), qui appartiennent à la famille des *Graminées*. On peut y joindre le *Sarrasin* ou *Blé noir*, qui est d'une famille très différente, mais qui remplace le Blé dans les pays comme la Bretagne, où celui-ci ne réussit pas.

La plus importante de ces plantes, dans nos régions du moins, est le *Blé*, qui nous sert à faire le *pain* (*fig.* 99) et les *pâtes alimentaires* : *vermicelle*, *macaroni*, etc.

Le Blé est d'abord écrasé entre les meules d'un moulin, puis la *farine* est séparée du *son* par le *tamisage* ou *blutage*. Le son, c'est-à-dire l'enveloppe extérieure du grain de Blé sert à l'alimentation des animaux, et la farine à l'alimentation de l'Homme.

Cette farine, mélangée intimement avec de l'eau par le *pétrissage*, donne une pâte très plastique et très élastique à cause du gluten qu'elle contient. C'est cette pâte qui, moulée convenablement et séchée, fournit les *pâtes alimentaires*.

Fig. 99. — Fabrication du pain.

En haut, le pétrissage. — Au milieu, l'enfournage. — En bas, la boutique du boulanger.

Pour faire du pain, il faut incorporer à la pâte, en la pétrissant, d'abord du *sel*, puis de la *levure de bière* ou du *levain*, c'est-à-dire une partie de la pâte ayant servi à une opération antérieure. Quand le pétrissage est suffisant, on partage l'ensemble en masses ayant la forme des pains que l'on veut faire, et on maintient le tout à une température de 15° à 20°.

Dans ces conditions, la levure produit sur l'amidon certaines transformations qui donnent naissance à du gaz carbonique. Ce gaz forme des bulles qui tendent à se dégager à travers la pâte ; mais celle-ci, très élastique, retient emprisonnées la plus grande partie des bulles. Il en résulte un gonflement de la pâte : on dit qu'elle *lève*, d'où le nom de *levain*. Lorsqu'elle est suffisamment levée, on la fait cuire dans un four préalablement chauffé.

La partie extérieure, plus directement exposée à la chaleur du four, devient la *croûte*, et l'intérieur forme la *mie*, parsemée de nombreuses cavités remplies de gaz carbonique qui n'a pu s'échapper. Ces cavités, ou *yeux*, facilitent la pénétration des sucs digestifs et rendent par conséquent le pain plus digestible.

La farine de Blé, qui est la plus riche en gluten, est celle qui donne le meilleur pain. Dans certaines campagnes, on y adjoint un peu de farine de Seigle, qui coûte moins cher. Le pain ainsi obtenu est moins blanc et plus lourd à digérer.

2. — *Les graines à boissons.* — L'Orge (*fig.* 100) a aussi une grande importance, car c'est la *matière première* la plus appréciée pour la *fabrication de la bière.* Voici en quelques mots la marche suivie :

On fait *germer l'Orge*, ce qui provoque l'apparition d'une *substance capable de digérer l'amidon* en le transformant *en une sorte de sucre.* Si on laissait la germination se continuer, le *germe absorberait peu à peu ce sucre* pour son développement. Aussi, à un moment donné, quand le germe a atteint la longueur que la pratique a indiquée comme la plus favorable, on arrête le développement de la jeune plante en la tuant par la chaleur, vers 50°.

L'Orge ainsi transformée s'appelle *malt*. On la concasse en une sorte de farine grossière. Ce malt concassé, traité par l'eau tiède, fournit une *dissolution sucrée* que l'on aromatise ensuite avec une quantité convenable de *cônes de Houblon* (fleurs du Houblon). On fait refroidir ce liquide sucré, puis on le *fait fermenter* en y ajoutant de la *levure de*

Fig. 100.
Épi d'Orge.

bière qui *transforme le sucre en alcool et en gaz carbonique.*

La fabrication de la bière se perfectionne de plus en plus depuis les travaux de Pasteur. Son usage, autrefois presque limité aux pays du Nord, s'étend aujourd'hui de plus en plus, même dans les pays vinicoles, comme la France et l'Italie.

Le *Seigle*, l'*Orge*, le *Maïs*, le *Riz* sont aussi utilisés pour la préparation des *alcools d'industrie.*

LEÇON VIII

Inflorescences. — Aperçu de la variété des fleurs.

RÉSUMÉ. — 1. Les fleurs sont quelquefois *solitaires*, (Violette), mais le plus souvent *groupées en inflorescences*, parsemées de *bractées* ou *feuilles florales.*

2. Un premier groupe d'inflorescences comprend comme *sortes principales :* la *grappe*, qui peut être *simple* (Groseillier) ou *composée* (Vigne, Lilas); l'*ombelle*, *simple* (Cerisier) ou *composée* (Carotte); le *corymbe* (Poirier); l'*épi simple* (Verveine) ou *composé* (Blé); le *capitule* (Marguerite).

3. Un deuxième groupe, désigné sous le nom général de *cymes*, comprend comme *variétés les plus communes :* la *cyme bipare* (Petite Centaurée) et la *cyme unipare scorpioïde* (Myosotis).

4. Le tableau suivant nous donne une idée de la variété des *fleurs complètes* ou *à quatre verticilles :*

Corolle	dialypétale (ou à pétales séparés)	*régulière :* Renoncule, Giroflée. *irrégulière :* Pois.
	gamopétale (ou à pétales soudés)	*régulière :* Liseron, Volubilis. *irrégulière :* Gueule-de-loup.

Dans chacun de ces cas, la variété de forme peut être très grande.

5. Fleurs incomplètes. — L'un des deux verticilles extérieurs peut manquer, la *fleur conservant ses organes essentiels*, étamines et pistil (Vigne, Blé). Les *fleurs apétales*, c'est-à-dire dépourvues de pétales, se réduisent généralement à *deux ver-ticilles* et *sont de deux sortes :* les *fleurs à étamines* (*staminées* ou *mâles*) et les *fleurs à pistil* (*pistillées* ou *femelles*). Les *deux sortes* peuvent être *sur le même pied* (*plantes monoïques :* Chêne, Châtaignier) ou *sur des pieds différents* (*plantes dioïques :* Palmier, Dattier, Saule, Ortie, Chanvre).

❧   ❧   ❧

1. Inflorescences et bractées.— Après nous être rendu compte de l'importance du rôle de la fleur, il est bon de revenir un peu en arrière pour nous rendre compte de l'immense variété que présentent les organes floraux. Considérons d'abord *les fleurs au point de vue de leur mode de groupement.*

On les trouve quelquefois *isolées* ou *solitaires*, c'est-à-dire que, la tige restant très courte, comme dans la Violette, chaque fleur est portée sur un assez long support, nommé **pédoncule floral**, qui part de l'aisselle d'une des feuilles.

Mais le plus souvent les *fleurs sont groupées* en nombre plus ou moins grand sur un pédoncule plus ou moins ramifié. Ce sont ces *groupements de fleurs* que l'on appelle plus spéciale-ment **inflorescences** (*fig.* 101). Dans ce cas on constate géné-ralement sur le pédoncule la présence de feuilles plus ou moins différentes des feuilles proprement dites, souvent de forme plus simple et d'un vert plus tendre, quelquefois même colorées autrement qu'en vert, et que l'on nomme **bractées** ou *feuilles florales* (*fig.* 105).

Les fleurs sont souvent placées à l'aisselle de ces bractées, ou sur des pédoncules qui partent de cette aisselle, c'est-à-dire qu'elles occupent la position des bourgeons axillaires ou des bourgeons terminaux des rameaux.

2. Inflorescences se rattachant à la grappe. — Un premier exemple de ces groupements de fleurs est la **grappe**, dont la forme la plus simple est celle que l'on voit dans le Groseillier *fig.* 242) ou le Réséda. Elle comprend un *pédoncule principal* plus ou moins long, d'où partent des *pédoncules secondaires terminés chacun par une fleur*. La forme de la grappe est plus compliquée dans la Vigne, le Lilas, le Troène (*fig.* 285), car les *pédoncules secondaires se ramifient* à leur tour. On l'appelle alors **grappe composée**.

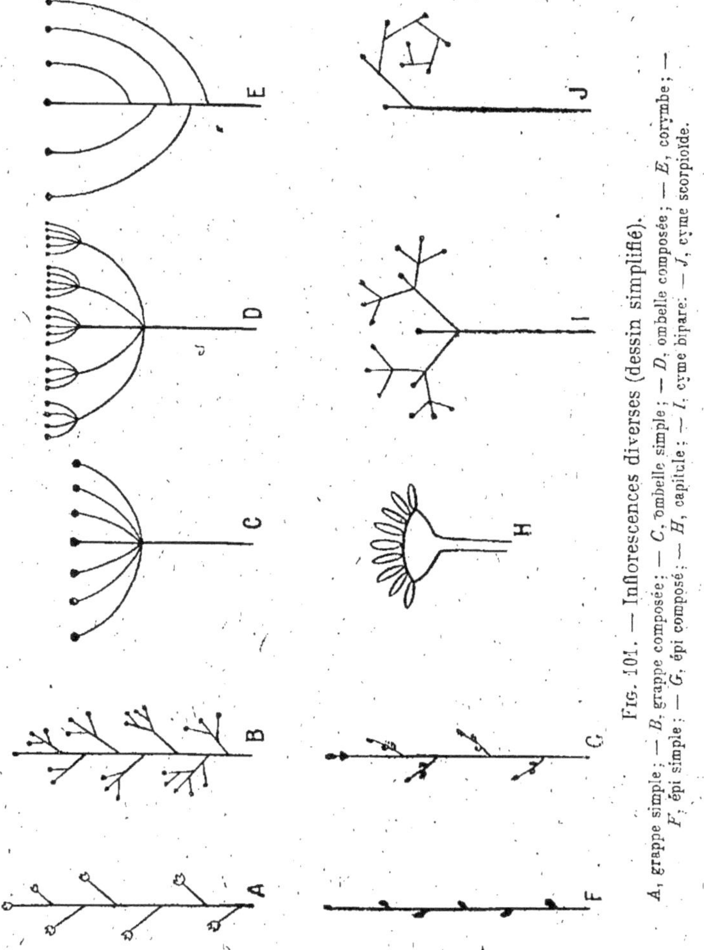

FIG. 101. — Inflorescences diverses (dessin simplifié).

A, grappe simple; — B, grappe composée; — C, ombelle simple; — D, ombelle composée; — E, corymbe; — F, épi simple; — G, épi composé; — H, capitule; — I, cyme bipare. — J, cyme scorpioïde.

À la grappe on peut rattacher :
L'ombelle simple (Cerisier) (*fig.* 102), dans laquelle *toutes les*

ramifications partent du même point, et l'**ombelle composée**
(Carotte) (*fig.* 231) dans laquelle les *pédoncules secondaires se ramifient* à leur tour en petites *ombelles ;*

Le **corymbe** (Poirier) (*fig.* 103), où les fleurs arrivent aussi à peu près au même niveau, mais leurs pédoncules partent de points différents ;

L'**épi simple** (Verveine) (*fig.* 104), où chaque fleur est portée sur un *pédoncule*

Fig. 102. — Inflorescence (en ombelle) de Cerisier.

presque nul, et l'**épi composé** (Blé) (*fig.* 378), où *chacun de ces pédoncules très courts porte de 2 à 4 fleurs;*

Enfin, le **capitule** (du latin *caput*, tête) (Marguerite) (*fig.* 290), où les *fleurs, très nombreuses,* groupées sur une *sorte de petit plateau*

Fig. 103. — Inflorescence (en corymbe) de Poirier.

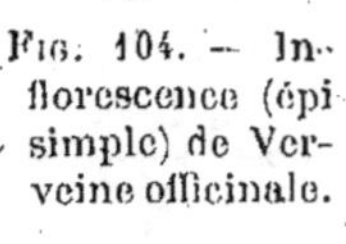

Fig. 104. — Inflorescence (épi simple) de Verveine officinale.

nommé **réceptacle**, *simulent une fleur unique,* dont les fleurs du pourtour, souvent plus grandes, seraient les pétales. On peut se représenter le *capitule* comme une *ombelle à ramifications très courtes* ou comme un épi à tige élargie et très courte.

3. Cymes. — Un autre type d'inflorescences est désigné

sous le nom général de **cymes**. Ses deux variétés les plus communes sont :

La **cyme bipare** (du latin *bi*, deux, et *parere*, engendrer) (ex. : Petite Centaurée, Gypsophile) (*fig.* 105), dans laquelle la tige principale, ainsi que toutes ses ramifications de divers ordres, qui naissent toujours par deux à la même hauteur, se *terminent par une fleur*;

Et la **cyme unipare scorpioïde** (Myosotis, Grande Consoude) (*fig.* 106), dans

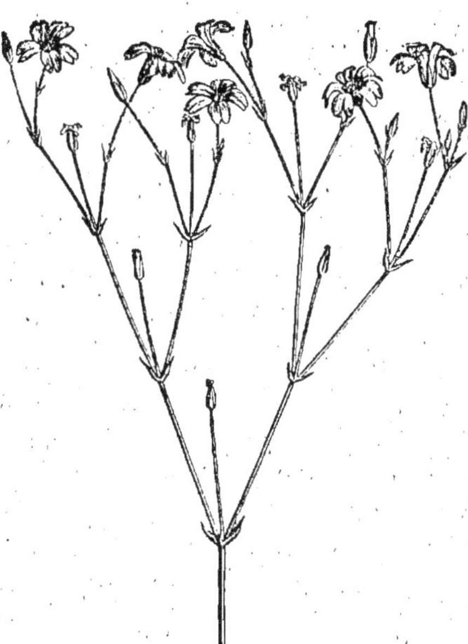

Fig. 105. — Cyme bipare (Gypsophile).
Remarquer que tous les rameaux se terminent par une fleur et naissent à l'aisselle de petites bractées.

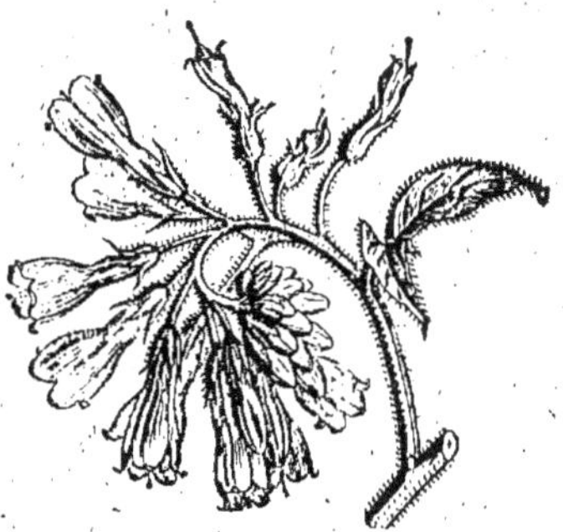

Fig. 106. — Cyme scorpioïde (Grande Consoude).
Remarquer son enroulement en spirale.

laquelle une seule des deux ramifications de chaque ordre se développe, *toujours celle du même côté*, de sorte que l'inflorescence s'enroule *en spirale*, rappelant une *queue de Scorpion:* d'où son nom.

4. Variété des fleurs complètes. — Considérons d'abord les fleurs[1] complètes, c'est-à-dire pourvues des 4 verticilles que nous

1. Pour l'étude des fleurs qui doit être faite sur les fleurs elles-mêmes, pour être fructueuse, les élèves consulteront avec un grand profit l'ouvrage suivant : Henri Coupin, *Récréations botaniques* (Vuibert et Nony, édit.,

avons trouvés dans la fleur du Pois : *calice, corolle, androcée* et

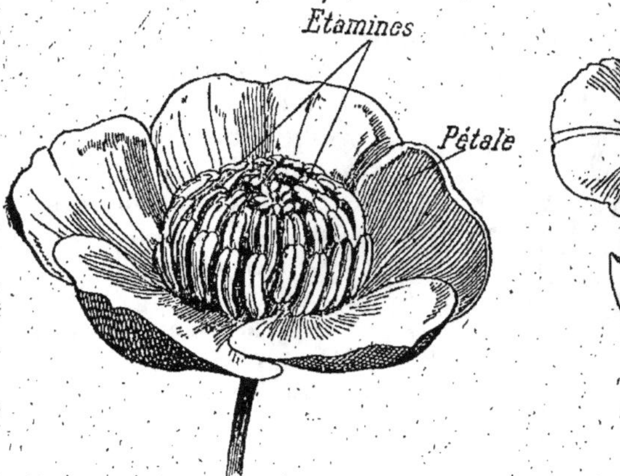

FIG. 107. — Corolle dialypétale et régulière   FIG. 108. — Corolle gamo-
de la Renoncule.   pétale et régulière du Liseron.

pistil. Chacun des verticilles peut présenter une grande variété de disposition.

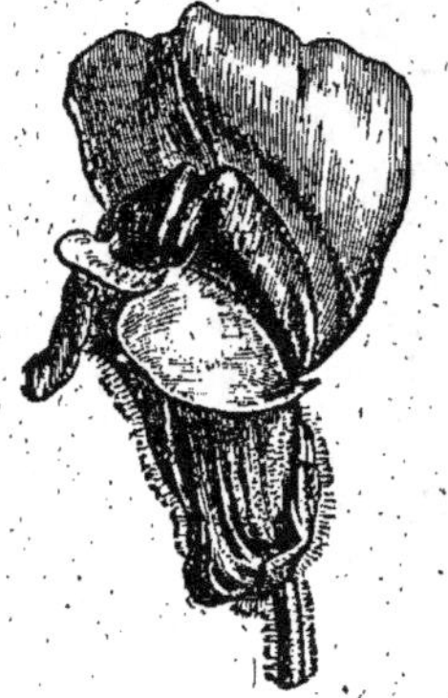

FIG. 109. — Corolle ga-
mopétale et irrégu-
lière de la Gueule-de-
Loup.

Sans insister sur les détails que nous aurons l'occasion de constater dans l'étude des familles, *nous examinerons surtout la corolle*, c'est-à-dire la partie qui attire le plus l'œil par sa couleur généralement différente du vert.

Tantôt les *pétales* qui la composent restent *indépendants* les uns des autres : on dit alors que la *corolle* est *à pétales séparés* ou **dialypétale** (du grec *dialuo*, je sépare).

Tantôt, au contraire, les *pétales se soudent* sur une longueur plus ou moins grande : la *corolle* est dite alors *à pétales soudés* ou **gamopétale** (du grec *gamos*, union)..

Paris), dont les gravures, tirées sur papier spécial, sont facilement colo riables en quelques coups de pinceau.

Dans chacun de ces deux cas, les *pétales* peuvent être tous de *même forme* (corolle **régulière**) ou de *formes différentes* (corolle **irrégulière**). Dans tous ces cas, la forme peut être très variée. Contentons-nous pour le moment de donner les exemples suivants qui se rapportent à des fleurs bien connues :

Corolle
- **dialypétale**
  - *régulière :* Renoncule ou Bouton d'or (*fig.* 107), Giroflée, Églantier.
  - *irrégulière :* Pois (*fig.* 74).
- **gamopétale**
  - *régulière :* Liseron (*fig.* 108), Volubilis, Pomme de terre.
  - *irrégulière :* Gueule-de-loup (*fig.* 109).

5. Fleurs incomplètes. — *L'un des deux verticilles extérieurs*, calice ou corolle, peut être *très réduit* ou *manquer*, sans que chaque fleur cesse d'avoir les deux sortes d'organes que nous avons vu jouer le rôle essentiel, c'est-à-dire les étamines et le pistil : tel est le cas du Lierre, de la Vigne, du Sarrasin, du Blé et des autres céréales. Pratiquement, ces *fleurs* ne diffèrent des fleurs complètes qu'en ce qu'elles sont *moins brillantes* et peuvent *passer inaperçues* pour des yeux peu attentifs, car souvent le verticille extérieur unique est formé de pièces petites et de couleur **verdâtre**.

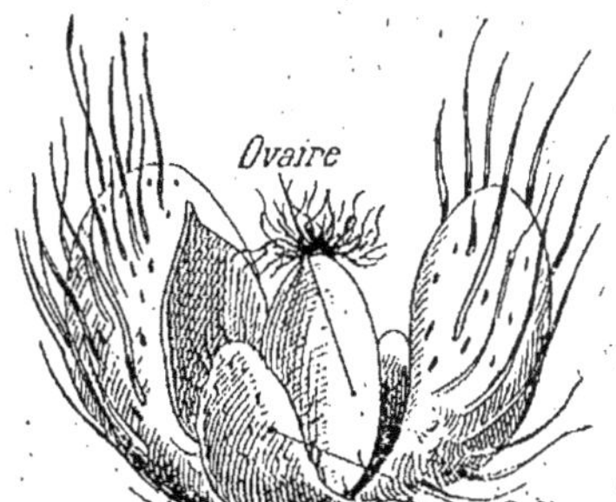

Les fleurs incomplètes les plus intéressantes sont celles où *manque l'un de 2 verticilles centraux*, androcée ou pistil.

Il arrive souvent, dans ce cas, que la fleur se réduit *à 2 verticilles*.

Les *fleurs* sont alors de *deux sortes* (*fig.* 110 et 111) :

Fig. 110. — Fleur femelle ou pistillée d'Ortie.

Les unes comprennent : 1° un *verticille* formé de pièces verdâtres que l'on considère comme un **calice**, et 2° un **androcée**, formé d'un *nombre variable d'étamines*. On appelle ces fleurs **staminées** ou **mâles** ;

Les autres, nommées **fleurs pistillées** ou **femelles**, comprennent : 1° un calice, et 2° un pistil ;

Les fleurs ainsi réduites *à l'un des deux verticilles essentiels* sont souvent nommées **fleurs unisexuées**, c'est-à-dire *d'un seul sexe*, tandis que les fleurs *pourvues d'étamines et de pistil* sont dites **hermaphrodites**.

D'une façon générale, on appelle **apétales** (du grec, *a* privatif et *pétales*) les *fleurs dépourvues de corolle*.

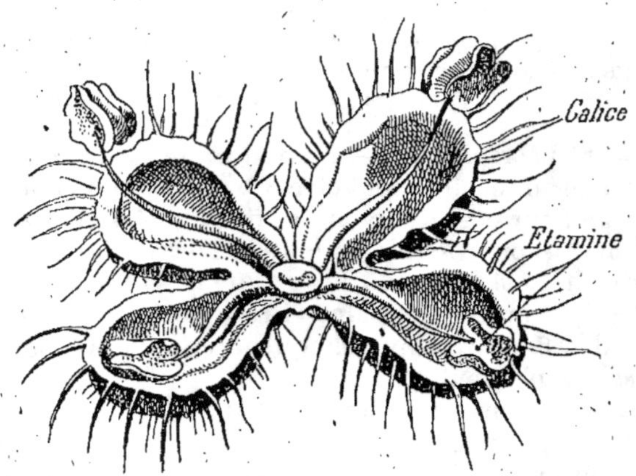

Fig. 111. — Fleur mâle ou staminée d'Ortie.

Beaucoup de nos grands arbres, Chêne, Hêtre, Châtaignier, Noyer, Peuplier, Saule, ont de ces *fleurs apétales unisexuées*.

Tantôt *les fleurs mâles et les fleurs femelles* sont portées *sur un même pied* d'arbre, comme dans le Chêne, le Châtaignier, le Hêtre, le Noyer. On dit alors que la **plante est monoïque** (du grec *monos*, un seul, et *oïkia*, maison).

Tantôt ces *deux sortes de fleurs* sont portées *sur des pieds différents*, comme dans le Saule, le Peuplier, le Palmier-Dattier, etc. On dit alors que la **plante est dioïque** (du grec *dis*, deux, et *oïkia*, maison). Certaines plantes herbacées, comme le Chanvre, le Houblon, l'Ortie (*fig.* 110 et 111), sont dans le même cas.

LECTURES

1. — *Le parfum des fleurs.* — La corolle des fleurs, qui charme nos yeux par ses formes et ses couleurs si variées, agit souvent aussi sur notre odorat par les *essences* qu'elle contient. Ces essences ont une puissance odorante tellement grande qu'il suffit de quantités extrêmement faibles pour donner aux fleurs leur parfum.

L'extraction des parfums est devenue une industrie importante. En France elle s'est surtout développée dans les Alpes-Maritimes, notamment à Grasse, à cause de la douceur du climat, qui permet de cultiver dans de bonnes conditions de nombreuses espèces odorantes : Rose, Violette, Oranger (*fig.* 112), Jasmin (*fig.* 113), Tubéreuse, etc. L'Algérie, la Tunisie, la Turquie, la Perse, l'Inde fournissent aussi certains parfums.

Par quelques exemples, nous allons prendre une idée de la manière de procéder.

Pour extraire l'*essence de Roses* (laquelle n'est pas trop sensible à l'action de la chaleur), on peut procéder par *distillation des pé-*

Fig. 112. — Rameau d'Oranger (fleurs blanches).

tales au contact de l'eau. L'essence est entraînée avec la vapeur d'eau. Le liquide qui se condense se sépare bientôt en deux couches : l'une, supérieure, qui est l'*essence de Roses;* l'autre, inférieure, qui constitue l'*eau de Roses,* laquelle n'est que de l'eau renfermant en dissolution un peu des principes odorants.

Pour le Jasmin, la Tubéreuse, le Lis, l'Héliotrope, le Réséda, la Violette, la *chaleur détruit l'essence,* et l'on n'obtiendrait absolument rien par distillation. On est obligé d'opérer à froid.

Voici, d'après Piesse, la marche suivie pour le Jasmin :

« Dans le laboratoire du parfumeur, on extrait l'*odeur de Jasmin* par l'*absorption,* ou, suivant l'expression consacrée, par l'*enfleurage.* On étend un mélange de *saindoux clarifié* et

de *graisse de Bœuf* sur un châssis en verre, sur lequel on
éparpille les fleurs nouvellement cueillies, qu'on y laisse un
jour environ. On *répète l'opération sur la même graisse* avec
des fleurs fraîches pendant tout le temps de la floraison, qui
dure au moins six semaines. *Le corps gras absorbe l'odeur.*
On enlève enfin la pommade de dessus le verre; on la fait
fondre à une température aussi peu élevée que possible, et
on filtre.

Fig. 113. — Récolte du Jasmin dans les Alpes-Maritimes.

« On prépare presque de la même manière des *huiles parfu-
mées.* On trempe d'abord dans l'huile d'Olives des morceaux
d'ouate que l'on couvre ensuite à plusieurs reprises de fleurs
de Jasmin, puis on serre les morceaux d'ouate sous la presse.
On obtient ainsi l'*huile antique de Jasmin.*

« Pour préparer l'*extrait*, on verse de l'*alcool rectifié sur la
pommade* ou l'*huile de Jasmin.* L'extrait de Jasmin entre dans
la composition de la plupart des parfums les plus recherchés.
Il se vend souvent pur, mais c'est une des odeurs qui, bien
que très agréables d'abord, finissent par faire mal quand elles
ont été exposées à l'action oxydante de l'air. Habilement
mélangé avec d'autres parfums d'un caractère opposé, il plaît

infailliblement, même à l'odorat le plus délicat et le plus difficile. »

Avec les *fleurs d'Oranger* on emploie *l'une ou l'autre des deux méthodes* précédentes, mais on obtient ainsi deux produits différents.

Par les corps gras, puis l'alcool, on obtient *l'extrait de fleurs d'Oranger*, qui rappelle à s'y méprendre l'odeur de la fleur fraîche; tandis que par la distillation on obtient le produit désigné dans le commerce sous le nom *d'essence de Néroli*, dont l'odeur est assez différente.

Certains végétaux contiennent des *essences odorantes* ailleurs que dans la fleur, par exemple dans les *feuilles*, comme la Menthe, ou même dans la *tige souterraine*, comme l'Iris [1].

2. — *L'enfant et les fleurs.* — La vraie vie de l'enfant est celle des champs. Même à la ville, il faut, tant qu'on peut, l'associer au monde végétal.

Et, pourtant, un grand jardin, un parc, n'est pas nécessaire. Celle qui a peu aime plus. Elle n'a sur son balcon, sur un prolongement de toit, qu'une Giroflée de muraille. Eh bien, elle profitera par son unique Giroflée plus que l'enfant gâtée des riches, lancée dans de grands parterres qu'elle ne sait que dévaster. Le soin, la contemplation assidue de cette fleur, les rapports qu'on lui montrera entre sa plante et telle influence d'atmosphère ou de saison, avec cela seul on ferait une éducation tout entière. Observation, expérience, réflexion, raisonnement, tout peut y venir. Qui ne sait le parti admirable que Bernardin de Saint-Pierre a tiré de ce Fraisier né par hasard sur une fenêtre, dans un pot de terre? Il y a vu un infini, et pris là le point de départ de ses harmonies végétales, simples, populaires, enfantines, parfois non moins scientifiques.

Dans une promenade d'hiver, en février, la petite, regardant aux arbres les bourgeons rougeâtres, soupirait et demandait : « Serait-ce bientôt le printemps? » Tout à coup elle s'écrie... Elle l'avait à ses pieds. Une petite clochette d'argent, marquée d'un point vert au bord, le Perce-Neige (*fig.* 114), disait le réveil de l'année.

Le soleil reprend bientôt force. Dès mars, à ses premiers rayons, variables et capricieux, tout un petit monde éclôt, les jeunelles, les pressées, Primevères et Pâquerettes, fleurs

---

1. Pour plus de détails, voir : Henri Coupin, *Promenade scientifique au pays des frivolités.* Vuibert et Nony, édit., Paris.

enfants qui, cependant, par leur petit disque d'or, se disent
enfants du soleil. Elles n'ont pas grand parfum, sauf, je crois,
la seule Violette. La terre est trop mouillée encore. Narcisses,
Jacinthes et Muguets apparaissent aux prés humides, dans
l'ombre humide des bois.

Quelle joie! et que de surprises !... Cette végétation inno-
cente semblait faite pour celle-ci.
Chaque jour en fait la conquête,
recueille, amasse, lie, rapporte
des bottes de petites fleurs qu'il
faudra jeter demain. Elle va sa-
luer une à une toutes les nouvelles venues, leur donner le
baiser de sœur. Gardons-nous de
la troubler dans cette fête du
printemps. Mais, lorsque, un
mois, deux mois passés, elle se
sera satisfaite, je lui dirai :
« Pendant que tu jouais, enfant,
le grand jeu de la nature, la
superbe et splendide transformation de la terre s'est accom-
plie. La voilà vêtue de sa robe
verte aux plis immenses qu'on
appelle des montagnes et des
coteaux. Crois-tu que ce soit
seulement pour te donner des
Marguerites qu'elle a versé de
son sein cet océan d'herbe et de
fleurs? Non, amie; la grande
nourrice, la maman universelle,
a d'abord servi ce banquet à nos
humbles frères et sœurs par lesquels elle nous nourrit. La bonne

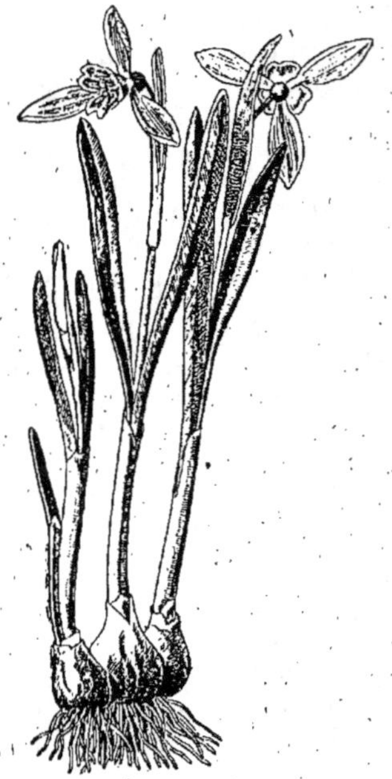

Fig. 114: — Perce-neige (fleurs
blanches, un peu verdâtres).

Vache, la douce Brebis, la sobre Chèvre qui vit de si peu et
fait vivre le plus pauvre, c'est pour elles que sont préparées
ces belles prairies... Du lait virginal de la terre elles vont
combler leurs mamelles, te donner le lait, le beurre... Reçois-
les et remercie.

A ces aliments frais et doux va se joindre la fraîcheur des
premières plantes potagères, des premiers fruits. Avec la
chaleur apparaissent à point nommé la Groseille, la Petite Fraise
des bois, qu'une autre petite gourmande découvre à son

exquise odeur. L'aigrelet de la première, le fondant de la seconde et la douceur de la Cerise, ce sont les prévoyants remèdes qui vous viennent aux jours brûlants où l'idée s'exalte, s'enivre, où commencent sous un soleil accablant les grands travaux de récolte.

Ma fille, n'imite pas l'enfant léger, étourdi, qui, voyant flotter au vent cette mouvante mer d'or, que le Coquelicot et le Bluet égayent de leur éclat stérile, va au travers chercher ses fleurs. Que ton petit pied suive bien la ligne étroite du sentier. Respecte ton père nourricier, ce bon Blé qui, de sa faible tige, soutient avec peine sa tête pesante où est notre pain de demain. Chaque épi que tu détruirais ôterait la vie aux pauvres, au méritant travailleur qui, toute l'année, a pâti pour le faire venir. Le sort de ce Blé lui-même mérite ton plus tendre respect. Tout l'hiver, enclos dans la terre, il a patienté sous la neige; puis aux grandes pluies du printemps, sa petite tige verte a lutté, blessée parfois d'un retour de gelée, parfois de la dent du Mouton; il n'a grandi qu'en supportant le cuisant rayon du soleil. Demain, tranché de la faucille, battu, rebattu des fléaux, froissé, écrasé de la pierre, *Grain d'Orge*, le pauvre martyr, réduit en poudre impalpable, cuit comme pain, ira sous la dent ou, distillé comme bière, sera bu; de toute façon, sa mort fera vivre l'Homme. (MICHELET.)

Leçon IX

Origine foliaire des pièces florales. — Variété du pistil.

RÉSUMÉ. — **1.** Les *sépales*, *pétales*, *étamines* naissent d'un bourgeon et ne sont que des *feuilles modifiées*. On le voit bien dans les *fleurs de Nénuphar*, qui contiennent des *pièces intermédiaires entre les sépales et les pétales*, de même qu'*entre les pétales et les étamines*. Les *fleurs doubles* (Rose, Pivoine, etc.), obtenues dans les jardins par la *transformation des étamines en pétales*, le montrent également.

2. Le *pistil* du Pois est dit *simple* ou *à un seul carpelle*, parce qu'il dérive d'*une seule feuille repliée en cornet*, de façon à ce que les deux bords portant les ovules se soudent en enfermant ceux-ci à l'intérieur. La *ligne renflée portant les ovules* s'appelle *placenta*.

3. Le *pistil* est dit *composé* ou *à plusieurs carpelles*, quand il dérive de *plusieurs feuilles*. Ces feuilles carpellaires peuvent rester *indépendantes les unes des autres* (Renoncule), ou *se souder plus ou moins complètement*, soit après s'être *enroulées chacune en un cornet* (*placentation axile* : Lis), soit en *se rapprochant bord à bord* pour former *une cavité unique* (*placentation pariétale* : Violette).

1. Origine foliaire de la fleur. — Nous avons déjà dit, en parlant des modifications des feuilles, que les *différentes pièces florales*, sépales, pétales, etc., ne sont que des *feuilles plus ou moins modifiées*. Nous allons voir comment on peut s'en rendre compte.

D'abord, au sujet des inflorescences, nous avons vu que *les fleurs naissent comme les feuilles*, d'un *bourgeon terminal ou axillaire*. Sur certains arbres fruitiers, comme le Poirier (*fig.* 19), on peut distinguer au printemps, quand les bourgeons grossissent, ceux qui donneront des fleurs de ceux qui donneront simplement des feuilles et des rameaux. Les premiers sont plus gros et moins effilés. Les horticulteurs les appellent **bourgeons à fruits**, et ils appellent les seconds **bourgeons à bois**. Malgré cette différence de forme, on voit qu'il y a entre eux *analogie d'origine*.

Les *sépales* rappellent les *feuilles* par leur *couleur*, leur *forme aplatie* et leurs *nervures*. On peut les considérer comme des feuilles plus petites, sans pétiole, de forme plus simple que les autres feuilles de la même plante. On voit quelquefois les feuilles se modifier progressivement, devenir *plus simples* en se rapprochant de la fleur, comme dans l'*Ellébore* (*fig.* 115). Les *bractées* sont un des termes de cette série.

Les *pétales*, qui rappellent encore les *feuilles* par leur *forme* et leurs *nervures*, en *diffèrent par leur couleur*, de sorte que dans beaucoup de fleurs la différence des sépales et des pétales est très frappante.

Mais il n'en est pas de même dans certaines fleurs, comme celles du **Nénuphar** blanc, plante aquatique dont les feuilles arrondies flottent à la surface de l'eau des étangs et des ruis-

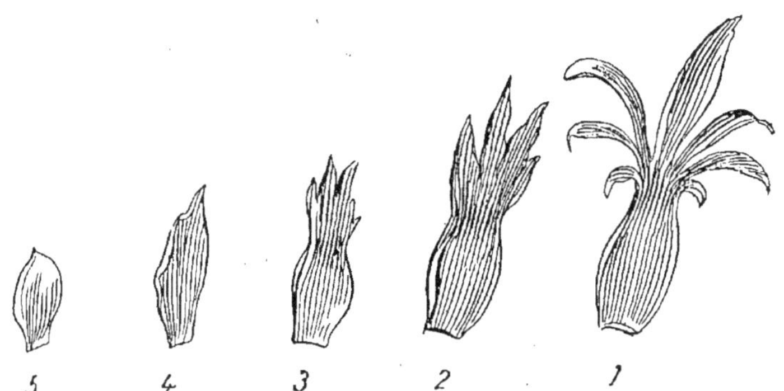

Fig. 115. — Passage insensible, chez l'Ellébore, des feuilles (1) aux bractées (2 et 3) et aux sépales (4 et 5).

seaux. Dans les *fleurs de cette plante*, les *pièces florales* sont *très nombreuses*. Si on les observe en allant de l'extérieur vers le centre (*fig.* 116), on constate que l'*on passe insensiblement du*

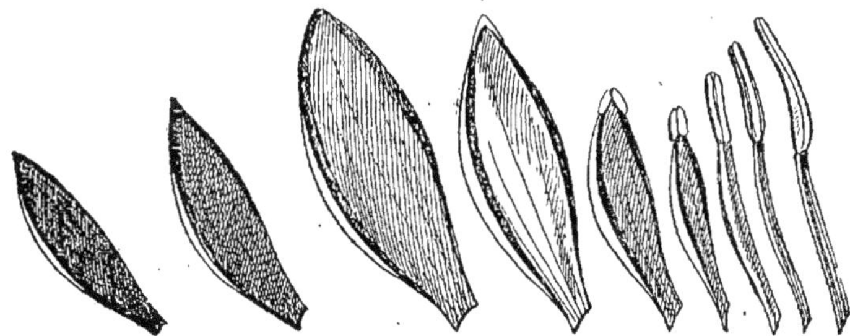

Fig. 116. — Pièces isolées de la fleur du Nénuphar blanc, montrant le passage insensible des sépales aux pétales et de ceux-ci aux étamines

sépale franchement vert au pétale franchement blanc par la disparition progressive du vert et l'apparition progressive de l'autre teinte, si bien qu'il serait *impossible de dire exactement où finit le calice et où commence la corolle.* On voit donc qu'il n'y a *pas ici de différence absolue entre le sépale et le pétale,* et on est amené à penser qu'il en est de même pour toutes les fleurs, mais que les formes intermédiaires ne se sont pas développées.

La différence entre un pétale et une étamine nous paraît encore bien plus grande qu'entre un sépale et un pétale ; mais la même fleur de nénuphar nous fournit aussi *toute une série de formes intermédiaires* qui nous permettent de répéter exactement le même raisonnement que ci-dessus.

D'ailleurs nous avons ici un autre argument tiré des **fleurs doubles** [Rose *fig.*118), Pivoine, Renoncule, etc.] que les horticulteurs ont obtenues en cultivant dans un sol abondamment fumé les plantes à fleurs simples correspondantes. En comparant la fleur double cultivée, une Rose, par exemple, à la fleur simple sauvage de même espèce, l'Eglantine, on voit que la première a beaucoup plus de pétales et beaucoup moins d'étamines. Le *doublement* de la fleur tient donc à ce que les **étamines** de la fleur sauvage primitive **sont devenues des pétales** par la culture.

Les trois premiers verticilles sont donc bien formés de feuilles modifiées.

2. Pistil simple. — Quant au *pistil,* si nous le considérons *dans sa forme la plus simple,* celle qu'il a dans le *Pois* (*fig.* 80), le *Haricot,* nous nous le figurons très facilement comme une *feuille repliée en cornet,* et dont les bords, portant les ovules, se seraient soudés en enfermant ceux-ci à l'intérieur. Le **placenta,** c'est-à-dire la *ligne légèrement renflée et de couleur plus claire qui porte les ovules,* peut être considéré comme une nervure un peu épaisse ; il contient les vaisseaux *amenant la sève nécessaire* au développement des ovules. Le style ne serait que le prolongement de la nervure médiane renflée à son extrémité pour former le *stigmate.*

On appelle **feuille carpellaire** cette feuille qui serait ainsi *l'origine du pistil,* et, comme celui-ci, dans le cas du Pois, se réduit à cette seule feuille, on dit qu'il est **simple** ou à **un seul carpelle.**

On n'a jamais pu observer directement cette transformation de la feuille carpellaire en un carpelle en cornet ; mais ici encore on peut, dans beaucoup de cas, observer des *carpelles imparfaits* qui justifient cette manière de voir. Par exemple, dans certaines fleurs d'Ellébore, on voit des étamines dont l'anthère est imparfaitement formée et dont le *filet s'élargit* vers la base en une *sorte de cornet* incomplètement fermé, portant sur ses bords des *excroissances* qui figurent des *ovules imparfaits*.

On peut donc dire, en définitive, que **toutes les parties de la fleur ne sont que des feuilles modifiées.**

3. Pistil composé. — Le pistil est souvent plus compliqué que celui du Pois. Il a souvent pour origine *plusieurs feuilles carpellaires*, au lieu d'une seule. On l'appelle alors pistil **composé.**

Dans certains cas, les feuilles carpellaires forment autant de carpelles qui restent **indépendants** les uns des autres. Dans la Renoncule, par exemple, il y en a souvent de 15 à 20 fixés suivant une sorte de spirale sur l'extrémité renflée du pédoncule floral.

Souvent aussi les différents carpelles formant le pistil d'une même fleur **se soudent** plus ou moins entre eux. Dans ce cas, la *soudure des ovaires* donne lieu à un **ovaire composé.**

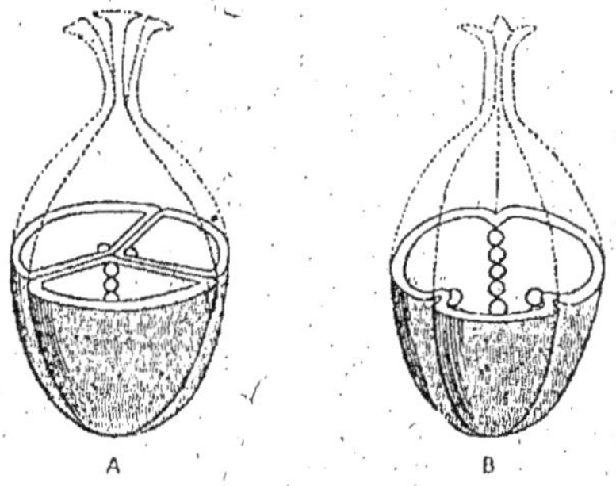

Tantôt l'intérieur de cet ovaire composé est

Fig. 117. — Deux ovaires coupés en travers pour montrer en quoi consistent la placentation axile (A) et la placentation pariétale (B).

partagé en *autant de loges* qu'il y a de carpelles associés, et les ovules sont groupés dans chaque loge le long de l'axe de la fleur, c'est-à-dire que les *placentas* des différents carpelles se sont soudés suivant l'*axe*. On dit alors que la **placentation** est axile (*fig.* 117, *A*).

Dans ce cas, chaque carpelle a formé *un cornet*, comme dans le cas du pistil simple, et il s'est soudé ensuite *aux carpelles voisins*, de sorte que la cloison de séparation est double, formée de deux feuilles accolées. Ex. : Pomme de terre, 2 carpelles ; Lis, 3 carpelles ; Ancolie, 5 carpelles ; Orange, 10 à 12 carpelles, etc.

Tantôt l'intérieur de l'ovaire composé forme une *cavité unique*, les *ovules* étant attachés *sur la paroi*, suivant un *nombre variable de lignes verticales*. On dit alors que la **placentation est pariétale** (du latin *paries*, muraille, paroi) (*fig.* 117, *B*).

On s'explique cette disposition en admettant que les feuilles carpellaires se sont rapprochées les unes des autres sans s'enrouler en cornet, le bord droit d'une feuille se soudant au bord gauche de la feuille voisine, de façon à ce que les ovules qu'il porte se trouvent à l'intérieur. Le nombre des lignes d'ovules indique le nombre des feuilles carpellaires ainsi associées. Ex. : Giroflée, 2 carpelles ; Violette, 3 carpelles, etc.

Telles sont les deux dispositions les plus fréquentes des ovaires composés. Nous signalerons plus tard certains cas particuliers.

Fig. 118. — Roses doubles (cliché Bégot).

LECTURES

1. — *La transformation des fleurs par la culture.* — L'un des exemples les plus connus de cette transformation est le Rosier.

L'*Églantier des haies* ou *Rosier sauvage* a les fleurs simples, c'est-à-dire qu'elles ont 5 pétales seulement, avec de nombreuses étamines. Rarement on y trouve un double rang de pétales.

Mais, lorsque cette même plante est assujettie à la culture, et qu'un sol naturellement fertile ou amélioré par des engrais lui fournit une alimentation plus substantielle, rien n'est plus fréquent que de voir se produire la transformation des étamines en pétales (*fig.* 118).

Un cas particulier très curieux qui se produit quelquefois dans cette transformation et qui nous montre bien clairement

l'analogie d'origine des pièces florales et des feuilles est celui
de la *Rose prolifère* (*fig.* 119). Le centre de la fleur ne contient
pas de pistil ; on voit *à sa place* un *rameau feuillé* qui prolonge
l'axe floral. Une *partie des étamines* sont *transformées en pétales*.
Les *sépales* sont à l'état de *feuilles composées*, comme des
feuilles véritables du Rosier. En somme, il paraît s'être produit une sorte de *déséquilibre* dans l'agencement des diverses
parties de la fleur.

Revenons au cas le plus fréquent. Le
plus souvent la transformation des étamines
en pétales est partielle. Quelquefois cependant elle est totale, mais il n'en résulte pas
nécessairement que la fleur est stérile. En
effet la disparition des étamines n'entraine
pas nécessairement celle des carpelles, et
ceux-ci peuvent être fécondés par du pollen
provenant d'autres Roses de même espèce
ayant conservé des étamines. Aussi le fruit
du Rosier contient-il souvent des graines
en bon état. Le nombre des espèces de
Rosiers aujourd'hui connues est de plus
de 300, et, comme ces espèces sont très
voisines, c'est-à-dire présentent de grandes
analogies, le pollen d'une espèce peut généralement féconder le pistil d'une autre
espèce. Nous savons déjà que les graines
résultant de cette fécondation donneront,
en germant, des *hybrides*, c'est-à-dire des plantes légèrement
différentes des premières.

Fig. 119. — Rose
prolifère.

D'autre part, sous des influences qui ne sont pas encore
bien connues, il peut se produire d'autres modifications que
l'on appelle *spontanées*, parce qu'on n'en connaît pas la
cause, et que l'on peut ensuite conserver en les multipliant
par *bouture* ou par *greffe*.

On s'explique ainsi qu'il y ait des milliers de variétés de
Rosiers, dont les nuances varient du blanc pur au pourpre
noir, en passant par l'incarnat, le rose, le lilas, le pourpre
clair. Seule la nuance bleue paraît impossible à obtenir.

Dans cette profusion de variétés, nous devons dire que la
plus anciennement connue, la Rose cent-feuilles, est encore
une des plus belles et la plus délicieusement parfumée. C'est
elle et quelques-unes de ses variétés qui fournissent la majeure partie de l'essence de Rose du commerce.

La Renoncule double, la Pivoine double sont aussi des exemples de fleurs doublées sous l'influence de la culture par la transformation des étamines en pétales.

Dans d'autres cas, comme pour le Dahlia, le Chrysanthème, la transformation n'est pas du même genre. Ces fleurs sont groupées en *capitules*. Dans leur état primitif, les *fleurs du pourtour* sont beaucoup *plus grandes que les fleurs du centre*. L'effet de la culture est de *faire grandir les fleurs du centre*, en les rendant à peu près semblables à celles du pourtour.

Fig. 120. — La Reine de la nuit, fleur qui ne s'épanouit que le soir.

2. — *L'Horloge de Flore.* — Les fleurs sont d'abord à l'état de *boutons*. Lorsqu'elles s'étalent, on dit qu'elles s'*épanouissent*. Ce phénomène ne se passe pas au hasard, il obéit à des lois que les botanistes et les horticulteurs ont vérifiées depuis longtemps. C'est ainsi que l'épanouissement de chaque espèce de fleurs se produit toujours à des heures bien déterminées. Et c'est ce qui a permis d'établir le catalogue ci-dessous, connu sous le nom quelque peu poétique d'*Horloge de Flore* :

Les fleurs de :		s'épanouissent :		
Liseron des haies............	entre 3	et	4	heures du matin.
Salsifis.................	— 4	et	5	— —
Concombre d'eau...........	— 5	et	6	— —
Laiteron..............	— 6	et	7	— —
Nénuphar.............	à 7			— —
Miroir de Vénus...........	entre 7	et	8	— —
Mouron rouge............	à 8			— —
Souci................	à 9			— —
Glaciale..............	entre 9	et	10	— —
Mésembryanthème..........	— 10	et	11	— —
Dame d'onze heures.........	à 11			— —
Pourpier...............	à midi.			

Les fleurs de :   *s'épanouissent :*

Silène à fleur nocturne........ entre 5 et 6 heures du soir.
Belle-de-nuit................ — 6 et 7 — —
Grand-Céréus (la Reine de la
   nuit) (*fig.* 120)............ — 7 et 9 — —
Liseron pourpre............. à 10 — —

Cette horloge varie, on le comprend, d'un pays à un autre dont la température et les conditions météorologiques sont différentes. C'est ainsi que l'horloge de Flore dressée en Suède « retarde » d'une heure sur celle dressée à Paris avec les mêmes espèces.

Une fois épanouies, les fleurs demeurent étalées pendant des temps variables, puis, souvent, se referment comme si elles voulaient dormir, ainsi qu'il est facile de le constater chez les Crocus (*fig.* 121) cultivés dans les appartements. C'est ainsi que le Pourpier, qui s'épanouit vers midi, se ferme une heure après,

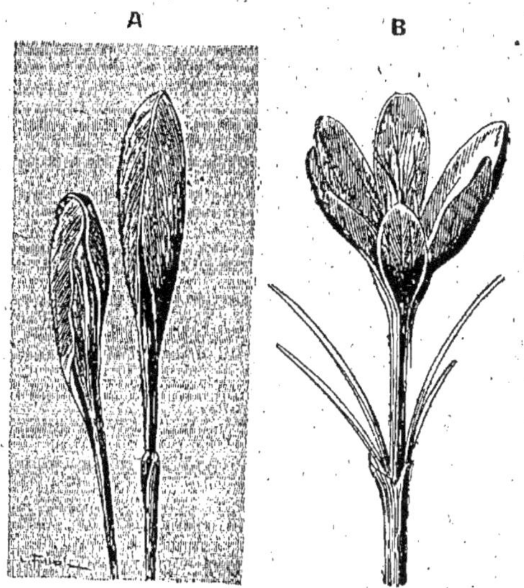

FIG. 121. — Fleur de Crocus.
A, pendant la nuit; — *B*, pendant le jour.

tandis que la Grande Marguerite, qui s'ouvre avec le soleil levant, ne se rendort qu'au soleil couchant. Les fleurs, comme l'espèce humaine, ont leurs paresseux et leurs vaillants.

Leçon X

Les fruits. — Constitution des principaux fruits comestibles.

RÉSUMÉ. — **1.** Le *fruit*, résultant du *développement de l'ovaire*, garde souvent la forme de celui-ci. La *paroi de l'ovaire* devient le *péricarpe*, tantôt *sec*, *s'ouvrant ou non* à la maturité, tantôt *charnu*, et les *ovules* deviennent les *graines*.

2. Les principaux *fruits secs indéhiscents*, c'est-à-dire ne s'ouvrant pas, sont les *akènes* (Renoncule, Sarrasin, Blé) et les *samares* (Orme).

3. Les principaux *fruits secs déhiscents*, c'est-à-dire s'ouvrant, sont : le *follicule* (Pivoine, Ellébore), s'ouvrant par *une seule fente* ; la *gousse* (Pois, Haricot), s'ouvrant par *deux fentes* ; la *silique* (Giroflée), s'ouvrant par *quatre fentes* ; et, enfin, la *capsule*, s'ouvrant de façon variée : *fentes* (Lis), *trous* (Pavot), etc.

4. Les *fruits charnus les plus simples* sont : la *drupe* (Cerise, Pêche) et la *baie* (Raisin, Groseille).

5. La Pomme, la Poire, l'Orange sont des *sortes de baies* plus compliquées.

6. Dans la fraise et la Figue, la *partie comestible* est le *support des fruits*.

*   *   *

1. Comparaison de quelques fruits avec les ovaires dont ils proviennent. — Lorsque nous avons étudié la fleur du Pois, la comparaison du fruit ou gousse avec le pistil nous a amené à dire que le fruit n'est que l'ovaire agrandi en tous sens et contenant des graines à la place des ovules.

La paroi de l'ovaire est restée mince à peu près comme la feuille carpellaire dont elle dérive. Elle forme alors le **péricarpe** (du grec *péri*, autour, et *carpos*, fruit), c'est-à-dire la partie extérieure du fruit. Lorsque la gousse est encore verte, on y distingue encore les deux épidermes de la feuille carpellaire, recouvrant le parenchyme peu épais. L'épiderme intérieur est même très facile à séparer sous forme d'une feuille mince, parcheminée.

Si on laisse la gousse achever son développement sur la plante, elle finit par se dessécher en jaunissant, et bientôt elle s'ouvre (*fig.* 79) pour laisser tomber les graines mûres.

Nous voyons donc que le fruit du Pois comprend deux parties : le **péricarpe**, provenant de la *paroi de l'ovaire*, et les **graines**, provenant du développement des *ovules fécondés*.

Nous voyons, de plus, que le *mot fruit ne signifie pas nécessairement la partie de la plante qui peut se manger*, mais simplement le *résultat du développement de l'ovaire, que ce fruit soit ou non comestible*.

Dans le cas du Pois, par exemple, ce sont les graines que nous mangeons et non le fruit tout entier, sauf dans la variété appelée *Mange-Tout*, où l'on a pu obtenir par la culture la transformation de cet épiderme intérieur parcheminé et coriace que nous signalions ci-dessus.

Examinons maintenant le fruit de la Renoncule ou Bouton d'or et comparons-le au pistil de la fleur dont il provient. Nous voyons que les choses se sont passées comme dans le Pois pour chacun des nombreux carpelles qui forment ce pis-

Fig. 122. — Akène de Renoncule, entier.
(Voir la fig. 96, qui le représente coupé en long.)

til. Chacun d'eux s'est agrandi en conservant sensiblement la même forme. De même que le *carpelle* ne contient *qu'un ovule*, le *fruit* ne contient *qu'une graine*. A la maturité, ce fruit devient brun en se desséchant, mais il *ne s'ouvre pas* de lui-même. On l'appelle **akène** (*fig.* 122 et 96).

On peut donner comme une *règle à peu près générale* que les *fruits à péricarpe sec* qui contiennent *un assez grand nombre de graines s'ouvrent* à la maturité, tandis que ceux qui ne contiennent *qu'une graine ne s'ouvrent pas*. Les premiers s'appellent **déhiscents** (du latin *dehiscere*, s'ouvrir), et les autres s'appellent **indéhiscents**.

On s'explique facilement l'*utilité de la déhiscence* d'un fruit contenant de nombreuses graines. Celles-ci ont alors des chances de se disséminer sur une assez grande surface, et, par suite, de ne pas se gêner les unes les autres au moment de la germination.

Examinons maintenant un **fruit à noyau**, Cerise, Pêche (*fig.* 123), Prune, Abricot, Amande, et comparons-le au pistil qui lui a donné naissance.

Dans le fruit, nous trouvons d'abord une mince pellicule superficielle, puis une partie charnue, puis enfin le noyau, et, si nous cassons celui-ci, nous y trouvons une *amande*. Il est facile de reconnaître dans cette amande une *graine*, qui, dans les exemples cités plus haut, ressemble à

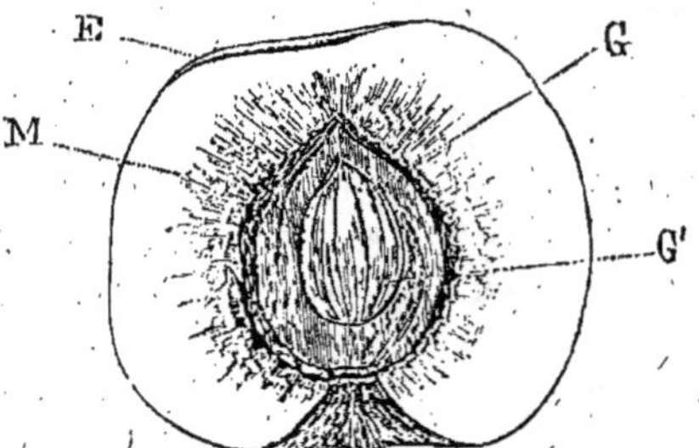

Fig. 123. — Pêche coupée en long.
E, pellicule superficielle ; — *M*, partie charnue ; — *G*, noyau ; — *G'*, amande ou graine.

celle du Haricot. Lorsque nous mangeons des Amandes vertes, ou même sèches, nous pouvons constater qu'elles *se séparent facilement en deux moitiés*, comme la graine de Haricot : ce sont donc des *graines sans albumen à deux cotylédons très gros*. Le *tégument* est représenté par la *pellicule* que nous enlevons avant de manger l'Amande verte.

La *partie charnue* et le *noyau* qui entourent l'amande proviennent de la *paroi de l'ovaire*. La pellicule superficielle est l'épiderme extérieur ; la partie charnue est le parenchyme épaissi et souvent chargé de matières sucrées ou légèrement acides qui le rendent agréable au goût et comestible, et le noyau correspond, au moins en partie, à l'épiderme intérieur. Ces *fruits charnus à noyau* s'appellent des **drupes**.

Si nous *comparons l'ovaire à ce fruit*, en nous servant de la loupe, une des *différences* qui nous frappent est l'existence dans l'ovaire de *deux ovules*, alors que nous ne trouvons généralement *qu'une amande ou graine* à l'intérieur du noyau. Rappelons-nous cependant qu'il arrive encore assez fréquemment que nous trouvons *deux amandes, au lieu d'une*, dans le fruit de l'Amandier, ce qui permet aux enfants de faire « philippine ». On constate de même, en brisant un certain nombre de noyaux de Cerises, de Prunes, etc., que quelques-uns d'entre eux contiennent *deux graines au lieu d'une*. Nous pouvons donc conclure que, le plus souvent, l'un des deux ovules subit un arrêt de développement au profit de l'autre, qui devient alors assez gros pour remplir toute la cavité du noyau. Dans quelques fruits cependant, *les deux ovules se développent*, et les graines sont obligées de se partager l'espace réduit que forme la cavité du noyau.

Examinons enfin le fruit du Groseillier ou de la Vigne, c'est-à-dire un grain de Groseille ou de Raisin (*fig.* 124); nous y trouvons encore une *pellicule extérieure*, une *partie charnue* et un certain nombre de *corps durs*, généralement 4 ou 5, que l'on nomme *pépins* et dans lesquels on peut

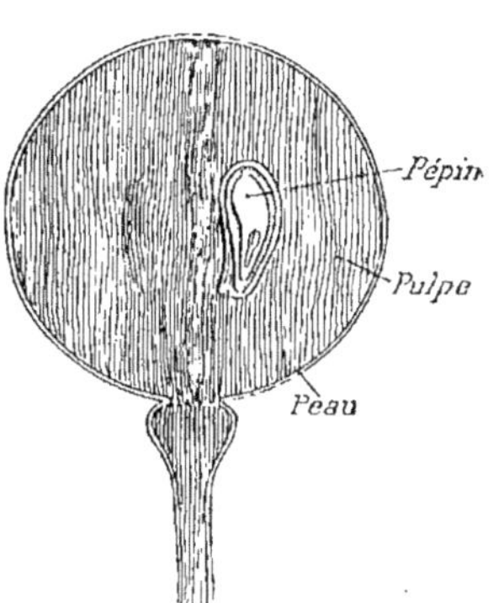

Fig. 124. — Coupe d'un grain de Raisin (baie).

reconnaître autant de *graines*. La différence essentielle avec les fruits examinés ci-dessus est donc que les *graines* sont ici *plongées dans la chair* du fruit, au lieu d'être enfermées dans un noyau. *L'épiderme intérieur* de la paroi de l'ovaire *ne s'est pas durci*, et il se confond avec la partie charnue. Cette sorte de fruits charnus s'appelle **baie**.

Nous voyons donc *qu'en général le fruit rappelle l'ovaire dont il provient*, et nous pouvons établir dans l'ensemble des fruits les subdivisions indiquées par le tableau suivant :

Fruits
- secs
  - indéhiscents... *Ex. :* akène de Renoncule.
  - déhiscents..... *Ex. :* gousse de Pois.
- charnus............... *Ex. :* drupe de Pêcher.

2. Fruits secs indéhiscents. — Ce sont les *fruits à péricarpe sec*, qui *ne s'ouvrent pas* à la maturité et qui ne contiennent généralement *qu'une seule graine*. On les appelle, en général, **akènes**, comme celui de la Renoncule (*fig.* 122), du Sarrasin (*fig.* 341).

Le fruit du Blé et des autres céréales, c'est-à-dire le *grain de Blé* (*fig.* 95), d'Avoine, etc., se rattache à ce groupe, avec cette différence que *la graine est soudée au péricarpe*.

Ils sont quelquefois *ailés*, c'est-à-dire *entourés d'une membrane mince*, comme le fruit de l'Orme (*fig.* 137). On les appelle alors **samares**.

3. Fruits secs déhiscents. — Ce sont les *fruits à péricarpe sec* qui *s'ouvrent* à la maturité et

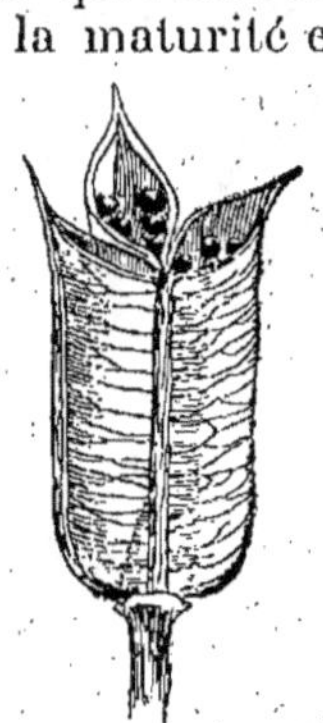

Fig. 125. Follicules de l'Aconit.

qui contiennent un *assez grand nombre de graines*. On les appelle en général des **capsules**. Cependant on

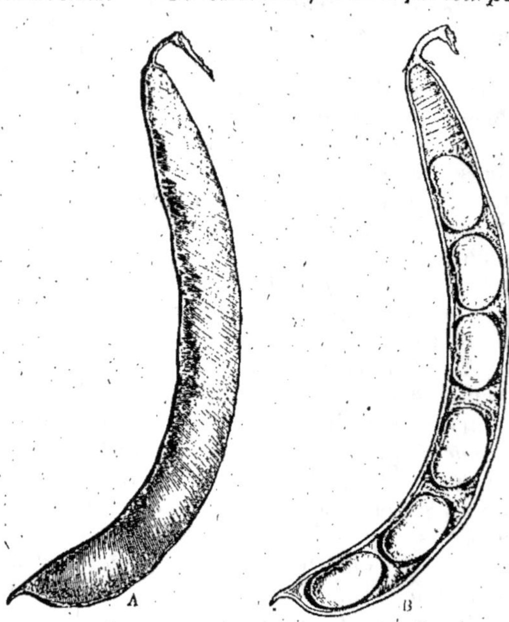

Fig. 126. — Gousse de Haricot.
A, entière; — *B*, avec une des valves enlevées pour montrer les graines à l'intérieur.

réserve plus spécialement ce nom à ceux de ces fruits qui ont une forme globuleuse. Ceux qui ont une forme allongée ont reçu différents noms spéciaux. Les plus communs sont :

Le **follicule** (du latin *folliculus*, petit sac), qui ne s'ouvre à la maturité que par *une seule fente* suivant la ligne des ovules. Ex. : Pivoine, Ellébore, Aconit (*fig.* 125);

La **gousse**, qui s'ouvre par *deux fentes* diamétralement opposées, dont *l'une suivant la ligne des ovules*. Ex. : Pois, Haricot (*fig.* 126), Fève, etc. Ces deux premiers fruits proviennent *d'une feuille carpellaire unique ;*

La **silique** (Giroflée, Chou, Cresson) (*fig.* 127), qui diffère de la gousse et du follicule en ce que l'*intérieur* est *partagé en deux* par une cloison longitudinale. Les *graines* sont attachées sur *cette cloison*, mais *tout près de la paroi*. A la maturité il se forme *4 fentes*

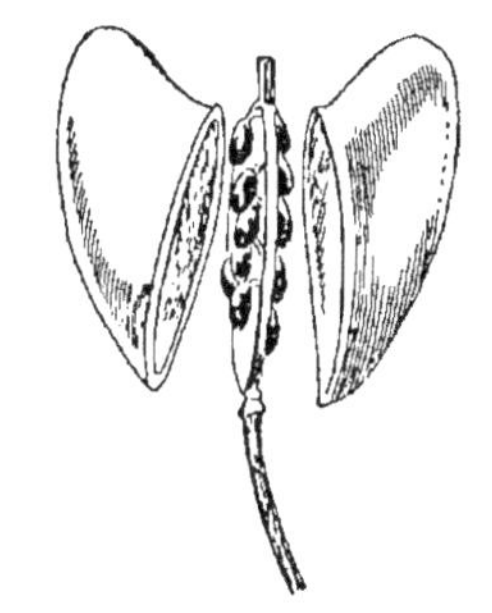

Fig. 128. — Silicule (ouverte) de la Bourse à pasteur.

Fig. 127. — Silique (au moment où elle s'ouvre).

longitudinales tout le long de la cloison. Les *2 valves* ainsi séparées demeurent attachées *au sommet du fruit*, tandis que la cloison reste fixée au pédoncule floral à sa partie inférieure. Un tel fruit provient de 2 *carpelles soudés* avec *placentation pariétale*, puisque les ovules sont attachés sur la paroi ou, du moins, tout près d'elle. La cloison de séparation est une cloison supplémentaire ou *fausse cloison*. La **silicule**, qui n'est qu'une courte silique, a la même constitution (*fig.* 128).

Quant aux **capsules** *proprement dites*, elles *s'ouvrent de façons variées*, comme nous le verrons dans l'étude des familles, tantôt

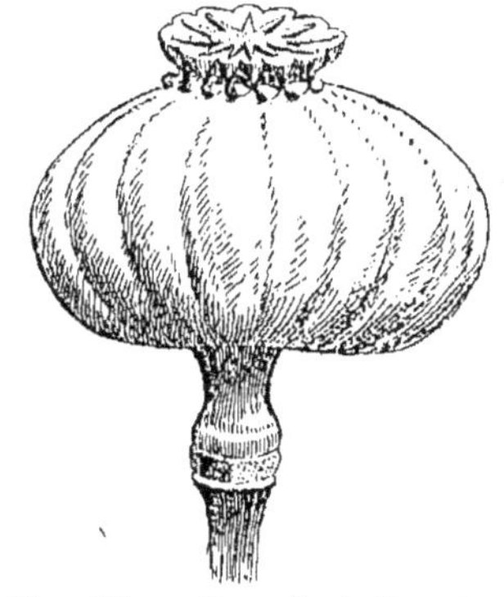

Fig. 129. — Capsule de Pavot.

par de *petits trous* situés vers le sommet (Pavot) (*fig.* 129), tantôt par des *fentes longitudinales* (*Lis*) ou *transversales* (*Mouron rouge*) (*fig.* 276). Ces capsules proviennent aussi d'ovaires composés.

4. **Fruits charnus.** — Ce sont les fruits dont le *péricarpe devient charnu.* Les plus simples sont :

La **drupe**, ou *fruit à noyau.* Ex. : *Cerise* (*fig.* 223), *Prune, Abricot, Pêche* (*fig.* 123), *Amande*, etc. La partie charnue qui entoure le noyau est souvent comestible, mais cependant pas toujours. Ainsi, dans le cas de l'Amandier, du Noyer, c'est le contenu du noyau, c'est-à-dire la graine, que nous mangeons ;

Et la **baie**, ou *fruit à pépins.* Ex. : Groseille, Raisin (*fig.* 124), Sureau, Lierre.

5. **Fruits charnus plus compliqués.** — Dans le langage courant, le nom de *fruit à pépins* s'applique aussi aux fruits, tels que la Pomme, la Poire, l'Orange. Ces fruits sont plus compliqués que les simples baies.

Dans la Pomme et la Poire (*fig.* 130), chaque *pépin* est entouré de *deux petites lamelles* cornées et coriaces, qui forment comme un *noyau rudimentaire.* La partie charnue comestible n'est pas formée uniquement du parenchyme de la paroi de l'ovaire. La partie inférieure des sépales, celle des pétales et celle des étamines, qui sont soudées à l'ovaire jusqu'au sommet de celui-ci, **s'épaississent également** pour contribuer à former la partie charnue. Sur le fruit mûr, on voit encore 5 petites dents qui ne sont que l'extrémité desséchée des sépales.

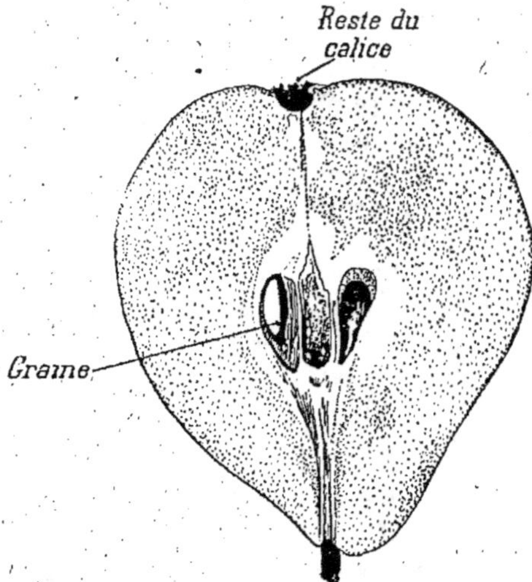

FIG. 130. — Poire, coupée en long.

Dans l'*Orange* (*fig.* 131) et le *Citron*, la coupe transversale nous montre bien nettement 10 à 12 *cavités* contenant chacune 1 ou 2 pépins et correspondant à *autant de carpelles soudés* avec *placentation axile*. Nous voyons là très nettement que la *cloison de séparation* est *double*, car nous *séparons* facilement sur l'Orange mûre *chacune des 10 ou 12 tranches*. La *chair*, qui remplit chacune des loges, est formée par un grand nombre *de poils* qui se sont considérablement allongés et gonflés par l'accumulation de jus sucré et acide. Ce n'est donc pas le parenchyme de la feuille carpellaire qui est comestible, mais des dépendances de son épiderme interne.

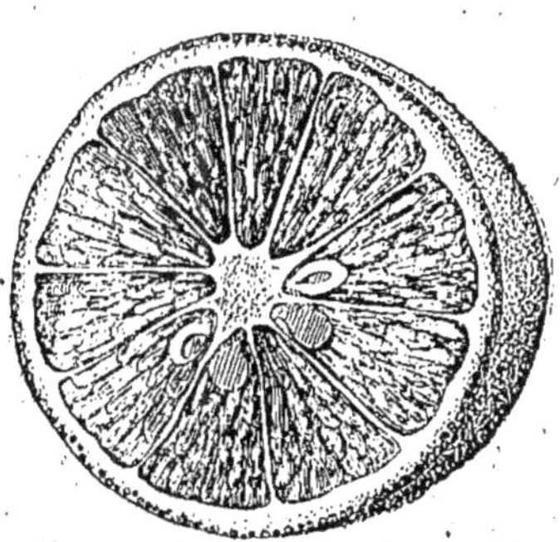

Fig. 131. — Orange coupée en travers.

6. Faux fruits. — Nous mangeons aussi, *sous le nom de fruits*, des *parties charnues* qui sont *indépendantes de l'ovaire*. C'est ce qu'on appelle quelquefois des *faux fruits*.

Ainsi, dans la Fraise (*fig.* 132), la *partie charnue* que nous mangeons n'est que le *support des fruits* proprement dits. Ceux-ci sont de petits *akènes*, c'est-à-dire des *fruits secs*, que nous voyons sous forme de *petits grains* brunâtres à la surface du support charnu rouge, et qui croquent sous la dent.

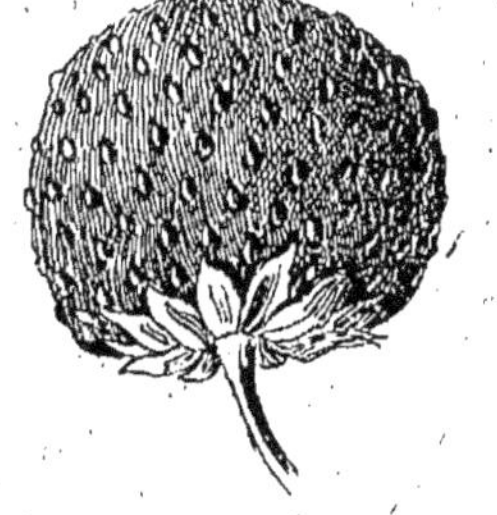

Fig. 132. — Fraise : les grains qui sont à la surface sont des akènes.

Dans la Figue (*fig.* 343), c'est l'*inflorescence tout entière* qui devient charnue et comestible. Cette inflorescence est une sorte de *capitule creusé en forme de bouteille* dont l'orifice très étroit se voit à l'extrémité renflée. Les *fleurs* sont fixées *sur la surface intérieure* de cette bouteille, et les *fruits* qui en proviennent sont des *akènes* durs.

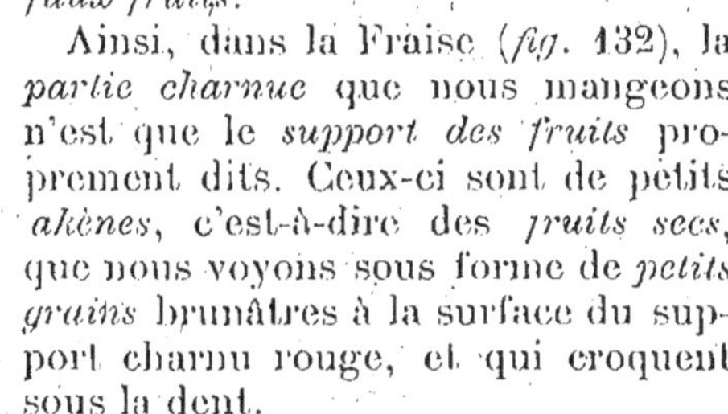

LECTURE

La dissémination des graines. — On pourrait croire que les plantes, fixées au sol par leurs racines, sont condamnées, elles-mêmes et leur descendance, à végéter toujours au même endroit. Il est cependant loin d'en être ainsi, et bien des causes contribuent à transporter les graines à une distance plus ou moins grande de la plante-mère.

Quelquefois la plante elle-même agit mécaniquement pour effectuer ce transport à une petite distance. Une plante bien connue, cultivée pour ses fleurs, la Balsamine (*fig.* 133), nous en donne un exemple. Lorsque son fruit, une sorte de capsule allongée, est mûr, il se déchire brusquement en 5 valves, qui s'enroulent en tire-bouchon en même temps que la secousse projette au loin les graines.

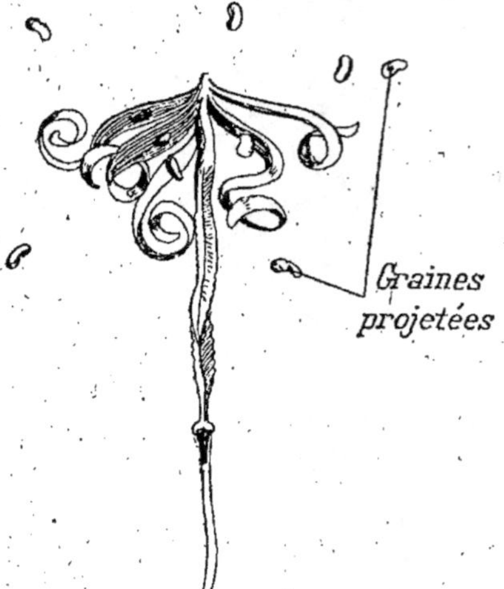

Fig. 133. — Fruit de Balsamine s'ouvrant : il projette les graines tout autour de lui.

On trouve dans les bois une sorte de Balsamine sauvage qui est dans le même cas. On l'a nommée pour cette raison *Impatiente n'y touchez pas*.

Une autre plante curieuse qui présente la même particularité est assez commune dans les endroits incultes du Midi de la France et de l'Algérie. Elle appartient à la famille qui nous fournit le Melon, le Concombre. On l'appelle *Concombre d'Ane* ou *Giclet* (*fig.* 134). Son *fruit*, recouvert de poils, allongé comme un petit Concombre, « crache » son contenu avec une petite explosion, *en projetant à plus de 2 mètres de distance les graines* qu'il contient, lorsqu'on le touche ou lorsqu'il se détache de lui-même de la plante.

Un autre fruit, celui du Sablier (*fig.* 135), éclate en produisant un véritable coup de pistolet ; l'un d'eux, ayant été placé dans une vitrine du Muséum, brisa toutes les vitres par son explosion ; aussi, depuis, ne l'expose-t-on qu'entouré de plusieurs cercles de fil de fer.

Fig. 134. — Pied de Concombre d'âne : un des fruits, en se détachant, envoie les graines au loin.

Dans d'autres cas, la *graine* est pourvue d'une *aigrette de poils*, grâce à laquelle le vent peut la transporter à une grande distance. La graine du Cotonnier (*fig.* 166) en est un exemple frappant, puisque ce sont ces *poils* qui constituent la *ouate*, c'est-à-dire le *coton* dont on fait les étoffes. Dans nos pays, les graines de Saule et de Peuplier sont dans le même cas. Nous voyons souvent, au printemps, les graines de Peuplier ainsi transportées par le vent et rappelant alors de *petits flocons de neige*.

Fig. 135. — Fruit du Sablier, entouré d'un lien pour l'empêcher d'éclater.

Quelquefois c'est le *fruit lui-même* qui est *pourvu d'une telle aigrette de poils.*

L'un des exemples les plus familiers est le fruit du Pissenlit. A la maturité, le *groupe de fruits* provenant d'un même capitule forme une *sorte de boule* sur laquelle les enfants s'amusent à *souffler* pour faire partir d'un seul coup tous les fruits (*fig.* 136).

On trouve des groupes de fruits analogues dans les Chardons, plantes pour la plupart *nuisibles*, dont on doit empêcher la propagation en les arrachant avant la maturité des fruits.

Fig. 136. — Les fruits du Pissenlit se détachent au moindre souffle et, grâce à leur aigrette de poils, sont entraînés au loin par le vent.

Certains arbustes, comme la *Clématite-Viorne*, ont aussi des fruits à aigrette.

Certains arbres, comme l'Orme (*fig.* 137), ont leur fruit pourvu d'une membrane mince offrant une grande prise au vent.

Dans l'Erable (*fig.* 138) on trouve des groupes de deux fruits pourvus chacun d'une *aile membraneuse*, de sorte que l'ensemble rappelle vaguement un insecte.

D'autres fruits sont pourvus de *crochets* grâce auxquels ils *s'attachent* aux vêtements des personnes et aux poils des animaux qui passent à proximité. Ex. : le Caille-lait (*fig.* 139), qui pousse dans les haies.

Dans la Bardane, très commune dans les endroits incultes, c'est un *groupe de fruits* formant une boule qui *s'attache*

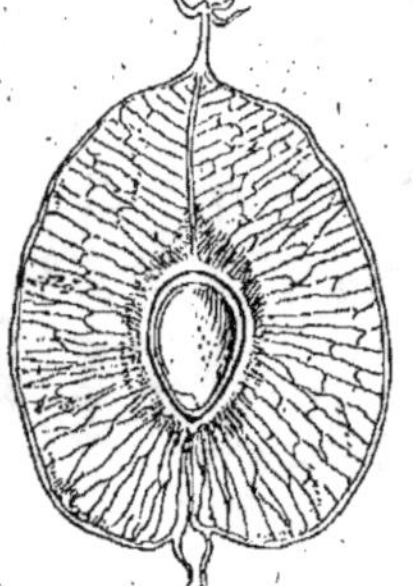

Fig. 137. — Fruit de l'Orme (samare).

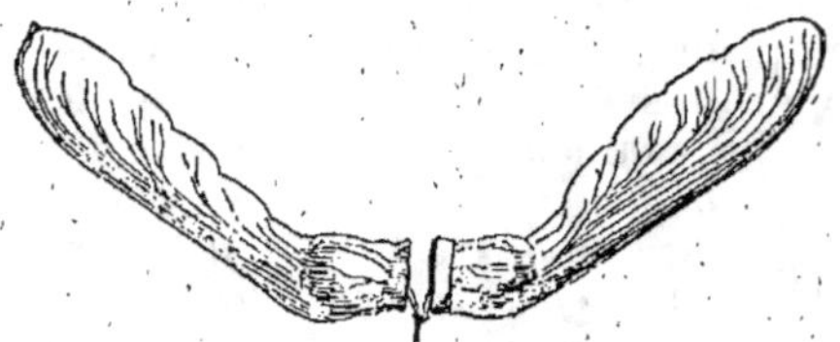

Fig. 138. — Fruits de l'érable.

aux vêtements par une série de petits crochets. Les enfants s'amusent parfois à cueillir ces boules pour se les jeter sur les vêtements ou même dans les cheveux.

Les graines peuvent être avalées par les Mammifères et les

Oiseaux et rejetées sans avoir été digérées et *sans avoir perdu leur faculté de germer*. Les Grives contribuent ainsi notamment au transport des graines du Gui d'un arbre à l'autre. On trouve souvent dans les arbres creux des arbustes dont les graines ont dû être ainsi apportées par les Oiseaux.

Fig. 139. — Fruit de Caille-lait.
Remarquer les crochets dont il est couvert.

Enfin les cours d'eau et les courants marins peuvent aussi transporter des fruits ou des graines organisés pour flotter.

Parmi les graines transportées par l'un ou l'autre de ces moyens, il y en a souvent quelques-unes qui tombent dans un endroit favorable pour germer, et qui, à leur tour, pourront fournir des graines susceptibles de propager la plante plus loin.

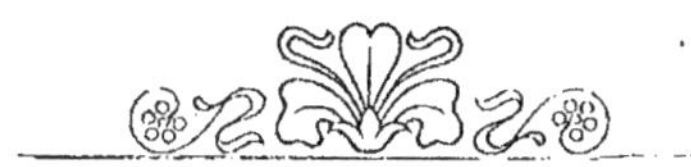

TABLEAU SYNOPTIQUE DE LA REPRODUCTION DE LA PLANTE

L'organe de reproduction est la *Fleur*.
Sa partie centrale devient le *Fruit*, contenant la *Graine*.

Fleur

Mode de groupement :
- Fleurs *isolées :* Violette.
- Fleurs groupées en *inflorescences :*
  - 1ᵉʳ groupe :
    - grappe : Groseillier.
    - corymbe : Poirier.
    - ombelle : Carotte.
    - épi : Blé.
    - capitule : Marguerite.
  - 2ᵉ groupe. Cyme :
    - bipare : Céraiste.
    - unipare scorpioïde : Myosotis.

Composition :
- 4 verticilles (fleur complète) :
  - *Calice* (sépales).
  - *Corolle* (pétales) :
    - dialypétale
      - régulière : Renoncule.
      - irrégulière : Pois.
    - gamopétale
      - régulière : Liseron.
      - irrégulière : Gueule-de-Loup.
  - *Androcée* (étamines) : filet et anthère, produisant le *pollen*.
  - *Pistil* (carpelles) :
    - simple ou à un seul carpelle
      - ovaire avec *ovules*.
      - style.
      - stigmate
    - composé ou à plusieurs carpelles
      - libres : Renoncule.
      - soudés avec placentation
        - axile : Lis.
        - pariétale : Violette.
- 3 verticilles : Calice ou corolle, androcée et pistil.
- 2 verticilles. Fleurs *unisexuées*
  - mâles (calice et androcée)
  - femelles (calice et pistil)
  - les 2 sortes de fleurs
    - sur le même pied : *Plantes monoïques*
    - sur des pieds différents : *Plantes dioïques*.

TABLEAU SYNOPTIQUE DE LA REPRODUCTION DE LA PLANTE (*suite*)

L'organe de reproduction est la *Fleur*.
Sa partie centrale devient le *Fruit*, contenant la *Graine* (*suite*).

Fruit

Provenance : résultat du développement de l'ovaire.

Composition : péricarpe (paroi de l'ovaire).
graine (ovule grossi).

Principales sortes de fruits

secs :
- indéhiscents : akène, quelquefois ailé (samare) : Orme.
- déhiscents
  - follicule (1 seule fente) : Pivoine.
  - gousse (2 fentes) : Pois.
  - silique (4 fentes) : Giroflée.
  - capsule (plusieurs fentes ou trous) : Pavot.

charnus :
- drupe (noyau) : Cerisier.
- baie (pépins) : Vigne.

Graine

Provenance : développement de l'ovule après fécondation par le tube pollinique.

Composition. Graine

à albumen :
- tégument.
- embryon
  - radicule.
  - tigelle.
  - gemmule.
  - 1 ou 2 cotylédons.
- albumen (réserve nutritive).

sans albumen :
- tégument.
- embryon avec cotylédons très gros.

Germination.

Conditions
- extérieures : humidité, température convenable, air, puis lumière.
- propres à la graine : bien constituée et pas trop vieille.

La radicule donne la racine.
La tigelle, le commencement de la tige.
La gemmule, le reste de la tige, les feuilles et le bourgeon terminal.
Les cotylédons, les premières feuilles.

Fig. 140. — Une exposition de fruits montre[illegible]

DEUXIÈME PARTIE

LES PHANÉROGAMES

Leçon XI

Les grandes divisions du règne végétal

RÉSUMÉ. — 1. Les classifications ont pour objet de ranger les végétaux d'après leur ressemblance pour en faciliter l'étude. Le premier de ces groupements est :

l'*espèce*, réunion de végétaux qui se ressemblent autant que [illegible] les uns des autres (exemple [illegible]).

Viennent ensuite :

le *genre*, réunion d'espèces [illegible] ;
la *famille*, réunion de genres [illegible] ;
l'*ordre*, réunion de familles [illegible] ;
la *classe*, réunion d'ordres [illegible] ;
l'*embranchement*, réunion de classes [illegible] ;
Enfin, le *règne*, réunion de [illegible].

2. Une espèce donnée se désigne scientifiquement par deux noms : le *nom du genre* et le *nom de l'espèce* (ex. : Anémone pulsatille, Violette odorante, Chou potager.)

3. Le règne végétal se divise en quatre embranchements : le premier est celui des *plantes à fleurs* ou *phanérogames* (ex. : Renoncule). Nous désignerons provisoirement les trois autres sous le nom de *plantes sans fleurs* ou *Cryptogames* (ex. : Fougères).

4. L'embranchement des Phanérogames se divise en deux sous-embranchements : les *Angiospermes*, à ovule enfermé dans un ovaire, et les *Gymnospermes*, à ovule nu.

5. Les Angiospermes se divisent en deux classes : les *Dicotylédones*, dont l'embryon est pourvu de deux cotylédons, et les *Monocotylédones*, dont l'embryon n'a qu'un seul cotylédon.

6. La classe des Dicotylédones se divise en trois ordres :

Les *Dialypétales* (pétales séparés);

Les *Gamopétales* (pétales soudés);

Et les *Apétales* (fleurs sans pétales).

1. La classification. — Nous pouvons répéter ici presque mot pour mot ce que nous avons dit au sujet de la classification des animaux.

Tous les végétaux qui se ressemblent au point d'être presque absolument identiques, comme se ressemblent, par exemple, tous les pieds de Blé d'un champ de Blé, c'est-à-dire comme la plante issue d'une graine ressemble à celle qui a produit cette graine, appartiennent à la même **espèce** et sont désignées dans le langage ordinaire par un *nom commun*. Ex.: *espèce* Blé, *espèce* Pois, etc.

Une espèce comprend quelquefois plusieurs **races** ou **variétés**, qui présentent entre elles quelques différences secondaires. Ce cas se présente surtout pour les *espèces cultivées*, parce que l'Homme intervient pour **améliorer** l'espèce en vue de tel ou tel usage. Telles sont les variétés de Roses, de Choux, de Blé, etc.

Le nombre des espèces végétales se chiffrant par centaines de mille, on les a groupées d'après leurs ressemblances pour en faciliter l'étude. Les espèces qui présentent entre elles une assez grande ressemblance ont été réunies pour former un **genre**. Ex : le genre *Violette*, qui comprend, entre autres espèces, la *Violette odorante* et la *Pensée*.

On groupe de même les genres qui se ressemblent le plus en une même **famille** ; puis, toujours d'après les ressemblances, plusieurs familles en un **ordre**, plusieurs ordres en une **classe**, plusieurs classes en un **embranchement**. Enfin l'ensemble des embranchements est souvent désigné sous le nom de **Règne végétal**, qui comprend l'ensemble des végétaux.

L'étude des végétaux se trouve ainsi simplifiée, car il suffit d'étudier quelques exemples d'un groupe pour avoir une idée de l'ensemble du groupe.

2. Comment on désigne les végétaux. — Considérons une espèce donnée, l'Anémone Pulsatille (*fig.* 141) par exemple. Elle appartient à l'*espèce Pulsatille*, au *genre Anémone*, etc.

Fig. 141. — Anémone pulsatille (fleur violette).

Espèce	Genre	Famille des	Ordre des	Classe des	Embranch. des
Pulsatille	Anémone	Renonculacées	Dialypétales	Dicotylédones	Phanérogames

Pratiquement, dans le langage scientifique, on est convenu de ne désigner les végétaux que par les **deux seuls noms de genre et d'espèce.** On exprime ces noms soit en français (ex. : *Anémone Pulsatille, Aconit Napel*), soit en latin (ex. : *Anemone Pulsatilla, Aconitum Napellus*).

Dans le langage courant, on se contente de donner à un végétal le nom de son genre, en sous-entendant qu'il s'agit de l'espèce la plus commune. Ainsi les mots *Chêne, Hêtre*, couramment employés, sont des noms de genres.

D'autres fois on donne au végétal le nom de son espèce. Ainsi l'on dit *Pensée*, au lieu de *Violette-Pensée*.

Quelquefois aussi, dans le langage courant, on emploie des **noms vulgaires**, c'est-à-dire des dénominations que l'usage a consacrées. Ainsi l'on dit « Coucou » pour « Primevère officinale », « Épine-Vinette » pour « Berbéride vulgaire », « Grenouillette » pour « Renoncule aquatique », « Perce-neige » pour « Galanthe des neiges », etc. Ces noms sont souvent très pittoresques.

3. Division du règne végétal en embranchements. — L'ensemble des végétaux se divise en **4 embranchements :** Le premier est celui des *plantes à fleurs*, ou **Phanérogames**, qui sont pourvues de tous les organes étudiés dans la première partie du *Cours*, racine, tige, feuilles, fleurs, fruits et graines.

L'ensemble des trois autres embranchements, qui ne contiennent que des végétaux dépourvus de fleurs, comme la Fougère, peut être désigné provisoirement sous le nom de **Cryptogames** ou *plantes sans fleurs*. Nous en verrons plus tard la subdivision.

4. Embranchement des Phanérogames. — Les Phanérogames se subdivisent en **2 sous-embranchements :**

Le premier, et de beaucoup le plus important, est celui des **Angiospermes** (du grec *aggeion*, petit vase, et *sperma*, semence). Ce sont les plantes dont les *ovules* et, par suite, les *graines* qui en proviennent sont enfermés d'abord dans la *cavité close* (*fig.* 142) *de l'ovaire*, puis dans le *péricarpe du fruit*. Ce sont donc les plantes dont nous nous sommes occupés dans la première partie du *Cours*. Ex. : Pois, Renoncule.

Le deuxième, beaucoup moins nombreux en espèces, est celui des **Gymnospermes** (du grec *gymnos*, nu, et *sperma*, semence). Ces végétaux diffèrent des précédents en ce que les

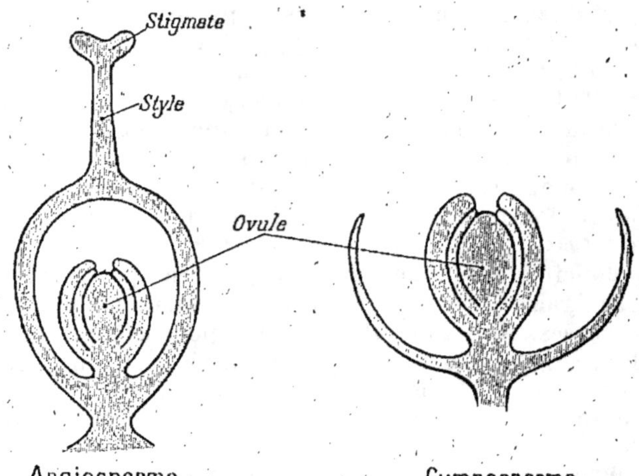

Fig. 142. — Comparaison de l'ovule d'un Angiosperme (il est dans une cavité close) et d'un Gymnosperme (il n'est pas dans une cavité close).

ovules et, par suite, les *graines* ne sont pas enfermés dans un ovaire (*fig.* 142) et sont ainsi *à nu* sur les écailles qui les portent. Ex. : Pin.

5. Sous-embranchement des Angiospermes. — Les Angiospermes se divisent en 2 classes, suivant que les graines qui en proviennent ont un *embryon* pourvu de *deux cotylédons* ou d'*un seul* (*fig.* 143). Ce sont :

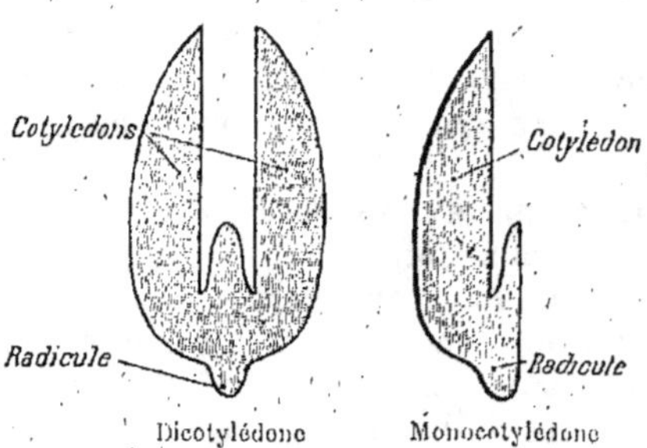

Fig. 143. — Comparaison d'une plantule d'une Dicotylédone (elle a deux cotylédons) et d'une Monocotylédone (elle n'a qu'un cotylédon.

1° Les **Dicotylédones** (du grec *dis*, deux, et cotylédons) ;

2° Les **Monocotylédones** (du grec *monos*, un seul, et cotylédon)

Si cette différence était la seule, on ne pourrait l'observer qu'à l'époque de l'année où les plantes sont pourvues de graines. Mais l'observation montre que cette différence en entraîne d'autres dans la disposition des feuilles et des fleurs, ce qui permet de reconnaître presque en toute saison à laquelle des deux classes appartient une plante donnée, et ce qui justifie l'importance que l'on a donnée à ce caractère.

Les *Dicotylédones* ont des *feuilles à nervures ramifiées* (*fig.* 34) ; leurs *fleurs* ont les 3 verticilles extérieurs, et quelquefois même les 4 verticilles, formés de 4 ou 5 *pièces* ou du double ou du triple (ex. : Pois). Si la tige est ligneuse, le *bois* est disposé en *couches concentriques* (*fig.* 21), et la tige s'accroît en diamètre avec l'âge, comme nous l'avons vu pour les arbres de nos pays, Chêne, Hêtre, etc.

Les *Monocotylédones* ont des *feuilles* généralement *longues* et *étroites, à nervures non ramifiées* (*fig.* 54) et à peu près *parallèles*. Les *verticilles floraux* sont généralement de 3 *pièces* ou du double (ex. : Lis). Si la tige est ligneuse, le *bois* n'y est pas disposé en couches concentriques, mais en *petits faisceaux épars* à chacun desquels s'adjoint un petit faisceau de liber, comme nous l'avons vu dans le *stipe du Palmier* (*fig.* 53). La tige ne s'accroît guère qu'en longueur.

6. Classe des Dicotylédones. — La classe des Dicotylédones, qui est la plus nombreuse en espèces, se subdivise en **3 ordres**, d'après la disposition de la corolle. Ce sont :

1° Les **Dialypétales**, pourvues de fleurs à pétales séparés;

2° Les **Gamopétales**, pourvues de fleurs à pétales soudés;

3° Et les **Apétales**, ou à fleurs dépourvues de pétales.

Ces divisions successives peuvent se résumer dans le tableau suivant :

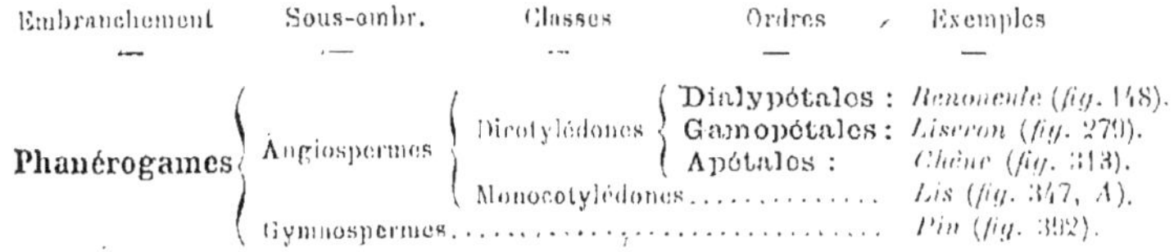

Embranchement	Sous-embr.	Classes	Ordres	Exemples
			Dialypétales :	*Renoncule* (*fig.* 148).
		Dicotylédones	Gamopétales :	*Liseron* (*fig.* 279).
Phanérogames	Angiospermes		Apétales :	*Chêne* (*fig.* 313).
		Monocotylédones.............		*Lis* (*fig.* 347, A).
	Gymnospermes.........................			*Pin* (*fig.* 392).

LECTURE

Les races de Choux et la sélection artificielle. — Le genre Chou constitue un exemple remarquable de la facilité avec laquelle certaines espèces se modifient dans des sens divers par la culture.

L'espèce sauvage, dont dérive le *Chou potager*, pousse naturellement au voisinage de la mer en Normandie, en Bretagne, en Angleterre, etc. Les feuilles sont portées sur une tige assez longue, au lieu d'être groupées en tête comme dans beaucoup de Choux cultivés.

La culture de cette unique espèce sauvage a donné une foule de va-

Fig. 144. — Chou ordinaire.

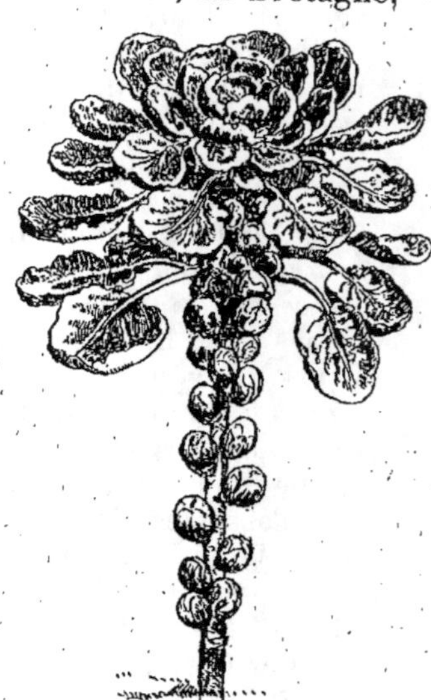

Fig. 145. — Chou de Bruxelles.

riétés que nous allons répartir en 4 groupes, suivant la partie de la plante utilisée dans l'alimentation.

1° *Bourgeon terminal.* — Dans certaines variétés, les feuilles au lieu d'être disséminées sur une longue tige, sont rassemblées en une sorte de bourgeon terminal très gros formant ce que l'on appelle la *tête* ou *pomme* de Chou (*fig. 144*). Ce sont ces feuilles, renflées par l'accumulation de *réserves nutritives*, que nous mangeons.

Ce groupe contient un grand nombre de variétés . les unes, à *feuilles lisses*, comme le *Chou cabus*, le *Chou rouge ;* les

autres, à *feuilles frisées*, comme le *Chou de Milan*. Les variétés
à feuilles lisses sont les plus savoureuses, et ce sont certaines
d'entre elles, comme le *Chou de Strasbourg*, qui servent, dans
l'Est de la France et surtout en Allemagne, à faire la *chou-
croute*, en coupant les feuilles en petits fragments que l'on
enferme dans des tonneaux pour qu'ils y subissent une certaine fermentation.

2° *Bourgeons
axillaires.* — Dans
d'autres variétés, la
tige, s'allonge jus-
qu'à un mètre en-
viron, portant des
feuilles éparses
plus serrées au voi-
sinage du sommet.
A l'aisselle des
feuilles dissémi-
nées le long de la
tige, les bourgeons
axillaires grossis-
sent et forment
comme de petites
pommes de Choux
de la grosseur
d'une Noix. Ce sont
ces petits Choux
que nous mangeons
sous le nom de
Choux de Bruxelles
(*fig.* 145).

Fig. 146. — Chou de Jersey, avec lequel on fait
des cannes légères.

3° *Tige renflée.* — Dans d'autres encore, le bas de la tige se
renfle en une sorte de boule portant quelques feuilles à pétiole élargi. Ce renflement se mange lorsqu'il est jeune, sous
le nom de *Chou-rave*, surtout dans les régions du Nord.
D'autres Choux, au contraire, ont une tige dont les dimensions
deviennent très grandes (*fig.* 146); on en voit, par exemple, à
Jersey, où l'on vend des « cannes en Choux » aux voyageurs,
en guise de souvenir.

4° *Inflorescence.* — Dans d'autres, enfin, ce sont les rameaux
portant des fleurs qui se renflent. On voit alors, au milieu
d'un groupe de feuilles vertes, un amas blanchâtre de forme
arrondie. C'est cette masse blanche, riche en fécule, contenant

des fleurs en boutons souvent incomplètes que nous mangeons sous le nom de *Chou-fleur* (*fig*. 147). Dans tous ces cas, la plante forme des réserves alimentaires pour les utiliser plus tard au développement de la graine, mais ces réserves s'accumulent, comme on voit, dans des régions différentes du végétal.

Voyons maintenant quel a été le rôle de l'Homme dans la formation de ces variétés.

En cultivant dans un sol bien fumé un certain nombre de pieds de Chou sauvage, il a vu se manifester sur quelques pieds, 1 sur 10, par exemple, une tendance au grossissement, c'est-à-dire à l'accumulation des réserves, en une certaine région de la plante. Supposons, pour fixer les idées, que ce soit dans l'inflorescence. Il a conservé seulement ces pieds et a arraché tous les autres. Les pieds conservés ont produit des graines que le cultivateur a recueillies pour

Fig. 147. — Chou-fleur.

les semer l'année suivante.

Parmi les plantes nées de ces graines, il s'en est trouvé, par exemple, 4 ou 5 sur 10, qui présentaient la même tendance encore plus accentuée. On a conservé comme *porte-graines* les pieds où cette tendance s'était manifestée le plus nettement. L'année suivante, on a obtenu une proportion encore plus grande, et ainsi de suite jusqu'à ce qu'enfin la tendance se soit manifestée sur tous les pieds ou à peu près. La variété *Chou-fleur* était ainsi obtenue. Cette manière d'opérer s'appelle la *Sélection artificielle* (du latin *selectus*, choisi).

Faisons remarquer cependant qu'il faut toujours continuer à choisir soigneusement les porte-graines, sous peine de voir dégénérer la race par une sorte de retour en arrière, qui lui fait perdre ses qualités particulières.

Le genre Chou fournit encore d'autres espèces utilisées

par l'Homme après amélioration, par exemple le *Navet*, la *Rave*, dont l'Homme utilise la *racine renflée*, la *Moutarde noire*, dont la *graine* sert à faire des sinapismes, ainsi que le condiment appelé moutarde.

Enfin le croisement de ces espèces voisines a donné des *hybrides*, comme le *Chou-Navet*, dont la tige et les racines deviennent très charnues, et le *Colza*, dont la graine nous fournit une huile employée dans l'industrie.

CLASSE DES DICOTYLÉDONES

ORDRE DES DIALYPÉTALES OU A FLEURS A PÉTALES SÉPARÉS

Leçon XII

Famille des Renonculacées et familles voisines.

RÉSUMÉ. — 1. Renoncule. — 5 sépales libres, 5 pétales jaunes libres, nombreuses étamines à anthères tournées en dehors, carpelles nombreux, indépendants, à un seul ovule, fruit formé de nombreux akènes, graine à albumen.

2. Ancolie. — 5 sépales violets, 5 pétales de même couleur prolongés en éperon, nombreuses étamines à anthères tournées en dehors, 5 carpelles à nombreux ovules, fruit formé de 5 follicules, graine à albumen.

3. Aconit. — 5 sépales violets inégaux, le supérieur en casque, 2 grands pétales en cornet et 3 petits, nombreuses étamines à anthères tournées en dehors, pistil formé de 5 carpelles devenant des follicules, graine à albumen.

4. Caractères généraux. — Calice et corolle *réguliers* ou *irréguliers à 5 pièces libres, nombreuses étamines à anthères tournées en dehors*, pistil formé tantôt de *nombreux carpelles devenant des akènes*, tantôt de 5 *carpelles devenant des follicules*, graine *à albumen.* Beaucoup d'entre elles sont *vénéneuses.*

5. Principaux genres. — *Renoncule, Ficaire, Anémone, Clématite, Aconit, Ancolie, Dauphinelle, Nigelle, Pivoine, Ellébore.*

6. Familles voisines. — *Nymphéacées* (Nénuphar, Lotus, Victoria regia), *Tiliacées* (Tilleul), *Malvacées* (Mauve, Guimauve, Baobab, Cotonnier, Cacaoyer, Arbre à thé).

FAMILLE DES RENONCULACÉES

La famille des Renonculacées contient un grand nombre de genres qui, au premier abord, paraissent très différents les uns des autres. Mais il existe entre eux de nombreuses formes de passage qui en font une chaîne continue : c'est donc une famille *naturelle* par enchaînements. Par suite, pour se faire une idée exacte de la famille, il faudrait étudier presque autant de types qu'il y a de genres. Cependant, pour plus de simplicité, nous n'en prendrons que trois, choisis parmi les plus différents.

1. Premier exemple d'une Renonculacée : la Renoncule âcre. — Comme premier exemple, nous prendrons la *Renoncule âcre* (*fig.* 148), plante commune, pendant tout l'été, dans les prairies et que l'on désigne sous le nom de *Bouton d'or*, expression populaire qui, d'ailleurs, s'applique aussi à d'autres espèces de Renoncules.

Fig. 148. — Renoncule âcre ou Bouton d'or (fleur jaune).

La fleur (*fig.* 149) nous montre d'abord, au dehors, 5 *sépales* verts.

En dedans de ceux-ci, viennent 5 **pétales** colorés en un

beau jaune d'or. Le milieu d'un pétale correspond à l'intervalle entre deux sépales : on dit que les *pétales* alternent
avec *les sépales*. En
détachant un de ces
pétales, nous verrons
à sa base, du côté
interne, une petite

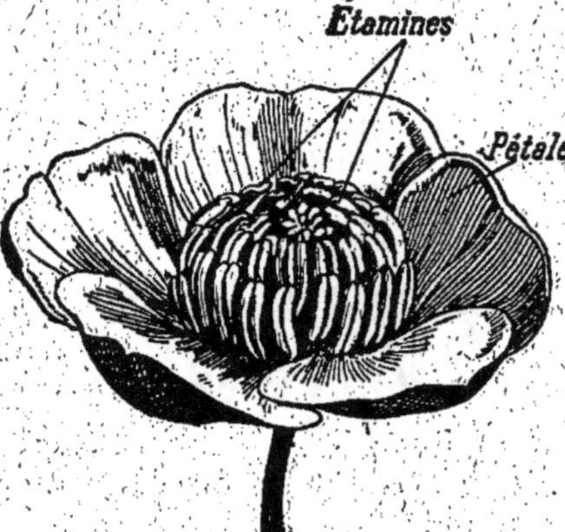

Fig. 149. — Fleur de Renoncule âcre.

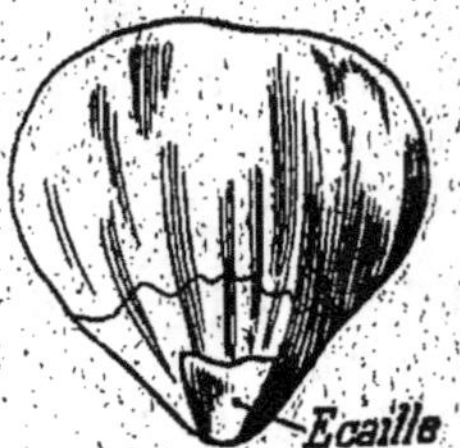

Fig. 150. — Pétale, isolé,
de Renoncule âcre.

écaille nectarifère (*fig.* 150). Cette dernière épithète lui vient
de ce qu'entre chaque pétale et son écaille il y a un peu de
liquide sucré ou
nectar.

En dedans de la
corolle, on aperçoit
un **grand nombre**
d'étamines (*fig.* 151)
disposées en spi-
rale continue. Les
anthères s'ouvrent
par des fentes lon-
gitudinales tour-
nées *vers l'exté-*
rieur.

Au milieu de

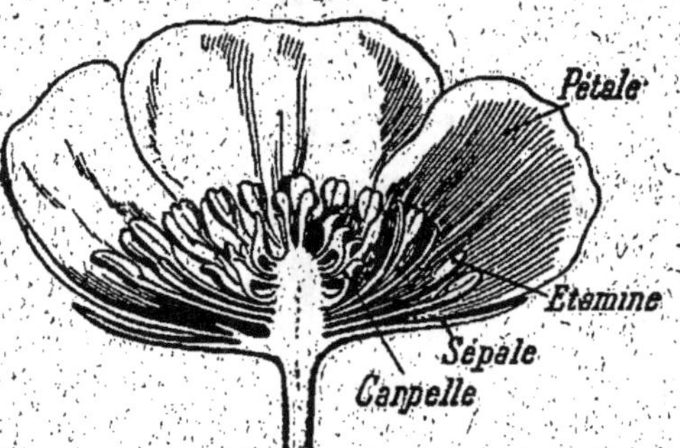

Fig. 151. — Fleur de Renoncule âcre
coupée en deux.

cette masse d'étamines jaunes se détache le pistil, composé
d'un grand nombre de carpelles indépendants les uns des
autres et contenant chacun un seul ovule. Ceux-ci, à la maturité, ne s'ouvrent pas : ce sont des akènes (*fig.* 152), renfermant

chacun *une seule graine*; *à albumen dur comme de la corne.*

2. Deuxième exemple d'une Renonculacée : l'Ancolie. — Comme second type, nous prendrons l'*Ancolie* (*fig.* 153), que l'on trouve assez souvent dans les bois et qui est aussi cultivée dans les jardins.

Sa fleur nous montre 5 *sépales* colorés en violet, et, en alternance avec eux, 5 *pétales*, colorés de la même façon, mais se prolongeant, à la partie inférieure, par un cornet creux, un **éperon**, un peu enroulé sur lui-même.

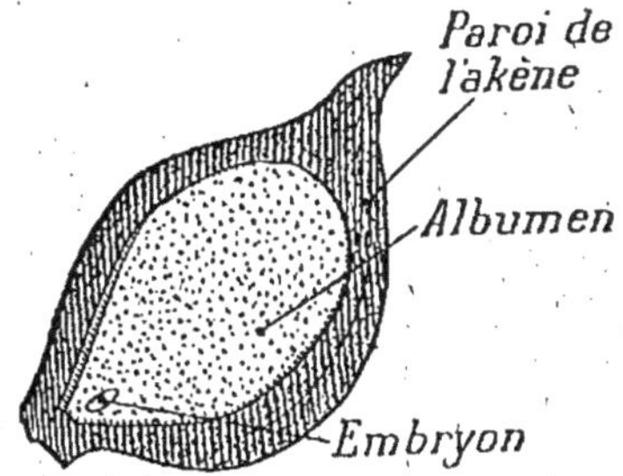

Fig. 152. — Akène de Renoncule, coupé en long.

Plus en dedans que l'insertion des pétales, on voit, comme chez la Renoncule, un grand nombre d'étamines à *an-thères s'ouvrant en dehors.*

Les carpelles, que l'on trouve ensuite, sont seulement au nombre de *cinq.* Chacun d'eux contient un *grand nombre d'ovules* placés sur deux rangs très rapprochés. Les 5 carpelles sont groupés suivant la *placentation axile.* Ces carpelles donnent des fruits s'ouvrant par *une seule* fente longitudinale : ce sont donc des **follicules.**

Fig. 153. — Fleur d'Ancolie (d'un violet bleu).

Toutes les pièces du fruit sont, comme chez la Renoncule, insérées sur le sommet du pédoncule, isolément des pièces voisines.

3. Troisième exemple d'une Renonculacée: l'Aconit. — Tandis que, dans les types précédents, la fleur était *régulière*, chez l'Aconit (*fig.* 154) elle est irrégulière (*fig.* 155). Autrement dit, elle a une droite et une gauche.

Tout l'extérieur de la fleur est constitué par 5 *sépales* violets, de taille inégale : le supérieur est le plus développé et a la forme d'un casque.

Fig. 154. — Aconit (fleurs bleues).

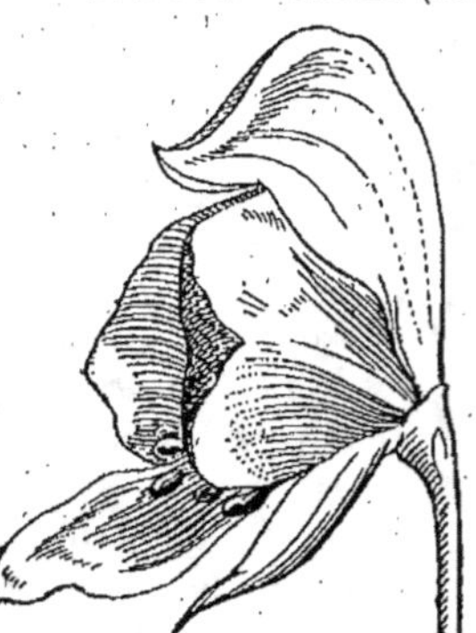

Fig. 155. — Fleur d'Aconit, vue de côté (bleue).

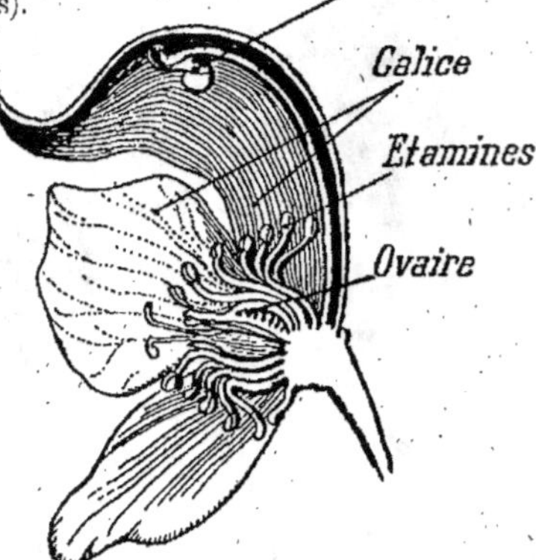

Fig. 156. — Fleur d'Aconit, coupée en long.

La corolle est constituée surtout par 2 *pétales* seulement, conformées d'une manière singulière (*fig.* 156): ce sont deux longs cornets violets courbes et dilatés à la partie supérieure de manière à ressembler un peu à de petits cygnes. Les 3 autres *pétales* ne sont représentés que par de petites écailles, si minimes qu'on a de la peine à les trouver.

Plus en dedans, on aperçoit un **grand nombre d'étamines** *à anthères tournées en dehors*.

Quant au fruit, il est semblable à celui de l'Ancolie : il est constitué par des *follicules* (*fig.* 157).

4. Caractères généraux. — De l'étude que nous venons de faire et de celle de types voisins on peut conclure que les Renonculacées sont des **plantes dialypétales,** à fleurs construites généralement sur le **type cinq**[1] et possédant de **nombreuses étamines à anthères tournées en dehors.** Le fruit est tantôt un **akène,** tantôt un follicule. Toutes sont *herbacées.* Les unes ont une *fleur régulière;* les autres, une *fleur irrégulière.* — La plupart renferment des substances âcres, des **alcaloïdes,** qui les rendent *vénéneuses.*

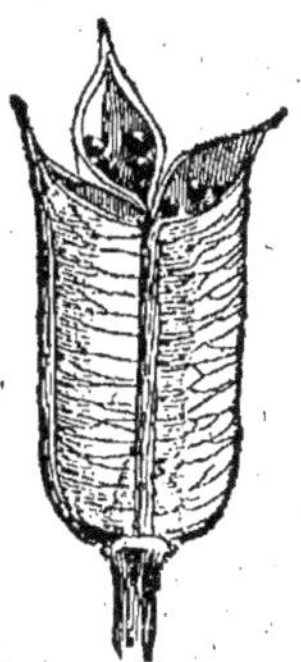

Fig. 157.
Follicules de l'Aconit.

5. Principaux types et applications. — Les Renonculacées renferment de nombreuses plantes sauvages familières (Bouton d'or). Elles possèdent aussi plusieurs espèces cultivées dans les jardins pour la beauté de leurs fleurs (Pivoine, Clématite, Dauphinelle). Quelques-unes donnent des produits pharmaceutiques (Aconit).

Fig. 158. — Renoncule aquatique ou Grenouillette (fleur blanche).

Remarquer ses deux formes de feuilles.

Les **Renoncules** ou Boutons d'or constituent un mauvais

---

1. C'est-à-dire que les pièces de chaque verticille sont au nombre de cinq ou d'un multiple de cinq.

fourrage qui, consommé frais empoisonnerait les bestiaux : mais ceux-ci ont l'instinct de ne pas y toucher. Séchées, elles sont moins dangereuses parce que leur poison s'altère. — Certaines Renoncules, appelées *grenouillettes*, vivent dans les eaux douces (*fig.* 158) : leurs feuilles submergées sont très découpées, tandis que leurs feuilles nageantes sont aplaties.

Leurs fleurs sont blanches.

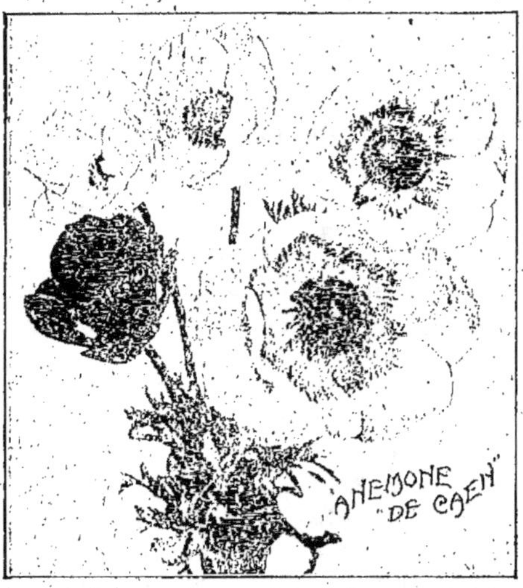

Les **Ficaires** fleurissent dès le premier printemps. Leurs racines sont en forme de figues. Les pétales sont nombreux et jaunes.

Les **Anémones** vivent surtout dans les bois : tout le monde a eu plaisir à cueillir la violette *Anémone Pulsatille* (*fig.* 141) et la blanche *Anémone des bois*. Dans les jardins on en cultive plusieurs espèces aux fleurs brillamment colorées (*fig.* 159). Il n'y a chez elles qu'une seule enveloppe florale, le *calice*, qui est coloré.

Fig 159. — Anémone des fleuristes (cliché Van der Schoot et Sohn à Hillegom).

Les **Clématites** sont pourvues de rameaux sarmenteux, qui grimpent à l'aide des pétioles des feuilles, lesquels s'enroulent autour des supports. Les fleurs sont tantôt blanches, tantôt violettes. Les fruits sont surmontés d'une longue soie plumeuse (*fig.* 160), de sorte que, même après avoir perdu leurs fleurs, les Clématites sont encore ornementales.

Les **Aconits** (*fig.* 154) vivent dans les montagnes et sont aussi souvent cultivés dans les jardins. On en tire un terrible poison, l'*aconitine*, qui, employé à dose très faible, constitue cependant un remède très efficace, surtout comme calmant.

On cultive les Ancolies (*fig.* 153), les Dauphinelles ou *Pieds d'Alouettes* et les Nigelles pour l'élégance de leurs fleurs, de même que les Pivoines, qui donnent des fleurs énormes.

Tout le monde connaît l'Ellébore d'hiver ou Rose de Noël (*fig.* 161), que l'on voit fleurir en hiver, même sous la neige. D'autres espèces, d'Ellébores sont curieuses en ce qu'elles ont des fleurs vertes.

6. Familles voisines des Renonculacées. — A côté des Renonculacées, on peut citer les familles suivantes : *Nymphéacées*, *Tiliacées*, *Malvacées*.

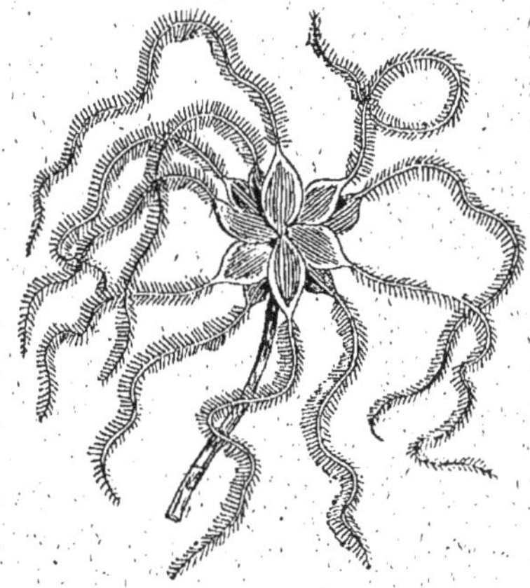

Fig. 160. — Fruits de Clématite.

Nymphéacées. — Les Nymphéacées vivent dans les eaux

Fig. 161. — Rose de Noël ou Ellébore d'hiver, au mois de décembre (fleurs blanc rosé) (cliché Hégot).

douces, enracinées dans le fond des lacs ou des rivières et venant étaler quelques-unes de leurs feuilles à la surface.

Le **Nénuphar blanc** (*fig.* 162), si commun chez nous, est connu de tous. Il a deux sortes de feuilles : les unes, restant constamment sous l'eau (feuilles submergées) et de forme irrégulière ; les autres, venant reposer sur l'eau par leur face inférieure

Fig. 162. — Nénuphars dans un étang.

(feuilles nageantes) et de forme parfaitement arrondie. La fleur est de la grosseur du poing et montre de nombreux pétales blancs ; en examinant ceux-ci de la périphérie au centre, on constate leur transformation graduelle en étamines (*fig.* 116). Une autre espèce, le **Nénuphar jaune**, vit dans les mêmes parages ; ses pétales jaunes et en petit nombre sont beaucoup moins jolis que ceux du nénuphar blanc. — Parmi les espèces exotiques, il faut citer le **Lotus** ou *Nélombo*, qui vit dans le Nil et ressemble à un Nénuphar dont les feuilles et les fleurs auraient été soulevées au-dessus de l'eau ; les anciens Égyp-

Fig. 163. — *Victoria regia*, plante aux feuilles gigantesques
(dans une serre du Jardin botanique de Bruxelles).

tiens l'adoraient à l'instar d'un dieu et le faisaient figurer dans les dessins dont ils ornaient leurs maisons. Citons aussi une plante extraordinaire, le **Victoria regia** (*fig.* 163), qui vit dans l'Amazone et dont les feuilles, arrondies, avec un bord relevé, mesurent plusieurs mètres de circonférence et peuvent supporter un homme sans s'enfoncer. Ses fleurs sont énormes : elles atteignent 40 centimètres de diamètre.

Tiliacées. — Les Tiliacées — dont le type est le **Tilleul** — sont des arbres pouvant atteindre de grandes dimensions. Elles tirent leur principal caractère de leurs fleurs (*fig.* 164), qui sont attachées à plusieurs par une tige commune au dos d'une sorte de feuille un peu parcheminée ; ces fleurs sont employées en médecine pour faire des tisanes. Le bois du Tilleul est tendre, léger, facile à couper. Les sculpteurs, les sabotiers et les luthiers en font beaucoup de cas ; autrefois on en faisait des têtes artificielles sur lesquelles on fixait les perruques

Fig. 164. — Portion d'une branche de Tilleul en fleurs.

pour les peigner ; à cause de son élasticité, les piqûres des épingles disparaissaient rapidement. Le Tilleul est souvent planté dans les parcs et les avenues, où il donne de beaux ombrages.

Malvacées. — Les Malvacées sont surtout caractérisées par leurs étamines qui sont en grand nombre et réunies par leur filet **en un tube** qui entoure le pistil comme d'une gaine (*fig.* 165). Il y a 5 sépales, 5 pétales, et le fruit est formé d'un cercle de petits akènes.

La **Mauve** est une plante peu élevée, poussant chez nous à l'état

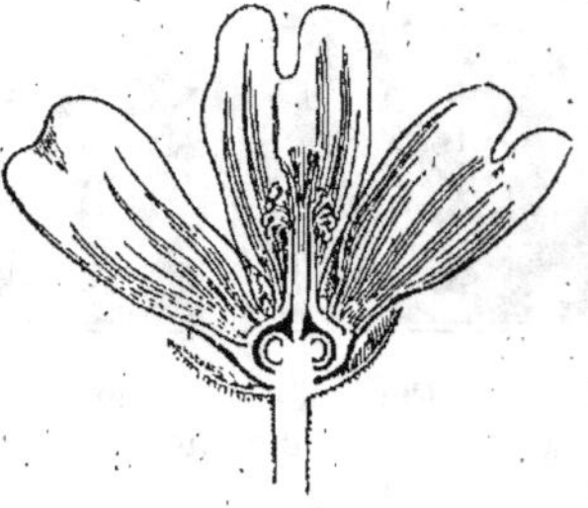

Fig. 165. — Fleur de Mauve, coupée en long.

sauvage et dont les fleurs servent à faire des tisanes.

Chez la **Guimauve**, on utilise surtout les racines, qui, bouillies, donnent un liquide mucilagineux, et que l'on donne souvent à sucer aux petits enfants pour favoriser la sortie de leurs dents.

Le **Baobab** (*fig.* 52) est un arbre africain remarquable par les dimensions énormes qu'il peut acquérir ; ses nombreuses

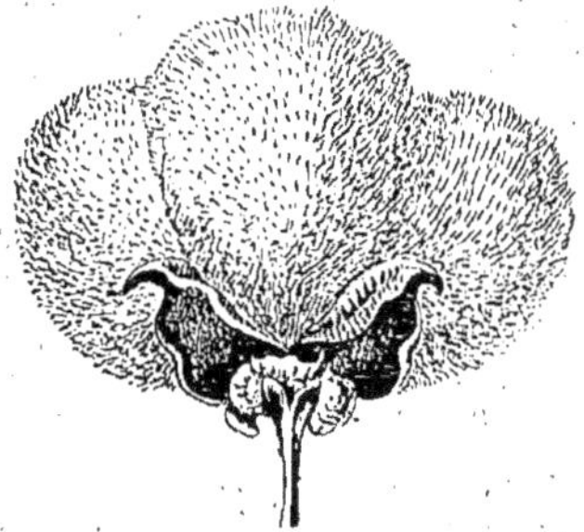

FIG. 166. — Fruit du Cotonnier.

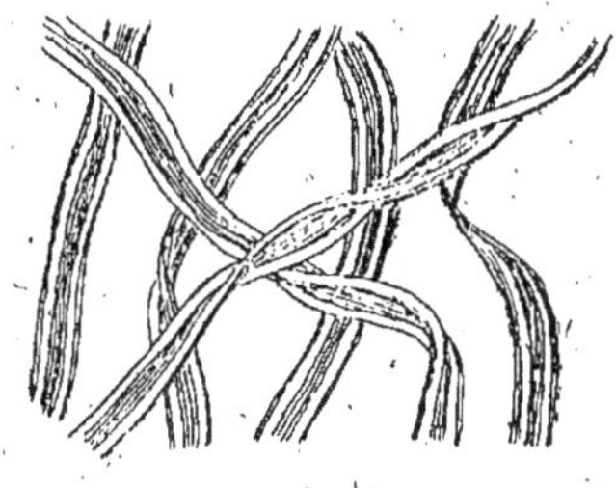

FIG. 167. — Brins de Coton, vus au microscope.

branches sont toujours couvertes de nombreux animaux, oiseaux ou mammifères, qui viennent y chercher un refuge.

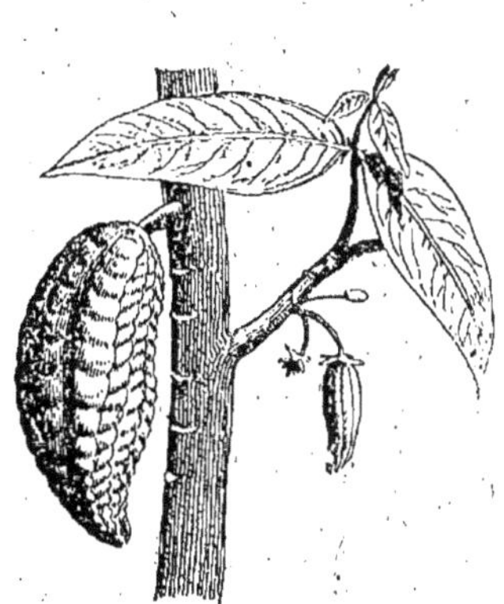

FIG. 168. — Branche de Cacaoyer.

FIG. 169. — Branche de Thé, en fleurs.

Ses fruits portent le nom de *pain de Singes* et ressemblent à des Rats suspendus par la queue.

La plus importante des Malvacées est le **Cotonnier**, que l'on cultive surtout en Amérique et aussi en Asie et en Afrique. C'est un arbrisseau dont les graines (*fig.* 166) sont couvertes de poils longs et blancs (*fig.* 167); ce sont ces derniers que l'on emploie pour faire des tissus, tandis que du reste des graines on tire une huile comestible.

C'est dans deux petites familles voisines des Malvacées que se place le **Cacaoyer**, arbre américain, dont les graines, retirées d'un fruit analogue à un gros Concombre dur (*fig.* 168) et additionnées de farine et de sucre, servent à faire le chocolat, et le **Thé** (*fig.* 169), arbrisseau asiatique, dont les feuilles, desséchées, servent à faire la boisson bien connue.

LECTURE

La récolte du Coton. — Le fait dominant de la récolte du Coton (*fig.* 170) est la propreté unie à la bonne conservation du produit : obtenir ce double résultat sans exagérer la dépense, tel doit être le but de tout cultivateur de Coton. Lorsque la maturité est arrivée, ce qui a lieu aux États-Unis du 1er octobre au 30 novembre, un peu plus tard que dans l'Inde et en Égypte, il faut procéder à la récolte ou plutôt à la cueillette du Coton. Les fruits s'ouvrent d'eux-mêmes, et l'élasticité du duvet le fait déborder en dehors des ouvertures ; les doigts peuvent alors le saisir aisément et le détacher, autant que possible, dés graines adhérentes à des degrés divers, mais adhérentes surtout dans les variétés les plus estimées, dans celles où les brins sont les plus fins, les plus longs, les plus tenaces, les plus élastiques. On cherche aussi à séparer le plus qu'on peut les fragments du fruit. La récolte est un travail réservé aux femmes et aux jeunes gens. On enferme le duvet dans des sacs suspendus au cou ou sur les épaules. Il convient d'avoir à part un panier pour y placer le Coton sali, celui, par exemple, dont les fruits ont touché la terre ou que la pluie aurait détérioré. Les fruits ne s'ouvrent pas tous à la fois : aussi faut-il passer à plusieurs reprises dans le champ, à quelques jours d'intervalle ; c'est ce qui donne à la récolte le caractère de cueillette et lui impose une assez grande durée. D'un autre côté, il y a un moment à saisir : on doit attendre que les gousses s'ouvrent assez largement pour que le Coton se détache avec facilité ; mais il ne faut pas attendre trop longtemps, de crainte que le Coton se salisse en touchant le sol, ou même que les coups de soleil altèrent sa teinte. De là résultent pour l'emploi de la main-d'œuvre des conditions économiques qui limitent forcément les localités où l'on peut

cultiver le Coton avantageusement. Il convient d'attendre
que le soleil ait un peu monté sur l'horizon, afin de ne point
rencontrer sur les fruits l'humidité de la nuit. Si le temps
devient pluvieux, il est prudent de cueillir les capsules qui
ne seraient encore qu'entr'ouvertes : on les fera ouvrir au
logis à l'aide d'une douce température. La pluie peut,

Fig. 170. — Pesage du coton en Afrique. (Cliché de l'Association
Coloniale Cotonnière.)

même après la maturité, faire refermer les fruits et altérer
le duvet. On voit, par ces détails, que les climats pluvieux,
vers l'époque de la récolte, ne sont pas favorables à la culture
du coton[1].

1. D'après *le Magasin pittoresque*.

Leçon XIII

Familles des Crucifères, des Papavéracées et familles voisines.

RÉSUMÉ. — **1. Caractères généraux des Crucifères.** — 4 *sépales libres*, dont 2 bossus à la base, 4 *pétales en croix*, 6 *étamines dont 4 plus grandes*, 2 *carpelles soudés* avec *placentation pariétale* et *fausse cloison*, fruit formé d'une *silique* ou d'une *silicule*, graines *sans albumen*.

2. Principaux types. — *Capselle* ou *Bourse à pasteur*, *Cardamine*, *Moutarde des champs*, *Giroflée*, *Quarantaine*, *Corbeille d'or*, *Corbeille d'argent*, *Thlaspi*, *Monnaie du Pape*, *Chou*, *Navet*, *Colza*, *Radis*, *Cresson*, *Moutarde noire*, *Cochléaria*, *Raifort*, *Rose de Jéricho*.

3. Familles voisines. — *Capparidées* (Câprier), *Résédacées* (Réséda).

4. Caractères généraux des Papavéracées. — 2 *sépales caducs*, 4 *pétales* en croix, *nombreuses étamines* à *anthères tournées en dedans*, fruit formé d'une *capsule* à nombreuses cloisons incomplètes portant des *graines très nombreuses* et s'ouvrant par de petits trous au sommet, ou formé d'une *silique* sans cloison, graines à *albumen oléagineux*. Beaucoup de ces plantes contiennent un *liquide laiteux* blanc ou jaunâtre.

5. Principaux types. — *Coquelicot*, *Pavot*, *Œillette*, *Chélidoine*.

6. Familles voisines. — *Berbéridées* (Épine-Vinette), *Rutacées* (Fraxinelle, Oranger, Citronnier).

FAMILLE DES CRUCIFÈRES

1. Exemple d'une Crucifère : la Giroflée. — La famille des Crucifères est une des plus naturelles, c'est-à-dire une des plus homogènes, du règne végétal. Les nombreuses plantes qui la constituent présentent entre elles de si grandes analogies que l'on a toutes les peines du monde à distinguer les espèces et même les genres entre eux. Ce que nous allons dire de la Giroflée (*fig.* 171) s'applique, par suite, presque à toutes les autres Crucifères.

Les fleurs, disposées en *grappes dépourvues de bractées*, suffisent à faire reconnaître au premier coup d'œil une Crucifère d'une autre plante : leur *disposition en croix* a, d'ailleurs, fait donner à la famille son nom.

Le calice est formé de **4 sépales** libres, dont 2, se faisant vis-à-vis, présentent une petite bosse à la base.

La corolle est formée de **4 pétales** disposés en croix. Chaque pétale présente un *limbe* aplati et un *onglet* aminci, qui s'enfonce jusqu'au fond du tube du calice (*fig.* 172).

Les étamines présentent une disposition caractéristique des Crucifères (*fig.* 173) : elles sont en effet au nombre de 6, dont **2 plus petites** et **4 plus grandes.** A leur base, il y a généralement des nectaires.

Fig. 171. — Giroflée (fleurs jaune brun).

L'ovaire n'est pas moins bien caractérisé : il est formé de **2 carpelles** à placentation pariétale, mais séparés l'un de l'autre par une **fausse cloison**, généralement mince et transparente.

A la maturité, cet ovaire devient une **silique** (*fig.* 174) (ou dans d'autres genres, s'il est court, une *silicule, fig.* 175), c'est-à-dire un fruit qui s'ouvre par **4 fentes**, placées de part et d'autre des placentas. Par suite de ce mode de déhiscence, 2 lames se soulèvent et mettent à nu la fausse cloison avec son cadre formé par les placentas, lequel cadre porte les graines (*fig.* 176).

Les *graines* sont sans albumen et ont généralement un contenu huileux.

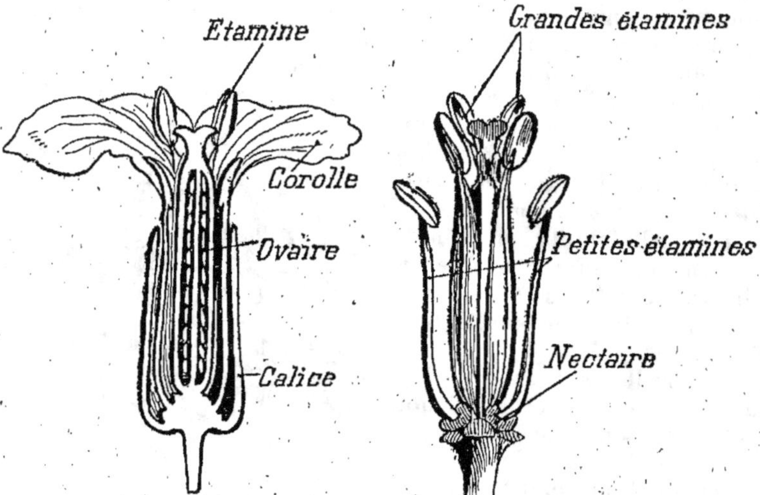

Fig. 172. — Fleur de Giroflée,   Fig. 173. — Fleur de Giroflée, dépouillée
coupée en long.   de son calice et de sa corolle.

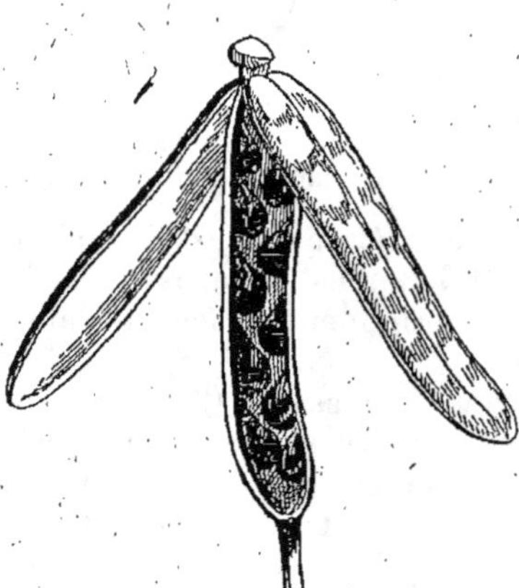

Fig. 174. — Silique d'une Crucifère
(ouverte).

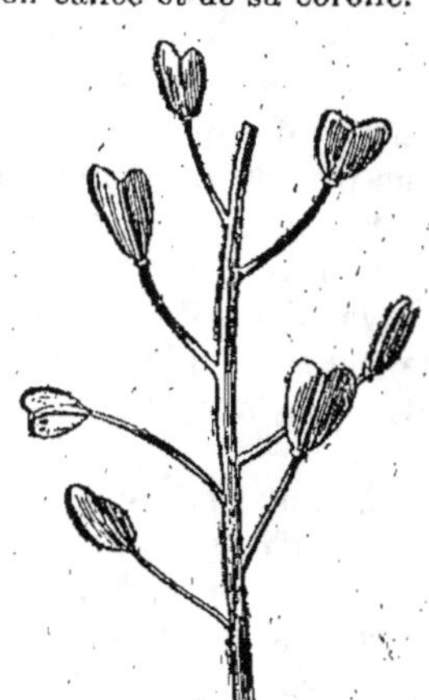

Fig. 175. — Silicules de la
Bourse à pasteur.

Caractères généraux. — Les Crucifères constituent une famille très homogène caractérisée par : 1° 4 sépales ; 2° 4 pétales en croix ; 3° 6 étamines, dont 2 plus petites ; 4° un ovaire formé de 2 carpelles à placentation pariétale et divisé par une fausse cloison ; 5° un fruit qui est une silique ou une *silicule*.

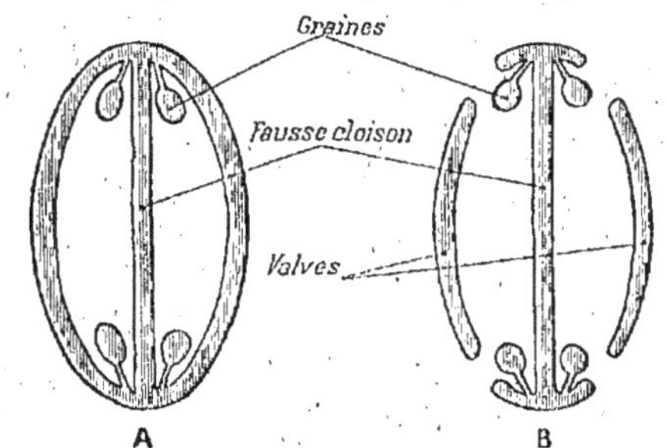

Fig. 176. — Coupe, en travers, d'une silique, encore fermée (*A*) et au moment où elle s'ouvre (*B*).

2. Principaux types et applications. — Les Crucifères sont très nombreuses en espèces. Parmi les espèces sauvages les plus familières, il faut citer la *Capselle*, ou **Bourse à pasteur**, qui doit son nom à la forme de sa silicule (*fig.* 175), et la **Cardamine**, qui, au printemps, émaille les prairies humides de ses fleurs mauves.

Quelques espèces sont nuisibles, par exemple la **Moutarde des champs** ou *Sanve*, aux fleurs jaunes, qui envahit les champs cultivés et y foisonne au point d'en gêner considérablement la culture.

Quelques Crucifères figurent honorablement dans les jardins d'agrément, notamment la **Giroflée** (*fig.* 171), la *Quarantaine*, la *Corbeille d'or*, la *Corbeille d'argent*, le *Thlaspi*, la *Monnaie du pape* (*fig.* 177). Chez cette dernière, c'est la fausse cloison de la large silique que l'on conserve pour faire des bouquets et qui a un si curieux éclat nacré. Certaines Crucifères, la **Rose de Jéricho** par exemple, constituent des objets de « curiosité ».

Fig. 177. — Monnaie du Pape.

Mais ce sont surtout les applications potagères des Crucifères qui sont intéressantes. Une espèce, en particulier, le *Brassica oleracea*, a été transformée par les cultivateurs en une multitude de races (voir la *Lecture*, p. 134), qui constituent les légumes les plus importants de notre alimentation : les **Choux** *ordinaires*, les *Choux de Bruxelles*, les *Choux-raves*, les *Choux-fleurs*, les *Navets*, le *Colza*, etc.

Fig. 178. — Moutarde.

Parmi les autres Crucifères employées comme légumes, il faut encore citer le **Radis**, dont on mange la racine renflée ; le **Cresson de fontaine**, qui croît dans les lieux humides ou dans l'eau, et dont la tige est couverte de racines adventives ; la **Moutarde noire** (*fig.* 178), dont les graines servent à fabriquer un condiment.

Cette dernière plante est aussi utilisée en médecine pour faire des cataplasmes ou des sinapismes, de même que le **Cochléaria**, le **Raifort** et plusieurs autres Crucifères, qui guérissent du scorbut.

3. Familles voisines des Crucifères. — Parmi les familles voisines des Crucifères, il faut citer les **Capparidées**, dont une espèce, le *Câprier*, est cultivée pour ses boutons floraux, mangés sous le nom de *Câpres*, et les **Résédacées**, dont une espèce, le *Réséda odorant*, est cultivée pour son délicieux parfum.

FAMILLE DES PAPAVÉRACÉES

Les Papavéracées constituent une petite famille, mais que l'on doit connaître parce que certaines espèces nous sont familières.

4. Exemple d'une Papavéracée : le Coquelicot. — Le Coquelicot, si abondant dans les moissons, possède une fleur formée de 2 sépales caducs, c'est-à-dire tombant (en se détachant à la base) dès que le bouton s'ouvre (*fig.* 179) ; de 4 pétales d'un beau rouge ; de très nombreuses étamines (*fig.* 180, *A*) noires à anthères tournées en dedans. Quant au fruit, qui a conservé la forme du pistil, c'est une **capsule** ovoïde surmontée d'un large **stigmate** en forme de disque et renfermant, à l'intérieur, de **nombreuses cloisons** rayonnantes ne se rejoignant pas au centre. Cette capsule (*fig.* 180, *B*) s'ouvre, à la maturité, par de **petits trous** placés audessous du rebord du stigmate. — Toute la plante renferme un liquide laiteux, un **latex blanc.**

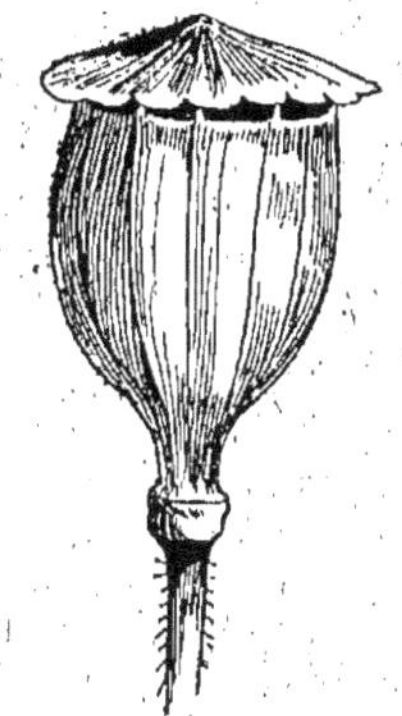

Fig. 179. — Bouton de Coquelicot : il est entouré de deux sépales qui tombent dès que la fleur s'épanouit.

Caractères généraux. — Les caractères généraux des Papa-

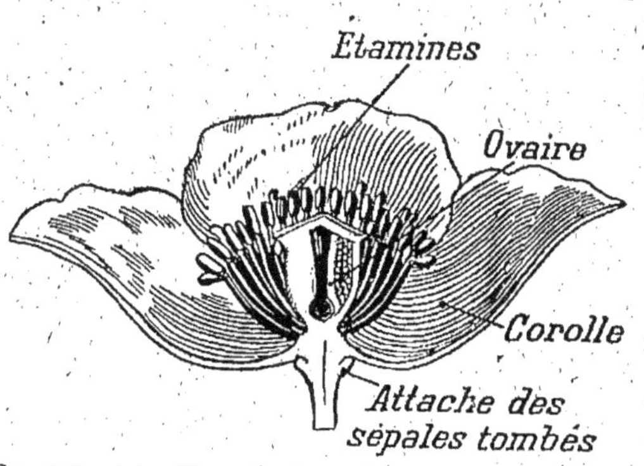

Fig. 180, *A*. — Fleur de Coquelicot, coupée en long.

Fig. 180, *B*. — Capsule de Coquelicot, au moment où elle s'ouvre.

véracées sont les mêmes que ceux du Coquelicot. — Certaines espèces, cependant, la **Chélidoine,** par exemple, possèdent, au lieu d'une capsule, une silique analogue à celle des Crucifères, mais sans fausse cloison.

5. Principaux types et applications. — A part le *Coquelicot*, dont les pétales sont quelquefois employés pour faire des pastilles contre le rhume, et la *Chélidoine*, dont le latex jaune passait autrefois pour guérir les verrues et les maux d'yeux (d'où son nom vulgaire de *Grande-Eclaire*), il faut citer le

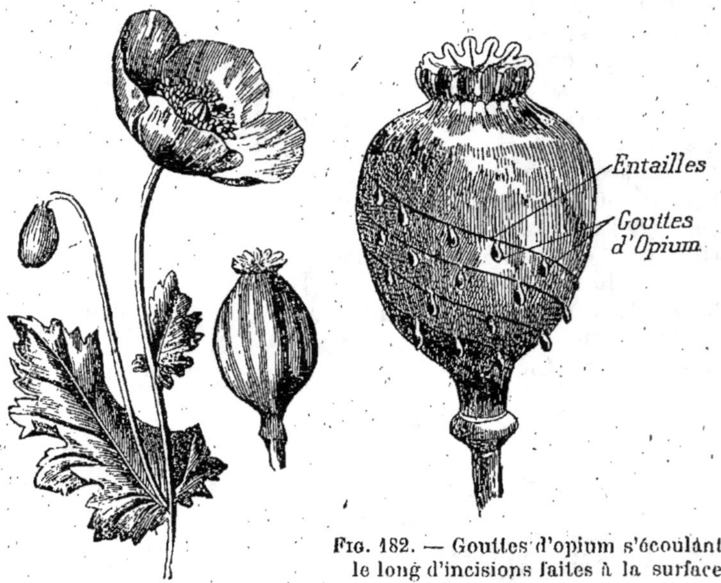

FIG. 181. — Pavot.

FIG. 182. — Gouttes d'opium s'écoulant le long d'incisions faites à la surface de la capsule d'un Pavot.

genre **Pavot** (*fig.* 181). Certaines variétés sont cultivées, pour la beauté de leurs fleurs, dans les jardins. D'autres donnent des graines, d'où l'on tire une huile douce comestible, l'*huile d'œillette*. En Chine, des capsules de Pavot (*fig.* 129) on tire l'*opium*. Ce suc s'écoule des incisions superficielles faites, à l'aide de lames tranchantes, dans la capsule (*fig.* 182). Il se présente sous la forme d'un liquide épais, blanchâtre, qui, bientôt, se coagule et brunit à l'air en se desséchant. L'opium pris à haute dose est un poison mortel; mais l'habitude en émousse l'action nocive. Le principe actif de l'opium est la *morphine*, que l'on emploie en médecine pour calmer la douleur (et qui est le principe actif du *laudanum*). On ne doit en user que très modérément si l'on ne veut pas être exposé aux dangers de la *morphinomanie*. Les infusions de capsule de Pavots sont employées pour faire dormir ou calmer une douleur locale, dans la bouche surtout.

6. Familles voisines. — Parmi les familles voisines des précédentes, on peut citer les *Berbéridées* et les *Rutacées*.

Berbéridées. — C'est dans cette famille que se place l'Épine-

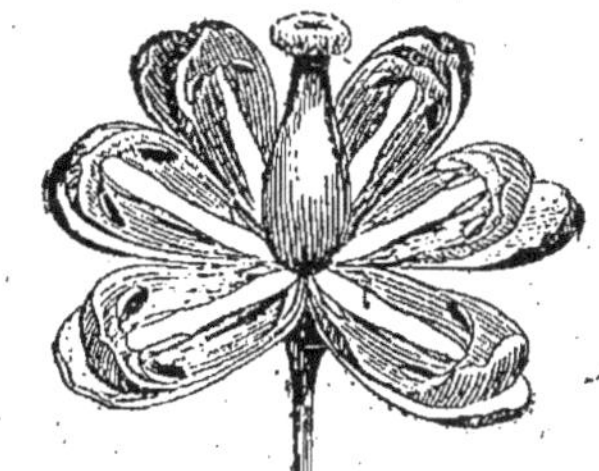

Fig. 183. — Fleur d'Épine-Vinette (jaune).

Fig. 184. — Triage des oranges sur le port de Marseille.

Vinette, dont les fruits, malgré leur saveur aigrelette, peuvent servir à faire des confitures, et dont les étamines (*fig.* 183) sont sensibles, c'est-à-dire qu'elles se rabattent sur le stigmate quand on les touche à la base avec une épingle.

Rutacées. — Les *Rutacées* ont dans tous les organes de nombreuses petites cavités closes remplies de produits odorants. C'est parmi elles que se placent les **Citronniers** et les **Orangers,**

Fig. 185. — Le parfum de la Fraxinelle prend feu au contact d'une allumette enflammée.

dont les fruits (*fig.* 131 et 184) sont comestibles, et des fleurs (*fig.* 112) desquels on tire des parfums très pénétrants.

Citons encore, dans la famille des **Rutacées,** la **Fraxinelle** ou **Dictame blanc,** plante indigène à tige dressée, atteignant un peu plus d'un demi-mètre de long. Ses fleurs sont généralement rosées; mais, quand on les cultive, elles deviennent tantôt rouges, tantôt blanches. Toute la plante exhale une odeur forte, aromatique, due à une huile essentielle, qui se répand dans l'air. Si on enferme la plante sous une cloche, cette huile s'accumule, et on peut l'enflammer avec une allumette (*fig.* 185) en soulevant la cloche. Ce curieux phénomène ne se produit guère sous le climat de Paris, où la température n'est pas assez élevée pour provoquer un pareil dégagement d'essence. Mais on assure qu'il s'effectue facilement dans le Midi.

LECTURES

1. — *La Rose de Jéricho.* — Une Crucifère bizarre, la Rose de Jéricho (*fig.* 186), se vend chez les marchands de curiosités. C'est une petite plante, haute d'une dizaine de centimètres, qui croît dans les plaines sablonneuses de l'Arabie, de l'Égypte et de la Syrie. Sa tige se ramifie dès la base et porte des fleurs sans queues, qui, à la maturité, deviennent autant de silicules arrondies. A ce moment, les feuilles tombent, les rameaux durcissent, se dessèchent, se recourbent en dedans et se contractent en une sorte de pelote arrondie ; les vents d'automne déracinent bientôt la plante et la font rouler jusque sur les rivages de la mer. C'est de là qu'on l'apporte en Europe. Si l'on plonge la racine dans l'eau, ou si même on met la plante dans une atmosphère humide, les rameaux s'étalent et semblent reprendre vie, pour se pelotonner à nouveau lorsqu'on vient à les dessécher.

Fig. 186. — Rose de Jéricho (plante entière).

Cette particularité a donné lieu à de nombreuses superstitions populaires : dans beaucoup de pays orientaux on dit que la plante s'épanouit tous les ans, pendant la nuit de Noël : de là son nom.

2. — *Les fumeurs d'opium*.— En Chine, les fumeurs (*fig.* 187)
se rendent généralement dans des établissements spéciaux où
ils trouvent tout ce qui leur est nécessaire pour satisfaire leur
fatale passion. La pipe se compose d'un tuyau cylindrique de
30 à 80 centimètres de longueur, fermé à l'une des extrémités.
Aux deux tiers du tube, qui est en bambou ou en ébène, se
visse un fourneau en terre rouge vernie, en forme de pied de
lampe renversé; la surface, évasée et un peu convexe, est

Fig. 187. — Fumeurs d'opium, en Chine.

munie d'une très petite ouverture en son milieu. Le fumeur a
besoin d'un aide, et cet emploi est ordinairement rempli par
des serviteurs que les fumeries d'opium entretiennent dans ce
but. Au bout d'un temps assez court, le fumeur tombe dans
une sorte d'ivresse factice et énervante. Les premières pipes
d'opium rendent malade le débutant, sans lui procurer le
plaisir qu'il espère en retirer. Le fumeur étant étendu sur
une natte ou sur un long fauteuil en bambou à larges rebords,
son aide, au moyen d'une longue aiguille terminée d'un côté
en spatule, prend 10 à 15 centigrammes d'opium, qu'il roule
en boule de la grosseur d'un pois. Il l'enflamme à la lumière
d'une petite lampe spéciale et la dépose à l'orifice du fourneau.
La pointe de l'aiguille ménage le passage de l'air. En une

minute et une vingtaine d'aspirations on a absorbé une pipe d'opium, et l'on continue jusqu'à ce que l'effet cherché soit atteint. Celui qui en a goûté quelque temps ne peut se défaire de sa passion. C'est le fruit défendu qui cause la mort. En effet son usage mène à l'abrutissement moral et physique, mine une famille et entraîne les conséquences les plus funestes; si l'on cesse brusquement, les maux d'estomac et même la dysenterie s'emparent du malheureux, déjà affaibli et énervé. On reconnaît le fumeur d'opium à son teint mat, à ses joues creuses, à son corps frêle, à ses yeux hagards [1].

C'est à l'opium que la Chine doit, au moins en partie, sa décadence, elle qui a autrefois devancé tant de civilisations.

Leçon XIV

Famille des Caryophyllées et familles voisines.

RÉSUMÉ. — 1. Caractères généraux des Caryophyllées. — Tige renflée aux nœuds, *feuilles opposées, calice à 5 dents, corolle à 5 pétales,* 10 *étamines,* pistil composé de 2 *à 5 carpelles* soudés avec *placentation paraissant centrale;* fruit formé d'une *capsule;* graines *à albumen,* embryon courbe.

2. Principaux types. — *Œillet, Nielle des Blés, Saponaire, Mouron des Oiseaux.*

3. Familles voisines. — *Violariées* (Violette, Pensée), *Géraniées* (Géranium), *Linées* (Lin), *Ampélidées* (Vigne, Vigne vierge), *Acérinées* (Érable), *Hippocastanées* (Marronnier d'Inde), *Crassulacées* (Sédum, Joubarbe).

FAMILLE DES CARYOPHYLLÉES

1. Exemple d'une Caryophyllée : l'Œillet. — La famille des Caryophyllées est assez homogène. Nous y étudierons comme

1. D'après M. Lemire.

type l'*Œillet* (*fig.* 188), qui vit à l'état naturel sur les murs et qui abonde dans les jardins, soit double, soit simple : c'est naturellement cette dernière forme que nous considérons ici.

L'appareil végétatif nous montre d'abord un caractère que l'on retrouve chez toutes les autres Caryophyllées : c'est celui d'avoir des **feuilles opposées** et une tige **renflée aux nœuds**, c'est-à-dire au point où celles-ci s'attachent. Tout le monde, d'ailleurs, a remarqué l'aspect « noueux » des tiges d'Œillet.

La fleur (*fig.* 189, *A*) montre, à l'extérieur, un *calice* tubuleux, formé de 5 sépales soudés (gamosépale) et terminé par 5 *dents*. Ces dernières alternent avec 5 pétales (*fig.* 189, *B*), libres, présentant une partie élargie, le **limbe**, qui s'étale à l'extérieur et une

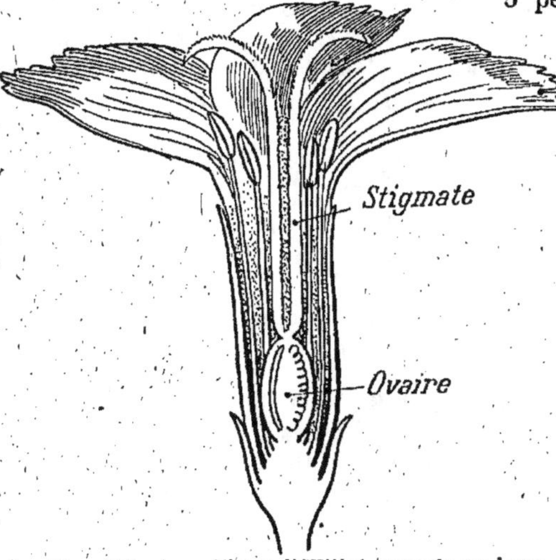

Fig. 188.
Œillet simple (fleur rose).

Fig. 189, *B*.
Pétale d'Œillet.
a, onglet ; — *b*, limbe.

Fig. 189, *A*. — Fleur d'Œillet, coupée en long.

partie effilée, l'**onglet**, qui pénètre dans la cavité du calice pour aller s'insérer tout au fond, sur le sommet du pédoncule.

Les **étamines** sont au nombre de **10**, c'est-à-dire en nombre double de celui des pétales.

Quant au pistil, il comprend un *ovaire* surmonté de 2 longs *styles*, venant s'étaler à la surface de la fleur. A l'intérieur de l'ovaire, il y a une colonne centrale sur laquelle sont insérés les ovules : la **placentation** est dite **centrale**. C'est, en réalité, une placentation *axile*, mais les cloisons qui réunissent la colonne aux parois ont disparu presque complètement (*fig.* 190).

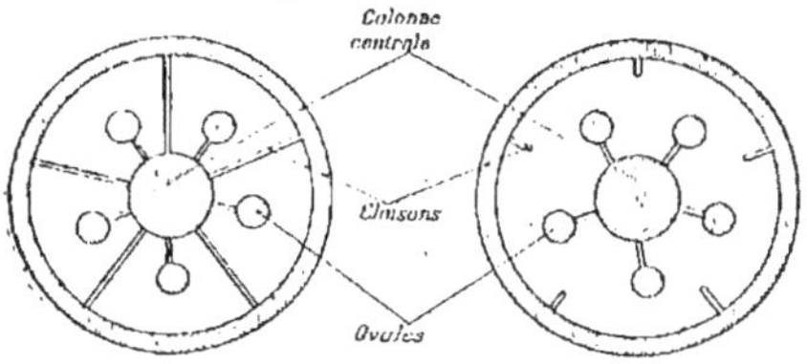

Fig. 190. — Coupe de l'ovaire d'une caryophyllée (Lychnis).

A, très jeune ; — *B*, plus âgé. — La placentation, qui est axile, devient en apparence centrale, (il y a 5 carpelles chez le Lychnis).

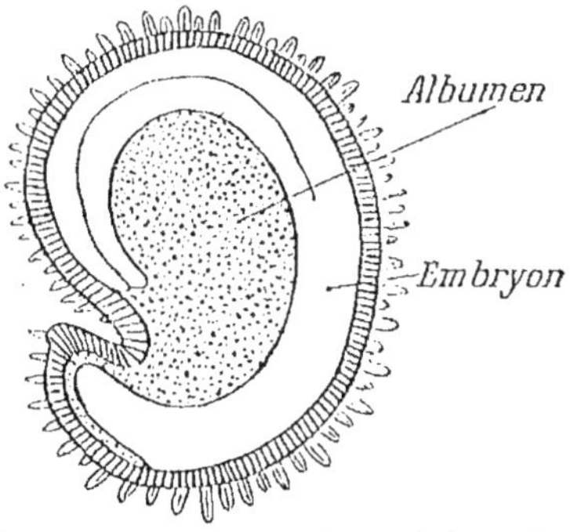

Le fruit est une **capsule** s'ouvrant par des fentes.

Les graines renferment un *embryon* un peu *courbé* sur lui-même ; chez la plupart des autres espèces de Caryophyllées, l'embryon est beaucoup plus contourné (*fig.* 191).

Caractères généraux. — Les caractères les plus généraux des Caryophyllées sont qu'elles appartiennent aux Dicotylédones dialypétales, que les tiges sont **renflées aux nœuds** et portent des **feuilles opposées**, et que les **fleurs**, construites sur le **type cinq**, ont des **étamines en nombre double des pétales**. Quant à l'ovaire, formé de la soudure de 2 à 5 carpelles, il a une **placentation paraissant centrale** et donne une **capsule** dont les **graines à albumen** renferment un **embryon courbe**.

2. Principaux types et applications. — Parmi les Caryophyllées les plus connues, outre l'*Œillet* qui, dans les jardins,

Fig. 191. — Coupe, en long, de la graine d'une Caryophyllée, la Stellaire.

présente des variétés nombreuses, aussi jolies par le coloris que suaves par le parfum, il faut citer la **Nielle des blés**, qui vit dans les moissons et dont les graines doivent être séparées de celles des céréales, si l'on ne veut pas causer des empoisonnements, sans oublier la **Saponaire** (du latin *sapo*, savon), ainsi nommée parce que, malaxée sous l'eau, elle mousse comme du savon et peut remplacer celui-ci dans le blanchissage du linge, et le **Mouron des oiseaux**, qui fait la joie des Serins en cage et qu'il ne faut pas confondre avec le Mouron rouge, lequel est une Primulacée (voir p. 230).

3. Familles voisines des Caryophyllées. — A côté des Caryophyllées, on peut placer diverses familles également intéressantes, notamment les *Violariées*, les *Géraniées*, les *Linées*, les *Ampélidées*, les *Acérinées*, les *Hippocastanées* et les *Crassulacées*.

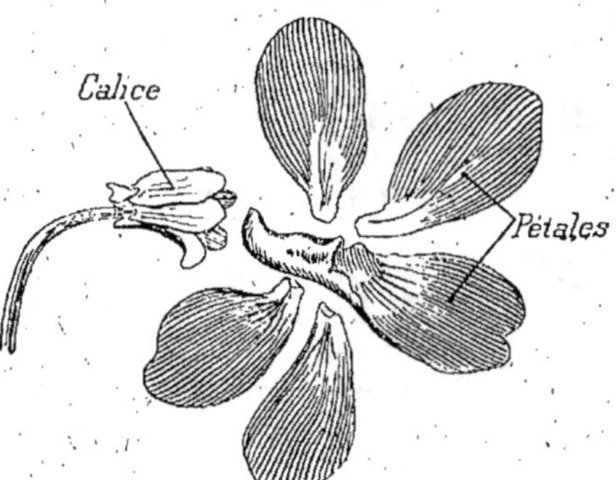

Fig. 192. — Le calice et la corolle (avec ses pétales détachés) de la Violette.

Violariées. — Les Violariées, dont le type est la **Violette**, ont une fleur composée de 5 sépales inégaux, une corolle formée de 5 pétales inégaux (*fig.* 192), dont l'un se prolonge à la base en un éperon, c'est-à-dire en une bosse creuse, 5 étamines courtes, dont 2 portant deux prolongements pénétrant dans l'éperon de la corolle où ils sécrètent du nectar. L'ovaire contient beaucoup d'ovules insérés suivant la placentation pariétale. Le fruit est une capsule s'ouvrant en 3 valves.

La *Violette odorante* croît d'elle-même dans nos bois, mais on la cultive aussi beaucoup pour la vendre en petits bouquets ou pour en extraire un parfum très délicat. La *Violette de Chiens*, également très connue chez nous, n'a pas d'odeur et se reconnaît d'ailleurs à sa corolle d'un violet plus pâle que celui de l'espèce précédente. Dans les montagnes il y a des *Violettes jaunes*.

La **Pensée** (*fig.* 193) est, malgré son aspect, construite sur le même plan que la Violette, avec cette différence qu'il y a chez elle 2 pétales dirigés vers le haut, tandis que chez la Violette il y en a 4. Dans les champs, il n'est pas rare de rencontrer la *Pensée sauvage*, dont la corolle est un mélange de jaune et de violet. Les horticulteurs en ont tiré de nombreuses races, à la corolle très grande et aux teintes veloutées merveilleuses.

Géraniées. — Les Géraniées sont surtout caractérisées par leur fruit, formé de 5 akènes, qui à la maturité sont soulevés par autant de prolongements se détachant d'une colonne médiane, ce qui donne à l'ensemble l'aspect d'un lustre

Fig. 193. — Pensée

Fig. 194. — Géranium Robert
(fleur rouge).

Fig. 195. — Fruits de l'Érodium.

à cinq branches. Citons, parmi elles : le **Géranium Robert** (*fig.* 194), commun sur nos murs ; le *Géranium mou*, dont l'odeur rappelle celle de l'encre de Chine ; l'**Erodium**, dont les prolongements qui soulèvent les akènes sont tordus en une spira le (*fig.* 195) qui se détord sous l'influence de l'humidité. Quant aux plantes que l'on cultive dans les jardins sous le nom de Géraniums, elles appartiennent, en réalité, au genre **Pélargonium**, qui se distingue par un éperon entièrement soudé au pédoncule, ainsi qu'on peut le voir en coupant celui-ci en travers. Une espèce, le *Pélargonium* (ou Géranium) *rosat*, donne un parfum tout à fait analogue à celui de la Rose.

Fig. 196. — Lin (fleurs bleues)

A côté des Géraniées, on peut placer les **Capucines**, dont les fleurs se mangent en salade, et les **Oxalis**, dont les graines sautent comme des Puces et dont les feuilles « dorment » pendant la nuit (voir *fig.* 71, p. 67).

Linées. — Le **Lin** (*fig.* 196), type de la famille des Linées, est une plante à la tige très mince, portant des feuilles alternes et terminées par des fleurs bleues d'une grande délicatesse. Ses deux parties utilisées sont les tiges et les graines. Des tiges on isole, par rouissage, c'est-à-dire en les laissant pourrir dans l'eau, des fibres avec lesquelles on fait des tissus très fins, la belle toile par exemple. Des graines on tire une huile qui est très siccative, c'est-à-dire qu'elle fait sécher rapidement les couleurs avec lesquelles on la mélange. Additionnée à de la litharge, elle sert à confectionner des instruments souples de chirurgie. C'est aussi elle qui entre dans la composition du linoléum. Les graines servent encore en médecine pour faire des cataplasmes très mucilagineux ; il faut les choisir bien fraîches, parce que la « farine de lin » que l'on en tire pourrait produire des éruptions cuisantes si elle était trop vieille.

Ampélidées. — La **Vigne** (*fig.* 197), qui est le type des Ampélidées, est un arbrisseau sarmenteux, au tronc court et tortueux, aux branches s'accrochant aux supports voisins à l'aide de vrilles

simples ou divisées en deux ou trois branches, aux feuilles de
forme caractéristique. Les fleurs, groupées en grappes composées, comprennent un calice insignifiant à 5 dents, une corolle
de 5 pétales verts (*fig.* 198, *A*) et tombant d'une seule pièce quand
la fleur est mûre, 5 étamines (*fig.* 198, *B*), 1 ovaire à style court.

Fig. 197. — Portion d'une branche de Vigne.

Remarquer les grains de Raisin (baies), la feuille à nervation palmée et les vrilles.

Le fruit — le grain de Raisin — est une baie sucrée dont les
« pépins » sont les graines (*fig.* 124). C'est avec le jus des fruits du
Raisin que l'on obtient le **vin** par fermentation (voir la lecture
de la leçon XXXIII), ainsi que divers alcools. La Vigne a, de ce
fait, une importance considérable, surtout en France, où elle
trouve un climat très favorable. Elle est malheureusement en

butte à de nombreuses maladies, causées soit par des cryptogames, des Champignons surtout [Oïdium, Mildiou (*fig.* 37),
Anthracnose, Black-Rot, etc...] ou par des insectes (Phylloxéra, Pyrale, Altise, etc.).—Citons aussi, dans la même famille, la **Vigne vierge**, qui grimpe le long des murs à l'aide de

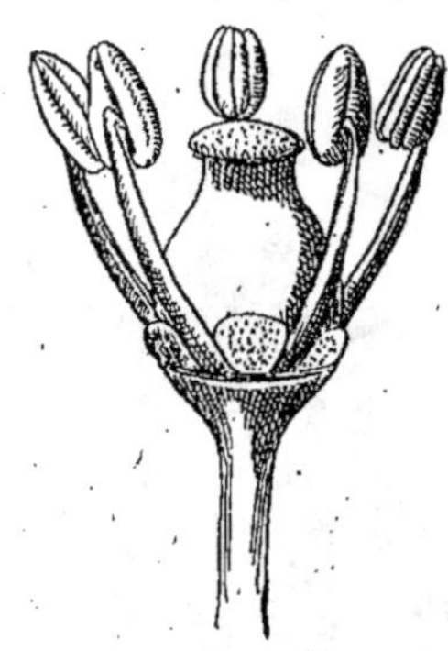

Fig. 198, *A.* — Fleur de Vigne,
au moment où elle s'ouvre :
la corolle se détache à la
base (teinte verte).

Fig. 198, *B.* — Fleur épanouie de Vigne :
la corolle est tombée. Les masses
pointillées, à la base des étamines,
sont des nectaires.

vrilles pourvues, au haut, de pelotes adhésives et qui, à l'automne, prend une si jolie couleur rouge.

Acérinées. — Dans la famille des Acérinées il faut citer
particulièrement l'**Erable** *sycomore*, l'*Erable faux platane* et
l'*Erable champêtre*, qui se distinguent facilement par la forme
de leurs feuilles. Le premier est recherché comme arbre
d'ornement dans les parcs ou dans les villes, ou bien sert à
faire des planches, des ouvrages de tour, dés crosses de fusils, des instruments de musique. Le second, appelé aussi
Erable plane, a une forme de dôme élargi ; son bois sert en
menuiserie. Le troisième est commun dans nos bois ; il est de
trop petite taille pour être cultivé dans les jardins. — Tous
ces Erables ont des fruits munis d'une aile latérale et réunis
deux à deux (*fig.* 138) ; en tombant, ils tournoient sur eux-
mêmes.

Hippocastanées. — Le **Marronnier d'Inde** (*fig.* 199) est connu de tout le monde pour son bel ombrage, ses feuilles composées palmées, ses fleurs blanches ou rouges réunies en grappes dressées verticalement, ses fruits épineux, d'où sortent des graines

FIG. 199. — Branche fleurie de Marronnier d'Inde.

a, fleur dépouillée de sa corolle; — *b*, fleur entière. — Remarquer les feuilles composées palmées et l'inflorescence en grappe composée.

volumineuses — ou marrons d'Inde — qui font la joie des enfants. Le nom de la famille veut dire « Châtaigne de cheval », parce que les Turcs mélangent la farine tirée des graines à la nourriture de leurs chevaux.

Crassulacées. — Les *Crassulacées* renferment des plantes grasses, communes chez nous, surtout sur les murs : les plus connues sont le **Sédum** aux fleurs jaunes et la **Joubarbe** (*fig.* 200). Cette dernière ressemble à un Artichaut, du milieu duquel, à un moment de l'année, sort une tige épaisse, terminée par des fleurs violacées, un peu charnues.

LECTURE

Violettes d'automne et d'hiver. — Que les temps sont changés! Jadis les Violettes (*fig.* 201 et 202) étaient considérées comme des messagères du printemps; aujourd'hui leur arrivée annonce celle de l'automne en même temps que les marchands de Marrons, ceux que l'on a appelés si joliment les « hirondelles d'hiver ». On ne sait vraiment plus comment l'on vit, et le Parisien qui se réveille en entendant le cri de : « A deux sous la jolie Violette ! » se demande à quelle époque il se trouve.

Fig. 200. — Joubarbe des toits (fleurs violacées).

Les Violettes que l'on vend à l'automne et en hiver, — est-il besoin de le dire? — ne sont pas, comme celles du printemps, recueillies par les malheureux dans les bois. Ce sont des fleurs aristocratiques qui viennent en droite ligne du Midi de la France, transportant avec elles le printemps bien loin.

Fig. 201. — Fleur de Violette, vue de face.

Fig. 202. — Fleur de Violette, vue de côté.

Quelques-unes d'entre elles cependant viennent des environs de Paris. C'est notamment la variété dite des *Quatre-Saisons*, qui, ainsi que son nom l'indique, fleurit toute l'année, même mieux à l'automne et en hiver qu'au printemps. Près de Palaiseau notamment, il y a des champs entiers de Violettes que l'on va cueillir jusque sous la neige et qui dégagent un parfum délicieux. Cette industrie, jadis très florissante, est en train de disparaître; dans quelques années, elle aura vécu, victime de la rapidité avec laquelle les chemins de fer amènent les Violettes de Nice à Paris. Les malheureux cultivateurs ne retrouvent plus leurs frais et, pour ne pas être ruinés complètement, en sont réduits à transformer leurs champs de Violettes, jadis si rémunérateurs, en champs de Choux ou de Tomates. Grandeur et décadence !

La culture des Violettes subsiste encore dans les serres des environs de Paris, mais seulement pour les espèces de choix et notamment les *Violettes de Parme*, si distinguées et si aristocratiques. Néanmoins, la plupart des Violettes de Parme viennent du Midi, où on les cultive en plein air jusqu'aux environs de Toulouse. « Autrefois, dit M. Ph. de Vilmorin, il fallait six cents Violettes de Parme pour faire ces bouquets ronds, aplatis, de 10 à 12 centimètres de diamètre, qu'on voyait chez les fleuristes. Il y a une trentaine d'années qu'un horticulteur de Bourg-la-Reine, qui faisait des bouquets lui-même, s'avisa qu'en garnissant de Mousse de petites bottes de cinq ou six fleurs il pouvait composer des bouquets du même volume et faisant tout autant d'effet, avec un nombre de fleurs qu'il parvint graduellement à réduire à quatre-vingts seulement. Aujourd'hui non seulement cet artifice a été adopté d'une manière générale; mais, de plus, les fleuristes ont introduit l'usage de monter les Violettes de Parme en bouquets légers et en sortes d'aigrettes où leurs jolies formes et leur teinte douce sont mieux mises en relief que dans le bouquet massif. »

Mais tout cela n'est rien à côté des Violettes de Nice, dont il arrive parfois, sur le carré des Halles, plus de 1.000 kilogrammes en vingt-quatre heures. Dans le Midi de la France, il y a des terrains immenses réservés spécialement à cette culture. En Provence, on plante la Violette sur des carrés ou planches inclinés au sud. Grâce à cette exposition, elle fleurit abondamment d'octobre en mars. Elle réussit surtout quand le terrain est frais, profond et bien ameubli. On a soin de les placer entre les carrés des orangers et des oliviers, dont le feuillage les protège contre le refroidissement des nuits.

On propage la Violette presque exclusivement par la séparation des touffes. Les pieds, dont le rendement ne commence guère que la seconde année, sont rangés en lignes distantes de 50 centimètres et séparés entre eux de 25 à 30 centimètres; quelquefois, on les range en planches ayant 2 mètres de largeur et séparées par de petits ados. Les plantations doivent être refaites tous les quatre ans. Un mètre carré de terrain donne, en moyenne, 3 à 400 grammes de fleurs.

La culture des Violettes est très simple et rémunératrice. Il convient cependant de bien choisir la race que l'on désire obtenir; car, selon les variétés, la Violette est vendue à un prix variant de 6 à 20 francs le·kilogramme; dans les années très froides, on a vu le kilogramme monter à 40 francs.

Parmi les Violettes les plus cultivées, il convient de citer surtout la *Violette ordinaire des quatre-saisons*, qui a le défaut de donner des fleurs à queues courtes et, par suite, difficiles à mettre en bouquets, et la *Petite bleue*, qui présente le même inconvénient, mais à un moindre degré. Bien que les fleurs se dégagent assez bien des feuilles, la cueillette de cette dernière absorbe la majeure partie des bénéfices.

Mais celle qui détient le record de la production, et qui tend à détrôner toutes les autres, c'est la *Violette du tsar* ou *Violette russe*. Cette Violette n'a pour ainsi dire pas de défauts : elle résiste bien aux intempéries et donne un rendement considérable; ses fleurs sont abondantes et d'un joli violet foncé. Enfin ses queues atteignent de 12 à 15 centimètres, ce qui permet d'en faire de gros bouquets, des couronnes, etc.

Enfin la *Violette de Parme* occupe aussi de nombreux hectares en Provence; mais celles des environs de Paris lui font une rude concurrence.

Toutes ces variétés nous arrivent dans des paniers, sous forme de petits bouquets tout faits et entourés de feuilles fraîches.

Puisque nous sommes sur le terrain des Violettes, terrain agréable s'il en fut, ajoutons, à leur propos, un détail bien connu des botanistes, mais qui surprendra peut-être nos lecteurs : c'est que les Violettes ont *deux sortes de fleurs*. Les unes sont celles que tout le monde connaît et avec lesquelles on confectionne les bouquets. Elles sont l'emblème de la modestie. Mais combien plus cette qualité devrait-elle être attribuée à leurs collègues, qui ont reçu le nom de *Cléistogames!* Ces dernières n'ont pas une grande corolle, comme les autres ; elles ne possèdent, les malheureuses, que cette partie verte de peu d'apparence que les botanistes appellent le calice. Bien plus, ce calice ne s'ouvre pas : la fleur reste à l'état de bouton, cachée à la base des feuilles ; on a de la peine à la découvrir. A quoi servent ces fleurs cléistogames ? On s'en rend compte en observant l'intérieur, qui renferme des étamines et des ovules bien développés : elles servent à donner des fruits et des graines. Quant aux fleurs ordinaires, certaines d'entre elles peuvent évidemment arriver au même but ; mais souvent aussi leurs organes reproducteurs sont avortés, ou bien elles sont cueillies pour servir à notre plaisir.

La présence de ces deux sortes de fleurs dans une plante qui nous est si familière n'est-elle pas curieuse ?

Leçon XV

Famille des Légumineuses.

RÉSUMÉ. — **1. Caractères généraux.** — Herbes, arbrisseaux ou arbres à feuilles généralement composées, souvent terminées par des vrilles ; *calice à 5 sépales soudés ; corolle irrégulière papilionacée à 5 pétales* (étendard, ailes, carène) ; 10 *étamines, dont 9* (ou même les 10) sont *soudées* par leur filet ; *un seul carpelle* à plusieurs ovules, devenant une *gousse* à plusieurs *graines sans albumen.*

2. Légumineuses alimentaires. — *Pois, Haricot, Fève, Lentille.*

3. Légumineuses fourragères. — *Luzerne, Trèfle, Vesce, Pois gris, Genêt, Ajonc.*

4. Légumineuses industrielles. — *Arachide, Acacia vrai, Indigotier, Campêche.*

5. Légumineuses médicinales. — *Réglisse, Arbre à Tolu.*

6. Légumineuses ornementales. — *Glycine, Robinier faux acacia, Baguenaudier, Gesse* ou *Pois de senteur, Arbre de Judée, Mimosa.*

FAMILLE DES LÉGUMINEUSES OU PAPILIONACÉES

1. Les Légumineuses ou Papilionacées constituent une famille bien caractérisée.

Exemple d'une Légumineuse : le Pois.— Chez le Pois (*fig.* 203) le calice est gamosépale (*fig.* 204), c'est-à-dire formé de 5 sépales soudés.

Fig. 204. — Calice de la fleur du Pois.

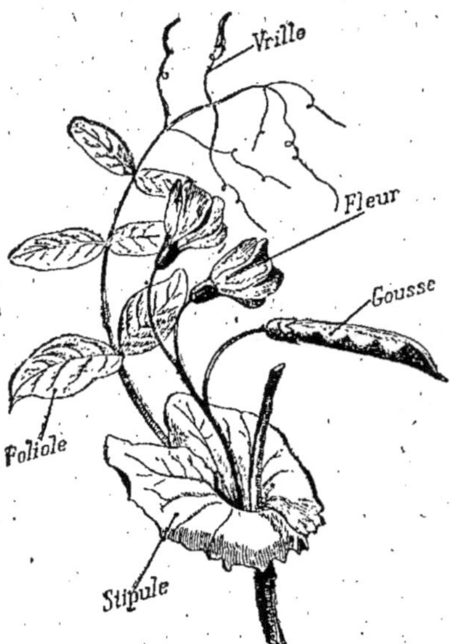

Fig. 203. — Rameau de Pois.

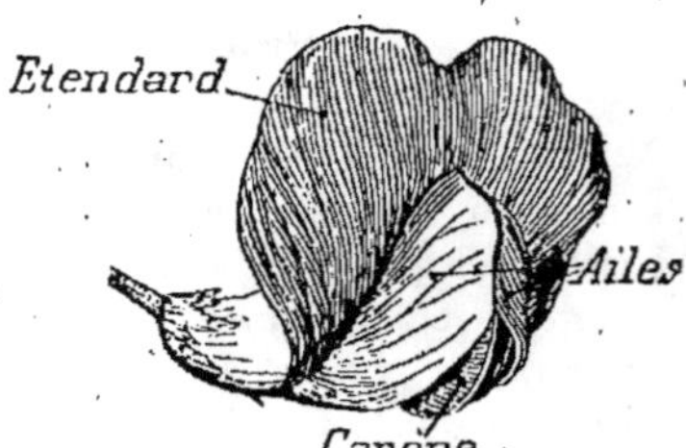

Fig. 205. — Fleur du Pois (corolle papilionacée).

La corolle est irrégulière (*fig.* 205), c'est-à-dire formée de 5 pétales inégaux (*fig.* 206). Le pétale médian et supérieur est très large et relevé : c'est l'**étendard**. Les 2 latéraux sont plus petits et portent le nom d'**ailes**. Enfin les 2 inférieurs sont en partie soudés entre eux pour constituer une sorte de petit bateau, la **carène**. Cette corolle est dite **papilionacée**, parce qu'elle a un peu l'apparence d'un papillon au vol.

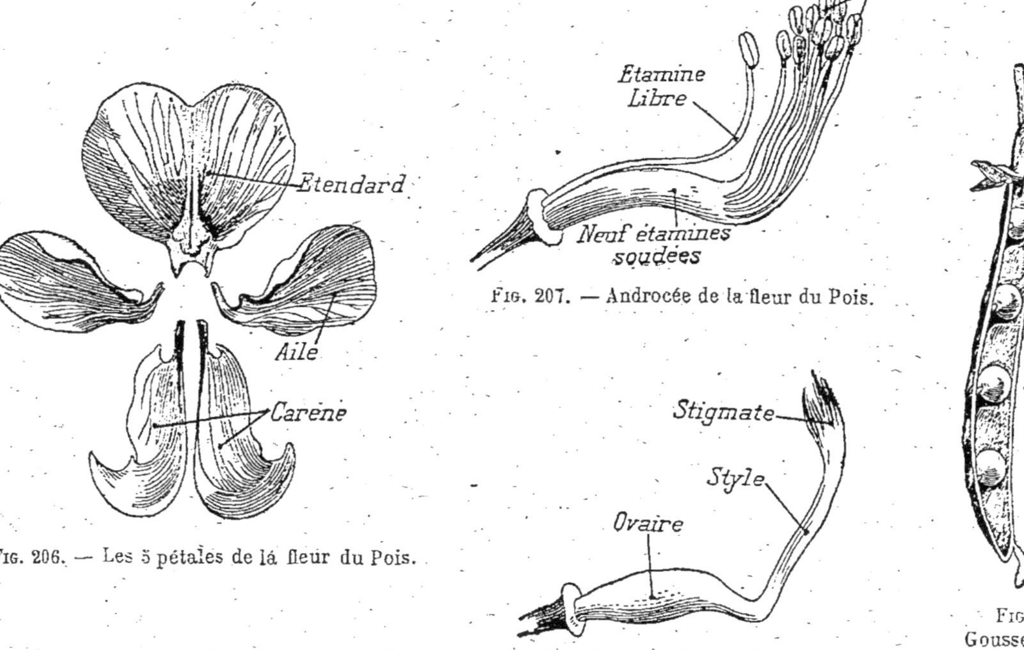

FIG. 206. — Les 5 pétales de la fleur du Pois.

FIG. 207. — Androcée de la fleur du Pois.

FIG. 208 — Pistil de la fleur du Pois.

FIG. 209.
Gousse de Pois (ouverte).

Les **étamines** (*fig.* 207) sont au nombre de **10**. Les **9** inférieures sont **soudées** entre elles **par leur filet**, de manière à former un tube incomplet. La 10ᵉ **étamine**, placée en haut, est entièrement **libre**. — Chez d'autres espèces, toutes les étamines sont soudées par leurs filets.

Le pistil (*fig.* 208) est formé par **un seul carpelle**, à plusieurs ovules. A la maturité, il donne un *fruit*, caractéristique de la famille, appelé **gousse** ou **légume** (*fig.* 209) : il s'ouvre suivant la ligne qui porte les graines et aussi suivant la ligne qui fait vis-à-vis à la précédente, soit donc par deux fentes longitudinales.

Le Pois porte des **feuilles composées**, munies de stipules, et dont les folioles supérieures sont transformées en **vrilles**. Chez toutes les autres plantes de la famille il y a des feuilles composées, mais celles-ci ne portent pas toujours des vrilles.

Caractères généraux. — Les caractères généraux des Légumineuses-Papilionacées sont les suivants : 1.° un **calice gamosépale** ; 2° une corolle **papilionacée**, formée de **5 pétales** inégaux (étendard, ailes, carène) ; 3° **10 étamines**, soudés par leurs filets (à 10 ou à 9) ; 4° un carpelle libre à plusieurs ovules ; 5° une **gousse** ou **légume**, contenant des graines sans albumen ; 6° des **feuilles composées** souvent pourvues d'une vrille.

Les Papilionacées sont tantôt des *herbes*, tantôt des *arbres*. Leurs racines sont très souvent garnies de petits tubercules, ou *nodosités*, renfermant des bactéries ayant la propriété de fixer directement l'azote atmosphérique, ce qui les rend *améliorantes* pour les terrains où on les cultive.

Principaux types et applications. — Les Légumineuses-Papilionacées renferment de très nombreuses espèces, dont les usages peuvent être rangés en quatre catégories.

2. Légumineuses alimentaires pour l'homme. — La plupart des Légumineuses entrant dans notre alimentation nous sont utiles par leurs graines, qui sont à la fois très volumineuses et très nutritives. Elles offrent l'avantage d'avoir en même temps beaucoup d'hydrates de carbone (amidon), qui en font des *féculents* de premier ordre, et des matières azotées (légumine) qui les rendent aussi nourrissantes que la viande. C'est dans cette catégorie que rentre le **Pois**, que l'on mange frais

(Pois vert) ou sec; le **Haricot**, dont il existe de nombreuses variétés, comme taille, comme couleur et comme saveur (Haricot de Soissons, Haricot rouge, Flageolet, etc.), et que l'on mange soit à l'état de graines seules, soit à l'état de fruits entiers, non arrivés à maturité (Haricots verts); la **Fève**, dont les graines sont énormes; la **Lentille**, dont les gousses ne renferment qu'une ou deux graines biconvexes de forme bien connue.

3. Légumineuses fourragères. — On cultive de nombreuses

Fig. 210. — Luzerne (fleurs violettes).   Fig. 211. — Ajonc (fleurs jaunes).

Légumineuses en de vastes champs — qui, dès lors, prennent le nom de « prairies artificielles », — où l'on mène paître les bestiaux et que parfois l'on coupe, pour en ramener le pro-

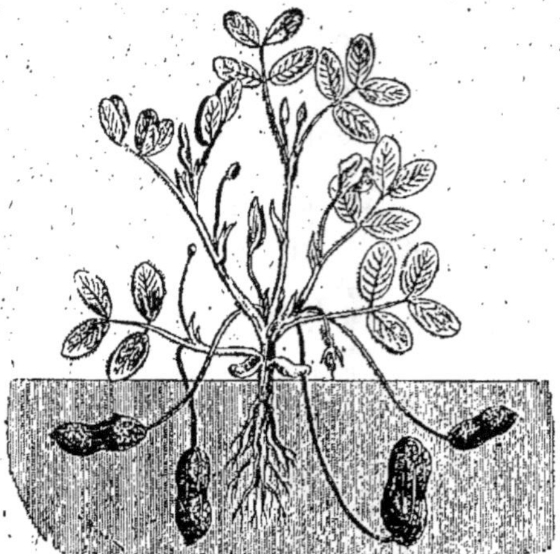

Fig. 212. — Pied d'Arachide, qui a enterré lui-même ses graines.

Fig. 213. — Acacia à gomme.
Remarquer les masses de gomme arabique qui sont sorties de la tige (fleurs jaunes).

duit à l'étable. Elles comptent en effet parmi les meilleurs fourrages capables d'engraisser les animaux ; on les consomme surtout vertes. A citer particulièrement la **Luzerne** (*fig.* 210), aux fleurs violettes; les **Trèfles** (*fig.* 214) (rouge, blanc, incarnat); dont les feuilles présentent trois folioles; les **Vesces**, aux rameaux grimpant à l'aide de vrilles; les *Pois gris*. D'autres espèces, l'**Ajonc** (*fig.* 211), aux feuilles piquantes, et le **Genêt**, aux si jolies fleurs jaunes, par exemple, servent accidentellement de fourrages.

4. Légumineuses industrielles. — De nombreuses Légumineuses ont des applications industrielles. La principale production de notre colonie du Sénégal est l'Arachide (*fig.* 212), petite plante basse, de laquelle on tire de l'huile et qui a la singulière propriété d'enterrer elle-même ses graines quand elles sont mûres. Certains **Acacias** donnent de la **gomme arabique** : celle-ci sort de la tige en masses concrétionnées, sans doute à la suite de blessures (*fig.* 213). L'**Indigotier** et le **Campêche** fournissent des matières colorantes employées en teinture.

5. Légumineuses médicinales. — Parmi les Légumineuses susceptibles de donner des produits pharmaceutiques, il faut citer la **Réglisse**, dont la racine sert à faire des tisanes et de laquelle on tire un suc noir bien connu, employé contre la toux ; ainsi qu'une plante exotique qui fournit le **Tolu**, dont on fait boire le « baume » à ceux qui ont une légère bronchite.

6. Légumineuses ornementales.— Citons enfin, comme plantes ornementales, la **Glycine**, dont les longues grappes mauves ornent le devant de tant de maisons à la campagne ; le **Robinier** — faussement appelé *Acacia* — qui est un excellent arbre de parc (*fig.* 216); le **Baguenaudier**, dont les gousses ressemblent à de grosses vessies ; la *Gesse* — appelée aussi **Pois-fleurs**, — plante grimpante que l'on cultive sur les balcons ; l'**arbre de Judée**, dont les anthères sont généralement libres ; les **Mimosas**, à fleurs régulières, très cultivés dans le Midi de la France. C'est dans ce genre que se trouve la **Sensitive** (*fig.* 69), dont les folioles se replient les unes sur les autres au moindre attouchement.

LECTURES

1. — *Le Mimosa.* — L'espèce de Mimosa la plus cultivée sur le littoral méditerranéen, est le *Mimosa dealbata*, originaire d'Australie. C'est un arbre de 8 à 12 mètres, d'une grande élégance, à rameaux blanchâtres, flexibles, longs et fermes. Les feuilles sont composées, vert tendre, aux mille découpures. Les fleurs sont jaunes, réunies en boules odorantes (trop même...), soyeuses, apparaissant du 15 janvier au 15 mars et offrant une grande ressource pour les bouquets d'hiver.

Elles sont vendues par centaines de kilogrammes et expédiées chaque année dans tous les pays d'Europe. Peu de plantes, en vue de la fleur coupée, sont de culture aussi rémunératrice que le *Mimosa dealbata*. Cette espèce voyage bien et arrive à Paris aussi fraîche qu'elle l'était à son départ. Très rustique, elle prospère admirablement dans les terrains siliceux (gneiss rose) de Cannes et du golfe Juan, dont elle est le plus riche ornement elle devient malingre dans les terrains calcaires des autres points de la côte. On a essayé, avec succès, pour résister à ces terrains, de greffer par approche en plein air ou en terre froide l'*Acacia dealbata* sur l'*Acacia floribunda*, espèce habituée au calcaire.

Son bois résistant, de couleur claire, est facile à travailler.

Cette plante se développe rapidement et fleurit au bout de trois à quatre ans de plantation. Elle est en plein rapport à l'âge de cinq à six ans. Pour obtenir une floraison anticipée, on coupe les rameaux en boutons, les plus avancés, qui apparaissent en décembre, et on les place dans des bassins ou récipients remplis d'eau tiède (de 20° à 25°) et couverts de toile pour entretenir la chaleur humide. On peut aussi mettre ces rameaux, le pied dans l'eau, dans une serre, avec une température de 30°. Par ce procédé les boutons éclatent et fournissent un appoint considérable aux marchés pendant les fêtes de Noël. Le prix moyen est de 3, 5 et même 8 francs le kilogramme, sur les marchés de Paris et de Londres. Au fur et à mesure que la fleur devient plus abondante, le prix tombe de 1 à 2 francs la botte de 1 kilogramme.

On le multiplie par graines et par marcottes. Les graines se sèment quelquefois d'elles-mêmes au pied de l'arbre. On préférera les rejetons qui sont plus florifères et bien plus hâtifs, quoique moins vigoureux que les plantes venues de semis.

Le Mimosa à longues feuilles est aussi à citer. C'est un petit arbre touffu, à feuilles obliques lancéolées ou linéaires, munies de 2 à 5 nervures. Ses fleurs sont jaunes, inodores, en épis sans queue et fort employées dans les bouquets. Elles fournissent un élément de décoration pour les fêtes du Carnaval de Nice, en compagnie de l'espèce précédente. On fait aussi une grande consommation de ses rameaux fleuris pour l'expédition à l'étranger. Son écorce assez riche en tanin pourrait servir au tannage de la peau de mouton. L'arbre croît rapidement et réussit dans les terrains secs et même dans les sables improductifs des bords de la mer qu'il contribue à fixer [1].

2.—*Les Trèfles.*—Les Trèfles (*fig.* 214) doivent leur nom à leurs feuilles composées chacune de trois folioles. Il arrive quelquefois que l'un des deux folioles se dédouble et on a une feuille à quatre folioles. On sait que, d'après la légende populaire, quand une personne trouve un de ces « trèfles à quatre feuilles », cette découverte ne peut que lui porter bonheur. Dans ces derniers

1. D'après M. Souvaigo

temps, on a beaucoup vendu de bijoux (*fig.* 215) dans l'intérieur
desquels on voit une feuille de trèfle à quatre folioles enfermée
entre deux verres. Ne vous hâtez pas de prendre ces bijoux
pour des porte-bonheur, car, presque toujours, ces feuilles
ont été « truquées » par une foliole rajoutée avec un peu de
gomme arabique. Les petits échantillons même — j'ai horreur
de le dire pour ceux qui en possèdent et y ajoutent foi —
sont formés avec des feuilles n'ayant qu'un vague rapport
avec le Trèfle (Mélilots, Luzernes, etc.).
Quant aux grands échantillons, ils sont
généralement fabriqués avec des feuilles de
Robinier, de Cytise ou de Baguenaudier.

FIG. 215. — Trèfle à 4 feuilles
monté en bijou.

FIG. 214. — Trèfle rampant (fleurs blanches).

A un point de vue
moins poétique, les
Trèfles sont des plantes
fourragères de premier ordre. L'espèce la plus employée est
le Trèfle des prés, aux fleurs rosées violettes, qui convient aux
terres douces, grasses, fraîches, et peut fournir trois ou quatre
récoltes par an. Séché, il est meilleur qu'à l'état frais, parce
que, sous ce dernier état, les bestiaux le mangent avec tellement d'avidité qu'ils s'en rendent malades et se gonflent par
suite de dégagement d'acide carbonique dans leur estomac.

Contrairement au précédent, le Trèfle incarnat doit être
consommé vert, parce qu'il perd sa saveur quand on le fait
sécher. On le fait manger par les bestiaux soit sur place, soit
en le leur portant de suite à l'étable. Dans les grandes villes, il
n'est pas rare de voir passer des chariots remplis de cette

plante reconnaissable à la teinte carminée, assez désagréable même, de leurs fleurs tassées et en épis.

Le Trèfle blanc, ou Trèfle rampant, est aussi un excellent pâturage à cause de sa précocité. On le fait manger au printemps par les Moutons. Il est intéressant aussi au point de vue symbolique : « Le petit Trèfle blanc ou Shamrock figure, dit M. P. Constantin, dans les armes de l'Irlande. L'origine de ce symbole est toute religieuse, comme il sied à ce peuple si profondément catholique. Elle remonte aux prédications de saint Patrick ou Patrice, qui convertit l'Irlande vers le milieu du ve siècle. Les Irlandais, paraît-il, mettaient autant d'acharnement à se défendre contre la foi nouvelle qu'ils en mettraient aujourd'hui à combattre sous sa bannière. Aussi le saint apôtre avait-il une rude tâche à remplir. Un jour que, prêchant dans une prairie, il se trouvait à bout d'arguments pour expliquer le mystère de la Trinité, il aperçut à ses pieds un Petit Trèfle blanc. Il en cueillit une feuille et démontra victorieusement que cette feuille était une et triple en même temps; de même un seul Dieu existait réellement en trois personnes. »

Dans les champs il y a bien d'autres espèces de Trèfles, assez difficiles à distinguer d'ailleurs. Dans les environs de Paris, on peut en trouver une vingtaine.

3. — *Le Robinier.* — L'arbre que tout le monde appelle Acacia n'appartient pas au genre botanique de ce nom, mais au genre Robinier (*fig.* 216). Sa vraie dénomination est : Robinier faux Acacia. Tout le monde le connaît pour l'avoir vu dans les parcs, dans les grandes villes et — en très grande abondance — le long des lignes de chemins de fer. Ses feuilles composées, — étalées pendant le jour, rabattues pendant la nuit, — ses piquants plutôt acérés et ses longues grappes de fleurs blanches sont familières aussi bien au citadin qu'au paysan. On peut dire sans crainte de se tromper que, dans

Fig. 216. — Rameau de Robinier faux Acacia (fleurs blanches).

notre pays, il se trouve fort bien. Ce n'est cependant qu'un
« transplanté »; son berceau est l'Amérique du Nord. Dans
les forêts du Maryland, de New-York, de la Pensylvanie, il
est même fort commun. C'est le jardinier du roi Henri IV,
Jean Robin, qui l'apporta en France; son fils le planta au
Jardin des Plantes, vers 1635, et le répandit partout.

En outre de son rôle dans l'ornementation des parcs et des
promenades, le Robinier peut être utilisé pour son bois qui
est dur, pesant, d'un grain serré et susceptible d'un beau
poli; il se laisse tourner facilement. Quant à ses fleurs, on en
fait... des beignets, ce qui est un usage assez inattendu et bien
prosaïque pour des organes floraux !

<hr>

Leçon XVI

Famille des Rosacées.

RÉSUMÉ. — 1. Premier exemple : Fraisier. — Calice à
5 *sépales* entouré d'un *calicule ;* 5 *pétales ; nombreuses étamines à anthères tournées en dedans* et fixées sur les sépales;
nombreux carpelles fixés sur un réceptacle saillant qui devient
charnu et comestible; fruit formé de *nombreux akènes.*

2. Deuxième exemple : Rosier. — 5 *sépales ;* 5 *pétales ; nombreuses étamines* disposées comme dans le Fraisier; *plusieurs
carpelles* placés au fond d'un réceptacle creux situé *en dessous
de la fleur* et devenant des akènes.

3. Troisième exemple : Cerisier. — Les 3 verticilles extérieurs sont disposés comme dans les exemples précédents;
pistil à *un seul carpelle* à 2 *ovules* devenant une *drupe.*

4. Quatrième exemple : Poirier. — Les 3 verticilles extérieurs sont disposés comme dans les exemples précédents;
pistil formé de 5 *carpelles à ovaire infère* devenant un *fruit
charnu à pépins.*

5. Caractères généraux. — 5 *sépales ;* 5 *pétales ; nombreuses
étamines à anthères tournées en dedans* et fixées au calice; pistil variable : tantôt *carpelles nombreux* devenant des *akènes,*
tantôt *un seul carpelle* devenant une *drupe,* tantôt 4 *ou*

5 *carpelles à ovaire infère* devenant un *fruit charnu à pépins*.

6. Rosacées ornementales. — *Rosier, Aubépine.*

7. Rosacées alimentaires. — *Pommier, Poirier, Cognassier, Néflier, Sorbier*, qui ont un fruit analogue à la poire ; *Cerisier, Pêcher, Abricotier, Prunier, Amandier*, qui ont des fruits à noyau ; *Fraisier, Framboisier, Ronce*, dont le fruit dérive d'un grand nombre de carpelles.

8. Rosacées industrielles. — *Rosier* et *Amandier*, produisant une essence odorante ; *Poirier, Pommier, Cerisier* et *Merisier*, dont le bois est utilisé.

9. Rosacées médicinales. — Principaux produits : *feuilles de Ronces, Pruneaux, queues de Cerises, Kousso.*

FAMILLE DES ROSACÉES

La famille des Rosacées est une famille très **hétérogène**, parmi laquelle il est nécessaire d'examiner quatre exemples.

1. Premier exemple d'une Rosacée : le Fraisier. — Le Fraisier est

Fig. 217. — Pieds de Fraisier.
Remarquer la tige rampante formée de stolons.

une plante rampante (*fig.* 217) : certains rameaux sont étalés sur le sol (stolons ou coulants) et s'enracinent à l'extrémité pour donner un pied nouveau. Les feuilles sont composées de trois folioles.

Les fleurs (*fig.* 218) présentent un calice de 5 *sépales*, muni en dehors d'une sorte de calice supplémentaire ou *calicule*.

Les *pétales* sont bien distincts les uns des autres et au nombre de 5.

Les **étamines** sont en très **grand nombre**, comme cela a lieu chez les Renonculacées, mais elles diffèrent de celles-ci en ce que : 1° les anthères sont tournées *en dedans;* 2° les **filets sont attachés au calice** (*fig.* 219) et non au sommet du pédoncule.

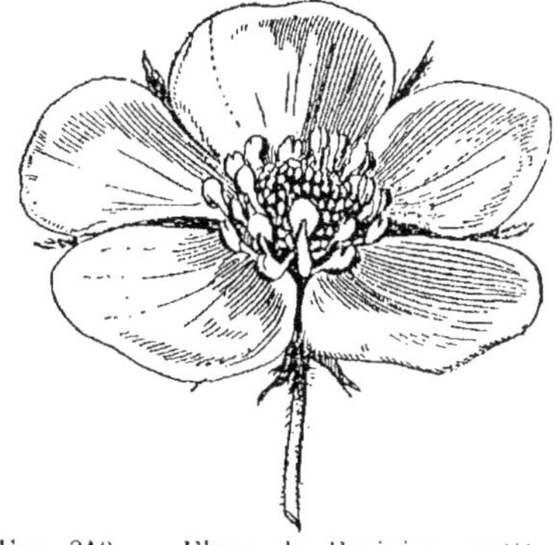

Fig. 218. — Fleur de Fraisier, entière (blanche).

Le pistil est représenté par un *grand nombre* de petits *carpelles*, attachés sur le sommet du pédoncule légèrement renflé ou *réceptacle*. A la maturité (*fig.* 228), les carpelles deviennent de petits *akènes* (ce sont ces grains durs que l'on voit à la surface des fraises), tandis que le réceptacle lui-même devient charnu et sucré : c'est ce dernier, par conséquent, qui constitue la partie comestible

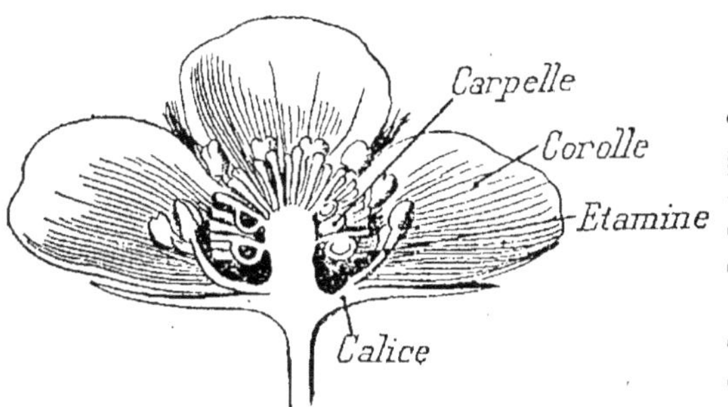

Fig. 219. — Fleur de Fraisier, coupée en long.
Remarquer que les étamines sont attachées sur le calice.

de la fraise; si c'est un « fruit » au point de vue alimentaire, ce n'en est pas un au point de vue botanique.

2. Deuxième exemple : le Rosier. — Le Rosier sauvage (*fig.* 220) ou *Églantier* est un arbuste couvert d'aiguillons. Ses feuilles sont *composées* de plusieurs folioles et présentent deux stipules à la base (*fig.* 220). Immédiatement au-dessous de la fleur on voit un renflement ovale dont la signification nous est montrée par l'examen d'une coupe longitudinale (*fig.* 221). Nous voyons alors que ce renflement est creux et contient plusieurs carpelles attachés au fond de la cavité. C'est donc un *réceptacle creux*, c'est-à-dire que le pistil présente la disposition tout à fait inverse de celle du Fraisier.

Ceci dit, nous pouvons comprendre la fleur d'Églantier, qui se compose de : 5 *sépales* un peu découpés en lanières, 5 *pétales*, blancs ou roses, très odorants, un **grand nombre d'étamines** aux anthères tournées *en dedans* et fixées par le filet sur le calice, *plusieurs carpelles* attachés au fond de la cavité du pédoncule, mais dont les styles viennent jusqu'au niveau des étamines. A la maturité, la **partie renflée et excavée du pédoncule devient charnue,** rouge ou jaune, et les carpelles deviennent des *akènes*.

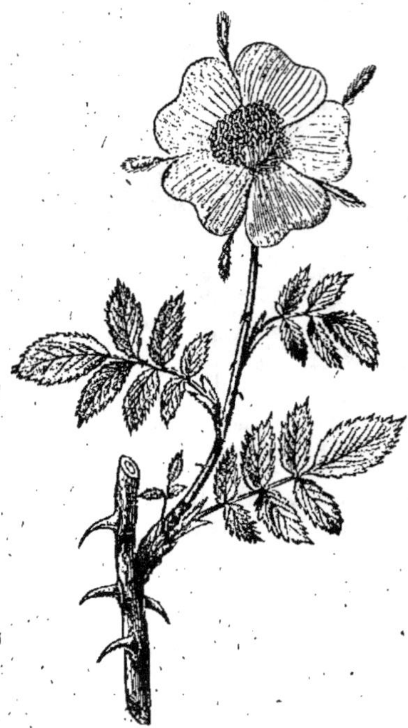

Fig. 220. — Rosier sauvage ou Églantier. — Les fleurs sont appelées Églantines.

Dans les Roses de jardin, la plupart des étamines sont transformées en pétales, qui sont ainsi très nombreux (*fig.* 118).

3. Troisième exemple ; le Cerisier. — Le Cerisier est un arbre à feuilles simples. Les trois verticilles extérieurs de la fleur rappellent ceux des exemples précédents. Ils comprennent aussi 5 *sépales*, 5 *pétales* et des **étamines nombreuses,** mais le *pistil* ne comprend qu'un seul carpelle, contenant 2 *ovules* et placé au fond du réceptacle un peu concave (*fig.* 222). Ce carpelle devient un fruit charnu à noyau, c'est-à-dire une **drupe**

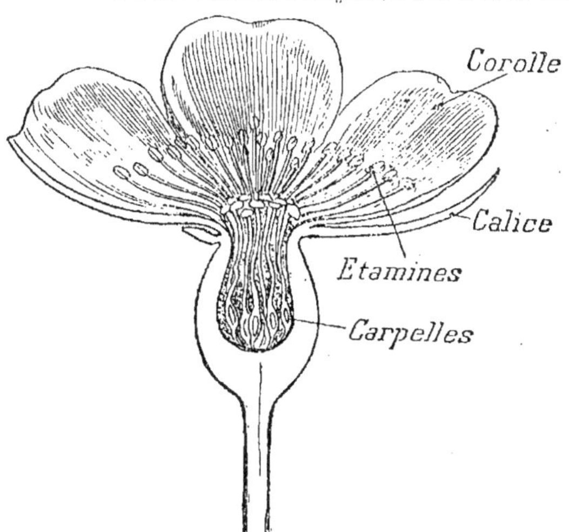

Fig. 224. — Fleur de Rosier sauvage, coupée en long.

(*fig.* 223), contenant quelquefois 2 graines, mais le plus souvent

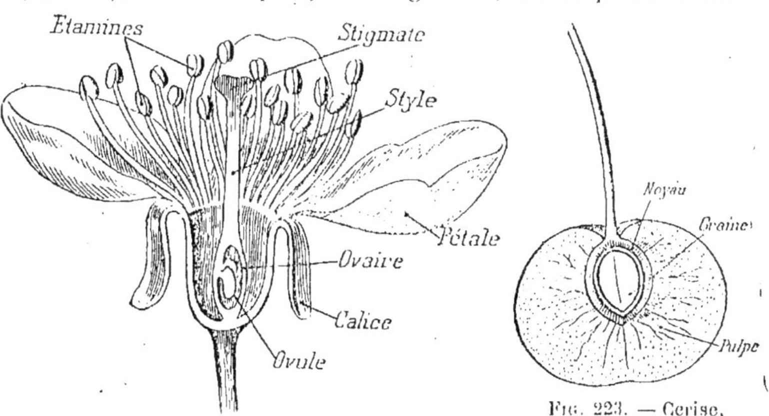

Fig. 222. — Fleur de Cerisier, coupée en long.

Fig. 223. — Cerise, coupée en long.

une seule qui remplit tout le noyau, la seconde ayant avorté.

4. Quatrième exemple : le Poirier. — Le Poirier est aussi un arbre à feuilles simples. Ses fleurs, qui rappellent encore celles des exemples précédents par les trois verticilles extérieurs, en diffèrent sensiblement par la position du pistil. Les 5 *carpelles* qui composent celui-ci forment un **renflement ovale situé nettement en dessous du reste de la fleur** (*fig.* 224).

C'est ce qu'on exprime en disant que les ovaires sont **infères**, c'est-à-dire *inférieurs* ou situés en dessous, par opposition à ceux que nous avons rencontrés jusqu'ici et qui sont dits **supères**, c'est-à-dire *supérieurs* ou situés en dessus [1] (*fig.* 225).

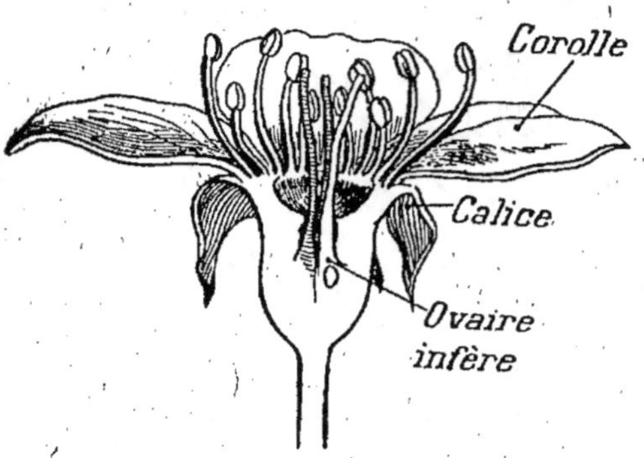

FIG. 224. — Fleur de Poirier, coupée en long.

Ces ovaires à la maturité (*fig.* 130) deviennent **charnus**, mais, les parties plus extérieures de la fleur, sépales, pétales, étamines, qui sont soudées à ces ovaires par leur base, concourent aussi pour une certaine part à la formation de la chair du fruit. Les *pépins*, enveloppés d'une pellicule coriace, en sont les *graines*. L'œil qui termine la Poire représente les 5 *dents du calice*.

5. Caractères généraux. — D'après ce que nous venons de dire, on voit que les caractères les plus généraux des Rosacées sont d'avoir une fleur à **5 sépales**, à **5 pétales**, à **nombreuses étamines aux anthères tournées en dedans et fixées au calice.** Quant au *pistil*, il est assez variable : tantôt *carpelles nombreux* devenant des *akènes*, tantôt *un seul carpelle* devenant une *drupe*, tantôt 4 ou 5 *carpelles à ovaire infère* devenant un *fruit charnu à pépins* enveloppés d'une mince pellicule.

---

1. On donne quelquefois aux *ovaires supères* le nom d'*ovaires libres*, et aux *ovaires infères* le nom d'*ovaires adhérents*. Dans ce dernier cas, en effet, ils semblent adhérer par toute leur surface au tube du calice, tandis que, dans le premier, ils en sont bien distincts.

6. Principaux types et applications. — Les Rosacées nous sont extrêmement utiles pour la plupart. Au point de vue de leurs applications, on peut les diviser en quatre groupes.

1° Rosacées ornementales. — La Rose (*fig.* 118) est la reine des jardins d'agrément, tant par l'élégance de sa forme que par la suavité de son parfum. Il en existe de très nombreuses variétés.

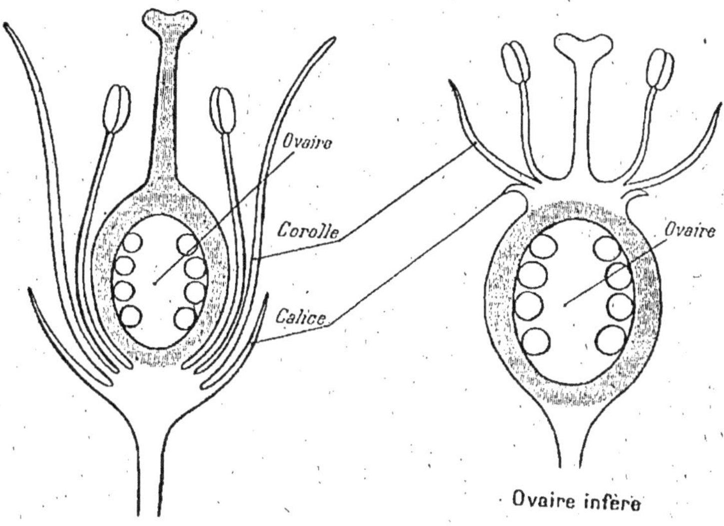

Fig. 225. — Coupes (un peu théoriques) de deux fleurs, pour montrer la différence qu'il y a entre un ovaire supère et un ovaire infère.

L'**Aubépine** est aussi quelquefois cultivée dans les jardins, mais il est bien plus agréable de la rencontrer dans les bois ou les haies, à l'état sauvage.

7. 2° Rosacées alimentaires. — La plupart de nos arbres fruitiers appartiennent à la famille des Rosacées.

Les uns ont un fruit analogue à la Poire.

Les Pommiers sont cultivés tantôt « en plein vent », tantôt « en espalier », c'est-à-dire appliqués contre un mur. Les plus belles, races de Pommes servent de dessert. Les autres sont pressées et donnent un jus, qui, soumis à la fermentation, constitue le *cidre*.

Fig. 226. — Inflorescence de Poirier.

Les **Poiriers** (*fig.* 226) présentent aussi de nombreuses races ; la plupart des Poires ont une saveur exquise. On peut en tirer un liquide sucré, qui, fermenté, constitue le *poiré*.

Le **Cognassier** donne des fruits, les *Coings*, analogues, comme aspect, aux Poires. On en fait des compotes et des confitures.

Les **Nèfles** et les **Sorbes**, pour pouvoir être mangées, doivent être mises à « blettir » pendant quelque temps sur de la paille.

D'autres ont un fruit à noyau analogue à la Cerise. Citons les principaux de ces fruits :

Les **Cerises** (*fig.* 227, 222, 223) sont d'excellents fruits de printemps, trop souvent, malheureusement, habités par des larves d'insectes. On peut en tirer une liqueur alcoolique, le *kirsch*, qui

Fig. 227. — Inflorescence de Cerisier.

doit sa saveur spéciale à la présence de très petites quantités d'acide prussique. — Les *Merises* sont les fruits du Cerisier sauvage ; elles sont un peu aigrelettes.

Les **Pêches** (*fig.* 123) ont un noyau rugueux ; tandis que les *Abricots* ont un noyau lisse.

Les **Prunes** constituent un excellent fruit de table, pouvant également servir à la confection des confitures; desséchées, elles constituent les *Pruneaux*. L'espèce sauvage, le *Prunellier*, donne des fruits âpres, mais dont on peut tirer une liqueur agréable, l'*eau-de-vie de Prunelles*.

Les **Amandes**, dont nous mangeons la graine, ont un goût agréable. Pilées, on en fait de petits gâteaux.

D'autres Rosacées enfin ont un fruit rappelant plus ou moins la fraise, en ce qu'il dérive de nombreux carpelles. Telles sont :

Fig. 228. — Fraise.

Les **Fraises** (*fig.* 228), fruits exquis que l'on mange surtout au printemps : la meilleure race est l'*Héricart*. Celle dite des *quatre saisons* fructifie presque toute l'année, mais ne donne que de petits fruits ;

Les **Framboises** (*fig.* 229), qui sont constituées par de petites drupes empilées les unes sur les autres et au parfum délicieux. Elles sont proches parentes des *Mûres*, fruits des **Ronces**, plantes piquantes, qui poussent à l'état sauvage.

8. 3° Rosacées industrielles. — De certaines Roses cultivées surtout dans le Midi de la France, on tire l'*eau de Rose*, très employée en parfumerie.

Les *bois du Poirier*, *du Pommier* et *du Cerisier* ont un grain très fin : ils sont recherchés des graveurs, des ébénistes, des tourneurs. La plupart des équerres sont faites en bois de Poirier.

Fig. 229. — Framboise.

Le *bois de Merisier*, grâce à sa solidité, est souvent employé pour la confection des instruments de musique.

L'*essence d'Amandes amères* sert en parfumerie, surtout pour donner une odeur agréable au savon. On sait d'ailleurs la préparer artificiellement. De plus, un autre produit artificiel et beaucoup moins cher, d'odeur analogue, la remplace souvent.

9. 4° Rosacées médicinales. — En médecine, on emploie la *feuille de Ronce*, qui, grâce à son astringence, est susceptible de guérir les maux de gorge; les *Pruneaux*, qui sont laxatifs; les *queues de Cerises*, qui favorisent la sécrétion de l'urine; le *Kousso*, qui sert à l'expulsion des vers intestinaux.

LECTURES

1. — *Comment on fait les dragées.* — Les enfants aiment les dragées, si rondes et si sucrées, qui sont formées d'une mince couche de sucre enveloppant un noyau, constitué par une Amande plus ou moins fine, graine de l'Amandier. Comment fabrique-t-on ces friandises (*fig.* 230)?

Il faut d'abord dessécher les Amandes dans une étuve chauffée où l'eau qu'elles contiennent s'évapore rapidement.

On verse ensuite les Amandes dans des bassines hémisphériques, tournant sans cesse sur un axe et fortement chauffées par un système particulier, constitué surtout par un tuyau enroulé sur lui-même — un serpentin — où circule de la vapeur d'eau.

Tandis que les Amandes sont ainsi agitées, on fait couler sur elles un mince filet de sirop de sucre, et on projette un courant d'air frais qui les dessèche au fur et à mesure. Les Amandes tournent, tournent follement et, semblables aux

Fig. 230. — Fabrication des dragées.

boules de neige que les enfants poussent devant eux pour augmenter leur volume, se recouvrent peu à peu d'une couche de sucre cristallisé, qui devient à chaque seconde plus épaisse. Quand l'ouvrier, qui suit cet accroissement, juge l'épaisseur suffisante, il verse dans les bassines une petite quantité de sirop coloré et parfumé qui se dépose à son tour sur les dragées en leur donnant un aspect séduisant. Voilà la dragée ter-

minée et prête à aller garnir les boîtes plates bien connues
où elles reposent côte à côte jusqu'au baptême prochain ou
au jour de l'an suivant.

Les dragées dont nous venons de décrire la fabrication
coûtent assez cher. Dans celles de moins bonne qualité, dites
dragées *de plâtre* (bien que le plâtre n'y soit pour rien), on
remplace le sucre par l'amidon. La dernière couche seule
contient du sucre, mais pas de parfum. Elles ne sont pas
bien bonnes, évidemment, mais, quand on est petit, on n'y
regarde pas de si près !

Si on remplace le noyau d'Amande par un noyau de Noisette,
de Pistache, de Chocolat, de Nougat, on a autant de variétés
de dragées, qui font les délices des gourmands. Avec les mi-
nuscules graines de l'Anis on obtient de petites dragées, pas
plus grosses que des grains de Millet ou de Chènevis ;
quelques confiseurs les revêtent d'une très mince couche
d'étain, pour les faire ressembler à des boules d'argent. Cela
n'ajoute pas à leur goût, mais flatte l'œil.

Le mystère de la fabrication de la dragée à liqueur s'explique d'une manière analogue. Mais le tour de main est
un peu plus compliqué. Je vais vous l'expliquer en deux
mots. Pour former le noyau de liqueur, on remplit d'amidon
de petits coffrets en bois sur lesquels on applique des
réglettes portant en relief la forme d'une amande. On
remplit ensuite ces empreintes en creux avec du sirop cuit
ou *plumé* et convenablement parfumé. Qu'est-ce que le sirop
cuit ou *plumé* ? C'est un sirop concentré de telle sorte qu'en
le versant dans une écumoire, et en soufflant dessus, le sucre
s'échappe par les trous en forme de plumes. Quand les
moulages sont ainsi préparés, on les place dans une étuve
surchauffée ; le sirop se cristallise superficiellement, et l'on
produit de la sorte un frêle noyau, un petit ballon rempli
de liqueur. Quand ces ballons ont acquis une consistance
suffisante, on les déverse sur un tamis qui laisse échapper
l'amidon et qui ne conserve que les noyaux. Il ne reste plus
qu'à verser délicatement ces noyaux dans la bassine et à les
faire tourner en douceur sous une pluie de sucre.

Rien n'est plus curieux que de suivre le cours de ces diverses
opérations. Des ouvriers spéciaux les exécutent avec une délicatesse et une rapidité vraiment surprenantes ; les coffrets
passent et repassent, dans leurs doigts agiles, et les dragées
sortent comme par miracle des bassines toujours en mouvement.

2. — *Le Cidre.* — Dans une bonne partie de la France, en Bretagne et en Normandie surtout, on boit peu de vin, mais beaucoup d'une autre boisson, le *cidre*, dont la teinte est jaunâtre, la saveur un peu sucrée et acide. On le fabrique à l'aide de Pommes, qu'on fait tomber des branches en les secouant au moment de la maturité des fruits. On les ramène à la ferme dans des tombereaux et on les broie avec un appareil spécial, le *broyeur*, qui n'écrase que la chair des Pommes et laisse intacts les pépins ; ces derniers, écrasés, communiqueraient au liquide un mauvais goût. On obtient de la sorte une bouillie, une *pulpe*, qu'on laisse pendant une journée dans des cuves, où elle se ramollit encore.

On transporte alors la pulpe dans un *pressoir*, qui en fait sortir un liquide, le jus de la Pomme, que l'on reçoit dans des tonneaux où on le mélange d'un peu d'eau. Le tout ne tarde pas à bouillonner, à fermenter ; par la transformation du sucre en alcool, le jus devient du cidre. Celui-ci se clarifie peu à peu ; on le soutire et on le met dans des tonneaux ; on le déguste au fur et à mesure des besoins.

Le cidre est une bonne boisson, à condition de ne pas en abuser.

Leçon XVII

Famille des Ombellifères et familles voisines.

RÉSUMÉ. — **1. Exemple de la Carotte.** — Racine renflée dans la Carotte cultivée ; feuilles très découpées, odorantes quand on les froisse ; inflorescence en *ombelles composées* ; 5 *sépales* très petits ; 5 *pétales* ; 5 *étamines*, 2 *carpelles à ovaire infère* portant 2 *styles* et 2 *stigmates* et devenant 2 *akènes*.

2. Caractères généraux. — *Famille très homogène.* Herbes quelquefois de grande taille, *odorantes*, à feuilles très découpées. L'inflorescence et la fleur rappellent beaucoup celles de la Carotte. On distingue ces plantes surtout par leurs *akènes* qui portent différents ornements, *côtes* ou *épines*.

3. Principaux types. — *Carotte, Panais, Céleri, Cerfeuil, Persil, Angélique, Anis, Carvi, Opoponax, Fenouil.* Quelques-unes sont *vénéneuses :* grande et petite *Ciguë.*

4. Familles voisines toutes à ovaire infère. — *Myrtacées* (Eucalyptus, Giroflier) ; *Cucurbitacées* (Melon, Concombre, Potiron, Bryone) ; *Cactées* (Cierge, Figuier de Barbarie) ; *Araliacées* (Lierre, Houx, Fusain) ; *Grossulariées* (Groseillier) ; *Onagrariées* (Epilobe, Fuchsia, Châtaigne d'eau, Grenadier) ; *Saxifragées* (Saxifrage).

FAMILLE DES OMBELLIFÈRES

1. La grande famille des Ombellifères est une des mieux caractérisées du régime végétal. On peut même dire qu'elle ne présente pas de caractères communs avec d'autres familles et qu'elle constitue un groupe isolé et bien cohérent.

Exemple d'une ombellifère : la Carotte. — La Carotte (*fig.* 231) n'a une racine volumineuse que lorsqu'elle est cultivée ; à l'état sauvage, elle a une racine de grosseur ordinaire.

Les **feuilles** en sont très découpées et présentent une

Fig. 231. — Carotte sauvage (fleurs blanches).

large gaine à la base. Froissées entre les doigts, de même que la tige, elles dégagent une *odeur* spéciale. Presque toutes les espèces d'Ombellifères peuvent ainsi se distinguer par leur parfum. Celui-ci n'est décelé que lorsqu'on écrase la plante entre les doigts, parce qu'à l'état normal il est enfermé dans des poches spéciales appelées *canaux sécréteurs*.

L'inflorescence est une ombelle composée. Les fleurs, placées presque toutes sur le même plan, sont réunie

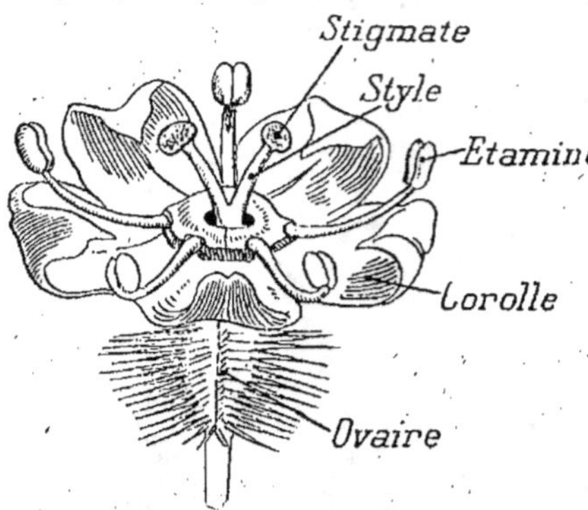

Fig. 232, *A*. — Fleur de Carotte.

en *ombellules*. Celles-ci, à leur tour, sont réunies en *ombelles*. A la base de chaque *ombellule*, il y a un *involucelle* formé de bractées découpées en lanières. A la base de l'ombelle, il y a un *involucre* de même origine, et également découpé en lanières.

Les fleurs (*fig.* 232, *A*) ne possèdent presque pas de *calice*, lequel n'apparaît que sous forme de 5 petites *dents* insignifiantes.

La corolle est formée de 5 pétales blancs, généralement recourbés sur eux-mêmes.

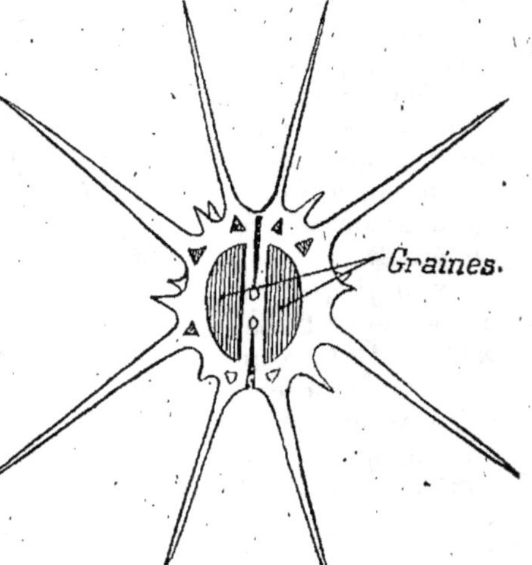

Fig. 232, *B*. — Fruit de Carotte coupé en travers.

Les **étamines** sont au nombre de 5 ; leur filet est généralement recourbé vers le centre de la fleur.

Le pistil comprend un ovaire constitué par **2 carpelles** et — c'est là le point à remarquer — **infère**, c'est-à-dire placé tout entier au-dessous du reste de la fleur. Cet ovaire porte, en haut, **2 styles** *et 2 stigmates*.

L'ovaire, à la maturité, donne un **double akène** (*fig*. 232, B). Chacun d'eux est pourvu de crêtes piquantes : d'abord appliqués étroitement l'un contre l'autre, de manière à ne former en apparence qu'une masse unique, ils se séparent ensuite en deux parties, lorsqu'ils se dessèchent.

2. Caractères généraux. — Les Ombellifères sont bien définies par les caractères généraux suivants :

Ce sont des herbes souvent de grande taille et renfermant **des produits aromatiques.**

Les feuilles sont très **découpées** et munies d'une *gaine*.

L'inflorescence est une **ombelle**, quelquefois *simple*, plus souvent *composée*.

Les fleurs possèdent un *calice* formé de 5 *dents*, une **corolle** formée de **5 pétales, 5 étamines.**

L'ovaire est **infère.** Il est formé de **2 carpelles** et est surmonté de **2 styles** et de **2** *stigmates*.

Le fruit est un **double akène** : il est garni d'ornements — **côtes** ou **épines** — qui servent grandement à la distinc-tion des espèces. Chez la plupart des espèces, le fruit mûr se

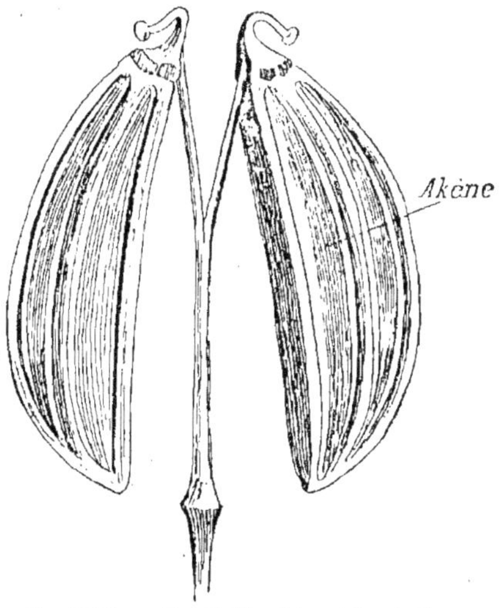

Fig. 233. — Fruit (double akène) d'une Ombellifère (Aneth) à sa maturité.

scinde en deux masses, qui demeurent suspendues par leur partie supérieure, à deux filaments rigides (*fig*. 233).

3. Principaux types et applications. — Les Ombellifères renferment quelques espèces alimentaires. Dans la **Carotte** et le **Panais**, on mange la racine. Chez le **Céleri**, le **Cerfeuil** et le

Persil (*fig.* 234), on mange les feuilles ou on s'en sert comme de condiments, à cause de leur saveur aromatique.

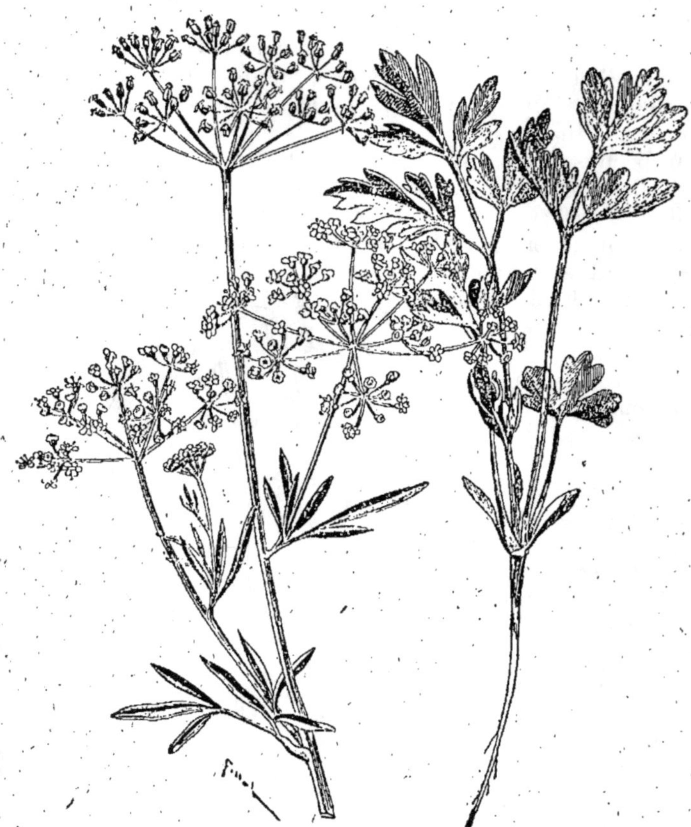

Fig. 234. — Persil (de grandeur presque naturelle) (fleurs vert jaunâtre).

L'Angélique sert en confiserie (tige), de même que l'Anis (semences). Avec celui-ci on peut faire aussi une liqueur, l'Anisette, et, avec le *Carvi*, une autre liqueur, le *Kummel*; l'*Opoponax* sert en parfumerie, de même que le **Fenouil.**

Un assez grand nombre d'Ombellifères sont **vénéneuses**, notamment la **Petite Ciguë** (*fig.* 235), qui est d'autant plus dangereuse qu'on peut la confondre avec le Persil ou avec le Cerfeuil, mais qu'on peut distinguer par son odeur désagréable, ses feuilles plus finement découpées, ses fleurs blanches (celles du Persil sont vert jaunâtre). A citer aussi comme très dangereuse la **Grande Ciguë** (*fig.* 236), dont la tige est marquée de taches violettes ; c'est le suc extrait de cette plante que l'on fit boire à Socrate pour qu'il s'empoisonnât lui-même (voir plus loin, la *Lecture*).

De rares Ombellifères n'ont pas de feuilles découpées ; tel est le cas du *Chardon bleu*, à la teinte si jolie, que l'on cueille dans les Alpes, et le *Chardon maritime*, si

Fig. 235. — Petite Ciguë (très réduite) (fleurs blanches).

décoratif et si commun dans les sables de nos plages.

Fig. 236. — Grande Ciguë, plante très vénéneuse (dimensions très réduites).

4. Familles voisines des Ombellifères. — Plusieurs autres familles se placent à côté des Ombellifères. Ce sont, notamment, les *Myrtacées*, les *Cucurbitacées*, les *Cactées*, les *Ara-*

Fig. 237. — Branches d'Eucalyptus en fleurs (cliché Hariot).

liacées, les *Grossulariées*, les *Onagrariées*, qui, toutes, ont l'ovaire infère, et aussi les *Saxifragées*.

Fig. 238. — Clou de Girofle.

Myrtacées. — Les Myrtacées sont des arbres ou des arbrisseaux aux étamines fort nombreuses. La plupart renferment des produits odorants. Les plus importantes sont les **Eucalyptus** (*fig.* 237), qui poussent spontanément en Australie, où ils atteignent des dimensions colossales. On en tire une huile employée en médecine. Mais c'est surtout leur bois qui a de la valeur, notamment par son incorruptibilité. On s'en sert pour le pavage et, sous le nom de *jarah* ou *acajou d'Australie*, pour faire des meubles. Dans le Midi de la France on cultive des Eucalyptus pour en vendre les rameaux fleuris en guise de bouquet; les fleurs sont très curieuses, avec leur ovaire infère ridé, le calice qui se soulève comme un couvercle et leurs nombreuses étamines raides. A citer aussi le *Giroflier :* ce sont les boutons des fleurs, qui, desséchés, constituent les *clous de Girofle* (*fig.* 238), employés pour aromatiser certains plats.

Cucurbitacées. — Les Cucurbitacées ont deux sortes de fleurs, les unes à pistil (leq el est infère), le autres à étamines. Ces dernières sont souvent bizarrement contournées. Ce sont des plantes rampant sur le sol ou grimpant à l'aide de vrilles enroulées. Les fruits, de taille parfois énorme (*fig.* 140), sont charnus et employés dans l'alimentation, comme c'est le cas pour le **Melon,** le **Cornichon,** le **Concombre,** le **Potiron.** Avec les fruits desséchés des **Gourdes** on fait des bouteilles légères (*fig.* 239). Dans

Fig. 239. — Avec les fruits desséchés des Gourdes, on fait des bouteilles légères.

les haies, il est commun de trouver des **Bryones.**

Cactées. — Les Cactées sont des plantes grasses vivant dans les régions les plus sèches des pays chauds. Leur tige prend des formes extraordinaires très charnues : elle affecte la forme d'énormes colonnes toutes droites ou un peu divisées à la manière d'un candélabre ; d'autres ressemblent à des raquettes insérées les unes sur les autres ou encore à des tabourets à côtes longitudinales ou à des melons très côtelés. Les feuilles manquent sur ces singulières plantes et sont remplacées par de nombreux piquants. A citer notamment les Cierges (*fig.* 240),

Fig. 240. — Cierges.

les Mamillaires, les Opunties. Ces derniers donnent un fruit comestible, la *Figue de Barbarie*, c'est sur eux que se rencontrent les Cochenilles, insectes d'où l'on tire le carmin.

Araliacées. — Le **Lierre** — type des Araliacées — a une tige rampant à terre ou grimpant sur les murs ou sur les arbres, auxquels il s'attache par de nombreuses racines adventives (*fig.* 241). Les feuilles ont une forme caractéristique, mais n'ont pas le même contour sur les rameaux floraux que sur les autres. Les fleurs sont disposées en ombelles.

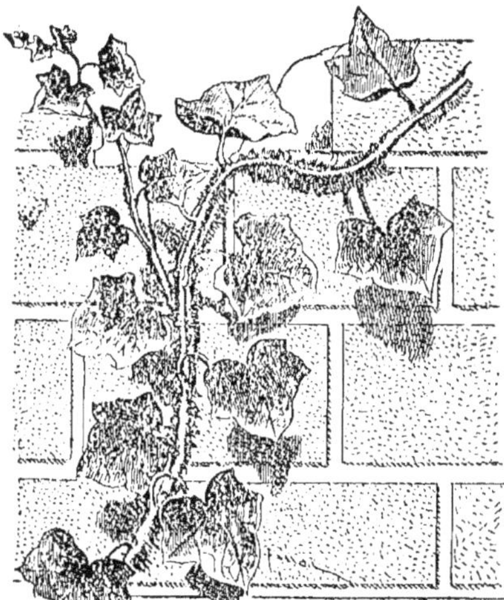

Fig. 241. — Lierre grimpant sur un mur à l'aide de racines adventives.

Fig. 242. — Baies du Groseillier ou Groseilles, groupées en grappe simple.

À côté de cette famille on peut placer le **Houx**, aux feuilles luisantes et piquantes, et le **Fusain**, dont les branches, transformées en charbon, servent à dessiner

Grossulariées. — Les fruits des Grossulariées, arbrisseaux épineux, sont des baies, dont certaines sont comestibles, notamment celles du **Groseillier** *ordinaire* (*fig.* 242) et du *Groseillier à maquereaux*, dont l'acidité est favorable à l'assaisonnement de certains poissons et dont on fait même en Angleterre une sorte de vin. Avec les baies du *Cassis* on fait une liqueur.

Onagrariées. — Dans les Onagrariées se placent les Epi-

lobes, communes au bord des rivières, les **Fuchsias,** si souvent cultivés sur les balcons, et la *Châtaigne d'eau,* plante nageante, dont les fruits, ornés de cornes, sont comestibles. A côté d'elles, on range le **Grenadier,** aux fleurs d'un rouge très intense, et aux fruits (grenades) comestibles, à cause de la pulpe sucrée qui enveloppe les graines. Sa racine est un vermifuge très important.

Saxifragées. — La plupart des Saxifragées habitent les montagnes; mais on peut en trouver aussi ailleurs, par exemple la **Saxifrage** *à trois doigts,* ainsi nommée à cause de sa feuille divisée en trois, petite plante très commune au printemps sur les murs, et la *Saxifrage granulée,* qui possède à la base de nombreuses bulbilles, et qui abonde au commencement de l'été dans les prairies. Plusieurs espèces sont cultivées en pots pour l'ornement des maisons.

LECTURES

1. — *La mort de Socrate.* — Socrate, l'illustre philosophe, avait été condamné à mourir en buvant le suc extrait de la Ciguë. Voici comment un historien ancien rapporte sa fin pleine de noblesse.

Un esclave apporte à l'illustre vieillard la coupe fatale (*fig.* 243) :

— Que dois-je faire ? demanda tranquillement Socrate.

— Vous promener après avoir bu et vous coucher sur le dos lorsque les jambes commenceront à s'appesantir. Socrate prend aussitôt la coupe, l'approche de ses lèvres et la vide lentement. Puis, tout en se promenant dans sa prison, il s'efforce de consoler ses amis éperdus et désespérés.

— Rappelez votre courage, leur dit-il ; j'ai toujours entendu dire que la mort devait être accompagnée de bons augures.

Cependant il continuait à se promener. Dès qu'il sentit la pesanteur dans les jambes, il se mit sur son lit et s'enveloppa de son manteau. L'esclave montrait aux assistants les progrès successifs du poison [1]. Déjà un froid mortel avait glacé les pieds et les jambes ; il était près de s'insinuer dans le

---

1 D'après les symptômes ici décrits, il est certain que le suc de ciguë employé contenait aussi de l'opium.

cœur, lorsque Socrate, soulevant son manteau, dit à son ami Criton :

— Nous devons un coq à Esculape ; n'oublie pas d'acquitter ce vœu.

Fig. 243. — La mort de Socrate (tableau de DAVID).

— Cela sera fait ; mais n'as-tu rien autre chose à ordonner ?

Socrate ne répondit point. Un instant après, il fit un mouvement. L'esclave, l'ayant découvert, reçut son dernier regard, et Criton lui ferma les yeux.

2. — *Un repas dans le désert.* — La plante appelée par les botanistes *Echinocactus Wilizeni* est celle que les Espagnols nomment vulgairement *Visnada*. Sa tige est globuleuse ; elle peut atteindre 60 centimètres et même plus de diamètre. Le fruit est acide ; on le mange rarement. Les graines sont petites

et noires ; grillées, elles peuvent servir à faire un assez bon pain. La partie la plus utile de la plante est la tige, qui renferme une pulpe molle, aqueuse, blanche, de saveur légèrement acide. Les voyageurs qui traversent les régions arides habitées par ce Cactus y ont souvent recours pour se désaltérer.

Cette tige creusée est souvent employée par les Indiens, en guise de chaudron, pour faire la cuisine. Lorsque des Indiens qui voyagent désirent faire un repas, ils choisissent une plante de dimensions convenables, qu'ils creusent en extrayant la partie molle interne. Ils mettent dans le trou ainsi formé une partie de la pulpe qu'ils ont extraite, puis de la viande, des légumes, racines, graines, fruits, en un mot toutes les substances alimentaires qu'ils peuvent trouver ; ils ajoutent de l'eau et font cuire le tout ensemble au moyen de pierres chauffées, qu'ils jettent dans le mélange, qu'ils retirent quand elles sont froides, pour les faire chauffer de nouveau et les replonger jusqu'à ce que le tout soit parvenu à un degré suffisant de cuisson.

Les Indiens Papajo enlèvent l'écorce et les épines de cette plante ; ils coupent la pulpe en morceaux convenables, et la font cuire dans un sirop de Cierge géant. Cela fait une bonne conserve. Retirée du liquide et séchée, cette pulpe est aussi bonne que le Citron confit, avec lequel elle a beaucoup de ressemblance comme aspect et comme saveur.

Une autre espèce, l'*Echinocactus Winaga*, est désignée au Mexique sous le nom de *Visnaga*. Il atteint, à l'état adulte, la hauteur d'un homme et un diamètre de près d'un mètre ; il est couvert de nombreuses épines. Malgré son aspect peu rassurant, ce Cactus fournit une excellente compote que l'on apporte, en quantité considérable, au marché de Mexico. Elle est servie sous le nom de *Dulce de Visnaga* sur la table des plus riches Mexicains.

Pour préparer cet aliment, on coupe par morceaux la pulpe des parties tendres de la tige, que l'on fait cuire dans de l'eau bouillante, largement additionnée de sucre de canne. Après dessiccation, les morceaux ressemblent à du cristal. Ainsi préparée, cette friandise n'est cependant jamais aussi bonne qu'à l'état frais [1].

1. D'après M. Bois.

ORDRE DES GAMOPÉTALES OU A FLEURS A PÉTALES SOUDÉS

Leçon XVIII

Familles des Borraginées et des Solanées.

RÉSUMÉ. — 1. Exemple d'une Borraginée : la Bourrache. — Plante herbacée couverte de *poils rudes ;* inflorescence en *cyme scorpioïde ;* fleur régulière, comprenant 5 *sépales* soudés à la base, 5 *pétales* bleus également soudés, 5 *étamines* et 2 *carpelles,* à *ovaire supère,* subdivisés de manière à former 4 *cavités* contenant chacune 1 *ovule ;* fruit formé de 4 *akènes.*

2. Caractères généraux des Borraginées. — Plantes herbacées à *poils généralement rudes,* rappelant la Bourrache par l'inflorescence, la disposition de la fleur et le fruit. Beaucoup de ces plantes abandonnent dans l'eau chaude une *matière mucilagineuse.*

3. Principaux types. — *Médicinales :* Bourrache, Consoude ; *Ornementales :* Héliotrope, Myosotis.

4. Exemple de Solanée : la Pomme de terre. — Tige donnant certains rameaux souterrains renflés en tubercules ; fleur régulière, comprenant 5 sépales soudés à la base, 5 pétales blancs ou violacés également soudés, 5 étamines, et 2 carpelles contenant de nombreux ovules et accolés avec placentation axile ; comme fruit, une baie à nombreuses graines.

5. Caractères généraux des Solanées. — Plantes herbacées ou arbustes à fleurs gamopétales à ovaire supère, rappelant celles de la Pomme de terre. Comme fruit, une baie ou une capsule ; beaucoup d'entre elles contiennent des poisons violents.

6. Principaux types. — 1° *Alimentaires :* Pomme de terre, Tomate, Aubergine, Piment ; 2° *vénéneuses* et *médicinales :* Datura, Belladone, Morelle noire, Jusquiame ; 3° *industrielles :* Tabac.

FAMILLE DES BORRAGINÉES

1. Exemple d'une Borraginée : la Bourrache. — La Bourrache (*fig.* 244) se trouve, chez nous, aussi bien dans les jardins qu'à l'état sauvage. Toute la plante est couverte de *poils* rudes, de sorte qu'il n'est pas très facile de la cueillir ; c'est, d'ailleurs, un fait assez général chez les autres plantes de la même famille. Les *feuilles* sont *alternes*. L'*inflorescence* est une *cyme* unipare scorpioïde, c'est-à-dire qui s'enroule en spirale.

La *fleur* (*fig.* 245) est *régulière*. Elle est formée d'un *calice* à 5 *lobes*, hérissés de

Fig. 245. — Fleur de Bourrache (teinte mauve).

Fig. 244. — Bourrache.

poils, et d'une *corolle* bleue, gamopétale, à 5 *lobes* tellement nets que, au premier abord, la corolle paraît dialypétale : la *gorge* en est garnie de *bourrelets* (*fig.* 246). Les *étamines* sont au nombre de 5, rapprochées étroitement les unes des autres, mais non soudées entre elles. L'ovaire situé au-dessus de la fleur est formé de 2 *carpelles ;* mais, chacun de ceux-ci étant divisé en deux, il en résulte qu'en apparence il est constitué par 4 *masses* renfermant chacune un ovule (*fig.* 247). C'est entre ces 4 masses et à leur base que s'attache le style. Le *fruit* est composé de 4 *akènes* arrondis.

Tous les tissus de la plante sont remplis d'une matière mucilagineuse.

2. Caractères généraux. — Les Borraginées sont des Gamopétales à ovaire supère, aux fleurs régulières, à 5 étamines. L'ovaire a 4 loges donnant naissance chacune à un akène. — Citons aussi la présence de *poils durs* à la surface de la plante et de *mucilage* à son intérieur.

3. Principaux types et applications. — Les fleurs de la Bourrache servent à faire des tisanes, de même

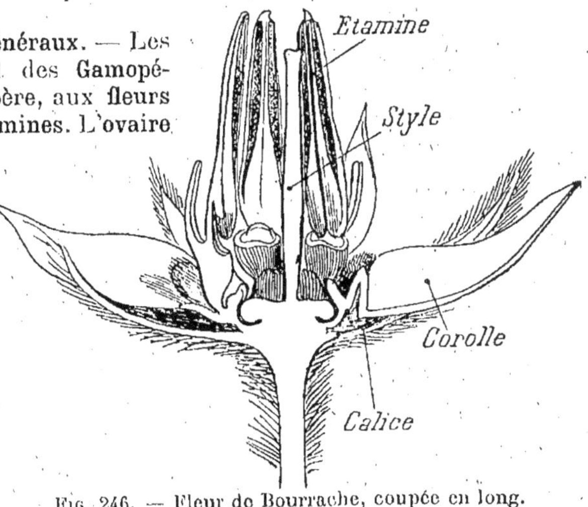

Fig. 246. — Fleur de Bourrache, coupée en long.

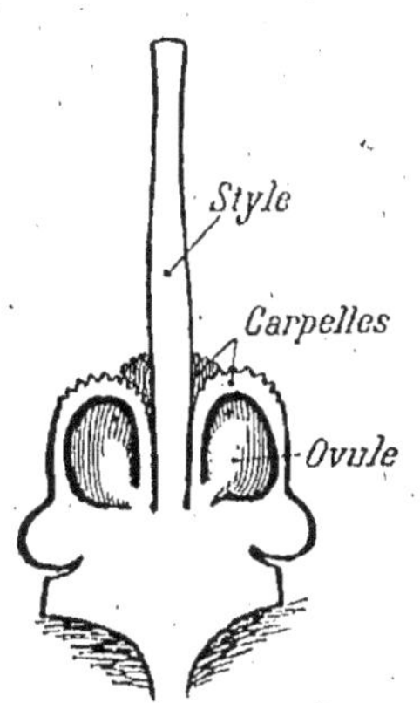

Fig. 247. — Ovaire de Bourrache, coupé en long.

Fig. 248. — Grande Consoude (fleurs purpurines).

que les racines de la **Grande Consoude** (*fig.* 248). L'Héliotrope est cultivée dans les jardins d'agrément, de même que les **Myosotis** (ou *Aimez-moi* ou *Ne m'oubliez pas*), aux fleurs d'un si beau bleu de ciel, qui vivent d'ailleurs aussi à l'état sauvage.

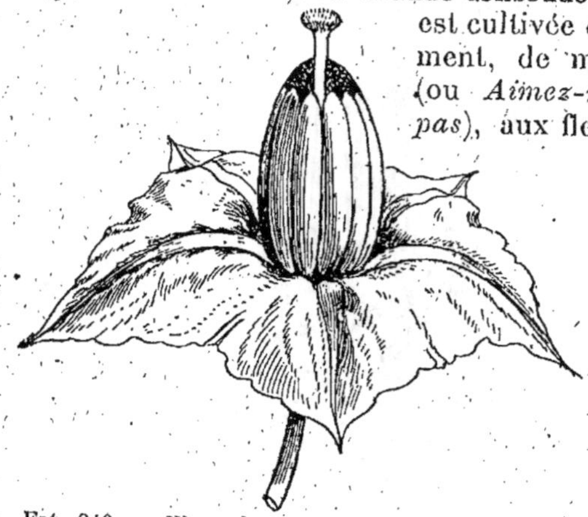

FIG. 249. — Fleur de Pomme de terre (blanche).

FAMILLE
DES SOLANÉES

4. Exemple d'une Solanée : la Pomme de terre. — La *fleur* de la Pomme de terre (*fig.* 249) est non moins *régulière* que celle de la Bourrache, à laquelle elle ressemble par divers caractères. Elle comprend un *calice gamosépale* à 5 *dents*, une large *corolle gamopétale* à 5 *divisions*; 5 *étamines* rapprochées l'une de l'autre (*fig.* 250). Quant à l'ovaire, il est constitué par 2 *carpelles* accolés et renfermant de *nombreux ovules* groupés sur l'axe : à la maturité, il devient une *baie* renfermant de *nombreuses graines*.

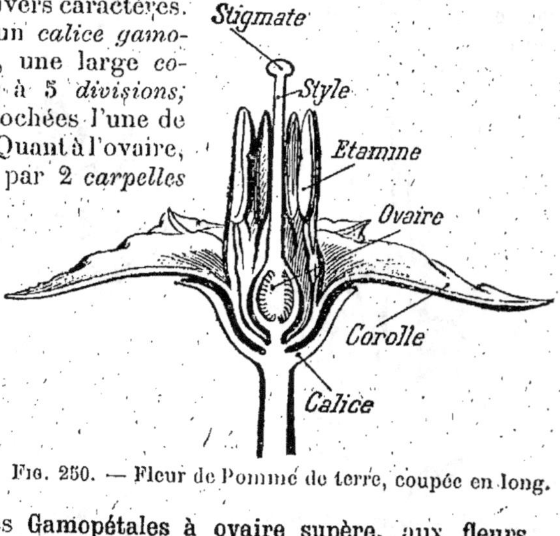

FIG. 250. — Fleur de Pomme de terre, coupée en long.

5. Caractères généraux. — Les Solanées sont des Gamopétales à ovaire supère, aux fleurs régulières, à 5 étamines et à l'ovaire formé de 2 carpelles à nombreux ovules. Ceux-ci, à la maturité, deviennent tantôt une *baie* (Pomme de terre, Belladone), tantôt une *capsule* (Tabac, Datura). — Citons aussi la présence de poisons (alcaloïdes) dans tous les tissus et l'absence de poils durs à la surface.

6. Principaux types et applications. — La Pomme de terre est une plante d'une importance considérable pour notre alimentation. Les tubercules que l'on mange sont des parties renflées de tiges sou-

Fig. 251. — Datura ou Pomme épineuse : ses feuilles servent à faire des cigarettes pour combattre l'asthme (fleurs blanches).

terraines (*fig.* 48) et non de racines, comme on le croit quelquefois ; ils renferment surtout de l'amidon ou fécule, que l'on peut transformer en alcool — fort mauvais d'ailleurs. D'autres Solanées sont alimentaires, notamment la **Tomate**, le **Piment** et l'**Aubergine**, dont on utilise les fruits en art culinaire.

Quelques-unes servent en médecine, notamment le **Datura** ou *Pomme épineuse* (*fig.* 251), dont les feuilles, fumées comme

Fig. 252. — Belladone, plante très vénéneuse (fleurs jaunâtres).

le tabac, servent à combattre l'asthme ; la **Belladone** (*fig.* 252), de laquelle on retire l'*atropine*, employée par les oculistes pour dilater la pupille et faciliter ainsi l'examen du fond de l'œil ; la **Douce-amère**, dont on fait des tisanes.

Beaucoup constituent des plantes vénéneuses et dangereuses pour les animaux et l'Homme : c'est, par exemple, le cas

Fig. 253. — Jusquiame (fleurs jaunâtres).

Fig. 254. — Tabac (fleurs rosées).

de la **Belladone**, que nous venons de citer, de la **Morelle Noire** et de la **Jusquiame** (*fig.* 253). Dans la même catégorie peut rentrer le **Tabac** (*fig.* 254), dont nous nous empoisonnons de gaîté de cœur : ce sont ses feuilles desséchées, et traitées de diverses façons, qui servent à faire les cigares et les cigarettes. L'alcaloïde qu'il contient, la *Nicotine*, est cependant un poison terrible. Les agriculteurs l'emploient pour le projeter, mêlé à une mixture liquide, sur les pucerons, qu'il fait passer instantanément de vie à trépas.

LECTURE

La Pomme de terre. — La *Pomme de terre* ou *Morelle tubéreuse*, dont les tubercules sont aujourd'hui si employés dans l'alimentation, est originaire d'Amérique. On la trouve au Pérou à l'état sauvage.

Elle fut importée dès le commencement du xviᵉ siècle en Espagne, et de là dans toute l'Europe occidentale, où elle fut d'abord cultivée comme simple curiosité. Puis on se servit des tubercules pour l'alimentation des animaux. Les Irlandais paraissent être les premiers Européens qui l'aient employée dans leur propre alimentation, et elle est restée très populaire dans ce pays, où elle contribue encore pour une part importante à la nourriture des habitants. Dans les Pays-Bas elle fut propagée dès la fin du xviᵉ siècle par un botaniste français, Ch. de l'Écluze.

En France, plusieurs tentatives d'introduction de la Pomme de terre dans l'alimentation échouèrent contre les préjugés populaires, qui accusaient le tubercule de propager la lèpre.

Il fallut, pour arriver à détruire ces préjugés, toute la persévérance et toute l'opiniâtreté de Parmentier, qui avait pu apprécier les qualités de la Pomme de terre pendant sa captivité en Allemagne, car dans ce pays on la jugeait bonne tout au plus à l'alimentation des prisonniers.

La circonstance qui provoqua cette action énergique de Parmentier fut la famine de 1769.

À notre époque, ces fléaux sont inconnus, au moins dans nos régions, grâce aux chemins de fer et aux bateaux à vapeur, qui transportent rapidement, suivant les besoins, les substances alimentaires d'un point à un autre. Mais, au xviiiᵉ siècle, malgré les progrès déjà réalisés depuis le moyen âge, les famines étaient encore assez fréquentes, à cause des moyens de communication assez rudimentaires, et malheureusement aussi à cause des spéculations honteuses auxquelles se livraient certains personnages de l'époque, qui accaparaient tous les blés pour les revendre ensuite au prix qu'ils voulaient.

La famine de 1769, qui avait profondément ému les esprits, provoqua la mise à l'étude des moyens qui pourraient faire cesser cet état de choses en introduisant dans l'alimentation de nouvelles plantes.

Parmentier, convaincu par son expérience personnelle et par l'étude chimique du tubercule de la Pomme de terre que celui-ci ne **contenait** rien de nuisible, réussit à intéresser le roi Louis XVI à sa tentative de vulgarisation de l'usage de ce tubercule.

Il obtint l'autorisation de planter plusieurs hectares de Pommes de terre dans la plaine des Sablons, plaine stérile, à proximité de Paris, sur l'emplacement actuel de Neuilly-sur-Seine, qui servait de champ de manœuvre, et où le roi passait annuellement la revue de ses troupes. Le terrain, soigneusement préparé sous la direction de Parmentier, fut planté, et la culture réussit à merveille. Louis XVI ayant daigné parer sa boutonnière des fleurs de la Pomme de terre, ses courtisans s'empressèrent de l'imiter.

Les Parisiens allèrent voir le champ qui produisait ces fleurs honorées de la faveur royale. Des gardes (*fig.* 255) furent placés autour du champ, ce qui excita encore plus la curiosité et provoqua même l'envie des curieux. C'était bien là ce que désirait Parmentier, qui ne faisait garder le champ que pendant le jour.

Fig. 255. — Garde éloignant les curieux du champ de Pommes de terre planté par Parmentier.

Lorsqu'il sut que l'on pillait son champ pendant la nuit, il en fut ravi, car il voyait dans ces vols le commencement de la réussite de sa campagne.

Il sut encore profiter de la bonne disposition d'esprit des grands personnages de l'époque, entraînés par l'exemple du roi, pour faire apprécier toutes les ressources que présentait le tubercule de la Pomme de terre. Il organisa un grand repas, auquel prirent part toutes les notabilités, et où la Pomme de terre, accommodée de plusieurs façons, fournissait seule la substance alimentaire de tous les plats. Bref, il continua près de quarante ans sa campagne, et il eut finalement la joie de voir réussir ses efforts.

Aujourd'hui la Pomme de terre est l'objet d'une culture importante dans tous les pays civilisés. On en a obtenu des centaines de variétés, qui présentent des particularités de végétation ou des qualités spéciales les rendant propres à tel ou tel usage.

Les unes, à croissance rapide, sont cultivées comme primeurs : telle est la variété nommée *quarantaine*, parce que sa croissance ne demande qu'une quarantaine de jours.

D'autres sont cultivées en vue de l'extraction de la fécule, parce que les tubercules, très nombreux et très gros, sont peu agréables au goût.

Beaucoup d'autres, enfin, sont cultivées pour l'alimentation, les unes de couleur jaunâtre et de forme ronde ou allongée, les autres de couleur *rouge ou violette*.

Pour la reproduction, on se sert presque exclusivement des tubercules, que l'on plante au printemps. Les germes, c'est-à-dire les bourgeons qui existent dans les petits creux nommés *yeux*, se développent pour donner la tige, sur laquelle poussent des racines adventives. Les ramifications inférieures de cette tige, qui se développent sous terre, se renflent par places en tubercules. On favorise la formation de ces rameaux souterrains en *buttant* la Pomme de terre, c'est-à-dire en relevant la terre autour du pied. Ce procédé de reproduction est donc une sorte de *bouturage*, puisque le tubercule est un fragment de tige pourvu de bourgeons. Il reproduit exactement la même variété.

Cependant les fruits véritables, c'est-à-dire les baies qui succèdent à la fleur et qui deviennent violettes quand elles sont mûres, contiennent des graines capables aussi de reproduire la plante. On utilise ces graines surtout pour essayer d'obtenir de nouvelles variétés.

Leçon XIX

Familles des Scrofulariées et des Labiées.

RÉSUMÉ. — 1. Exemple d'une Scrofulariée : le Muflier. — Calice à 5 *dents ;* corolle irrégulière *personée,* c'est-à-dire à 2 *lèvres* figurant une sorte de *museau ;* 4 *étamines* dont 2 *plus grandes ;* ovaire composé à 2 *loges* contenant de nombreux ovules et devenant une *capsule.*

2. Caractères généraux. — Gamopétales à *ovaire supère,* à fleurs rappelant celles du Muflier par leur corolle *personée,* par leur ovaire composé à 2 *loges* contenant de nombreux ovules et par leur fruit *capsulaire.* Plusieurs sont *vénéneuses.* Feuilles généralement alternes.

3. Principaux types. — *Muflier, Digitale, Bouillon blanc, Linaire, Scrofulaire, Véronique.*

4. Exemple d'une Labiée : le Lamier blanc. — Tige carrée, feuilles opposées ; calice à 5 *dents,* corolle irrégulière *labiée,* c'est-à-dire à 2 *lèvres écartées ;* 4 *étamines,* dont 2 *plus grandes ;* 2 carpelles subdivisés de façon à former 4 *loges* contenant chacune 1 ovule et devenant chacune 1 *akène.*

5. Caractères généraux. — Gamopétales à *ovaire supère,* à fleurs rappelant celles du Lamier blanc par leur corolle *labiée* et leur ovaire composé à 4 *loges* devenant 4 *akènes.* Tige carrée, feuilles opposées, plantes à essences odorantes.

6. Principaux types. — *Lavande, Patchouli, Romarin, Origan, Mélisse, Menthe, Thym, Serpolet, Sauge.*

7. Les 4 familles des *Borraginées,* des *Solanées,* des *Scrofulariées* et des *Labiées* ont de grandes ressemblances soit par la forme de la corolle, soit par la disposition du pistil.

FAMILLE DES SCROFULARIÉES OU PERSONÉES

1. Exemple d'un Scrofulariée : le Muflier. — La fleur du Muflier ou Gueule-de-Loup (*fig.* 256) se fait tout de suite remarquer en ce qu'elle est *irrégulière*, c'est-à-dire qu'elle a une droite et une gauche. Le *calice* est à 5 *dents*. La *corolle* est *gamopétale :* elle présente 2 *lèvres* épaisses, comme boursouflées, et appliquées l'une sur l'autre, de manière à *fermer l'ouverture*. Cette forme de corolle est dite **personée** (du latin *persona*, masque) à cause de cette vague ressemblance avec un museau d'animal ou avec le *masque* des anciens acteurs romains. En outre, à sa base, il y a une petite bosse ou *éperon*. A l'intérieur, on trouve 4 *étamines*, dont 2 plus grandes et 2 plus

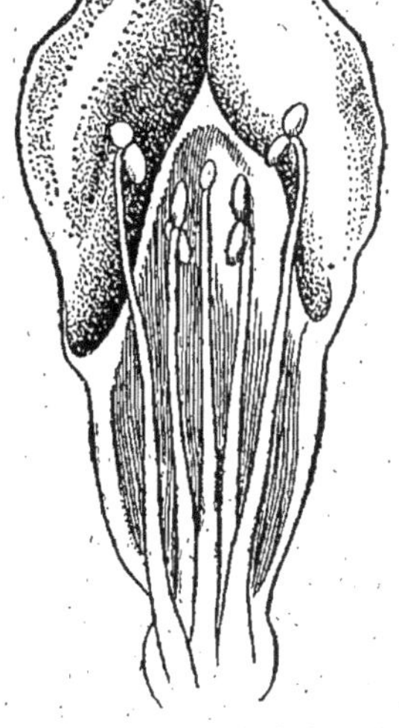

Fig. 257. — Corolle de Muflier fendue pour montrer les 4 étamines.

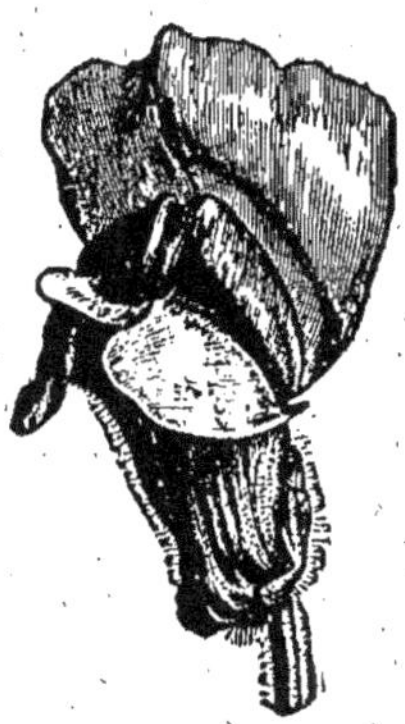

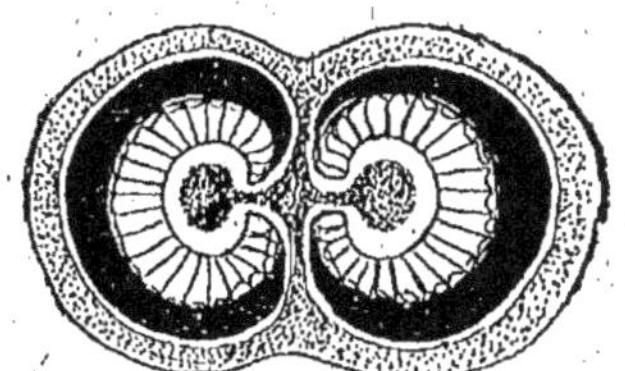

Fig. 256. — Fleur de Muflier ou Gueule-de-Loup (rougeâtre).

petites (*fig.* 257). L'*ovaire* est à 2 *loges* (*fig.* 258) renfermant de *nombreux ovules :* il devient une capsule s'ouvrant par de petits orifices irréguliers.

2. Caractères généraux. — Les Scrofulariées ou Personées sont des **Gamopétales à ovaire supère**, aux fleurs irrégulières, à la corolle à 2 lèvres boursouflées appliquées l'une sur l'autre, et possédant souvent un éperon à la base, à 4 étamines dont 2 plus grandes, et à l'ovaire à deux loges (dont une plus petite) contenant de nombreux ovules. La plupart renferment des poisons dans leurs tissus. La *tige* est *rude*, et les *feuilles* généralement *alternes*.

Fig. 258. — Fruit du Muflier coupé en travers.

3. Principaux types et applications. — Le **Muflier** est cultivé dans les jardins comme plante d'ornement, de même que la **Digitale** (*fig.* 259), qui vit d'ailleurs aussi à l'état sauvage. Cette dernière plante contient un alcaloïde très puissant, la digitaline, que l'on emploie en médecine pour combattre les maladies de cœur. Le **Bouillon**

Fig. 259. — Digitale, plante précieuse, dont le suc sert à combattre les maladies de cœur (fleurs rouges).

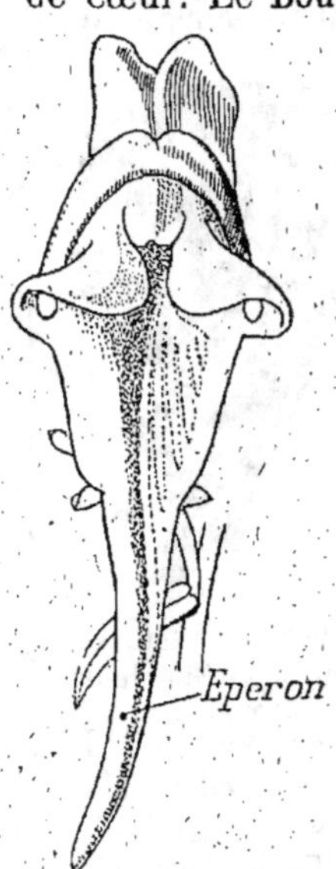

Fig. 260. — Fleur de Linaire (jaune).

blanc (*fig.* 269) sert à faire des tisanes ; il doit son nom à ce que toute la plante est revêtue d'un duvet blanc épais.

Citons encore la **Linaire**, à l'éperon fort long (*fig.* 260), les **Véroniques**, aux nombreuses espèces, et la **Scrofulaire**, qui a donné à la famille l'un de ses noms : elle pousse au bord des eaux, a des feuilles opposées, des fleurs brunes ou verdâtres et une odeur désagréable.

FAMILLE DES LABIÉES

4. Exemple d'une Labiée : le Lamier blanc. — Le Lamier blanc ou Ortie

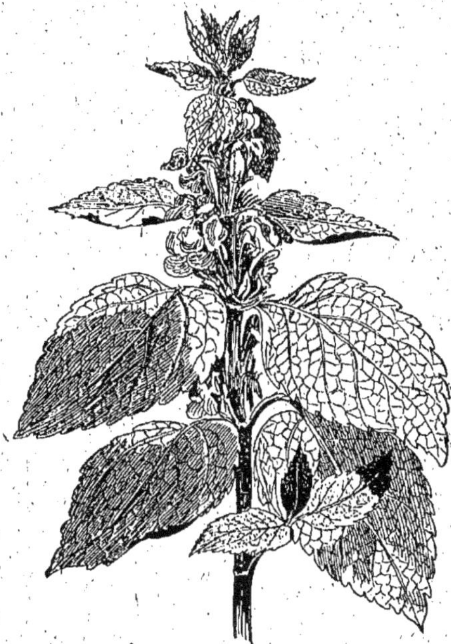

Fig. 261. — Lamier blanc (fleurs blanches).

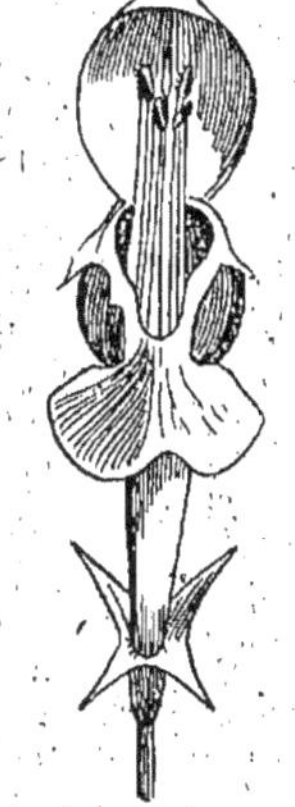

Fig. 262. — Fleur de Lamier blanc, vue de face.

Fig. 263. — Fleur de Lamier blanc, vue de profil.

blanche (*fig.* 261) a une *tige carrée* et des *feuilles opposées*. La *fleur* est *irrégulière* (*fig.* 262 et 263). Le *calice* est *gamosépale* et à *5 dents*. La corolle, en tube à la base, se divise en haut en 2 *lèvres* écartées l'une de l'autre, d'où le nom de corolle labiée (du latin *labium*, lèvre) : la lèvre inférieure a 3 pétales, la lèvre supérieure 2 ; de sorte que la corolle, dans son ensemble, a 5 pétales. A l'intérieur, fixées à la corolle, on trouve

4 étamines, 2 plus grandes et 2 plus petites. L'*ovaire* est, en réalité, à 2 carpelles, mais chacun de ceux-ci est divisé en 2 : il y a donc, en apparence, *4 loges* renfermant chacune un

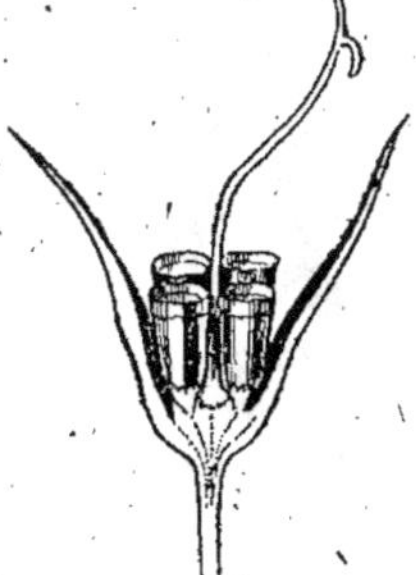

Fig. 264. — Carpelles de Lamier blanc.

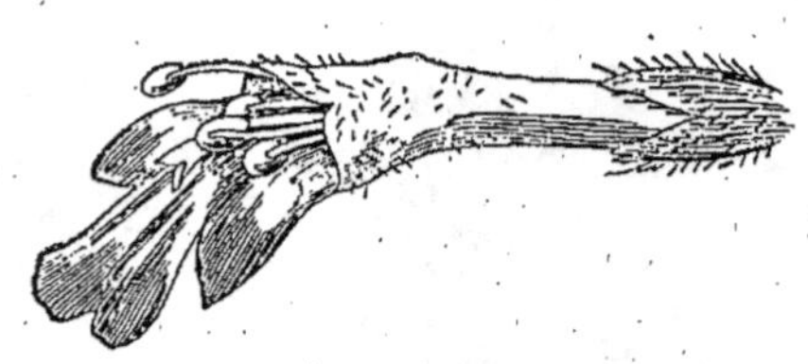

Fig. 265. — Fleur (à une seule lèvre) de Bugle ou Ajuga.

ovule. À la maturité, il y a, par suite, *4 akènes* (*fig.* 264).

5. Caractères généraux. — Les Labiées sont des Gamopétales à ovaire supère, aux fleurs irrégulières, à la corolle divisée en 2 lèvres, dont une, d'ailleurs, peut faire défaut (*fig.* 265), à 4 étamines dont 2 plus grandes, à ovaire formé de 4 loges, devenant 4 akènes. La tige est carrée, et les *feuilles opposées*. Beaucoup possèdent des *poils* (*fig.* 266) renfermant des essences odorantes, surtout à leur extrémité : il faut froisser la plante pour en sentir le parfum.

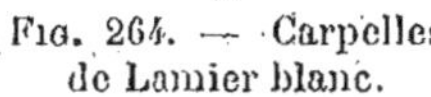

Fig. 266. — Poil (très grossi) d'une Labiée odorante.

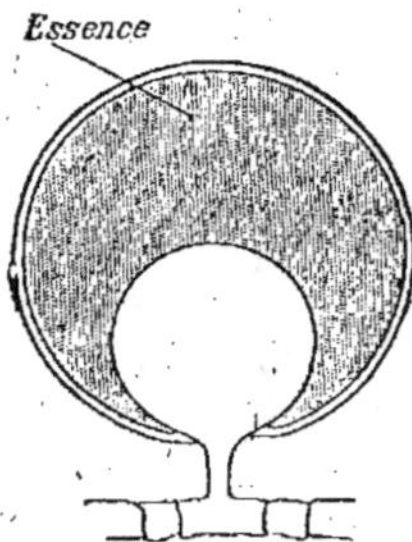

Fig. 267. — Étamines de la Sauge, vues dans deux sens différents.

6. Principaux types et applications. — On extrait de nombreux parfums de diverses espèces de Labiées, notamment la **Lavande** (*fig.* 271), le **Patchouli**, le **Romarin**, l'**Origan**. D'autres essences odorantes servent à aromatiser

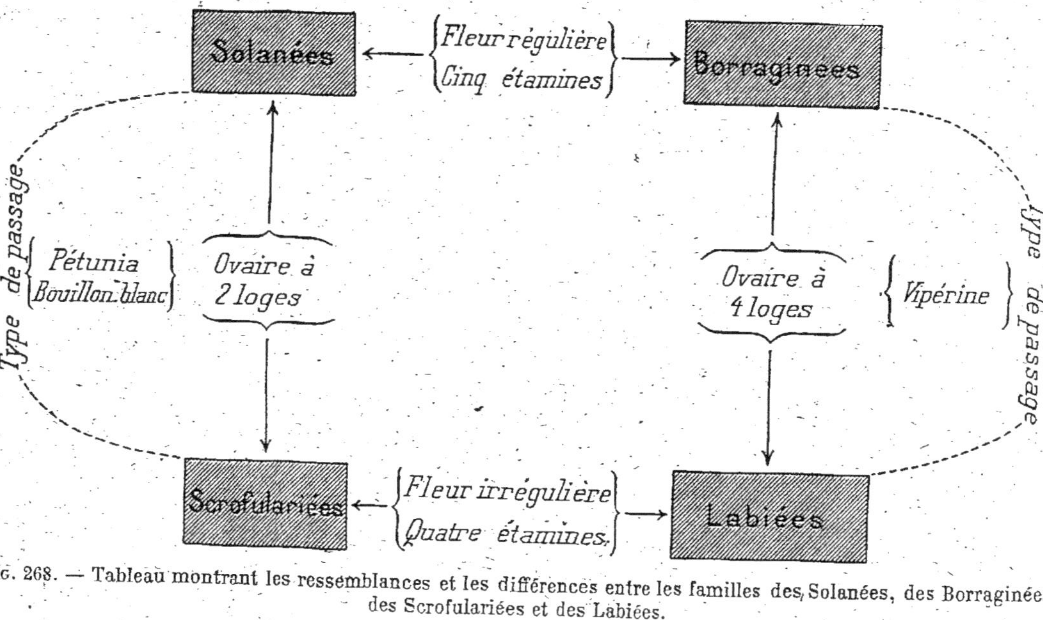

Fig. 268. — Tableau montrant les ressemblances et les différences entre les familles des Solanées, des Borraginées, des Scrofulariées et des Labiées.

des liqueurs, par exemple la **Mélisse** et la **Menthe**. Le **Thym**
(*fig.* 273) et le **Serpollet** sont employés comme condiments.
La **Sauge** sert en médecine ; elle n'a que 2 étamines, mais chacune d'elles est divisée en deux parties formant comme un
fléau de balance (*fig.* 267).

**7. Comparaison des quatre familles précédentes : Borraginées,
Solanées, Scrofulariées, Labiées.**— Il y a entre les quatre familles

Fig. 269. — Bouillon blanc
(fleurs jaunes).

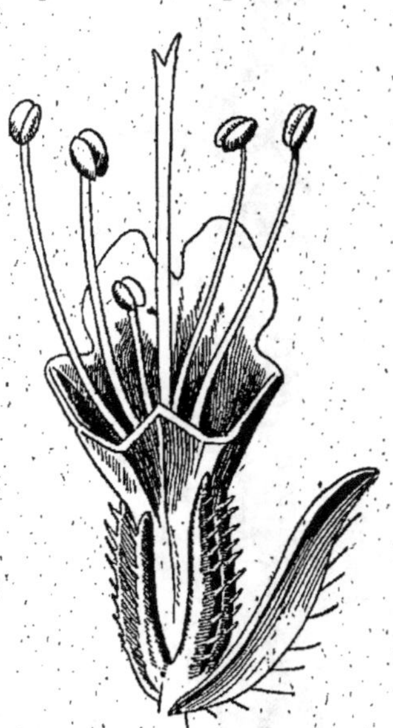

Fig. 270. — Fleur de Vipérine.
(fleurs bleues).

précédentes de nombreuses analogies (*fig.* 268). Les unes se
ressemblent par leur fleur régulière (Solanées, Borraginées),
les autres par leur fleur irrégulière (Scrofulariées, Labiées).
Deux d'entre elles ont un ovaire à 2 loges (Solanées, Scrofulariées), deux autres ont un ovaire à 4 loges (Borraginées,
Labiées). On trouve 5 étamines chez les Solanées et les Borraginées, 4 chez les Scrofulariées et les Labiées. Le tableau de
la page 223 résume ces analogies et ces différences.

On peut donc dire que les Solanées sont aux Borraginées ce que les Scrofulariées sont aux Labiées — ou, encore, que les Solanées sont aux Scrofulariées ce que les Borraginées sont aux Labiées.

D'ailleurs, il existe entre ces familles quelques **types de passage.** C'est ainsi qu'une Solanée, le Pétunia, par sa fleur irrégulière, fait le passage aux Scrofulariées, et qu'une Scrofulariée, le **Bouillon-blanc** (*fig.* 269), par sa fleur presque régulière, fait le passage aux Solanées. De même, une Borraginée, la **Vipérine** (*fig.* 270), par sa corolle irrégulière, ainsi que par son étamine supérieure très petite, fait le passage aux Labiées.

LECTURE

La récolte de quelques plantes médicinales. — Les familles des Scrofulariées et des Labiées renferment plusieurs plantes médicinales dont on peut se fournir à peu de frais.

La *Digitale pourprée* est très commune dans les bois, les pâturages, sur les grès et les granites, et, en général, dans tous les terrains siliceux. Elle manque généralement dans les terrains calcaires. Les parties utilisées sont les feuilles. On doit employer exclusivement la plante qui est venue spontanément dans un terrain sec ; la récolte a lieu pendant la deuxième année de la végétation et alors que la tige est sur le point d'atteindre sa hauteur normale. Il faut repousser les feuilles de la base, ne prendre sur la tige que celles qui sont saines, en séparer le pétiole et la plus grande partie de la nervure médiane comme inutiles, et les faire sécher d'abord à l'ombre, puis dans une étuve chauffée à 40°. On conserve ces feuilles dans des vases bien fermés et à l'abri de la lumière, en ayant soin de les renouveler tous les ans.

Nota : Ne les employer que sur les conseils du médecin, leur usage étant dangereux.

Le *Gléchome hédéracé* ou *Lierre terrestre* est commun partout. On utilise la plante fleurie, qui possède une odeur aromatique, forte, peu agréable, une saveur amère, balsamique, un peu âcre. On le récolte quand il est en fleurs. On doit le choisir peu élevé, bien touffu, à peine fleuri. Par la dessiccation, que l'on exécute à l'étuve ou au soleil, il perd beaucoup de son poids ; son amertume semble se prononcer davantage ; mais son odeur s'affaiblit beaucoup. On doit conserver cette plante dans un lieu sec et à l'abri du contact de l'air ; sinon, elle attire l'humidité et noircit.

L'*Hysope* croît naturellement sur les collines du Sud de la France ; on la trouve aussi dans le Centre et le Nord, végétant sur les murs en ruines. On utilise la plante entière ou seulement les sommités fleuries, qui ont une odeur forte, agréable, une saveur aromatique, un peu amère, piquante et comme camphrée. On peut les récolter pendant toute la belle saison. La dessiccation diminue un peu leur odeur, mais ne change en rien leur nature.

La *Lavande* (*fig.* 271) croît spontanément dans la Provence, le Languedoc, le Roussillon, la Corse, la Suisse, l'Italie, l'Espagne. On la cultive aussi dans les jardins. On utilise les sommités fleuries. On la récolte avant l'épanouissement des fleurs ; elle est alors dans toute son activité ; on coupe les sommités fleuries et on les dispose en paquets et en guirlandes que l'on fait sécher au grenier et au séchoir ; celle que l'on recueille dans les terrains secs, pierreux, arides, est plus active ; ses propriétés persistent malgré la dessiccation.

Fig. 271. — Lavande (fleurs mauves).

La *Mélisse* est assez commune dans les provinces méridionales de la France ; elle croît autour des habitations et dans les lieux incultes. On utilise les feuilles. Leur odeur est douce, agréable, comparable à celle du citron ; leur saveur est légèrement chaude et amère. On sépare des racines et on sèche rapidement le reste de la plante. On doit la cueillir en mai, avant la floraison. L'odeur disparaît par la dessiccation, mais la saveur citronnée persiste. Il faut rejeter celle dont les feuilles se brisent au moindre froissement, dont la couleur est noire ou jaune, et surtout celle qui n'a plus de saveur.

La *Menthe poivrée* (*fig.* 272) doit être cultivée. On utilise les sommités fleuries. Elles ont une odeur particulière, fraîche,

pénétrante, une saveur poivrée, légèrement camphrée, chaude
d'abord, laissant ensuite dans la bouche une sensation de
froid. On récolte la plante au moment de la pleine floraison ;
on en sépare la racine et on dessèche complétement le reste.
La dessiccation ne lui fait perdre en rien son odeur et sa
saveur piquantes. On doit rejeter celle dont les épis ne sont
plus rouges, et celle dont les feuilles sont
d'une odeur et d'une saveur faibles.

La *Sauge* vit surtout dans les collines
stériles de la région des Oliviers. On en

Fig. 272. — Menthe poivrée (fleurs
rosées).

Fig. 273. — Thym (fleurs
rosées).

connaît deux variétés, la grande et la petite ou Sauge de
Provence ; celle-ci ne diffère de la première que par ses dimensions moindres et ses feuilles plus petites. On utilise la plante
cueillie vers l'époque de la floraison ; la plante venue spontanément est préférable à celle que l'on cultive dans les jardins ;
celle des pays méridionaux l'emporte, comme énergie, sur
celle des pays froids. Elle ne perd rien par la dessiccation,
qui est, d'ailleurs, très facile à opérer.

Le *Thym* (*fig.* 273) est commun sur les collines sèches. On
utilise la plante entière. On la récolte au moment de la floraison ; on la dispose en paquets ou en guirlandes que l'on porte
au séchoir. Le Thym perd peu à peu de ses propriétés par
la dessiccation.

Leçon XX

Famille des Primulacées et familles voisines.

RÉSUMÉ. — **1. Exemple d'une Primulacée : la Primevère.** — Tige très courte, feuilles en *rosette ;* calice *à 5 dents ;* corolle *à 5 lobes ;* 5 *étamines* insérées sur la corolle et *opposées* aux lobes de celle-ci ; ovaire *supère* à *nombreux ovules* insérés sur une *colonne centrale ;* fruit *capsulaire.*

2. Caractères généraux. — Gamopétales à *ovaire supère,* rappelant la Primevère par leur *fleur régulière* formée de verticilles de 5 *pièces,* leurs étamines *opposées* aux lobes de la corolle, leur ovaire à *placentation centrale* et leur fruit *capsulaire.*

3. Principaux types. — *Primevère, Cyclamen, Mouron rouge, Androsace, Soldanelle.*

4. Familles voisines. — *Convolvulacées* (Liseron, Patate) ; *Cuscutacées* (Cuscute) ; *Orobanchées* (Orobanche) ; *Verbénacées* (Verveine) ; *Gentianées* (Gentiane, Petite Centaurée) ; *Oléacées* (Olivier, Jasmin, Lilas, Troëne, Frêne) ; *Ericacées* (Bruyère, Azalée, Rhododendron) ; *Apocynées* (Pervenche, Laurier-Rose, certaines plantes à caoutchouc) ; *Sapotacées* (plante à gutta-percha).

FAMILLE DES PRIMULACÉES

1. C'est dans la famille des Primulacées que prend place la *Primevère officinale* ou *Coucou,* si commun au premier printemps, et que nous allons prendre pour type.

Exemple d'une Primulacée : la Primevère. — La tige de la Primevère (*fig.* 274) est très courte et porte une *rosette de feuilles,* c'est-à-dire que celles-ci sont disposées suivant une spirale très serrée. La fleur de la Primevère (*fig.* 275) comprend un *calice*

gamosépale à 5 *dents;* une *corolle gamopétale*, régulière, à 5 *lobes;*
5 *étamines*, insérées à l'intérieur de la corolle, et — c'est là le
point principal à remarquer — *sur le milieu de chaque lobe de
la corolle*, et non entre deux lobes voisins, comme cela a lieu
dans la plupart des fleurs des autres familles; on dit, à cause
de cela, que les étaminess ont *opposées*
aux pétales, au lieu d'être *alternes*.
L'*ovaire* est *supère;* il est à *placentation centrale*, c'est-à-dire que les ovules
y sont attachées sur une colonne
médiane. Le fruit est une *capsule*.

2. **Caractères généraux.** — Les Pri-

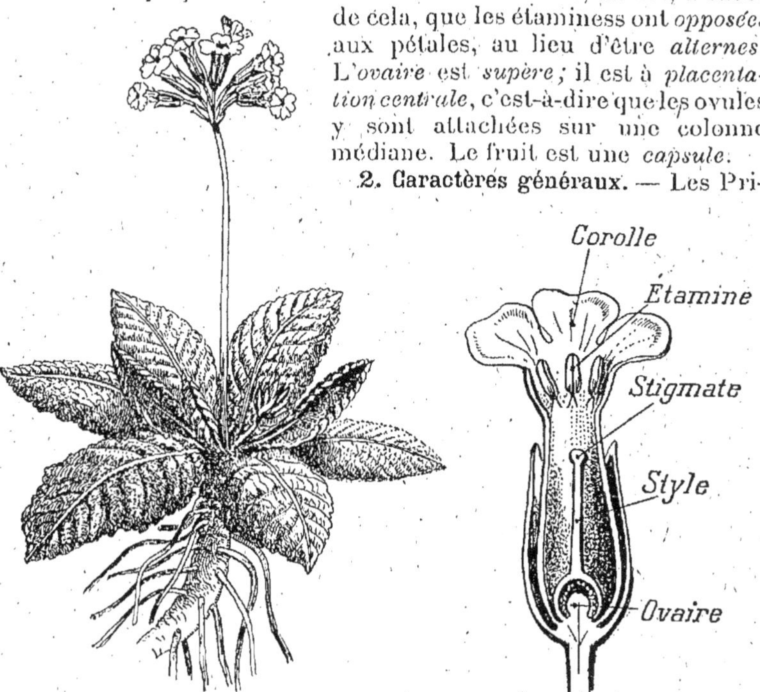

Fig. 274. — Pied de Primevère
officinale (fleurs jaunes).

Fig. 275. — Fleur de Primevère
officinale, coupée en long.

mulacées se distinguent des autres **Gamopétales à ovaire supère**
par la présence de 5 étamines opposées aux lobes de la corolle
et par leur placentation centrale.

3. **Principaux types et applications.** — La *Primevère officinale*, dont nous venons de parler, quoique vivant à l'état sauvage, est quelquefois cultivée dans les jardins, de même que

d'autres espèces de Primevères — par exemple la *Primevère de Chine* — qui servent à orner les plates-bandes, et les **Cyclamens**, dont les pétales sont curieusement recourbés et dont une espèce pousse dans les montagnes. A citer aussi le **Mouron rouge**, que, malgré son nom, on ne doit pas donner aux oiseaux sous peine de les faire mourir, et dont le fruit en forme de capsule sphérique s'ouvre par un petit couvercle (*fig.* 276). Dans les montagnes on trouve de gracieuses **Androsaces** (*fig.* 277) et d'élégantes **Soldanelles** (*fig.* 278); ces dernières fleurissent jusqu'au voisinage des glaces perpétuelles.

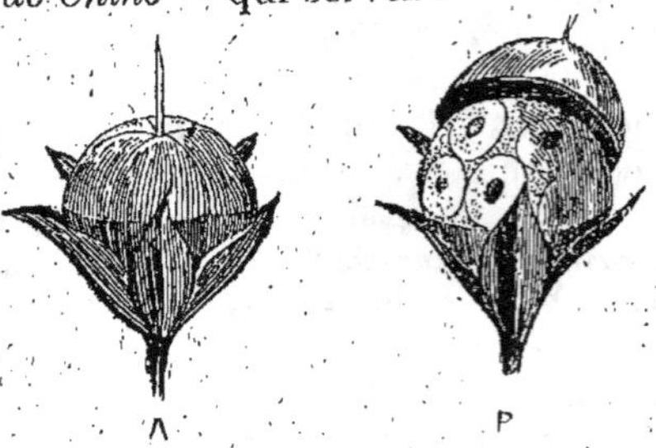

Fig. 276. — **Fruit du Mouron rouge.**
A, fermé; — *B,* ouvert.

Fig. 277. — Une touffe d'Androsace
(fleurs blanches ou rosées).
(grandeur naturelle).

Fig. 278. — Soldanelle (demi-grandeur naturelle).

4. Familles voisines. — A côté des Borraginées, des Solanées, des Scrofulariées, des Labiées et des Primulacées, on peut placer d'autres familles, ayant aussi une corolle gamopétale et un ovaire supère, notamment les *Convolvulacées*, les *Cuscutacées*, les *Orobanchées*, les *Verbénacées*, les *Gentianées*, les *Oléacées*, les *Éricacées*, les *Apocynées* et les *Sapotacées*.

5. Convolvulacées. — Les Convolvulacées de nos pays sont des plantes volubiles (*fig.* 51) grimpant sur les plantes basses, comme le **Liseron des champs**, ou dans les buissons, comme le **Liseron des haies** (*fig.* 279). Leur corolle est étalée en un large entonnoir; dans nos jardins nous cultivons une espèce voisine, le **Volubilis**, dont les fleurs sont très nombreuses, mais ne durent jamais plus d'une journée. A citer encore une plante des pays chauds, la **Patate** ou *Batate*, dont les tubercules ressemblent un peu à ceux de la Pomme de terre, mais sont sucrés ; cuits sous la cendre, ils ne sont pas désagréables à manger.

Fig. 279. — Fleur de Liseron des haies (blanche).

Cuscutacées. — Les **Cuscutes** (*fig.* 280) sont de singulières plantes parasites. Leurs tiges sont minces comme des fils et sont ou blanches ou rouges, jamais vertes. Elles serpentent sur les Luzernes et, de place en place, s'y implantent à l'aide de suçoirs qui y puisent de la nourriture. De place en place elles portent des glomérules de petites fleurs roses. Les Cuscutes sont des plantes très nuisibles à l'agriculture, car elles s'étendent rapidement et anéantissent les récoltes sur lesquelles elles s'établissent. Aussi, avant de semer des graines de Luzerne, par exemple, a-t-on soin de

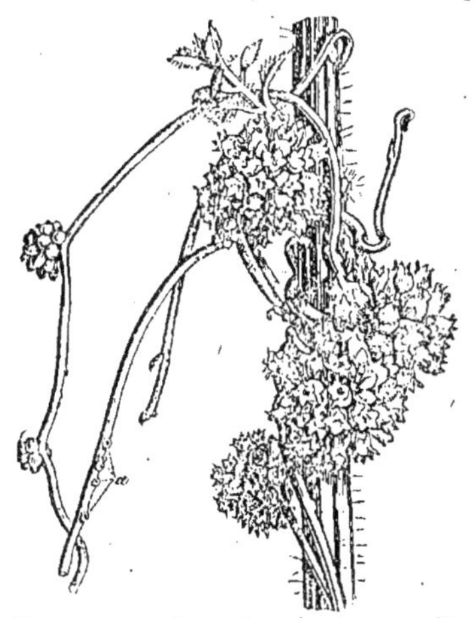

Fig. 280. — Cuscute, plante parasite sur les rameaux aériens de diverses plantes. — *a*, suçoirs.

les faire passer au travers d'un crible pour retirer celles de la Cuscute et empêcher ainsi l'extension du fléau. Quant aux endroits des champs attaqués on doit les faucher et en brûler les herbes.

Orobanchées. — Tandis que les plantes précédentes sont des parasites des tiges, les **Orobanches** (*fig.* 281) sont des parasites des racines. Ce sont des végétaux à l'aspect singulier, à cause de leur teinte brunâtre ou blanchâtre et de leurs fleurs irrégulières de couleur indécise. Elles sont implantées dans le sol et vont

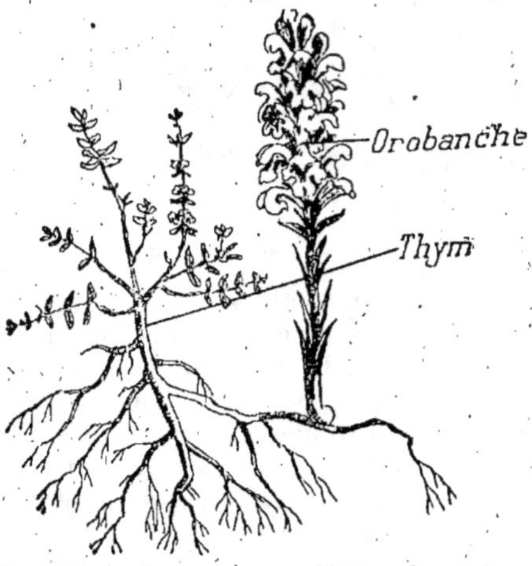

Fia. 281. — Orobanche parasite sur les racines du Thym.

Fia. 282. — Inflorescence de Verveine officinale (fleurs violacées).

par leurs racines puiser les sucs nutritifs de la plante voisine, toujours la même espèce pour une espèce donnée d'Orobanche : l'Orobanche-Rave vit sur les Genêts, l'Orobanche sanglante sur les Papilionacées, l'Orobanche majeure sur la Centaurée, l'Orobanche du Serpolet sur le Thym, etc. Toutes ces espèces se ressemblent beaucoup.

Verbénacées. — Les Verbénacées constituent une petite famille renfermant une plante très commune le long des chemins, la **Verveine officinale** (*fig.* 282), aux fleurs petites, mauves, un peu courbées, disposées en épis. — D'autres espèces sont cultivées dans les jardins et ont un délicieux parfum.

Gentianées. — Les Gentianes se rencontrent surtout dans les montagnes, où on les remarque à cause de leur taille parfois très petite, avec laquelle fait contraste la grandeur des fleurs, qui sont d'un bleu idéal : tel est le cas de la *Gentiane acaule* (*fig.* 283) et de la *Gentiane d'Allemagne*. Une espèce, la *Gentiane jaune*, diffère des précédentes par la longueur de sa tige et par ses fleurs jaunes. Certaines espèces, comme la *Gentiane des neiges* (*fig.* 284), poussent au sommet des hautes montagnes. Toutes les Gentianes sont amères et servent à faire des liqueurs toniques et fébrifuges. — La **Petite Centaurée**, commune dans les plaines, est quelquefois employée en herboristerie : elle est remarquable par ses fleurs disposées en cyme bipare et par ses étamines tordues en spirales sur elles-mêmes.

Fig. 283. — Gentiane acaule (pied entier, demi grandeur naturelle; fleurs bleues).

Oléacées. — Les Oléacées renferment plusieurs espèces intéressantes au point de vue de leurs applications.

Le type en est l'**Olivier** que l'on ne peut cultiver, en France, que dans le Midi. C'est un arbre au tronc tortueux et aux feuilles d'une teinte vert cendré spéciale. Ses fruits sont des drupes, dont la partie externe, charnue, est riche en huile : on les mange conservées dans de l'eau salée et on en tire une huile comestible. Le bois de l'Olivier est aussi utilisé : il est jaune, veiné de

Fig. 284. — Gentiane des Neiges (grandeur naturelle).

brun, très dur et susceptible d'un beau poli; on en fait toutes sortes de bibelots.

Le **Jasmin** est cultivé dans le Midi en grand. Des fleurs on extrait un parfum délicieux (voir p. 101).

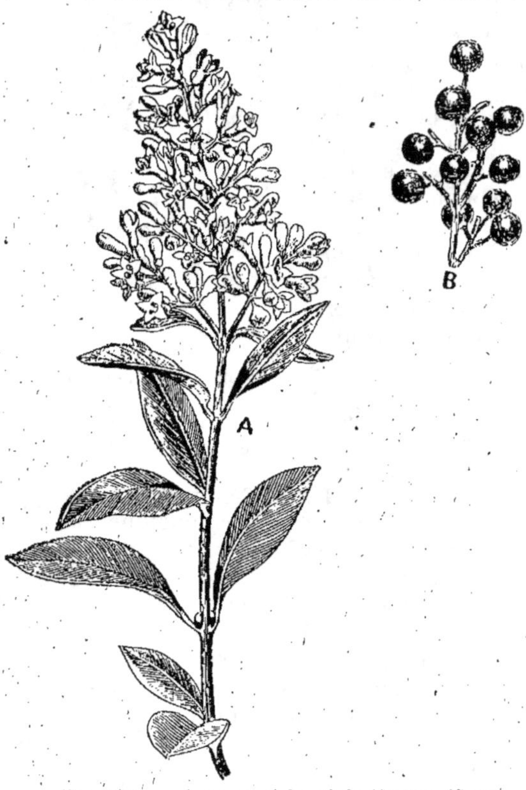

Le **Lilas** est la reine des fleurs au printemps, qu'il soit mauve ou blanc; avec ses grappes très fournies et ses feuilles entières, il constitue de beaux bouquets. En hiver, on « force » les Lilas dans des serres fortement chauffées et modérément éclairées, et l'on obtient des Lilas blancs spéciaux montés sur longues tiges.

Le **Troëne** (*fig.* 285) est un petit arbrisseau aux fleurs blanches de même structure que celles du Lilas. Il croît spontanément dans les bois, mais est aussi cultivé quelquefois, parce qu'il conserve ses feuilles très longtemps, parfois même tout l'hiver. Ses baies sont noires.

Fig. 285. — *A*, rameau fleuri de Troëne (fleurs blanches). — *B*, ses fruits (noirs).

Le **Frêne** qui pousse chez nous se reconnaît à ses feuilles composées et à ses bourgeons noirs; le bois en est dur et tenace. En Sicile et en Italie, pousse le Frêne à feuilles rondes, laissant exsuder de son tronc une substance blanchâtre, la *manne*, employée pour purger les enfants.

Éricacées. — Les **Bruyères** abondent dans les bois au sol sablonneux. Ce sont des plantes basses, ligneuses, aux feuilles en petites aiguilles verticillées par trois, aux fleurs roses, en forme de grelots (*Bruyère cendrée*) (*fig.* 286) ou étalées (*Calluna*). — Dans la même famille que les Bruyères se placent les **Azalées** et les **Rhododendrons**, magnifiques plantes que l'on

Fig. 286. — Bruyère (fleurs roses).

Fig. 287. — Rhododendron ferrugineux ou Rose des Alpes (fleurs rouges).

cultive en massifs dans les jardins. Une espèce, le *Rhododendron ferrugineux* ou *Rose des Alpes* (*fig.* 287), croît dans nos montagnes ; elle doit son nom spécifique à ce que les feuilles sont comme rouillées à la partie inférieure.

Apocynées. — La plupart des Apocynées habitent les pays chauds ; beaucoup donnent du caoutchouc. Chez nous, cependant, nous avons deux espèces charmantes : la **Petite Pervenche** (*fig.* 288) qui, au printemps, émaille certains bois de ses fleurs bleues, si jolies, et la **Grande Pervenche**, que l'on cultive quelquefois dans les jardins. A citer aussi le **Laurier-Rose**, qui croît spontanément dans le Midi de l'Europe et qui, ailleurs, est cultivé dans des caisses devant être rentrées en hiver.

Sapotacées. — Les Sapotacées ne mériteraient pas d'être citées si elles ne renfermaient une plante industrielle importante, l'*Isonandra gutta*, qui pousse à Bornéo et dans les îles Malaises, et d'où on extrait la **gutta-percha**, substance analogue au caoutchouc et servant à l'isolement des fils électriques, à coller les objets en caoutchouc, à faire de nombreux objets. Pour retirer cette substance, on coupe les arbres et on recueille le suc qui s'en écoule. Ce mode d'extraction barbare a presque anéanti l'espèce, et la Gutta devient de plus en plus rare.

Fig. 288. — Petite Pervenche (fleurs violet mauve ou bleues).

LECTURES

1. — *Les Primevères de jardins.* — Une demi-douzaine au moins de ces jolies fleurs printanières méritent d'être recommandées pour l'approvisionnement des fleuristes.

En premier lieu, la *Primevère à grandes fleurs.* Il en existe une foule de variétés, soit à fleurs simples, soit à fleurs doubles; on y voit tous les coloris, du blanc pur et du jaune pâle jusqu'au rouge grenat foncé et au violet presque bleu. Toutes ces formes, et, spécialement, celles à fleurs simples, se distinguent par une rusticité qui leur permet de fleurir presque continuellement du mois d'octobre au mois de juin, quand les hivers ne sont pas trop rigoureux. En Angleterre, la Primevère sauvage à grandes fleurs, d'un jaune pâle, est devenue un emblème politique et un signe de ralliement. Le 19 avril, il s'en vend des millions de bouquets qui sont portés par les membres, hommes et femmes, de la *Primrose League.*

Sans pouvoir aspirer chez nous à une vogue semblable, les Primevères à grandes fleurs peuvent présenter de l'intérêt pour les fleuristes par la diversité de leurs couleurs et l'époque très hâtive de leur floraison.

Dérivées du Coucou jaune odorant, les Primevères des jardins en ont gardé le parfum et la floraison franchement printanière. Il en existe des variétés unicolores fort jolies; mais, en général, on préfère les fleurs marbrées ou panachées. Une des races les plus appréciées des Anglais est celle qu'ils appellent *Goldlaced*, bordée d'une dentelle d'or; c'est une fleur d'un violet foncé, presque noire, finement marquée de jaune d'or, de sorte qu'il paraît y avoir deux mailles sur chaque pétale, dix sur la fleur entière.

On cultive aussi fréquemment une race dite à fleurs emboîtées, dans laquelle le calice agrandi et répétant les couleurs des pétales, semble une seconde corolle entourant la Primevère.

Peut-être moins recherchée et cultivée avec moins de passion qu'autrefois, la Primevère Auricule ou Oreille d'ours est cependant une fleur de grande renommée au printemps par le contraste que font ses fleurs veloutées de couleur foncée avec les autres fleurs généralement à teintes claires de la saison.

On place les Auricules dans les plates-bandes, à l'exposition du nord, dans la partie la plus fraîche du jardin. La race dite Liégeoise, à l'œil central et à bordure d'une teinte plus pâle que la partie moyenne de la fleur, est la plus belle et la plus recherchée.

Depuis quelque temps, l'ingéniosité des semeurs s'est portée sur la Primevère à fleurs découpées, jolie fleur tout à fait rustique et à floraison des plus printanières. On en a obtenu de charmantes variétés, aussi remarquables par la fraîcheur de leur coloris que par la découpure élégante du pourtour des fleurs, que chaque pétale soit en forme de cœur échancré au sommet, ou que le contour en soit plus ou moins profondément incisé et lobé. Cette Primevère est tout à fait résistante aux froids les plus intenses; elle ne craint que l'effet des vents et de la pluie sur ses fleurs; aussi se trouvera-t-on bien de protéger celles-ci avec des châssis ou des claies à ombre[1].

2. — *L'Huile d'olive.* — Il y a plusieurs sortes d'huiles d'olive :

Huile vierge. — Du côté de Montpellier, on appelle *huile vierge*

1. D'après Ph. de Vilmorin.

celle qui surnage la pâte des olives (*fig.* 289) écrasées au moulin ou qui se rassemble dans les creux qu'on y a pratiqués. Cette huile, peu abondante, ne se trouve pas dans le commerce : elle est consommée tout entière dans le pays, soit comme remède adoucissant, soit pour huiler les rouages d'horlogerie. Dans les environs d'Aix, on nomme huile vierge celle que l'on obtient en soumettant à une première pression modérée les olives écrasées. Cette huile est très douce, un peu verdâtre, d'un goût de fruit, facilement solidifiable par le froid, très recherchée pour la table.

Huile ordinaire. — L'*Huile ordinaire* est, du côté de Montpellier, préparée en soumettant à la pression les olives écrasées et mélangées d'eau bouillante ; du côté d'Aix, on l'obtient de la même manière avec les olives qui ont déjà servi à préparer l'huile vierge. Par cette seconde pression, plus forte que la première, on obtient une huile inférieure à l'huile vierge et un peu supérieure à l'huile ordinaire de Montpellier. Cette huile est jaune, un peu moins solidifiable que la première, toujours douce au goût quand elle est récente, très usitée pour la table.

Fig. 289. — Branche d'Olivier portant des Olives.

Huile fermentée. — On obtient cette huile en abandonnant les olives fraîches, en tas considérable, pendant un temps plus ou moins long, avant de les écraser ; on les mélange de même d'eau bouillante et on les exprime. Pendant la fermentation que les olives éprouvent, leur chair se ramollit et se détruit en partie, ce qui permet d'en retirer l'huile plus facilement et en plus grande quantité ; mais cette huile est moins agréable que les précédentes, un peu âcre et pourvue quelquefois d'un goût de moisi.

Huile tournante. — *Huile d'enfer.* — En délayant avec de l'eau, dans de grandes chaudières, les tourteaux des opérations précédentes et en les soumettant à une dernière expression, on en extrait encore une certaine quantité d'une huile désagréable, qui est employée dans les savonneries et pour l'éclairage. Enfin l'eau qui a servi à toutes les opérations et

dont on a séparé l'huile après quelques heures de repos, est
conduite dans de grands réservoirs appelés *enfers*, où, après
plusieurs jours de repos, elle laisse encore surnager une certaine quantité d'huile, qui sert aux mêmes usages que la précédente [1].

Leçon XXI

Familles des Composées et des Rubiacées et familles voisines.

RÉSUMÉ. — **1. Premier exemple d'une composée : la Grande-
Marguerite.** — Inflorescence en *capitule simulant une fleur
unique*. Fleurs de 2 *sortes* sur un même capitule : 1° *celles du
centre*, comprenant une *corolle régulière* jaune en tube à
5 *dents*, 5 *étamines soudées par leurs anthères*, et un *ovaire
infère*, à un seul ovule, surmonté d'un style portant 2 stigmates;
comme fruit, un *akène*; 2° *celles du pourtour*, qui diffèrent
des premières par leur corolle blanche *irrégulière*, en tube à
la base et prolongée en une *languette* ou *ligule* rejetée de
côté, et par l'absence d'étamines.

2. Deuxième exemple : le Pissenlit. — Même inflorescence
en *capitule*, mais *toutes les fleurs* du capitule ont la corolle
irrégulière *ligulée*, c'est-à-dire en languette. Les autres caractères sont les mêmes que dans le premier exemple. Chaque
akène est surmonté d'une *aigrette de poils*.

3. Troisième exemple : le Bluet. — Même inflorescence en
capitules, mais *toutes les fleurs* ont la *corolle tubulée*, c'est-à-
dire en tube; celles du pourtour sont un peu irrégulières et
sont stériles, faute d'étamines et de stigmate. Les autres
caractères sont les mêmes que pour les deux premiers
exemples.

4. Caractères généraux. — Gamopétales à *ovaire infère*, à
inflorescence en *capitule*, à *étamines soudées par leurs an-*

---

1. D'après Guibourt.

thères, et à *ovaire simple* donnant comme fruit un *akène*, souvent surmonté d'une *aigrette de poils*. La corolle est tantôt *régulière tubulée*, tantôt *irrégulière ligulée*. On divise cette grande famille en *trois tribus* correspondant aux *trois exemples ci-dessus*, d'après la composition du capitule.

5. Principaux types. — *Ornementales* (Reine-Marguerite, Chrysanthème, Dahlia, Immortelle); *alimentaires* (Artichaut, Topinambour, Cardon, Salsifis, Chicorée, Laitue, Pissenlit); *médicinales* (Arnica, Camomille, plante à Semen-Contra); *industrielles* (Absinthe, Carthame, Pyrèthre, Grand-Soleil); *autres bien connues :* Bluet, Chardon, Bardane, Pâquerette, Pas d'âne, Séneçon, Souci, Millefeuille, Edelweiss, etc.

6. Exemple d'une Rubiacée : le Caille-lait. — Tige carrée à *feuilles verticillées;* fleurs très petites comprenant un calice et une corolle à 4 *dents*, 4 *étamines* et un *ovaire infère à* 2 *loges*, devenant 2 *akènes*.

7. Caractères généraux. — Tiges à *feuilles opposées ou verticillées;* fleurs rappelant celles du Caille-lait, à verticilles de 4 *ou* 5 *pièces;* ovaire à 2 *loges* devenant 2 *akènes*.

8. Principaux types. — *Caille-lait, Garance, Caféier, Arbre à quinquina.*

9. Familles voisines. — *Dipsacées* (Chardon à foulon, Scabieuse); *Valérianées* (Valériane, Mâche, Centranthe rouge); *Campanulacées* (Campanule, Lobélie); *Caprifoliacées* (Chèvrefeuille, Sureau).

Certaines Gamopétales ont l'ovaire infère. Nous en étudierons surtout deux familles : les *Composées* et les *Rubiacées*.

FAMILLE DES COMPOSÉES

Les Composées constituent une famille immense qui renferme le dixième de toutes les espèces de plantes phanérogames connues. Pour les bien comprendre, il est nécessaire d'en étudier trois exemples.

1. Premier exemple d'une Composée : la Grande Marguerite.
— Ce que l'on appelle la « fleur » de la Grande Marguerit:
n'est pas une fleur, mais un ensemble de *fleurs*, une inflorescence en capitule (*fig*. 290). Les fleurs, dépourvues de queue, sont comme piquées au sommet de la tige renflée en une masse appelée réceptacle (*fig*. 291); celui-ci est entouré d'écailles vertes ou bractées, dont l'ensemble constitue l'*involucre*.

Quant aux fleurs, elles sont de deux sortes. Celles qui forment le « cœur » de la Marguerite, et qui

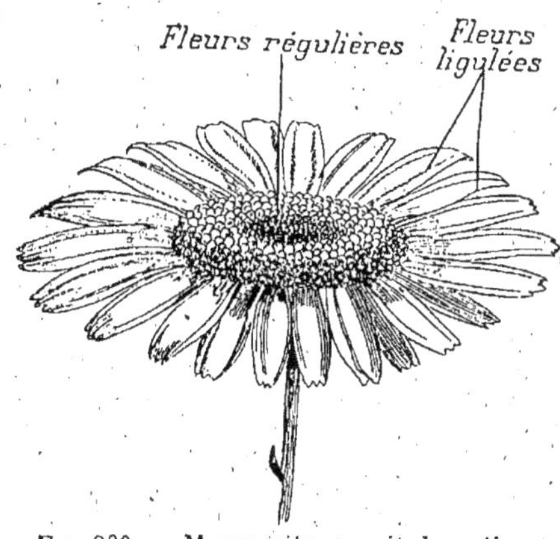

Fig. 290. — Marguerite : capitule entier.

se distinguent par leur couleur jaune, sont des **fleurs en tubes**. Celles du pourtour, qui sont munies d'une languette blanche, sont des fleurs ligulées ou « fleurs en languette ».

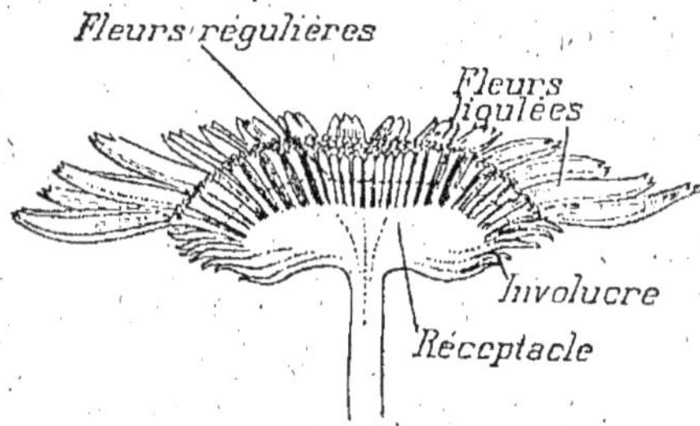

Fig. 291. — Capitule de Marguerite, coupé en long.

Fig. 292. — Marguerite : fleur régulière du centre du capitule.

Les fleurs en tubes sont régulières (*fig*. 292); elles comprennent une *corolle* tubuleuse à 5 *dents*, 5 **étamines soudées par leurs anthères** (tandis que les filets restent libres) en une sorte de tube à travers lequel passe un *style* terminé par 2 *stigmates*, un **ovaire infère**, ne renfermant qu'*un ovule* et devenant un **akène**.

Les fleurs ligulées sont irrégulières (*fig.* 293). Elles comprennent une corolle, cylindrique à la base, mais prolongée plus haut, en une languette ou **ligule**, d'un seul côté. Il n'y a *pas d'étamines*. Le style est terminé par 2 *stigmates*; il part d'un *ovaire infère*, ne renfermant qu'un ovule et devenant un *akène*.

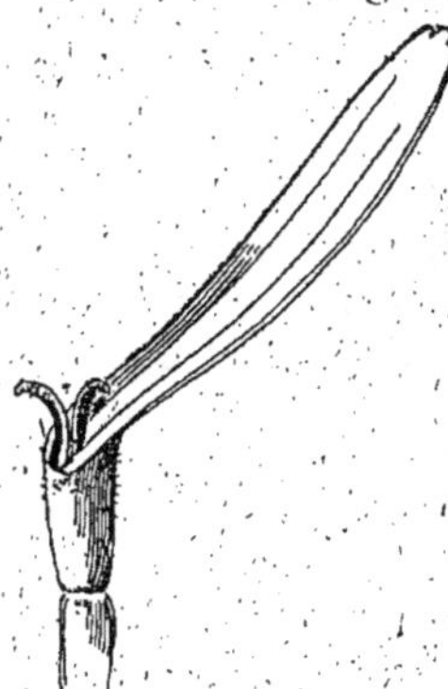

Fig. 293. — Marguerite : fleur ligulée du pourtour du capitule.

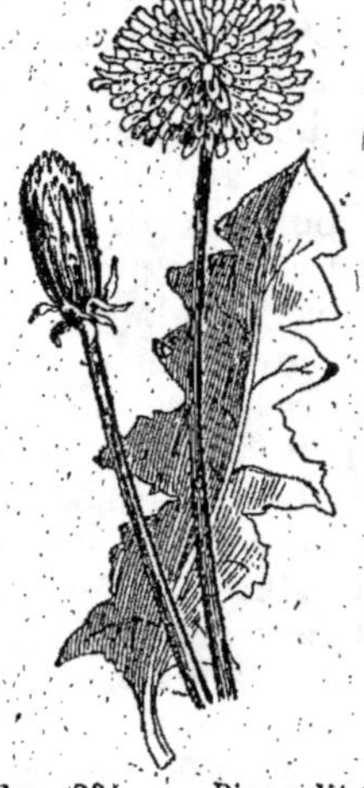

Fig. 294. — Pissenlit. Feuille et capitule.

2. Deuxième exemple d'une Composée : le Pissenlit. — On peut répéter ici ce que nous avons dit plus haut de la Grande Marguerite. Ce que l'on appelle la « fleur » du Pissenlit (*fig.* 294) n'est pas *une fleur* unique, mais un ensemble de *fleurs*, une *inflorescence* en capitule.

Quant aux fleurs, elles sont, ici, **d'une seule sorte**; ce sont toutes des fleurs ligulées (*fig.* 295). Ces fleurs sont *irrégulières*;

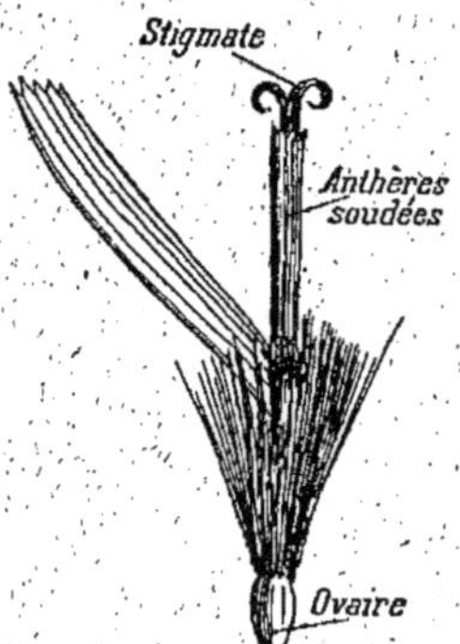

Fig. 295. — Fleur de Pissenlit, isolée du capitule.

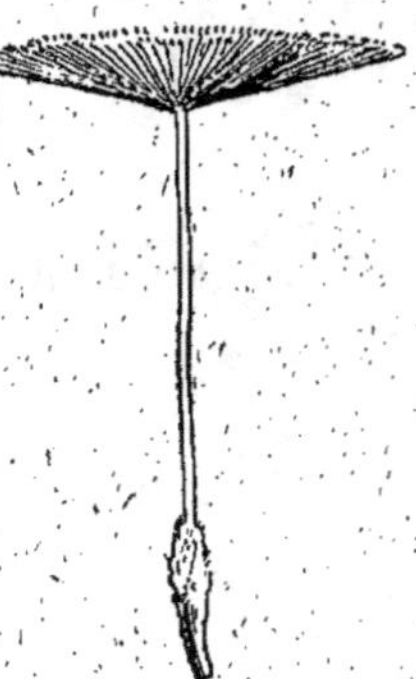

Fig. 296. — Fruit de Pissenlit.

elles comprennent un calice formé d'une couronne de petits poils, une corolle cylindrique à la base, mais prolongée, plus haut, en une languette ou *ligule*, d'un seul côté. En dedans, viennent **5 étamines soudées par leurs anthères**. Le *style*, qui passe au milieu d'elles, se termine par 2 *stigmates*. Au-dessous de la corolle il y a un ovaire infère, renfermant *un seul ovule*. À la maturité, il donne un *akène* surmonté d'une soie terminée par des poils étalés (*fig.* 296) provenant des poils du calice. Ceux-ci font l'office d'un parachute et font que l'akène est **emporté par le vent** (*fig.* 136).

3. Troisième exemple d'une Composée : le Bluet. — On peut répéter ici ce que nous avons dit plus haut de la Grande Marguerite et du Pissenlit. Ce que l'on appelle la « fleur » du Bluet (*fig.* 297) n'est pas *une fleur* unique, mais un ensemble de *fleurs*, une *inflorescence en capitule*.

Fig. 297. — Capitule de Bluet.

Fig. 298. — Fleur de Bluet, prise dans la partie centrale du capitule.

Ici il n'y a **pas de fleurs ligulées**, mais seulement des **fleurs en tubes** (*fig.* 298). En examinant celles du milieu du capitule (*fig.* 299), on voit qu'elles comprennent une *corolle* régulière à 5 *dents*, **5 étamines soudées par leurs anthères** (*fig.* 300), un *style* terminé par 2 *stigmates*, un *ovaire infère*, renfermant *un seul ovule* et devenant un *akène*.

Bien que les fleurs soient toutes en tubes, il faut, néanmoins, noter que celles du **pourtour** du capitule (*fig.* 301) diffèrent des autres, en ce qu'elles sont plus grandes, ne renferment ni stigmates, ni étamines, et sont **stériles** par conséquent.

4. Caractères généraux. — Les Composées sont des **Gamopétales à ovaire infère** franchement caractérisées par leur *in-*

florescence en capitule, leurs étamines soudées entre elles par leurs anthères, leur fruit qui est un **akène**, souvent surmonté

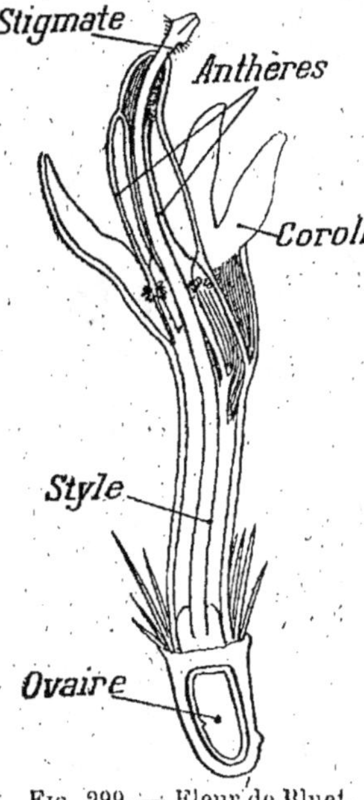

Fig. 299. — Fleur de Bluet, coupée en long.

d'un **parachute** de poils servant à son entraînement par le vent et, par suite, à sa dissémination. Les *fleurs* sont les unes *régulières* (fleurs en tubes), les autres *irrégulières* (fleurs ligulées).

Classification. — On divise les Composées en trois tribus, correspondant aux trois exemples ci-dessus.

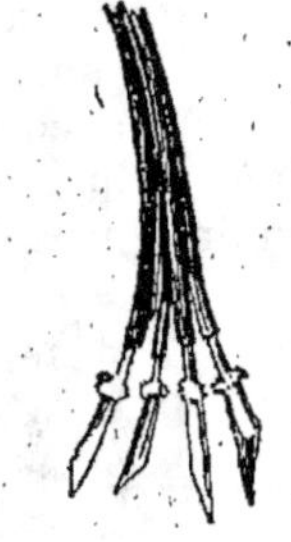

Fig. 300. — Androcée d'une fleur de Bluet. Remarquer que les anthères sont soudées, mais que les filets sont libres.

1° **Radiées.** — Fleurs en tubes au centre du capitule, ligulées à la périphérie. Exemple : Marguerite.

2° **Tubuliflores.** — Fleurs toutes en tubes. Exemple : Bluet.

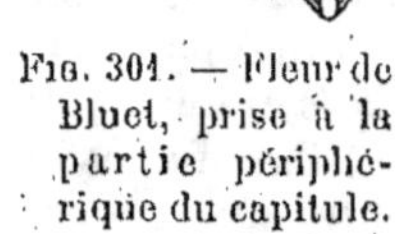

Fig. 301. — Fleur de Bluet, prise à la partie périphérique du capitule.

3° **Liguliflores.** — Fleurs toutes ligulées. Exemple : Pissenlit.

5. Principaux types et applications. — On peut grouper les Composées, au point de vue de leur usage, en quatre séries.

Composées ornementales. — Les Composées comptent parmi les plantes ornementales les plus cultivées dans les jardins, à cause de la grandeur de leur capitule et de l'éclat de leur couleur. De plus, elles ont l'avantage de se « doubler » très facilement, par la transformation des fleurs tubuleuses en fleurs ligulées. C'est parmi elles, en effet, qu'il faut compter les

Chrysanthèmes(*fig.*302), plantes d'automne originaires du Japon

FIG. 302. — Un énorme pied de Chrysanthème (cliché VILMORIN).

que la culture a transformées d'une façon extraordinaire et dont les capitules arrivent à atteindre un demi-mètre de diamètre; les **Dahlias**, au coloris si varié; les **Reines-Marguerites**, aux capitules si fournis; les **Immortelles**, qui, sèches, se conservent longtemps.

Composées alimentaires. — Parmi les Composées alimentaires, il faut particulièrement citer l'**Artichaut** (*fig.* 303), dont on mange la base des écailles de l'involucre, ainsi que le récep-tacle (talon); le **Topinambour**, dont on mange les tubercules

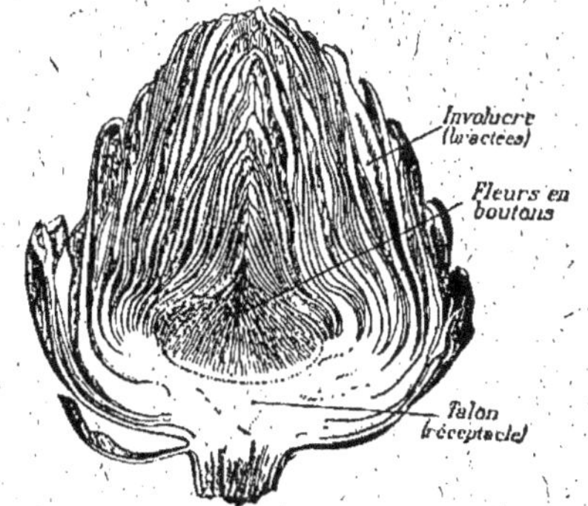

FIG. 303. — Artichaut coupé en long.

souterrains ; les **Cardons**, dont les nervures des feuilles sont comestibles ; les **Salsifis**, aux longues racines et la plupart de nos salades (**Chicorée, Barbe de Capucin, Scarole, Laitue, Pissenlit**).

Composées médicinales. — Quelques Composées servent en médecine, notamment l'**Arnica**, dont on fait un baume pour les blessures ; la **Camomille** (*fig.* 304), qui sert à faire des tisanes; la plante qui fournit le *Semen-Contra*, souverain contre les vers intestinaux.

Fig. 304. — Camomille.

Fig. 305. — Grand Soleil (fleurs jaunes).

Composées industrielles. — Certaines espèces ont des applications industrielles, entre autres l'**Absinthe**, dont on tire une horrible boisson qui ruine rapidement la santé; le *Carthame*, dont on tire une matière colorante ; le *Pyrèthre*, dont on fait une poudre destinée à tuer les punaises ; le **Grand Soleil** (*fig.* 305), dont les akènes servent à nourrir certaines volailles.

Citons, enfin, parmi les Composées sauvages les plus familières, la **Grande Marguerite**, que les enfants s'amusent à effeuiller ; le **Bluet** (on écrit aussi *Bleuet*), abondant dans les moissons ; les **Chardons** (*fig.* 306), qu'adorent les ânes (lesquels mangent leurs feuilles garnies cependant de forts aiguillons) et les chardonnerets (qui mangent leurs graines); la *Bardane*, dont les petites feuilles de l'involucre sont terminées en crochet; la **Pâquerette** (ainsi nommée parce qu'elle fleurit dès la fête de Pâques), commune partout; le *Pas d'âne*, dont les fleurs apparaissent avant les feuilles; les *Séneçons*, que l'on donne à manger aux petits oiseaux et qui, dans le monde

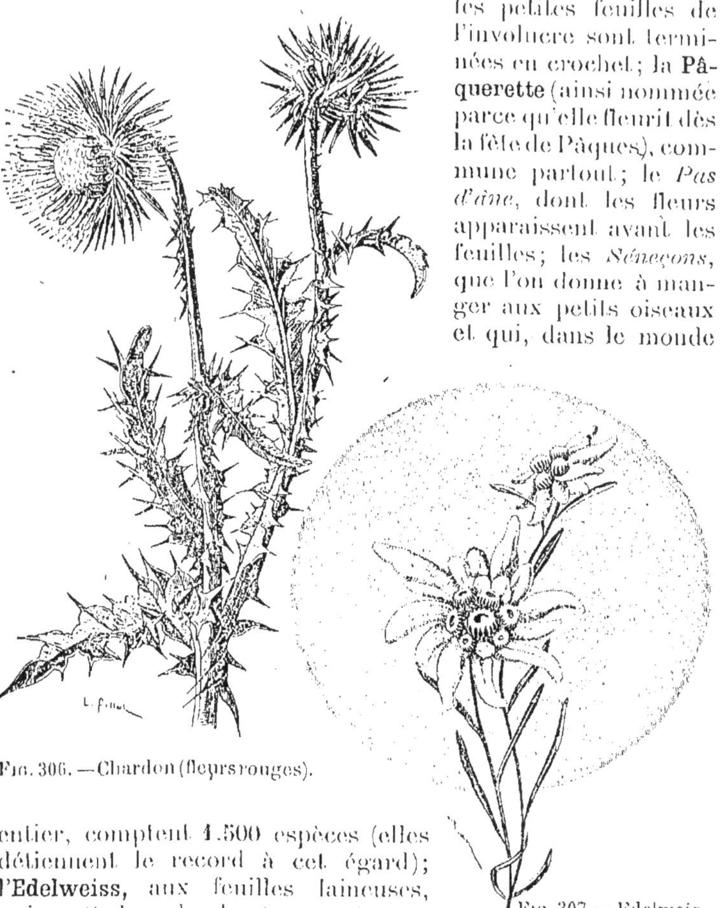

Fig. 306. — Chardon (fleurs rouges).

Fig. 307. — Edelweis.

entier, comptent 4.500 espèces (elles détiennent le record à cet égard); l'**Edelweiss**, aux feuilles laineuses, qui croît dans les hautes montagnes (*fig.* 307) et que les Alpinistes ont tellement cueilli qu'il devient rare; le **Souci**, aux capitules jaunes; la *Millefeuille*, aux feuilles très découpées, etc.

FAMILLE DES RUBIACÉES

6. Exemple d'une Rubiacée : le Caille-lait. — Le Caille-lait (*fig.* 308), dont les tiges carrées sont très fragiles, a des *feuilles verticillées*, au moins en apparence. L'inflorescence est une *cyme*. Les fleurs, très petites, montrent un calice à 4 dents, une *corolle gamopétale* à 4 dents, 4 étamines, un *ovaire infère* à 2 *loges* donnant comme fruit 2 akènes.

7. Caractères généraux. — Les Rubiacées sont des *Gamopétales* à ovaire infère, qui diffèrent des Composées en ce que les fleurs ne sont pas groupées en capitule et qu'elles sont toujours régulières. De plus, leur ovaire a 2 loges au lieu d'une, et leur fruit est un **double akène.**

Fig. 308. — Caille-lait.

Fig. 309. — Rameau de Caféier.

C'est à l'intérieur des fruits que se trouvent les grains de Café.

8. Principaux types et applications. — A part le **Caille-lait,** ainsi nommé parce qu'il sert à faire cailler le lait, et la **Garance,** qui, autrefois, servait en teinturerie, les Rubiacées de nos pays ont peu d'applications. Il n'en est pas de même de celles des pays chauds dont l'importance est considérable, puisque c'est parmi elles que se rangent le **Caféier** (*fig.* 309) et l'arbre à **Quinquina.** Le premier originaire d'Arabie est aujourd'hui cultivé dans beaucoup de régions tropicales. Sa graine, le Café, est enfermée dans une baie; elle doit ses propriétés à la *caféine.* Le second doit ses propriétés à la *quinine,* alcaloïde très actif, qui se trouve surtout dans son écorce (voir la *Lecture* plus loin).

9. Familles voisines. — Parmi les familles voisines des Composées et des Rubiacées, c'est-à-dire à fleurs gamopétales et à ovaire infère, on peut citer les *Campanulacées*, les *Caprifoliacées*, les *Dipsacées*, les *Valérianées*.

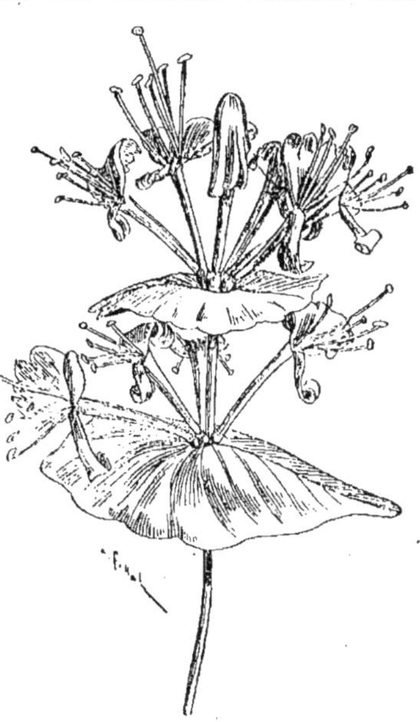

Fig. 310. — Corolle d'une Campanule (mauve).

Campanulacées. — Les **Campanules** ont des fleurs grandes, en cloche (*fig.* 310), de couleur mauve ou violette. Ce sont de belles plantes sauvages, dont les plus connues sont la *Campanule à feuilles rondes* et la *Campanule raiponce*. Une espèce, la *Campanule carillon*, est cultivée dans les jardins, de même que les *Lobélies*, qui appartiennent à la même famille.

Fig. 311. — Chèvrefeuille (fleurs jaunâtres).

Caprifoliacées. — C'est dans la famille des Caprifoliacées que se rangent le **Chèvrefeuille** (*fig.* 311), plante grimpante, aux fleurs très odorantes, irrégulières, et le **Sureau,** arbre à moelle abondante et légère et à fleurs disposées en corymbe.

Dipsacées. — Les Dipsacées ont des fleurs réunies en **capitule,** mais les **étamines** sont **libres** entre elles, contrairement à ce qui a lieu chez les Composées. Parmi les plus connues il faut citer le *Dipsacus* ou **Chardon à foulon,** dont les capitules secs, grâce à la raideur des parties qui les composent, servent à peigner la laine, et les **Scabieuses,** qui sont aussi jolies dans la nature, où elles croissent spontanément, que dans les jardins où on les cultive.

Valérianées. — Les Valérianées n'ont que peu d'étamines, 1 au minimum, 4 au maximum. La **Valériane officinale**, qui pousse surtout dans les endroits humides, a une racine quelquefois employée en médecine et qui a la vertu singulière d'exciter les chats à faire des cabrioles d'une façon extraordinaire, d'où le nom d'*Herbes aux Chats*, que l'on donne quelquefois aux Valérianes. Le *Centranthe rouge* — qui est quelquefois blanc — croît sur les murs. Les **Mâches** ou *Valérianelles* se mangent en salade.

<h3 style="text-align:center">LECTURE</h3>

Le Quinquina. — En Amérique, les *cascarilleros* — on nomme ainsi ceux qui sont chargés de la récolte des Quinquinas (*fig.* 312) — abattent l'arbre pour le dépouiller de son écorce. Celle-ci est divisée en tablettes rectangulaires qu'on empile pour les faire sécher, à la façon dont nos menuisiers empilent leurs planches. Cette opération du séchage est fort délicate et d'elle dépend beaucoup la qualité du produit; aussi demande-t-elle beaucoup de soins. Lorsque le séchage est terminé, le *cascarillero* emporte sa récolte, qu'il remet au majordome établi dans le voisinage de la forêt.

Fig 312. — Rameau de Quinquina.

L'exploitation des Quinquinas dans les forêts du Pérou, telle que la pratiquent les indigènes, a eu pour résultat la destruction de tous les arbres arrivés à un développement de quelque importance, et c'est en vain qu'on chercherait aujourd'hui dans le commerce ces belles écorces, épaisses et verruqueuses, qu'on y rencon-

trait, il y a trente ans, et qui provenaient de Quinquinas
séculaires.

Ce mode d'exploitation barbare a porté ses fruits : les vieux
arbres n'existent plus, les jeunes se font rares, et les médecins
se fussent trouvés dans un grand embarras, si quelques botanistes ingénieux n'avaient su créer des plantations qui assurent
l'avenir.

La culture des Quinquinas a été un problème assez difficile
à résoudre, parce que ces arbres ne peuvent vivre que dans
les localités où se trouvent des conditions toutes particulières.
Il leur faut à la fois la latitude des pays tropicaux et une altitude de 1.000 à 1.300 mètres. Les tentatives faites en Algérie
pour les acclimater sont restées infructueuses, mais elles ont
pleinement réussi à Java, dans les Indes anglaises et à l'île de
la Réunion.

Les essais, dirigés et surveillés par des hommes compétents,
ont fourni des indications précises, dont on peut tirer aujourd'hui le meilleur parti. On sait choisir les espèces qui conviennent à tel sol, à telle altitude, à telle exposition ; on a
reconnu qu'il n'était pas nécessaire de sacrifier l'arbre pour
en exploiter l'écorce, et qu'en enlevant celle-ci partiellement
et successivement, en laissant aux parties dénudées le temps de
se cicatriser, on obtenait plus de produit, tout en ménageant
le producteur.

On est allé même plus loin par l'invention du « moussage ».
Dans le but de soustraire à l'action des agents extérieurs les
troncs en partie dépouillés de leur écorce, on imagina de les
entourer d'une couche de Mousse ; et ce ne fut pas sans étonnement qu'on constata que l'écorce nouvelle qui s'était formée
sous cette enveloppe protectrice était plus régulière dans sa
structure, plus lisse que l'écorce normale, et qu'elle était aussi
riche en quinine.

On distingue trois sortes de Quinquinas, aussi bien par leurs
propriétés que par l'aspect extérieur de l'écorce. Le *Quinquina
gris* est en écorces minces, grises à l'extérieur, jaunâtres en
dedans, se réduisant en une poudre d'un jaune grisâtre plus
ou moins sale. Il est riche en cinchonine et surtout astringent
et tonique. Le *Quinquina rouge*, dont la poudre est rouge
plus ou moins vif, renferme à la fois de la quinine et de la
cinchonine ; il est à la fois astringent et fébrifuge et tient le
milieu entre les deux autres sortes pour l'action et la composition. Le *Quinquina jaune* donne une poudre jaune, fauve ou
orangée, très amère, peu astringente, très riche en quinine et,

par conséquent, douée surtout de propriétés fébrifuges très actives. Les différences de composition et de propriétés des trois Quinquinas, gris, jaune et rouge, entraînent une différence dans les usages qu'on en fait. Pour combattre la fièvre, c'est le Quinquina jaune qu'il faut employer ; comme tonique, c'est le Quinquina gris, et, lorsqu'on veut avoir à peu près également les deux actions, il convient de donner la préférence au Quinquina rouge. Mais c'est le Quinquina gris, qui, aujourd'hui, est le plus employé [1].

ORDRE DES APÉTALES OU A FLEURS SANS PÉTALES

Leçon XXII

Famille des Amentacées.

RÉSUMÉ. — 1. Exemple d'une Amentacée : le Chêne. — Arbre de grande taille portant *sur le même pied des fleurs de deux sortes :* les unes, à étamines ou *mâles*, groupées en *chatons ;* les autres, à pistil ou *femelles*, groupées par 2 *ou* 3 et comprenant chacune 2 *ou* 3 *carpelles*, dont *un seul se développe* pour donner le *gland*, entouré à la base d'une *cupule*, formée de bractées durcies.

2. Caractères généraux. — Arbres à *fleurs apétales de* 2 *sortes*, les unes *mâles*, les autres *femelles*, souvent disposées les unes et les autres en *chatons*, et ayant pour fruits des *sortes d'akènes :* tantôt, comme dans le Chêne, le fruit est entouré d'une *cupule ;* tantôt il en est dépourvu, les *fleurs des deux sortes* se trouvant *sur le même pied*, comme dans le Bouleau, ou *sur des pieds différents*, comme dans le Saule.

3. Principaux types. — *Chêne, Hêtre, Châtaignier, Noi-*

1. D'après M. P. Constantin.

setier, *Charme*, *Bouleau*, *Aulne*, *Saule*, *Peuplier*. On peut en rapprocher le *Platane* et le *Noyer*.

FAMILLE DES AMENTACÉES

1. Exemple d'une Amentacée : le Chêne. — Le Chêne est un bel *arbre*, dont les feuilles, aux lobes arrondis, sont faciles à reconnaître. Les fleurs sont de deux sortes (*fig.* 313), les unes à

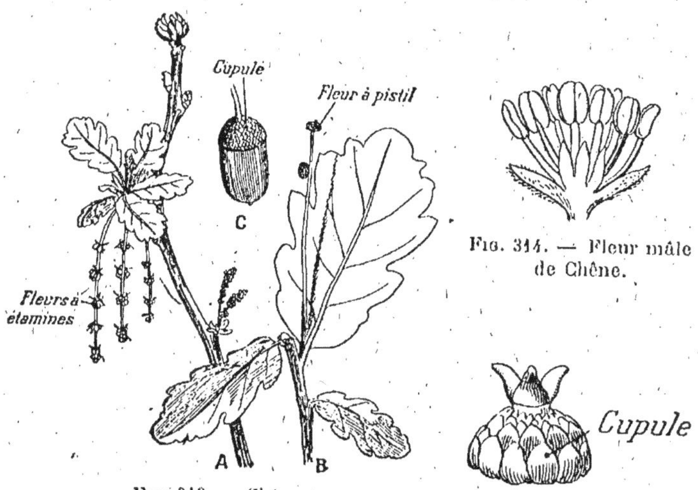

Fig. 313. — Chêne.
A, rameau à fleurs mâles ; — B, rameau à fleurs femelles.
— C, fruit (gland) avec sa cupule.

Fig. 315. — Jeune fleur
femelle de Chêne.

étamines ou **mâles**, les autres à pistil ou **femelles**. Les premières sont toutes petites et fixées sur de longs filaments ou **châtons** : il n'y a guère que des étamines protégées par des bractées (*fig.* 314). Les secondes (*fig.* 315) sont groupées à deux ou trois sur des rameaux courts et ressemblent à de petits bourgeons : elles n'ont pas de pétales. Dans chacune il y a plusieurs carpelles, dont un seul se développe et devient le *gland*. Celui-ci est, à la base, entouré d'une **cupule** verte : c'est un organe particulier aux Cupulifères ; elle représente des bractées soudées les unes aux autres.

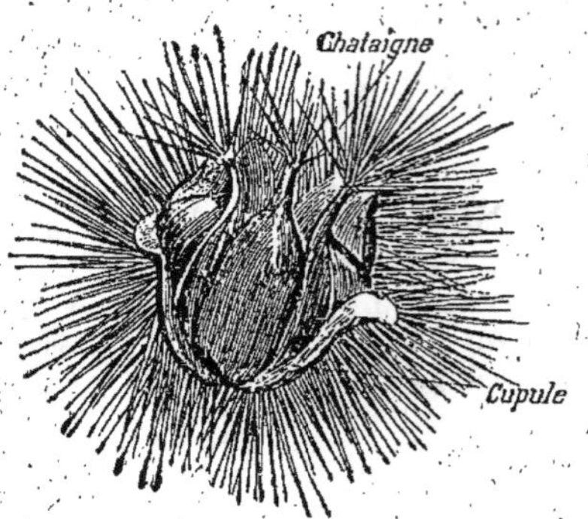

Fig. 316. — Fruits du Châtaignier (châtaignes) entourés de leur cupule, hérissée de piquants.

2. Caractères généraux. — Les Amentacées sont des Apétales arborescentes ayant **deux sortes de fleurs,** les unes mâles ou à étamines, les autres femelles ou à pistil. Ces fleurs sont souvent réunies en **chatons,** sortes d'*épis à fleurs unisexuées.*

Classification. — On divise les Amentacées en trois tribus, que l'on élève quelquefois au rang de familles.

1° Cupulifères. — Les Cupulifères sont caractérisées par leur fruit entouré d'une **cupule** à la base. Exemple : Chêne, Hêtre, Châtaignier, Noisetier, Charme. La cupule affecte, chez les autres espèces de Cupulifères, une forme différente de celle du Chêne. Chez le *Hêtre* et le *Châtaignier* (*fig.* 316) c'est un véritable sac épineux, qui enveloppe les akènes (faînes et châtaignes) et se fend en plusieurs valves. Chez le *Charme* c'est une large

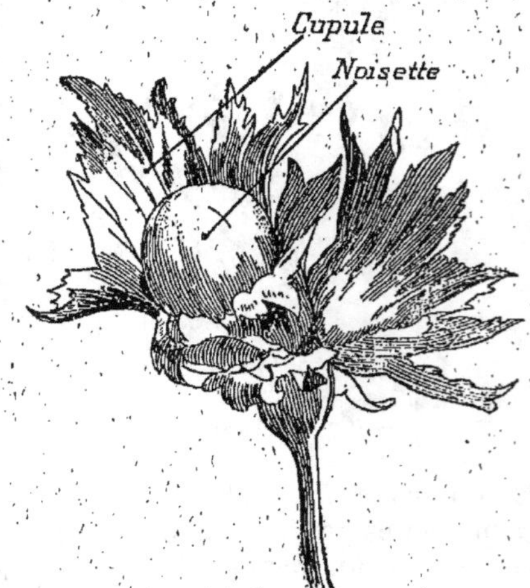

Fig. 317. — Fruits de Noisetier (noisettes) avec leur cupule.

écaille parcheminée trilobée. Chez le *Noisetier* (*fig.* 317) c'est une coupe lâche et irrégulièrement découpée sur un bord ; dans cette dernière plante (*fig.* 318), les fleurs femelles ressemblent à des bourgeons, d'où sortent au sommet les stigmates rouges, et les fleurs mâles sont des

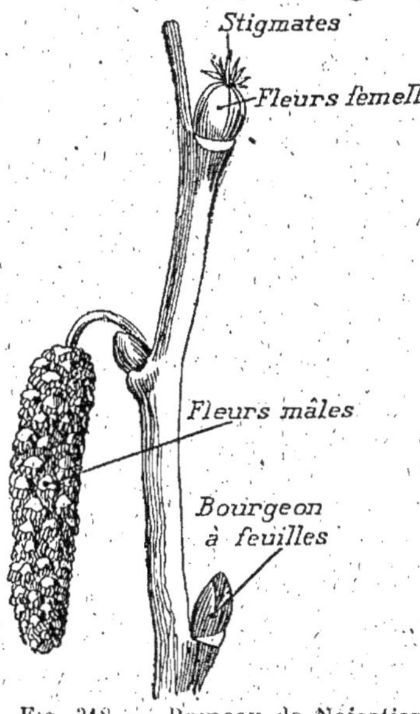

Fig. 318. — Rameau de Noisetier, cueilli au printemps.

Fig. 319. — Chatons de Bouleau.

chatons jaunes pendants que l'on voit surtout au commencement du printemps.

2° **Bétulinées.** — Les Bétulinées diffèrent des Cupulifères en ce qu'elles ne produisent **pas de cupule.** Les fleurs mâles et les fleurs femelles sont portées par un même pied. Exemples : Bouleau (*fig.* 319), Aulne.

3° **Salicinées.** — Les Salicinées diffèrent des Cupulifères en ce qu'elles n'ont **pas de cupule,** et des Bétulinées en ce que les fleurs mâles (*fig.* 320) et les fleurs femelles (*fig.* 321) sont portées par **des pieds différents.** Les fleurs sont ainsi réunies en épis de fleurs, d'un seul sexe. Il y a

Fig. 320. — Fleur mâle de Saule.

Fig. 321. Fleur femelle de Saule.

des chatons mâles (*fig.* 322) et des chatons femelles (*fig.* 323). Exemples : Saule, Peuplier.

3. **Principaux types et applications.** — Le **Chêne** a de nombreuses

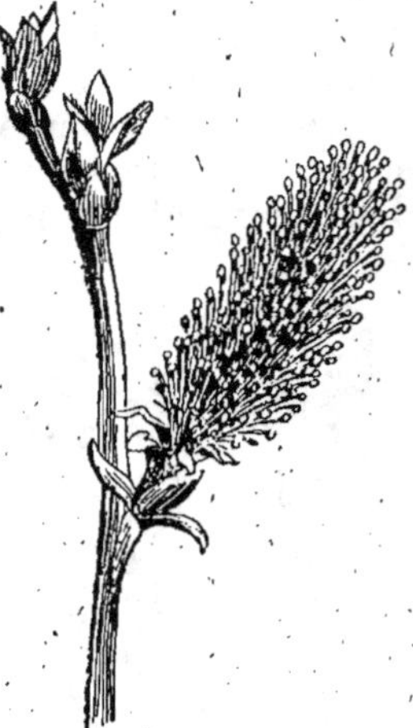

FIG. 322. — Chaton mâle de Saule.

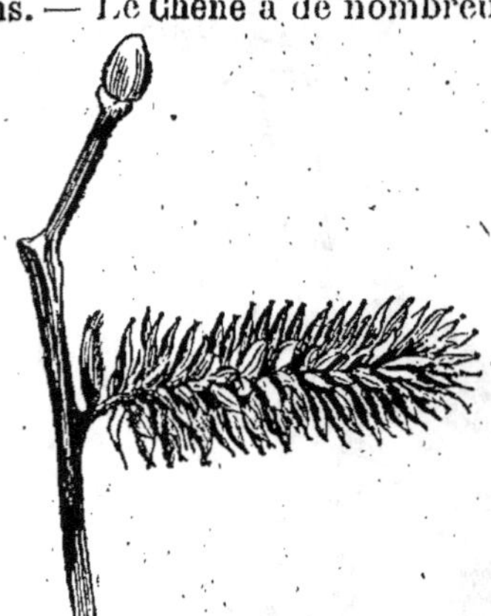

FIG. 323. — Chaton femelle de Saule.

.applications : par son écorce, qui sert à tanner le cuir, et par son bois, qui donne de solides charpentes. Il fournit aussi les

FIG. 324. — Noix de galles et Insecte qui provoque leur formation sur le Chêne.

noix de galles (*fig.* 324), petites boules qui se développent sur les feuilles à la suite de la piqûre d'un insecte nommé Cynips, et qui servent à faire de l'encre noire. L'écorce du **Chêne-liège** sert à faire des bouchons et divers autres objets (voir la *Lecture* plus loin).

Le bois du **Hêtre** sert à faire des sabots ; de ses fruits ou **faînes** on extrait de l'huile.

Les **Châtaigniers** nous donnent les Châtaignes ou Marrons et un bois utilisé pour faire des échalas.

Le **Noisetier** donne les Noisettes.

Quant au **Charme**, on l'emploie à faire des charmilles.

Le **Bouleau** (*fig.* 325) est un arbre facilement reconnaissable à son écorce blanche ; avec ses branches on fait des balais.

L'**Aulne** croît au bord des eaux.

Les **Saules** sont les arbres les plus communs dans les endroits humides. Les jeunes branches, à cause de leur flexibilité, servent, sous le nom d'*Osier*, à faire des paniers. On taille souvent les Saules *en têtard* (*fig.* 23), c'est-à-dire de telle

Fig. 325. — Bouleaux (cliché Neurdein).

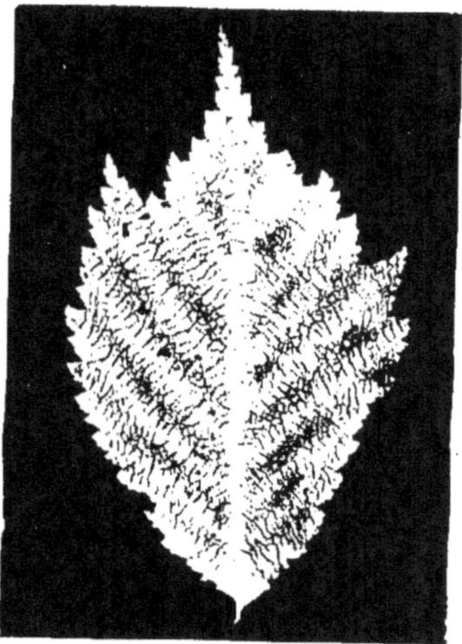

Fig. 326. — Feuille d'arbre.

façon que toutes les branches partent du sommet du tronc. A citer aussi le *Saule pleureur* aux branches retombantes. Les fleurs des Saules sont disposées en chatons dressés.

Les **Peupliers** (*fig.* 2) sont de beaux arbres, surtout le *Peuplier pyramidal*, dont la forme élancée est connue de tous. Une espèce, le **Tremble**, est ainsi nommée parce que ses feuilles au pétiole plat s'agitent au moindre vent. Le bois du Peuplier est blanc et sert surtout à faire des planches. Leurs fleurs sont disposées en chatons pendants.

A côté des plantes précédentes, on peut citer le **Platane**, arbre originaire de l'Asie Mineure, et le **Noyer**, dont le fruit est une drupe, dont la partie externe est le *brou* et dont la partie centrale ou graine, huileuse, est mangée comme dessert ou sert à extraire de l'huile.

Toutes ces plantes se reconnaissent facilement à leurs feuilles (*fig.* 326), qui varient d'un arbre à l'autre.

LECTURES

1. — *Emplois divers du liège.* — Le liège — qui est l'écorce du Chêne-liège (*fig.* 327) — sert à de nombreuses applications, dont les plus connues sont les bouchons, les semelles en liège, les flotteurs des pêcheurs à la ligne, les fonds des boîtes d'insectes, les ceintures et bouées de sauvetage. Mais il y en a bien d'autres. C'est d'abord la papeterie, qui fait le plus grand usage du liège, sous différentes formes. Par exemple les porte-plumes, dont la hampe énorme et légère permet aux écrivains qui s'en servent d'éviter la fatigue des muscles de la main, fatigue qui peut aller, avec les autres porte-plumes à tige mince ou lourde, jusqu'à engendrer la douloureuse et gênante paralysie appelée *crampe des écrivains*.

Un autre objet, qui complète le porte-plume en liège, est l'encrier de même matière et dont l'emploi est ordinairement réservé aux enfants et aux novices dans l'art de la calligraphie. L'encrier de liège est formé d'un seul bloc d'écorce quadrangulaire, dans le milieu duquel on a creusé un trou qui va jusqu'à la moitié de sa profondeur.

La papeterie utilise encore le liège dans les *estompes*, qui permettent d'étaler, bien mieux qu'avec les tortillons en papier gris roulé en spirales serrées, le crayon Conté servant au dessin.

Les buvards en carton sont souvent doublés intérieurement de cette substance que l'on retrouve aussi dans nombre d'autres objets usuels. Enfin, grâce aux appareils perfectionnés inventés pour trancher le liège, on en fait des feuilles aussi minces que du papier et qui servent, comme ce dernier, pour l'impression. Il y a quelques années, la mode a été de faire imprimer ses cartes de visite sur les substances les plus bizarres, et le liège fut mis à contribution.

Dans les grands bazars et chez les marchands de jouets en renom, on trouve des jouets en liège absolument silencieux, par exemple des jeux de quilles, des volants, des jeux de boules et de croquet, dont les marteaux et les boules sont en

FIG. 327. — Récolte du liège (cliché Broussais).

liège, ce qui permet de s'en servir dans les appartements sans craindre le tapage et sans danger de briser un meuble ou une glace. D'ailleurs l'industrie des jouets utilise le liège dans plusieurs applications : comme bouchons de petits fusils et de pistolets, et comme têtes de poupées. C'est sur un morceau de liège, taillé en forme de demi-sphère et encastré dans une tête en porcelaine ou en émail, que l'on fixe les perruques de ces pupazzi aimées des petites filles.[1]

Le liège provient surtout de la France et de l'Europe méridionale, ainsi que de l'Algérie et de la Tunisie. Les Chênes-Liège y sont exploités avec les précautions voulues pour que le même arbre produise dix à quinze récoltes successives, espacées de huit à dix ans. Il faut pour cela respecter la *couche-mère du liège*, c'est-à-dire la couche qui engendre le liège et qui est située en dedans de celui-ci; car, sans cette précaution, l'arbre mourrait.

Le premier liège, enlevé lorsque l'arbre a une quinzaine d'années et un diamètre de 8 à 10 centimètres, est de mauvaise qualité et ne peut être employé : on l'appelle liège *mâle*. Les récoltes suivantes donnent le liège *femelle*, de bonne qualité.

2. — *La fête des noix* (*fig.* 328). — Pan... pan... pan... pan.

C'est surtout pendant les chaudes journées du mois d'août ou du mois de juillet que l'on entend dans les rues de Gourdon (Lot), petite sous-préfecture du Midi, ce bruit régulier et point monotone.

Pan... pan... pan... pan.

Les sons se suivent, pressés et rapides, si rapides qu'on pourrait à peine les compter. Ils vont vite, ils vont vite, ils volent.

Pan... pan... pan... pan.

Ce sont les « dénoisilleuses », les femmes qui cassent les Noix, pendant que d'autres les sortent de leur enveloppe ainsi brisée et que d'autres font le triage, mettant d'un côté le bon fruit, de l'autre le mauvais.

Pendant l'hiver, les dénoisilleuses restent dans la maison, auprès d'un bon feu. A la lueur fumeuse d'une lampe, elles racontent de vieilles histoires de rois et de bergères, d'ogres et de loups-garous, de sorciers et de sorcières. Mais, dès qu'arrive la belle saison, que le soleil met le nez à la fenêtre, elles sortent devant la porte de la maison.

1. D'après H. de Graffigny.

Et, pendant l'été, elles cherchent un petit coin à l'ombre, un coin bien frais dans quelques ruelles étroites. Elles se réunissent par petits groupes. Elles sont généralement trois ou quatre. Et il fait beau les voir alors, les dénoisilleuses.

Fig. 328. — Casseuses de Noix.

Elles ont sur les genoux une pierre plate. Elles mettent la Noix sur cette pierre et la cassent avec un petit maillet (*lo moluquo*), puis laissent retomber le maillet sur la pierre, pendant qu'elles s'apprêtent à casser une autre Noix. Et *lo moluquo*, frappant la Noix et la pierre, produit le bruit que l'on entend : Pan... pan... pan... pan.

Les dénoisilleuses sont généralement vieilles, et leurs mains tremblent un peu en posant la Noix sur la pierre, mais elles ne sont pas laides à voir, au contraire. Leurs joues sont roses et leurs petits yeux qui, sous les lunettes, dévisagent les rares passants sont vifs et malicieux. Les dénoisilleuses sont nombreuses à Gourdon, car la Noix est la principale et presque la seule ressource du pays.

A une certaine époque de l'année, les dénoisilleuses sont en fête. Une animation extraordinaire règne dans la petite ville, d'habitude si calme, si tranquille. Dans les rues et sur les places, des gens affairés passent en courant, parlant haut et gesticulant, bien qu'embarrassés par les « moluques » et les sacs, les corbeilles ou les pierres plates qu'ils portent. Un concours de cassage de Noix a lieu le jour même. Des prix en nature et en espèces doivent être distribués. Le premier prix donne droit à 12 francs et à un sac de Noix ; le neuvième, à 2 francs et à une pierre avec moluque en bois ; enfin, le vingt-troisième et dernier prix, le prix de consolation : toutes les coquilles de Noix cassées au concours.

La cour où doivent se réunir les dénoisilleuses a été pour la circonstance ornée de drapeaux, de guirlandes en buis et de guirlandes en papier. Au milieu de la cour est une table divisée en compartiments : un pour chaque dénoisilleuse. A une heure, les concurrentes arrivent. L'une d'elles porte une grande branche de laurier, ornée de rubans aux diverses couleurs ; derrière elle, marchent un joueur de vielle et un joueur de musette ; puis, viennent les autres concurrentes. Aussitôt les dénoisilleuses prennent la place qu'on leur indique, et l'on met à côté d'elles les Noix qu'elles auront à casser. Le président du jury se place à une extrémité de la table, monté sur une chaise. Il tient dans une main une pierre à casser les Noix, dans l'autre une moluque. Les dénoisilleuses attendent le signal pour commencer leur travail, une Noix sur la pierre, la moluque prête à s'abaisser. Elles prêtent l'oreille. Le président du jury élève le bras et, pan, pan, pan, frappe trois coups. Aussitôt moluques de frapper, frapper. On les voit s'abaisser et se relever, rapides. Le bruit qu'elles font sur les Noix et les pierres ressemble au bruit de la grêle sur les vitres.

Quel entrain ! L'amour-propre, autant que l'espoir de la récompense, les aiguillonne. Les vieilles avec leurs grosses lunettes et leur « pierrot », bonnet d'indienne blanche parsemée de petits points noirs, les jeunes, avec leurs cravates aux couleurs vives, toutes silencieuses et courbées sur leur pierre, frappent avec ardeur.

A une extrémité de la table, une dénoisilleuse se met à chanter :

> Là-bas, là-bas au joli bois,
> Il y a une claire fontaine...

Mais tout à coup on applaudit : une des concurrentes a terminé son travail. Les autres redoublent d'ardeur et, peu à peu, une à une, les dénoisilleuses se lèvent ; le concours est fini [1].

Leçon XXIII

Familles des Urticées et des Cannabinées et familles voisines.

RÉSUMÉ. 1. — **Exemple d'une Urticée : l'Ortie dioïque.** — Feuilles opposées portant, comme la tige, des *poils piquants* contenant un *liquide irritant. Fleurs* petites, verdâtres, de 2 *sortes*, portées sur des *pieds différents* : les *mâles* à 4 *sépales* et à 4 *étamines*, les *femelles* à calice irrégulier et à *ovaire simple*, devenant un *akène*.

2. Principaux types. — *Ortie, Pariétaire, Ramie.*

3. Exemple d'une Cannabinée : le Chanvre. — Feuilles composées palmées. *Fleurs* petites, verdâtres, de 2 *sortes*, portées sur des *pieds différents ;* les *mâles*, en grappe allongée, à 5 *sépales* et 5 *étamines ;* les *femelles*, en grappe très serrée, formées d'une seule bractée et d'un *ovaire simple* devenant un *akène.*

4. Principaux types. — *Chanvre, Houblon.*

5. Familles voisines. — *Euphorbiacées* (Euphorbe, Mercuriale, Buis, Hevea, Manioc, Ricin); *Chénopodées* (Betterave, Epinard, Bette); *Polygonées* (Sarrasin, Rhubarbe, Oseille); *Pipéracées* (Poivrier, Muscadier); *Laurinées* (Laurier); *Loranthacées* (Gui); *Ulmacées* (Orme); *Morées* (Mûrier, Figuier, Jacquier ou Arbre à pain).

---

1. D'après M. J. L.

FAMILLE DES URTICÉES

1. Exemple d'une Urticée : l'Ortie dioïque. — L'Ortie abonde dans les lieux incultes. Ses *feuilles* sont *opposées* et, de même

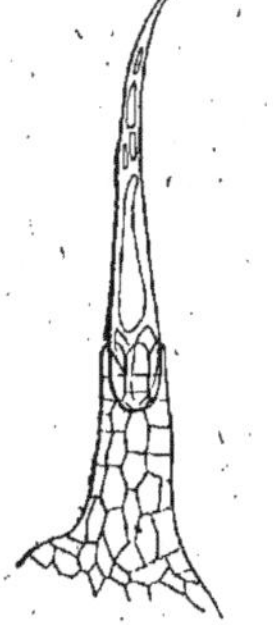

que la tige, couvertes de *poils urticants* très désagréables. Ceux-ci (*fig.* 329) sont relativement longs et terminés par une petite boule. Lorsqu'on vient à toucher avec le doigt cette extrémité, elle se casse comme verre, et le poil est alors terminé en biseau. Grâce à cette forme, il pénètre sans difficulté dans l'épiderme et y injecte le liquide brûlant qu'il contient.

Les fleurs mâles (*fig.* 330) et les fleurs femelles (*fig.* 331) *ne sont pas sur le même pied.* Les premières comprennent un large *calice vert* à 4 divisions et 4 *étamines* qui se rabattent au dehors lorsqu'elles sont mûres.

Fig. 329. — Poil d'Ortie, vu au microscope.

Les fleurs femelles sont encore plus simples : le calice est informe, soudé en partie à l'ovaire, hérissé de poils urticants. Il n'y a donc pas de corolle, ni dans la fleur mâle, ni dans la fleur femelle.

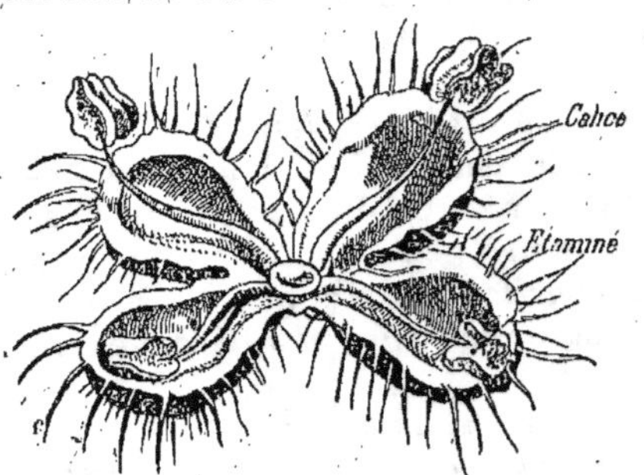

Fig. 330. — Fleur mâle d'Ortie.

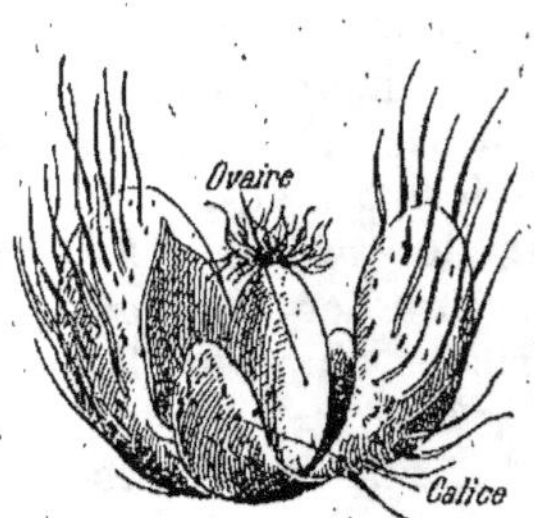

Fig. 331. — Fleur femelle d'Ortie.

2. Principaux types et applications. — L'Ortie est une mauvaise herbe, qui néanmoins, quand elle est sèche, peut servir de fourrage. De sa tige on peut aussi tirer des fibres analogues à celles du chanvre.

La **Pariétaire** croît sur les murs. Elle est intéressante à observer En touchant avec une aiguille la base des étamines, celles-ci se relèvent brusquement comme un ressort et envoient au loin leur pollen.

La **Ramie** est originaire de Chine, et sa culture commence a se répandre en Europe. On en tire des fibres longues, soyeuses, résistantes, recherchées dans l'industrie textile.

FAMILLE DES CANNABINÉES

3. Exemple d'une Cannabinée : le Chanvre. Le Chanvre (*fig.* 332) a des feuilles composées palmées. Les fleurs mâles et les fleurs femelles ne sont *pas portées sur les mêmes pieds*. Les premières ont 5 *sépales* verts et 5 *étamines;* elles sont réunies en grappes assez lâches. Les secondes sont, au contraire, réunies en grappes très tassées; chacune d'elles ne comprend guère *qu'une bractée* et *un ovaire à* 2 *styles.* Le fruit est un akène; il est connu dans le commerce sous le nom de « grain de chènevis » et contient un *embryon huileux.*

4. Principaux types et applications. — Le Chanvre est surtout cultivé pour les fibres que l'on peut retirer de ses tiges et que l'on isole par le *rouissage,* c'est-à-dire en les laissant pourrir dans l'eau. C'est avec ces fibres que l'on fait des cordes, du fil et de la toile. Les fruits (Chè-

Fig. 332. — Chanvre (pied mâle).

nevis) servent à nourrir les petits oiseaux en cage; on en tire aussi une huile employée dans la fabrication du savon noir. En Orient, on tire des pieds du Chanvre une résine, qui, fumée sous le nom de *haschich*, provoque une ivresse, suivie d'un abattement complet, pire encore que celui causé par l'opium.

Fig. 333. — Houblon (fleurs femelles réunies en cônes).

Le Houblon (*fig.* 333) est une plante grimpante; pour la culture dans les *houblon-nières* (*fig.* 334), il faut mettre des échalas à sa portée. Les fleurs femelles sont réunies en « cônes » dont, à l'extérieur, on ne voit que les bractées, imbriquées les unes sur les autres. Ce sont ces cônes qui sont employés pour aromatiser la bière; à leur surface, il y a des poils aplatis, sous la cuticule desquels il y a une substance résineuse, le lupulin, qui communique à la bière une saveur spéciale.

5. Familles voisines. — Parmi les autres familles de l'ordre des Apétales, on peut citer les suivantes : *Euphorbiacées, Chénopo-*

Fig. 334. — Une houblonnière.

dées, *Polygonées, Pipéracées, Laurinées, Loranthacées, Ulma-cées, Morées.*

Euphorbiacées. — L'organisation florale des Euphorbiacées (*fig.* 335) est mal connue et l'objet de discussions entre bo-tanistes. Si l'on examine ce qui se passe, par exemple, chez les Euphorbes, on voit d'abord à l'extérieur 5 *pièces soudées* en un tube court. Entre les dents de celui-ci sont des *glandes* souvent en *forme de croissant* et colorées en jaune. En dedans il y a un certain nombre d'éta-mines, et, tout au centre, un ovaire porté par un long *appendice*, souvent rabattu vers le bas. Tout cet en-semble est considéré

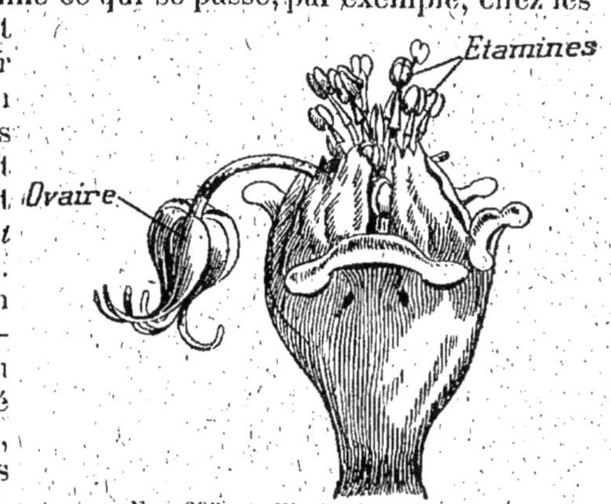

Fig. 335. — Fleur d'Euphorbe.

par les uns comme une fleur, par les autres comme une inflores-cence. Dans ce dernier cas, l'ovaire représenterait une seule fleur, de même que chaque étamine. — Dans la tige et les feuilles il y a un *latex* blanc abondant.

Les **Euphorbes** sont communes chez nous, surtout dans les lieux incultes. Elles n'ont aucune application. Dans les pays chauds, certaines espèces sont grasses et ressemblent à des Cactus.

La **Mercuriale** (*fig.* 336 et 337) est une plante insignifiante, mais que l'on doit connaître parce qu'elle est très commune ; il y a des pieds mâles et des pieds femelles.

Le **Buis** est cultivé dans les jardins, parce que ses petites feuilles ovales restent toujours vertes et qu'il se taille faci-lement. Une variété naine sert à faire des bordures. On en vend beaucoup le jour des Rameaux.

L'**Hévéa**, qui croît dans la Guyane surtout, a une importance considérable, car c'est lui qui nous donne le plus de caoutchouc, substance que, d'ailleurs, on retire de nombreuses autres plantes. Pour recueillir le caoutchouc, on fait des entailles au

Fig. 336 et 337. — Mercuriale, plante très commune
dans les endroits incultes.

A, pied mâle, c'est-à-dire à étamines, — B, pied femelle, c'est-à-dire à pistil.

tronc et on amène le suc qui s'écoule lentement dans des godets ; là on fait coaguler le suc en y mélangeant différentes substances (voir la *Lecture*, plus loin).

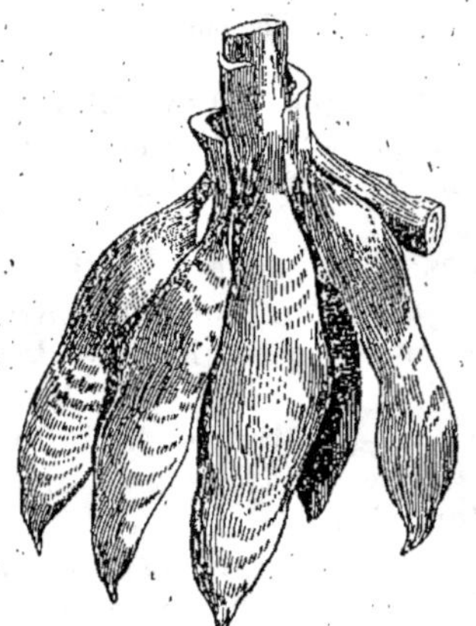

Fig. 338. — Racines de Manioc,
d'où l'on extrait le tapioca.

Le **Manioc** est cultivé surtout en Amérique. De ses racines renflées (*fig.* 338) on tire une fécule bien connue, le *tapioca*.

Le **Ricin** est une belle plante aux feuilles palmées. De sa graine on tire une huile purgative.

Chénopodées. — Les Chénopodées ont des *fleurs hermaphrodites*, à 5 étamines, à *embryon recourbé* sur lui-même. Les feuilles n'ont pas de stipules.

La **Betterave** a une racine volumineuse (*fig.* 339), en forme de toupie, riche en sucre. C'est d'elle que l'on tire aujourd'hui presque tout le sucre servant à notre alimentation. Certaines races peu sucrées servent à

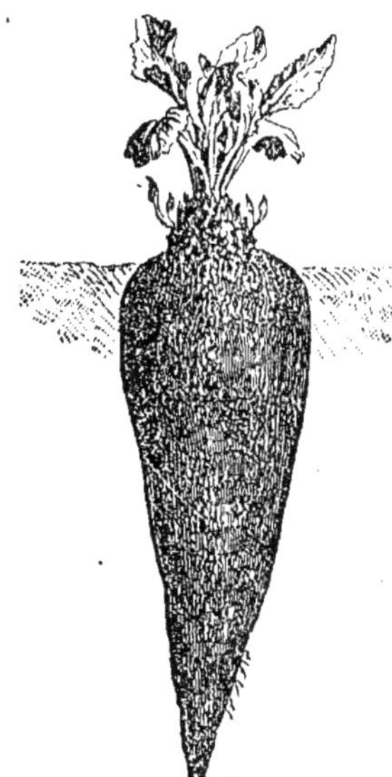

Fig. 339. — Racine pivotante et renflée de la Betterave : à l'intérieur, elle est riche en sucre.

Fig. 340. — Sarrasin (fleurs blanches).

l'alimentation des bestiaux : ce sont les Betteraves fourragères.

L'*Épinard* a des feuilles qui, cuites, servent de légumes.

Les *Bettes* donne des feuilles dont les grosses nervures sont comestibles.

Polygonées. — Les Polygonées ont un fruit triangulaire. Les feuilles sont pourvues d'une gaine particulière provenant de la soudure des stipules, entourant la tige.

Le **Sarrasin** (*fig.* 340) est, sous le nom de *Blé noir* (bien qu'il n'ait aucun rapport ni avec le Blé, ni avec les autres Graminées), cultivé dans les régions granitiques, par exemple en Bretagne. Sa graine, qui est enfermée dans un akène triangulaire (*fig.* 344),

Fig. 341. — Fruit de Sarrasin (Blé noir).

donne une farine blanche comestible, dont on fait des galettes. Ses fleurs sont blanches.

La **Rhubarbe** sert par ses feuilles à faire des confitures. Sa racine est purgative.

L'**Oseille** a des feuilles d'une saveur aigrelette qui les fait utiliser en cuisine.

Pipéracées. — Le **Poivrier**, type de la famille, est une plante grimpante (*fig.* 342), que l'on cultive surtout en Asie et dans l'Amérique tropicale. Ses graines, pilées, constituent la poudre bien connue. Son nom lui vient de M. Poivre, le premier qui tenta d'en introduire la culture dans nos colonies.

A côté de lui, on peut citer le **Muscadier**, également employé comme condiment. La partie utilisée est une enveloppe laciniée qui entoure la graine ou *Muscade* et connue sous le nom de *macis*.

Laurinées. — Les Laurinées sont toutes des plantes aromatiques. A citer parmi elles le *Cannellier de Ceylan*, dont l'écorce constitue la **Cannelle**, qui sert à aromatiser les compotes; le *Camphrier de Chine*, du bois duquel on extrait par distillation le **Camphre**; le **Laurier**, qui servait jadis à couronner les triomphateurs et qui a donné son nom (*Bacca laurea*, baie de Laurier) à l'examen du baccalauréat.

Fig. 342. — Rameau de Poivrier.

Loranthacées. — Le **Gui** (*fig.* 45) vit en parasite sur les branches de divers arbres, notamment du Pommier et des Peupliers. Son extrême rareté sur le Chêne le faisait rechercher, au temps des Gaulois, par les druides qui, alors, l'allaient en grande cérémonie couper avec une faucille d'or. Ses fleurs sont vert jaunâtre et dioïques. A la maturité, il se couvre de

baies blanches, au contenu extrêmement visqueux et avec
lequel, d'ailleurs, on peut faire une sorte de glu.

Ulmacées. — Dans les Ulmacées se placent les **Ormes**, si
souvent cultivés sur le bord des routes. Leur bois est dur, élastique, extraordinairement tenace.
Leurs fruits sont entourés d'une
aile (*fig.* 137).

Morées. — A citer dans les Morées le **Mûrier**, dont les feuilles
servent à nourrir les Vers à soie,
et le **Figuier**, dont les inflorescences constituent les Figues. Ces
dernières (*fig.* 343) comprennent
un réceptacle creux recourbé sur
lui-même, devenant charnu à la
maturité et renfermant des fleurs
très simples, devenant elles-mêmes
en partie succulentes quand elles
sont mûres. — D'une espèce de

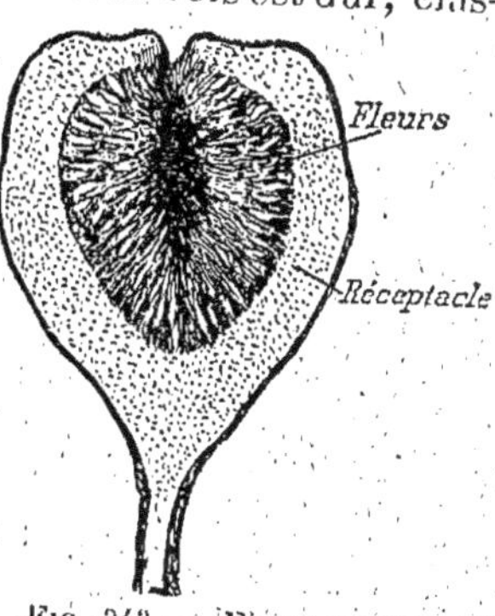

Fig. 343. — Figue coupée
en long.

Ficus, le *Ficus elastica*, on tire du caoutchouc; on le cultive
souvent en appartement. Enfin mentionnons le *Jacquier* ou
Arbre à pain, des îles de l'Océanie, dont le fruit farineux rappelle la mie de pain, lorsqu'il est cuit.

LECTURE

De l'arbre à caoutchouc au pneumatique. — Nous allons examiner quelles sont les opérations que doit subir le caoutchouc
(*fig.* 344) avant de devenir un pneumatique.

Tout d'abord il faut nettoyer le caoutchouc brut (*fig.* 345)
et le débarrasser des impuretés qu'il contient et qui sont des
plus disparates (*fig.* 346), depuis des insectes jusqu'à des bijoux grossiers et des armes de guerre. C'est ce qu'on appelle le
déchiquetage. On fait tremper les balles brutes pendant douze
heures environ dans de grandes cuves remplies d'eau tiède;
le caoutchouc se ramollit et se lave un peu. Il est alors porté
successivement sur une série d'appareils formés de deux
cylindres horizontaux à surface rugueuse, cannelée en spirale et tournant sur eux-mêmes à des vitesses différentes. Les
boules sont écrasées, et un jet d'eau froide, tombant régulière-

ment en pluie abondante sur la matière broyée, désagrège et
entraîne une partie des impuretés. Les morceaux de caoutchouc informes sont repris et rejetés à plusieurs reprises
entre les cylindres jusqu'à ce qu'ils soient suffisamment déchi-
quetés et lavés pour être portés sur l'appareil suivant, qui
déchiquettera encore plus fin. Après être ainsi passé sur trois

Fig. 344. — Récolte du caoutchouc (cliché Michelin).

ou quatre appareils successifs, le caoutchouc est réduit en
menus morceaux dont la grosseur ne dépasse pas celle d'un dé
à jouer. On le débarrasse des dernières impuretés qu'il peut
encore contenir en lui faisant subir un second bain chaud
dans des cuves semblables aux premières où il s'épure et se
ramollit.

On procède alors à la *mise en feuilles*. Pour cela on le fait
passer encore une fois sous des cylindres dont la surface est
très lisse; les fragments du caoutchouc, bien nettoyés, se
réamalgament ensemble. On obtient ainsi une sorte de ruban
irrégulier, fragile, mais d'épaisseur à peu près uniforme

et que l'on renforce au moyen de laminages successifs qui lui donnent plus de consistance. Enfin on présente deux rubans de front aux cylindres qui les écrasent et les réunissent. Cette dernière opération, désignée sous le nom de *mariage*, donne des feuilles de caoutchouc brut ayant 30 centimètres de largeur, 1 à 2 millimètres d'épaisseur et de 10 à 20 mètres de longueur. Leur surface est grenue à très gros grains. On les suspend alors dans toute leur longueur dans un vaste séchoir où elles

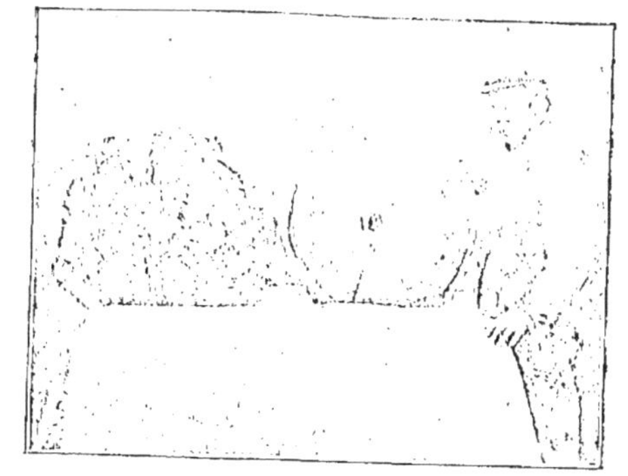

Fig. 345. — Blocs de caoutchouc sciés en deux parties (cliché MICHELIN).

séjournent pendant quinze jours à une température uniforme de 30°. Puis on les roule en paquets et on les porte aux magasins de réserve.

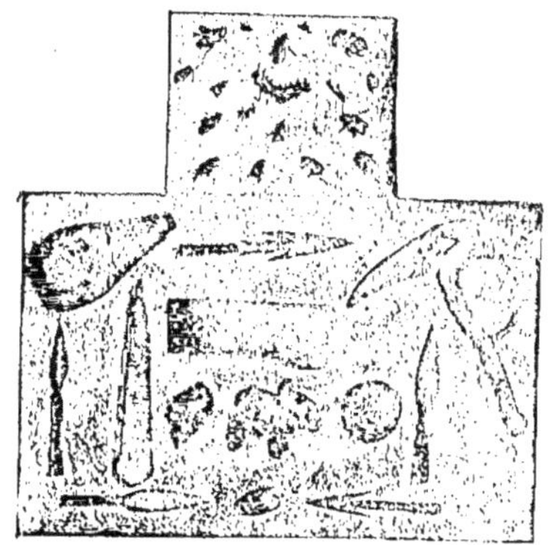

Fig. 346. — Ce qu'on trouve dans le caoutchouc brut (cliché MICHELIN).

Le caoutchouc, tel qu'il est à présent, est souple et élastique, mais ne pourrait être utilisé ainsi, car, si on l'allonge, il ne revient pas entièrement à ses dimensions primitives. En outre, les variations de température modifient profondément son état : la chaleur du soleil le ramollit et le rend collant, et sous l'action du froid il devient dur et inélastique. Il est donc indispensable d'augmenter ses propriétés utiles et de lui donner une consistance permanente qui le mette à l'abri de l'action de la température. C'est le but de la *vulcanisation*, qui consiste à mélanger le caoutchouc avec du soufre et à exposer le mélange à des températures de 120° à 150°; on obtient ainsi le *caoutchouc vulcanisé*, qui, tout en conservant les propriétés du caoutchouc naturel : élasticité, rétractilité, résistance au choc, etc., est devenu insensible à l'action de la chaleur et des rayons lumineux et conserve toutes les formes qu'on lui a imposées pendant la vulcanisation. En outre, il offre plus de résistance aux efforts mécaniques, aux chocs et aux frottements.

Pour opérer le mélangeage, on commence par broyer et malaxer la feuille de caoutchouc entre les deux cylindres du *mélangeur*. Peu à peu le frottement échauffe la gomme qui se ramollit et se transforme bientôt en une pâte plastique, consistante et homogène. L'ouvrier coupe la feuille à mesure qu'elle s'enroule sur le cylindre antérieur du mélangeur, la reploie et la rejette en tampon entre les deux cylindres, en même temps qu'il verse la fleur de soufre. Le caoutchouc s'étale alors en une belle nappe lisse, teintée par plaques, par le soufre irrégulièrement répandu. La feuille, sans cesse coupée et remalaxée à nouveau, devient, au bout d'un certain temps, d'une couleur uniforme et d'une homogénéité parfaite. Le mélange est effectué. Il ne reste plus qu'à vulcaniser le caoutchouc, mais, au préalable, il faut lui donner sa forme définitive. Nous arrivons à la fabrication du « pneu » proprement dit.

L'enveloppe est formée, tout d'abord d'une bande de toile résistante en coton écru sur laquelle on applique une couche de dissolution de caoutchouc à la benzine. Cette opération se fait au moyen d'une machine dite *table à gommer*, qui donne à la couche de caoutchouc une épaisseur uniforme.

D'autre part, le caoutchouc, mélangé comme nous l'avons vu précédemment, est réchauffé et porté à la *calandre*, machine constituée de deux cylindres creux chauffés, entre lesquels il se lamine en plaques ou en feuilles d'épaisseur et de dimensions exactement déterminées. On découpe alors, dans les toiles gommées et les feuilles de caoutchouc, les morceaux nécessaires à la confection des enveloppes. Pour façonner l'enveloppe, l'ouvrier se sert d'un *moule à bandage*, constitué par une sorte de roue en fouet dont le cercle est arrondi, à coupe oblongue et à surface lisse. Autour de ce noyau, il étend une bande de toile gommée dont il colle l'une contre l'autre les deux extrémités. Cette bande est un peu plus large que le noyau. L'ouvrier applique ensuite de chaque côté un bourrelet de caoutchouc très dur et très peu élastique qu'il recouvre en rabattant sur eux-mêmes les bords de la bande (ces bourrelets servent à maintenir l'enveloppe dans les gorges de la jante). Cela fait, il dispose successivement l'une sur l'autre deux bandes de caoutchouc séparées par une toile gommée.

Le noyau ainsi revêtu est enfermé dans un moule formé de deux gorges d'acier qui l'enserrent hermétiquement. Les moules, empilés les uns sur les autres, sont portés sous une presse hydraulique où ils sont comprimés et cuits tous ensemble. A cet effet les moules seront séparés par des plaques creuses, chauffées à la vapeur qui leur communiqueront par contact leurs températures élevées.

Après cette opération, la vulcanisation est achevée; la matière de l'enveloppe est maintenant parfaitement homogène et semble d'une seule coulée. Les enveloppes sont alors nettoyées et ébarbées; puis une bande de caoutchouc préalablement vulcanisée, plus épaisse au milieu que sur les bords, est collée sur la surface extérieure pour la protéger contre l'usure [1].

1. D'après M. G. Caye.

CLASSE DES MONOCOTYLÉDONES

Les caractères généraux des Monocotylédones ont déjà été indiqués dans la Leçon XI (p. 132). Rappelons-les ici brièvement.

En même temps que l'embryon n'a qu'un seul cotylédon (*fig.* 143), les feuilles, généralement longues et étroites, ont les nervures *non ramifiées* et presque parallèles (*fig.* 54), et les fleurs ont des verticilles de 3 pièces, quelquefois de 6.

La racine principale disparaît rapidement pour être remplacée par des racines adventives fasciculées.

Si la tige devient ligneuse, elle ne s'accroît pour ainsi dire pas en épaisseur. Le bois n'y est pas disposé en couches concentriques, mais en *petits faisceaux épars* (*fig.* 53), dits faisceaux *libéro-ligneux*, parce que, à chacun d'eux s'adjoint un peu de liber. Ces faisceaux, disséminés dans la moelle, sont surtout abondants au voisinage de la surface extérieure, de sorte que cette région externe de la tige est la plus résistante. Ex. : la tige du *Palmier* ou *stipe*.

Leçon XXIV

Familles des Liliacées et des Amaryllidées.

RÉSUMÉ. — **1. Exemple d'une Liliacée: le Lis.** — *Bulbe écailleux* à la base, surmonté d'une couronne de *feuilles à nervures parallèles*, du centre de laquelle part la tige florale. Fleur comprenant un *calice pétaloïde à 3 sépales* blancs, une *corolle à* 3 *pétales* blancs, 6 *étamines* et un *ovaire supère* composé de 3 *loges* avec *placentation axile* et devenant une *capsule.*

2. Caractères généraux. — *Calice pétaloïde de* 3 *pièces,* corolle de 3 *pétales,* 6 *étamines, ovaire supère à* 3 *loges* devenant soit une *capsule* (Lis), soit une *baie* (Asperge).

3. Principaux types. — *Ornementales :* Lis, Tulipe, Jacinthe ; Couronne impériale, Yucca ; *Alimentaires :* Ail, Oignon, Échalote, Poireau, Asperge ; *Médicinales :* Aloès, Salsepareille ; *nombreuses Liliacées sauvages :* Muguet, Jacinthe des bois, Colchique, etc.

4. Exemple d'une Amaryllidée : le Narcisse faux Narcisse. — *Bulbe* à la base. Fleur jaune précoce. *Calice et corolle soudés en un tube* terminé par 6 *divisions* et portant à l'intérieur une *couronne* ou collerette à bords frangés, 6 *étamines, ovaire infère à* 3 *loges* avec *placentation axile* et devenant une *capsule.*

5. Caractères généraux. — Ces plantes diffèrent des Liliacées par leur *ovaire infère* et par la *présence fréquente d'une couronne* à l'intérieur du tube floral.

6. Principaux types. — *Narcisse faux Narcisse, Narcisse des poètes, Narcisse Tazette, Jonquille, Perce-neige, Amaryllis, Agave.*

CLASSE DES MONOCOTYLÉDONES

FAMILLE DES LILIACÉES

1. Exemple d'une Liliacée : le Lis. — Un pied de lis montre, à la base, un *bulbe* formé d'une tige très courte portant des *écailles* charnues (feuilles modifiées) qui se recouvrent les unes les autres comme les tuiles d'un toit (*fig.* 50). Les feuilles, formant une touffe qui paraît sortir de terre, ont les nervures parallèles. Du centre de cette touffe de feuilles part la *tige florale* portant quelques bractées et terminée par une grappe de fleurs.

Les fleurs (*fig.* 347, *A*) présentent un *calice* et une *corolle*, presque semblables : le calice, formé de 3 sépales blancs légèrement teintés de vert, est dit *pétaloïde* ; la corolle est également blanche et comprend 3 *pétales*. Les *étamines* sont longues et au

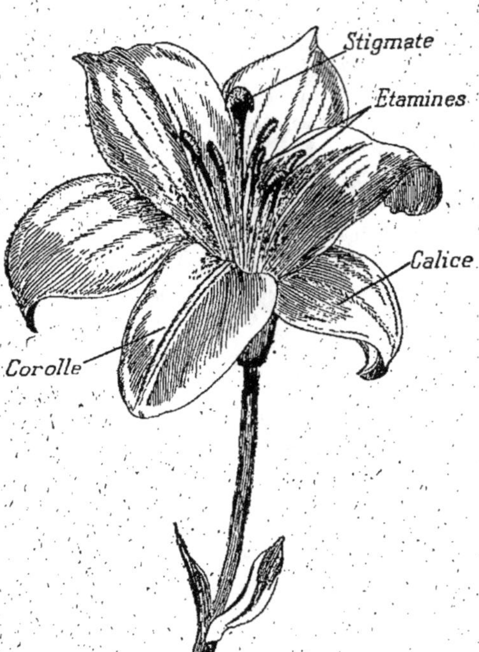

FIG. 347, *A*. — Fleur de Lis.

FIG. 347, *B*. — Jacinthe cultivée dans une carafe.

nombre de 6 ; chacune d'elles est opposée à un sépale ou à un pétale. L'*ovaire* est *supère* et à 3 *loges* ; il contient de nombreux ovules insérés suivant la *placentation axile*, et est surmonté d'un long style terminé par un stigmate à 3 lobes épais. A la maturité, l'ovaire devient une *capsule* s'ouvrant par 3 fentes.

2. **Caractères généraux.** — Les Liliacées sont des **Monocotylédones**, ayant un calice pétaloïde de 3 pièces, une corolle de 3 pétales, 6 étamines, un ovaire supère à 3 loges, devenant soit

une *capsule* (exemple : Lis), soit une *baie* (exemple : Asperge).

Classification. — On les divise en deux tribus : les *Liliacées* proprement dites (Lis, Tulipes), caractérisées par une capsule, et les *Asparaginées* (Asperge, Muguet), caractérisées par une baie.

3. Principaux types et applications. — Les Liliacées comptent de fort jolies plantes de jardins : les **Lis**, les **Tulipes** (*fig.* 355), aux nombreuses variétés ; les **Jacinthes**, qui fleurissent aussi en appartement, dans une simple carafe (*fig.* 347, *B*) ; la *Couronne impériale* (*fig.* 354) où les fleurs sont disposées suivant une circonférence surmontée d'un

Fig. 348. — Bulbes d'Ail.

Fig. 349. — La mise en bottes des Asperges (cliché Belin d'Argenteuil).

bouquet de feuilles ; le *Yucca*, qui sert à orner les pelouses.

On y rencontre aussi plusieurs plantes alimentaires assez importantes : l'Ail (*fig.* 348), l'Oignon, l'*Échalote*, le **Poireau**, chez lesquels on mange le bulbe, et l'**Asperge** (*fig.* 349), dont on mange les sommets des jeunes tiges.

Fig. 350. — Aloès.

Fig. 351, *A.*　　Fig. 351, *B.*—Col-
Muguet (blanc).　chique (mauve).

L'Aloès (*fig.* 350) donne un suc purgatif employé en médecine, et la *Salsepareille*, une racine qui passe pour dépurative.

Citons enfin, parmi les Liliacées sauvages les plus connues, le délicieux **Muguet** (*fig.* 351, *A*), si élégant par sa forme en clochette et dont l'odeur délicate est si appréciée ; la *Jacinthe des bois* ou *Endymion*, qui pousse au printemps ; la **Colchique** (*fig.* 351, *B*), aux fleurs mauves, qui apparaissent en automne, non entourées de feuilles, et au bulbe renfermant un poison qui lui a fait donner le nom de *tue-chien*.

FAMILLE DES AMARYLLIDÉES

4. Exemple d'une Amaryllidée : le Narcisse faux Narcisse. — Le Narcisse faux Narcisse (*fig.* 352) est cette plante aux fleurs jaunes, qu'au commencement du printemps on vend sous le nom d'aïaut en bouquets généralement dépourvus d'élégance. La fleur est formée d'un tube unique, résultat de la fusion du *calice* et de la *corolle*. A la partie supérieure, ce tube se divise en 6 lames jaunes, dont 3 représentent l'extrémité des sépales, et 3 l'extrémité des pétales.

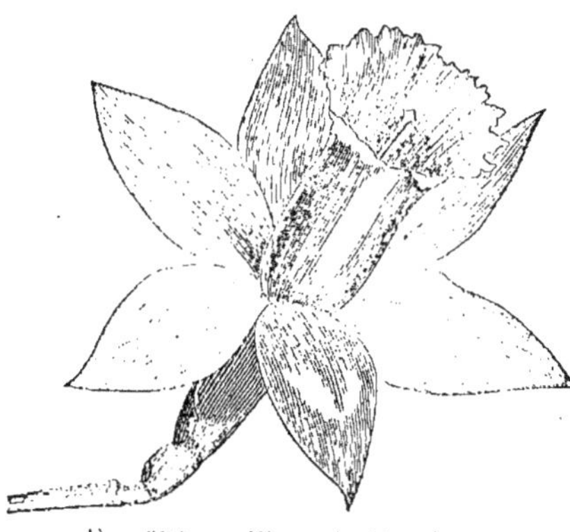

Fig. 352. — Fleur de Narcisse faux Narcisse (jaune).

En outre, à la gorge de ce tube, il y a une large collerette cylindrique, un peu frangée à son bord libre : c'est une production florale spéciale à la famille des Amaryllidées et à laquelle on donne le nom de *couronne*. Plus en dedans, on trouve 6 *étamines*. L'*ovaire* est *infère* et divisé en 3 *loges*; il devient une capsule à la maturité. Signalons enfin la présence à la base de la fleur d'une lame parcheminée : c'est une bractée plus ou moins desséchée. La plante elle-même a des feuilles allongées, à nervures parallèles, partant d'un *bulbe* souterrain.

5. Caractères généraux. — Les Amaryllidées diffèrent surtout des Liliacées par leur **ovaire infère** et par la présence d'une **couronne** dans la fleur de certaines espèces; mais elles ont comme elles une **fleur régulière** et **6 étamines**.

6. Principaux types et applications. — Le *Narcisse faux Narcisse*, que nous avons cité plus haut, n'est pas fort joli. Mais

d'autres espèces sont belles, notamment lorsque leur corolle
est blanche ou jaune clair, et leur couronne courte ou bordée
d'un liseré rouge ; elles sont alors fréquemment cultivées

Fig. 353. — Agave.

dans les jardins, comme c'est le cas du Narcisse des poètes, du
Narcisse Tazette, du *Narcisse Jonquille*.

Le *Galanthe* perce-neige (*fig.* 114) est bien connu par la
précocité de sa floraison, qui a lieu dès le mois de février.

Les **Amaryllis** sont des plantes d'ornement assez estimées.

L'**Agave** (*fig.* 353) est une énorme plante dont les feuilles peuvent atteindre 20 à 30 centimètres de large et 2 mètres de long ; elles sont grasses et très pointues. Il croît dans le Midi de la France, mais sa véritable patrie est le Mexique, où on l'appelle *Maguey*. Des feuilles on tire une sorte de chanvre et une boisson alcoolique, le *pulque*.

L'*Igname* (qui appartient à la famille voisine des Dioscorées) donne des tubercules comestibles analogues aux Pommes de terre ; on la cultive dans les pays chauds.

LECTURE

De jolies fleurs de jardins. Lis, Tulipes et Jacinthes. — Si les Palmiers sont les Princes du règne végétal et si les Rosacées en sont les Reines, je crois bien que les Liliacées en sont les Impératrices.

Peu de plantes en effet ont autant qu'elles un port noble et majestueux. Malgré leur abord un peu froid, elles arrivent à charmer surtout par la pureté de leur coloris.

La plus « noble » des Liliacées, — au dire des horticulteurs tout au moins — est la Fritillaire, originaire d'Orient, à laquelle ils ont donné le nom de « couronne impériale » (*fig.* 354). Ses fleurs, d'un beau rouge ponceau, sont disposées en couronne au sommet de la tige et surmontées d'un bouquet de feuilles.

Fig. 354. — Couronne impériale (fleurs rouge ponceau).

Le Lis blanc, par la pureté de sa fleur blanche, a de tout temps été choisi comme emblème de la pureté, et son aspect mystique l'a fait entrer sous mille formes dans la décoration symbolique. En bouquet, les Lis sont fort jolis, mais dégagent malheureusement une odeur trop vive qui fatigue la tête de beaucoup de gens nerveux. Il est mieux à sa place dans les jardins, où sa hampe droite, terminée par de jolies fleurs, est éminemment décorative.

Le Lis blanc était jadis à peu près le seul connu. Mais, depuis un certain nombre d'années, on y a ajouté d'autres espèces encore plus opulentes, au coloris si varié, si doré qu'on pourrait même dire qu'elles le sont trop. Parmi ces Lis, les plus connus sont : le Lis à longues fleurs, originaire du Japon, dont le nom indique suffisamment le caractère ; le Lis orangé, indigène de l'Allemagne méridionale, aux pétales finement ponctués de brun ; le Lis doré, aux fleurs odorantes, amplement ouvertes, finement mouchetées de brun sur un fond blanc pur avec une large bande jaune suivant chacun de ses pétales ; et le Lis Martagon, aux pétales fortement recourbés et robustes, d'un rouge plus ou moins orangé, ponctué de pourpre brun, que l'on voit si souvent chez les fleuristes. Dans les pays chauds, les Bermudes par exemple, on cultive les Lis non pour la fleur, mais pour leurs bulbes que l'on mange.

Les Lis ont comme rivales en majesté les Tulipes, pour lesquelles jadis on se ruinait. Il fut un temps, au xvie siècle, où elles étaient les fleurs de prédilection des Belges et surtout des Hollandais : c'en était devenu une véritable folie. Depuis, cette « tulipomanie » a bien diminué, bien qu'elle conserve encore quelques fanatiques, surtout dans les Pays-Bas (*fig.* 355). Aujourd'hui, on les emploie surtout à orner les corbeilles dans les parcs ; leurs teintes, qui varient du jaune au rouge et au violet, sont un peu crues, mais plaisent à quelques personnes. Les plus jolies espèces, à mon avis, sont celles dont les pétales sont un peu découpés, laciniés sur le bord, et dont les tons sont panachés.

La tulipe n'a pas d'odeur. Mais sa petite cousine, la Jacinthe, a un parfum délicieux. « Appréciée des Anciens, bien qu'il ne semble pas qu'ils se soient mis pour elle en grands frais de culture, elle a été fort à la mode du temps des Croisades, et c'est ainsi que, depuis des siècles, l'horticulteur moderne, la choye, l'embellit et est arrivé à la pourvoir de toutes les perfections dont elle est susceptible. Comparez n'importe laquelle des variétés innombrables créées par les Hollandais, avec notre modeste et encore charmante Jacinthe des bois, laquelle doit se rapprocher quelque peu du type également sauvage de l'espèce orientale, et vous aurez une idée du chemin que celle-ci

a fait dans le monde. Remarquez encore que cette Liliacée aura
sur nous autres humains, qui ne montons jamais que pour dé-
gringoler de plus haut, l'avantage de ne jamais descendre.
Les Hollandais ont pris une part considérable au développement
de la Jacinthe orientale; il est dû à la fois aux soins minutieux
qu'ils ont apportés à sa culture et à sa propagation, et à la
nature, particulièrement favorable à la plante, du terrain dont

Fig. 355. — Un champ de Tulipes en Hollande (cliché Van der Schoot
et Sohn à Hillegom).

ils disposent. Le sol du revers des dunes, où ils en établissent
les plantations, se compose de sable presque pur mélangé à
quelques détritus d'alluvions; l'eau douce arrive aux racines
par infiltrations; celle de la pluie ne saurait séjourner dans un
milieu aussi perméable; enfin le voisinage presque immédiat
de la mer, la douceur de température qui en résulte, ainsi
que l'état si souvent brumeux du ciel sont encore des conditions excellentes pour la végétation et la conservation de
cette jolie Liliacée. Dans les environs de Harlem, plus de
60 hectares sont consacrés à cette production, dont l'expor-
tation se chiffre par plusieurs millions pour la totalité du

pays. La Jacinthe est encore très appréciée par les Belges et les Allemands ; c'est à Berlin surtout qu'elle trouve de nombreux amateurs. Paris ne reste pas trop en arrière de ces deux dernières contrées ; cependant, comme, grâce à notre climat privilégié, nous avons un large choix entre les végétaux d'ornement, le nombre des amateurs s'attachant à collectionner les Jacinthes n'est pas très grand ; on leur accorde moins d'attention et surtout moins de soins qu'en Hollande ; on ne les cultive guère sur une large échelle que pour les fleurs coupées, et les oignons des variétés simples qui ont cette destination ne sont pas relevés chaque année et poussent librement dans les jardins.

On n'est pas belle à bon marché, même quand on est Jacinthe. Nécessairement les collectionneurs ont établi le programme des perfections qu'elle doit posséder pour aspirer à ce titre, et le *dignus es intrare* n'est pas moins difficile à obtenir pour elle que pour la Tulipe. Il faut à une Jacinthe qui se respecte une tige rude, forte et droite, bien dégagée des feuilles qui forment entonnoir autour d'elle ; si cette tige montre moins de douze fleurs, elle n'a pas droit à plus d'attention qu'une prétendue jolie femme à laquelle il manquerait des dents ; le nombre réglementaire va de quinze à trente ; ces fleurs doivent s'étager en se présentant horizontalement et sans obliquité ; leurs pédicelles doivent aller en diminuant de longueur, de façon à former un cylindre pyramidal très légèrement conique à son extrémité supérieure, etc., car vous savez, de reste, que les collectionneurs, ayant leurs raisons pour être de goût difficile, ne sont pas gens à se contenter de si peu. » (De Cherville.)

La Jacinthe a l'avantage de pouvoir être cultivée sans terre, dans la plus humble des carafes. À cet égard elle est très appréciée des intérieurs modestes pour sa beauté et son parfum délicieux.

Leçon XXV

Familles des Iridées et des Orchidées et familles voisines.

RÉSUMÉ. — 1. Exemple d'une Iridée : l'Iris germanique. — Tige souterraine ou *rhizome*, feuilles en lame de sabre. Fleur comprenant 3 *sépales pétaloïdes* et 3 *pétales* violets, 3 *étamines* à anthères tournées en dehors et un *ovaire infère à 3 loges* avec *placentation axile*, surmonté de 3 *stigmates pétaloïdes*, *fruit capsulaire*.

2. Caractères généraux. — Ces plantes diffèrent des Liliacées par le nombre des étamines (3 au lieu de 6) et par leur ovaire infère. et des Amaryllidées par le nombre des étamines.

3. Principaux types. — *Iris, Freesia, Crocus, Safran, Glaïeul.*

4. Dans des familles voisines se trouvent l'*Ananas*, le *Bananier*, le *Canna*.

5. Exemple d'une Orchidée : l'Orchis Homme-Pendu. — Racines soudées en une sorte de *tubercule* contenant des réserves nutritives. *Fleur irrégulière :* 3 *sépales* jaunâtres, 3 *pétales* jaunâtres dont l'inférieur ou *labelle* très long et pendant, *une seule étamine* à pollen aggloméré en *pollinies, ovaire infère* très long, tordu, devenant une *capsule* à nombreuses graines très petites.

6. Caractères généraux. — Très voisins de ceux de l'Orchis. Labelle de forme très variée et souvent bizarre, souvent pourvu d'un éperon à la base.

7. Principaux types. — Nombreuses espèces d'*Orchis* et d'*Ophrys, Sabot de Vénus, Neottia nid d'oiseau, Loroglosse* à odeur de bouc, nombreuses espèces équatoriales, telles que les *Odontoglosses* et les *Cattleya* ornementales, et la *Vanille* au fruit parfumé.

FAMILLE DES IRIDÉES

1. Exemple d'une Iridée : l'Iris germanique. — L'*Iris germanique*, si cultivé dans les jardins pour ses belles fleurs violacées, comprend un *rhizome* souterrain, des *feuilles* en lames de sabre, des hampes de fleurs où celles-ci sont peu nombreuses et en partie cachées, quand elles sont jeunes, par des membranes desséchées qui ne sont autres que des *bractées* mortes. — La fleur (*fig.* 356) comprend 3 *sépales* pétaloïdes, c'est-à-dire colorés.

de la même façon que la corolle, et portant à la face supérieure une brosse de poils jaunes ; 3 *pétales* colorés en violet ; 3 *étamines* dont chacune correspond à un pétale (ce qui est exceptionnel chez les fleurs), et s'ouvrant vers l'extérieur de la fleur ; un *ovaire infère* (*fig.* 357) à 3 loges, avec placentation axile, devenant une *capsule* et surmonté de 3 *stigmates* pétaloïdes, c'est-à-dire formés de lames colorées en violet.

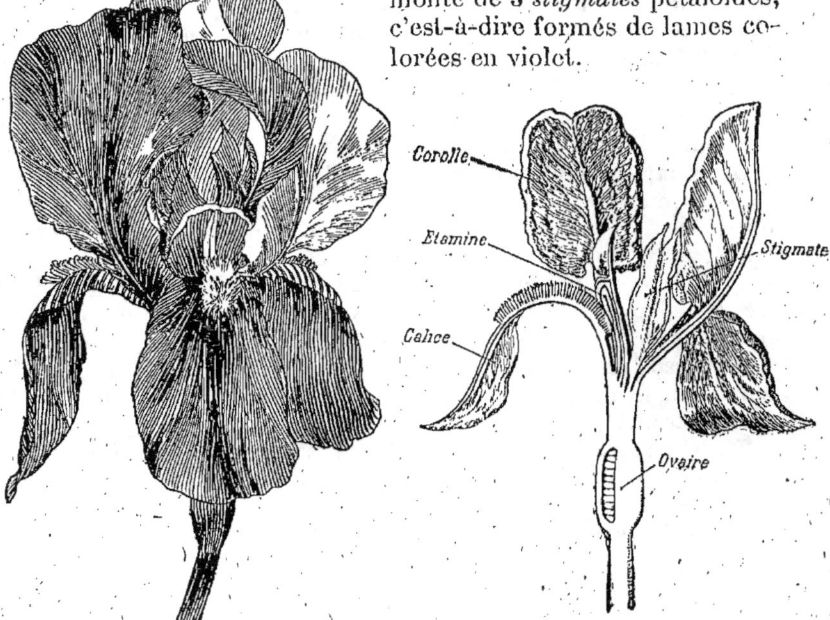

Fig. 356. — Fleur d'Iris germanique (violet).

Fig. 357. — Fleur d'Iris germanique coupée en long.

2. Caractères généraux. — Les Iridées ressemblent aux Liliacées par leurs 3 sépales pétaloïdes et leurs 3 **pétales**, aux Amaryllidées par leur ovaire **infère**. Mais elles diffèrent de ces deux familles par leurs **étamines**, qui ne sont qu'au nombre de 3 (au lieu de 6).

3. Principaux types et applications. — Dans les marais il n'est pas rare de trouver un Iris sauvage, aux fleurs jaunes : c'est l'**Iris faux acore**. Les autres espèces sont cultivées dans les jardins; la culture en a créé de nombreuses variétés. Du rhizome de l'*Iris de Florence* on tire une poudre servant à faire des sachets parfumés, que l'on met dans les armoires à linge.

Les *Freesia* (prononcez: *Frizia*)sont cultivés surtout dans le Midi de la France; leurs fleurs sont très odorantes.

Fig. 358. — Faux fruit de l'Ananas.

Les **Crocus** peuvent être aussi bien cultivés dans les jardins que dans des pots de Mousse, à la manière des Jacinthes.

Le **Safran** est utilisé

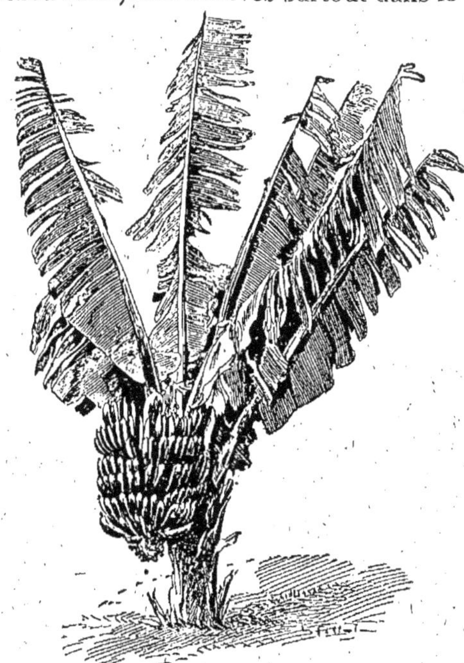

Fig. 359. — Bananier, avec un régime de Bananes (deux fois la hauteur d'un homme).

pour ses longs stigmates divisés en trois et creusés en cornet, d'une belle couleur jaune rouge; dans le Midi de la France on s'en sert pour donner aux mets une couleur jaune et une saveur spéciale. Leur prix est assez élevé, car il ne faut pas moins de 140 000 fleurs pour donner 1 kilogramme de stigmates.

Les **Glaïeuls** constituent de belles plantes d'ornement, surtout pour les bordures; leurs hampes florales ont cependant trop de raideur pour avoir de l'élégance.

4. C'est à côté des Iridées que l'on peut placer deux plantes exotiques importantes : l'*Ananas* (famille des Broméliacées) et le *Bananier* (famille des Scitaminées).

Les **Ananas** sont cultivés dans toutes les régions tropicales de l'Asie et de l'Amérique. Ce sont des plantes assez grandes, entourées de grandes feuilles vertes dentées. La partie que l'on mange (*fig.* 358) représente l'inflorescence tout entière, dont la tige, les bractées et les fleurs sont devenues charnues ; elle est surmontée d'un bouquet de feuilles.

Le **Bananier** (*fig.* 359) comprend une grosse tige en partie herbacée terminée par de longues feuilles pouvant atteindre 3 mètres de long et ayant une nervure médiane, avec des nervures latérales parallèles. Les fruits ou *Bananes* sont réunis en une grappe pendante que l'on désigne sous le nom de *régime* ; on les mange quand ils sont mûrs, moment où ils ont une saveur exquise. Avant leur maturité, on peut en extraire de la farine.

Une espèce voisine, le **Canna** ou *Balisier*, est cultivée dans nos jardins comme plante d'ornement.

FAMILLE DES ORCHILÉES

5. Exemple d'une Orchidée : l'Orchis Homme-Pendu. — L'*Orchis* (prononcez : *Orkis*) *Homme-Pendu* (*fig.* 360) se rencontre au printemps dans les prés. Le pied entier n'a pas plus de 1 à 2 décimètres. Dans la terre, il porte une racine singulière, formée de quelques filaments analogues aux radicelles des plantes ordinaires et deux grosses masses ovoïdes, les *tuber-*

Tubercules

Fig. 360. — Pied d'Orchis Homme-Pendu.

cules. Ceux-ci ne sont pas semblables : l'un est vidé, l'autre est bombé. Le premier date de l'année précédente ; c'est parce qu'il a nourri la plante qu'il s'est vidé. L'autre est celui que la plante vient de former et qui, restant en terre, aidera à reproduire l'année prochaine une nouvelle plante. — Les fleurs sont réunies en un *épi*. — Chaque fleur (*fig.* 361) présente 3 petits *sépales* jaunâtres. En dedans d'eux, 3 *pétales* jaunâtres, dont les deux supérieurs sont insignifiants, mais dont l'inférieur, le *labelle*, est large, pendant, et, par ses quatre parties, figure l'aspect d'un petit homme pendu — d'où le nom de la plante. — Il n'y a qu'*une seule étamine*, dépourvue de filet et réduite ainsi à l'anthère ; dans celle-ci, le pollen, au lieu d'être pulvérulent, est aggl0méré en deux masses pyriformes ou *pollinies* (*fig.* 362), qui, dans leur partie pointue, présentent une masse col-

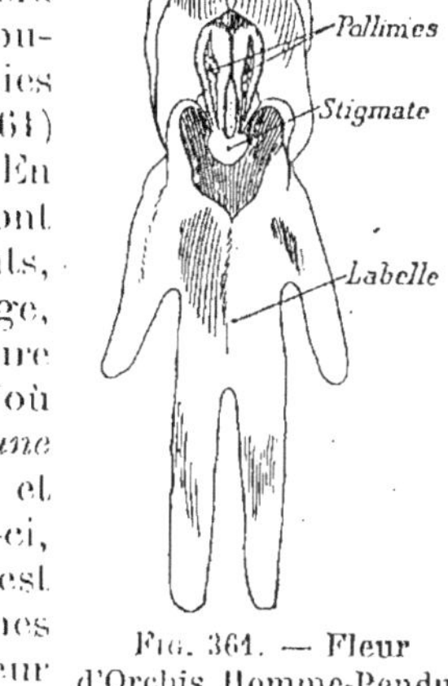

Fig. 361. — Fleur
d'Orchis Homme-Pendu.

lante. Lorsqu'un insecte introduit sa tête dans la fleur, ces pollinies se collent à sa tête ; il les emporte au loin et vient, plus tard, les faire buter involontairement sur le stigmate d'une autre fleur d'Orchis Homme-Pendu, où elles se collent, ce qui assure la fécondation. *Nota :* On peut imiter ce transfert en touchant le milieu de la fleur avec la pointe d'un crayon : les pollinies s'y collent (*fig.* 363). — *L'ovaire* est *infère*, c'est-à-dire qu'il est situé tout à fait au-dessous de la fleur ; il est *tordu en spirale*, très allongé, ce qui fait qu'on le prend au premier abord pour la queue de la fleur. Il est formé de 3 *carpelles*

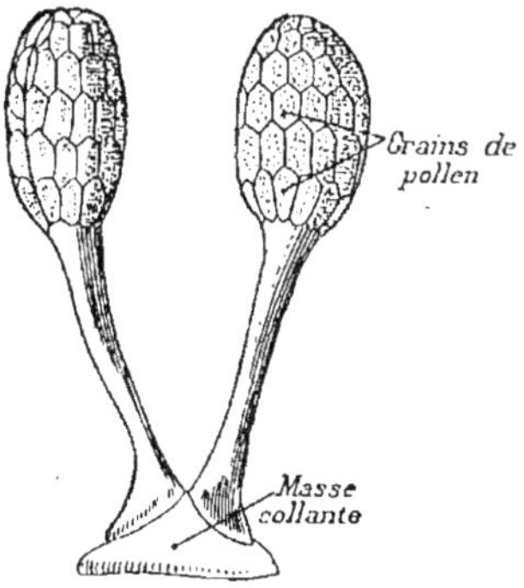

Fig. 362. — Pollinies
d'une Orchidée (grossies).

et donne une *capsule*. — Le *stigmate* est un petit espace collant. Les *graines* sont fort petites et germent difficilement.

6. Caractères généraux. — Les Orchidées (prononcez : *Orkidées*) constituent une famille bien limitée par des caractères bien spéciaux. Elles possèdent **3 sépales, 3 pétales,** dont l'un, le **labelle,** généralement très large, est souvent muni d'un éperon. Il n'y a qu'**une étamine,** renfermant du **pollen aggloméré** en **2 pollinies.** L'ovaire est **infère,** tordu sur lui-même.

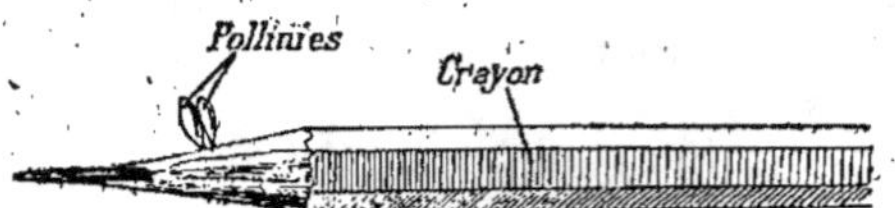

Fig. 363. — Pollinies d'une fleur d'Orchidée fixées sur un crayon.

7. Principaux types et applications. — Dans notre pays il y a de nombreuses espèces d'**Orchis,** dont les fleurs, quoique de même structure, diffèrent beaucoup par la forme du labelle, lequel présente parfois un éperon court (*Orchis tacheté*) ou long (*Orchis à deux feuilles*).

Les **Ophrys** (*fig.* 364) ont des fleurs encore plus étranges par leur labelle qui est bombé, velouté et ressemble à un abdomen d'insecte ou d'araignée, ainsi que le rappelle le nom des espèces (*Ophrys mouche, Ophrys frelon, Ophrys araignée*).

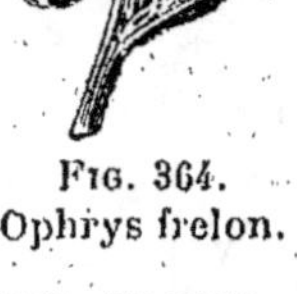

Fig. 364.
Ophrys frelon.

Parmi les autres Orchidées indigènes, citons encore le *Cypripedium sabot,* qui croît dans les montagnes; la *Neottia nid d'oiseau,* qui est tout entière brunâtre et dont les racines, enchevêtrées comme les brindilles du nid d'un oiseau, vivent dans l'humus; le *Loroglosse à odeur de bouc,* dont le labelle est contourné en spirale et dont l'odeur est désagréable.

Mais c'est surtout dans les pays chauds que les Orchidées revêtent toute leur splendeur. Là, la plupart vivent sur les branches des arbres et sont, comme on dit, des **plantes épiphytes** : elles ne sont pas parasites, mais se contentent, pour vivre, des minces particules de terre que le vent vient faire coller à leurs abondantes racines et de la vapeur d'eau qui abonde dans les forêts tropicales. Ces plantes ont des fleurs admirables de coloris, de forme et de parfum : on sait aujourd'hui les cultiver chez nous dans des serres spéciales. Les plus connues de ces espèces sont les *Odontoglossum* (*fig.* 365), les *Cattleya* et les *Cypripedium* (*fig.* 366), au labelle figurant un sabot.

A part leur utilisation dans l'ornementation, les Orchidées ont peu d'emplois. Des tubercules de certaines espèces exotiques cependant on extrait une farine alimentaire, le **salep.** La seule Orchidée importante au point de vue commercial est la **vanille,** Orchidée grimpante, aux longues racines adventives pendantes, originaire du Mexique, dont les fruits — improprement appelés gousses — ont une odeur délicieuse et servent à parfumer les plats de dessert. Le principe odorant, la *vanilline,* ne se développe que par la fermentation des fruits; on sait, d'ailleurs, l'obtenir aujourd'hui chimiquement en l'extrayant du goudron.

LECTURES

1. — *Les Orchidées exotiques* (*fig.* 365 et 366) *à Paris.* — Il y a

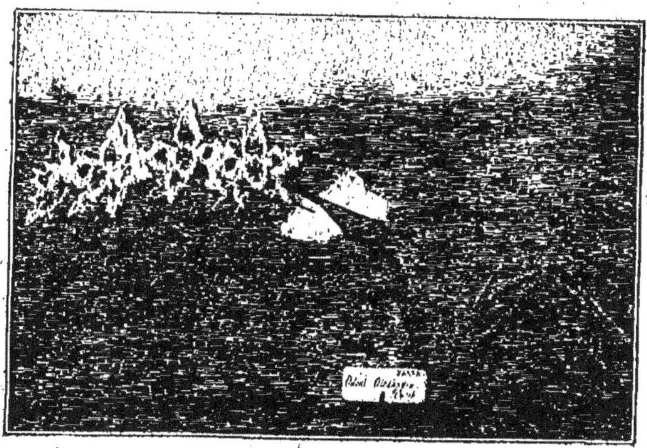

Fig. 365. — Une Orchidée exotique du genre Odontoglossum
(cliché Hégot).

quelques années à peine, à Paris, l'Orchidée était une rareté et un

privilège ; aujourd'hui la fleur est dans le domaine public, on la
vend déjà comme fleur coupée aux montres des fleuristes, où on
l'offre baignant dans le godet naturel des bambous, porte-
bouquets délicats qui conviennent à son origine exotique. Une
goutte d'eau suffit à garder la fleur fraîche et vive plus longtemps que toute autre.
Les fleuristes disent
de l'Orchidée, qu'elle
est « avantageuse ».

Les noms des di-
verses variétés d'Or-
chidées sont barbares,
mais la fleur est presti-
gieuse, et ses nuances
sont indicibles. Il y a
là des régals de chairs
nacrées et des dé-
bauches de blan-
cheurs, de nuances
irisées de perles, de
rubis et de saphirs.
Les Madrépores et les
Anémones de la mer
ne donnent point l'idée
de ces fraîcheurs ex-
quises et de ces car-
nations rares qui
semblent des chairs
vivantes. Les variétés
en sont infinies, et si
dissemblables que
chacune d'elles pour-
rait passer pour une
plante d'un genre dif-
férent.

Fig. 366. — Une Orchidée exotique du genre
Cypripedium (cliché Hégot).

L'Orchidée a tous les tempéraments et pousse dans toutes
les régions, les plus froides comme les plus brûlantes ; on la
trouve à l'état naturel aux zones torrides, aux rives de l'Amazone, en Bolivie et dans les régions de l'Equateur, et, l'origine
de chacune des variétés déterminant naturellement son tempérament et exigeant un traitement particulier, la culture de
toutes à la fois devient un problème que les nababs eux-
mêmes ne pourraient résoudre.

Il y a quelques années encore, on racontait comme des légendes que des amateurs passionnés payaient le pied d'Orchidée le prix d'un tableau de maître, et les passionnés invités à admirer la floraison d'une « Vanda superba » ou des « Dendrobium » y assistaient avec une admiration religieuse. Tout d'un coup, ayant étudié le tempérament de chacune des espèces, on s'est avisé de les séparer, on a construit des serres spéciales pour chacune d'elles, et toutes les unités de même origine s'accommodant naturellement du même traitement, on est arrivé à la vulgarisation de l'Orchidée et à son bon marché en en spécialisant la culture. Là est tout le mystère du mouvement qui s'est produit.

Depuis, de grandes expéditions se sont formées aux rives des grands fleuves; on a chassé les Orchidées dans les dernières forêts vierges et on a chargé des vaisseaux pour les rapporter en Europe. Les Américains, les Anglais, plus passionnés, plus hardis que nous et qui, plus que nous aussi, ont besoin de fleurs parce qu'ils ont moins de soleil, ont réalisé des grands élevages par unités. La France a suivi, et il y a eu, sinon profit, au moins compensation, parce que la plante est souvent très résistante, et parce que la fleur dure longtemps et est certainement plus décorative que toute autre.

Le traitement spécial n'a rien de compliqué, et l'Orchidée a cette particularité qu'on ne peut ni avancer, ni chauffer, ni forcer la plante ; chacune des espèces a son époque de floraison qu'il faut attendre[1].

2. — *La Vanille* (*fig.* 367). — La culture et la préparation de la Vanille demandent de grands soins et varient suivant les pays. Au Mexique les plantations sont faites, soit dans

Fig. 367. — Pied de Vanille grimpant sur un arbre (plusieurs mètres de longueur).

les forêts vierges, soit dans les champs. Dans le premier cas, on déblaye le terrain en ne laissant, de place en place, que de

1. D'après Charles Yriarte.

jeunes arbres destinés à servir de support à la Vanille et au pied desquels on place deux boutures composées de trois « yeux » et dont on a coupé les feuilles. Au bout d'un mois, ces boutures sont enracinées; trois ans après, elles commencent à donner des fruits. Dans le second cas, on commence par labourer, puis on plante des arbres à croissance rapide qui, au bout d'un an, peuvent servir de supports aux boutures plantées comme il a été dit ci-dessus. Dans ce pays, la fécondation des fleurs se fait naturellement par l'intermédiaire des insectes. A Bourbon, au contraire, la fécondation doit être faite par la main de l'Homme, car il n'y a pas d'insectes particuliers pour la faciliter. Dans ce pays, ces fécondations s'opèrent facilement en transportant les pollinies d'une fleur sur le stigmate d'une autre fleur. Les boutures sont plantées au pied des arbres qu'on élague le moins possible, car la Vanille demande un sol humide et craint l'action prolongée des rayons du soleil. C'est sous les grands arbres que la Vanille végète le plus vigoureusement et donne les meilleurs produits.

Quand on veut cultiver en plein champ, il faut commencer par planter celui-ci d'arbres à croissance rapide, choisis parmi ceux qui ne perdent pas leur écorce (les racines adventives devant de préférence se fixer sur des parties durables) et à feuilles persistantes, ou qui, tout au moins, ne tombent qu'après la récolte des fruits. On plante les boutures pendant la saison des pluies. En deux années, la plantation est en plein rapport. La Vanille doit être abritée contre les vents régnants; il ne faut pas qu'elle soit trop ombragée, car elle ne produirait alors que des gousses minces et molles. Des arrosements sont nécessaires, surtout dans les premiers temps. On doit donner une fumure tous les ans, un peu avant la floraison, mais l'engrais trop fort est nuisible.

Le parfum que nous recherchons dans la Vanille ne se développe que sous l'action de la fermentation : le fruit n'a, par lui-même, aucune odeur. Au Mexique, les gousses récoltées sont entassées dans un hangar qui les garantit du soleil et de la pluie. Quand elles se rident, on les fait sécher. Si la saison est chaude et belle, on étend chaque jour les gousses sur une couverture de laine qu'on expose directement au soleil. Dans la soirée on les enferme dans des boîtes bien closes, de façon qu'elles sèchent toute la nuit. Elles prennent au bout de quelque temps une couleur de café grillé qui est d'autant plus prononcée que ces gousses ont mieux « sué ». Quand la saison est pluvieuse, on réunit les gousses en petits paquets dont on forme de petites balles que l'on enveloppe dans une couverture de laine, puis dans des feuilles de Bananier, et le tout, enserré dans une natte, est soigneusement ficelé et arrosé d'eau. Les balles qui renferment les plus belles gousses sont remises dans un four chauffé à 60°. Quand la température est tombée à 45°, on introduit les gousses plus petites et on ferme le four. Après vingt-quatre heures, on enlève les premières et, après trente-six heures, les dernières. Pendant cette opération, la Vanille a sué et pris une teinte marron. On commence ensuite l'opération si délicate de la dessiccation. Les gousses sont étendues sur une natte et pendant deux mois exposées chaque jour au soleil. Quand la dessiccation est à peu près complète, on l'achève à l'ombre, et les gousses sont ensuite mises en petits paquets.

A la Réunion, les gousses, assorties suivant leur longueur, sont placées dans l'eau à 90°, les plus longues pendant dix secondes, les moyennes pendant quinze secondes, et les plus petites pendant une minute. On les enroule dans une couverture de laine et on les expose au soleil jusqu'à ce qu'elles aient pris une teinte marron, c'est-à-dire pendant six à huit jours, puis on les fait sécher sous des hangars formant une sorte d'étuve à air chaud. Cette dessiccation demande à peu près un mois pendant lequel on retourne fréquemment les gousses. On s'aperçoit qu'elles sont en bon état quand elles peuvent être tordues autour des doigts, sans craquer. On passe ensuite chaque gousse entre les doigts, en répétant souvent cette manipulation pour faire sortir l'huile qu'elle renferme et qui lui communique le lustre et la souplesse que l'on recherche. Les gousses de même longueur sont enfin liées en paquets [1].

<hr>

Leçon XXVI

Famille des Palmiers et familles voisines.

RÉSUMÉ. — 1. Exemple d'un Palmier : le Dattier. — Tige non ramifiée ou *stipe* terminée par un *bouquet de grandes feuilles* divisées en *lanières pennées. Fleurs mâles et fleurs femelles*

---

1. D'après M. Bois.

en grappes énormes portées sur des *pieds différents*. La fleur mâle comprend 3 *sépales* et 3 *pétales* petits et membraneux et 6 *étamines*. La fleur femelle comprend aussi 3 *sépales* et 3 *pétales* membraneux et un *ovaire supère* composé de 3 *carpelles* dont *un seul se développe* pour former une *baie* à graine très dure.

2. Caractères généraux. — Plantes des pays chauds; la tige est toujours un stipe; les feuilles sont tantôt *pennées*, tantôt *palmées*. Les palmiers ont tous des fleurs rappelant celles du Dattier par leurs *verticilles de 3 ou 6 pièces*, mais ils sont tantôt *dioïques* comme le Dattier, tantôt *monoïques* comme le Cocotier; quelques-uns ont des *fleurs complètes.*

3. Principaux types. — *Aréquier, Palmier à cire, Phytele-phas, Dattier, Palmier nain, Copernicier à cire, Rotang, Sagoutier, Éléïs de Guinée, Cocotier.*

4. Familles voisines. — *Typhacées* (Massette); *Aroïdées* (Arum tacheté); *Lemnacées* (Lentille d'eau).

FAMILLE DES PALMIERS

1. Exemple d'un Palmier : le Dattier. — Le Dattier (*fig.* 368) est un arbre élevé. Sa tige appartient à la catégorie des *stipes*, c'est-à-dire qu'il s'élève verticalement sans se ramifier et en conservant à peu près le même diamètre du bas jusqu'en haut. A sa surface, on voit une série d'écailles filamenteuses sur le bord et se recouvrant les unes les autres : ce sont les gaines des feuilles qui, seules, ont persisté, tandis que celles-ci disparaissaient, et dont les fibres se sont plus ou moins dissociées.

A la partie supérieure, ce tronc cylindrique se termine par tout un panache de longues feuilles divisées en lanières pennées, dont chacune présente des nervures parallèles.

Les *fleurs mâles* et les *fleurs femelles* se trouvent sur *des pieds différents.*

Les fleurs mâles sont réunies en grand nombre (jusqu'à 200.000) de manière à former des *grappes*, qui prennent naissance dans le bouquet terminal de feuilles. Ces grappes ou *spadices* sont protégées par une sorte de grande feuille dure

Fig. 368. — Oasis peuplée de Dattiers

en forme de bateau, la *spathe*. Les fleurs femelles affectent les mêmes dipositions.

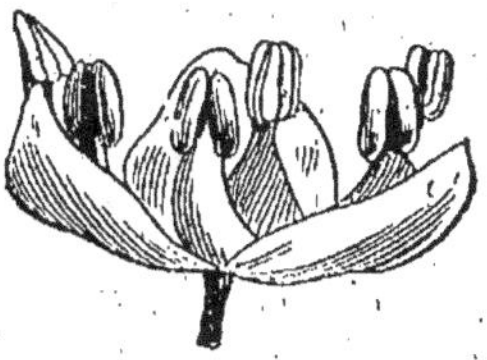

Chaque fleur mâle (*fig.* 369) comprend 3 *sépales* membraneux, 3 *pétales* également membraneux et 6 *étamines*.

Chaque fleur femelle comprend aussi 3 *sépales* membraneux, 3 *pétales* membraneux et un *ovaire supère* composé de 3 *carpelles*, sur lesquels *un seul arrive à maturité*.

Fig. 369. — Fleur mâle de Dattier.

Le fruit (*Datte*) est une *baie* (*fig.* 370) comprenant, à l'exté-

ment, un péricarpe charnu et extérieurement sucré ; à l'intérieur une graine très dure, allongée, contenant un tout petit embryon, et un abondant albumen corné.

Fig. 870. — Datte coupée en long.

2. Caractères généraux. — Les Palmiers (fig. 871) sont des monocotylédones ayant, comme caractères généraux, de posséder comme tige un stipe portant des feuilles tantôt pennées, tantôt palmées ; d'avoir des fleurs à 2 enveloppes, dont chacune comprend 3 pièces sèches ; il y a 6 étamines et 3 carpelles, dont un seul arrive généralement à maturité. Les Palmiers sont tantôt dioïques, comme le Dattier, tantôt monoïques ; quelques-uns, cependant, ont des fleurs

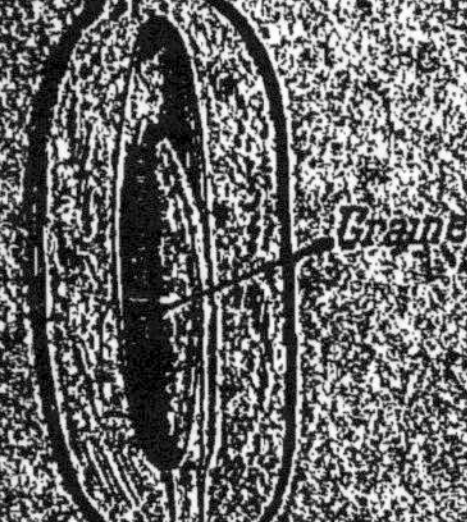

Fig. 871. — Palmiers de diverses espèces.

complètes. L'albumen est abondant. Ce sont toutes des plantes des pays chauds.

3. Principaux types et applications. — Les Palmiers, dans les pays où ils croissent, sont extrêmement utiles, d'où le nom de « Princes des végétaux » qu'on leur donnait autrefois : ils peuvent suffire à tous les besoins de la vie. Leur bois se prête à la construction des maisons. Les feuilles, tressées, servent à faire des toitures, des paniers. Avec les fibres que l'on en tire, on tisse des vêtements. Diverses parties sont mangeables, notamment le bourgeon terminal (chou palmiste), la moelle (sagou), les fruits (dattes, noix de coco, etc.); la sève de certaines espèces est buvable et peut, par fermentation, donner un liquide alcoolique (vin de palme). Plusieurs donnent de l'huile (huile de Palme), de la cire ou une sorte d'ivoire. Beaucoup, enfin, constituent de belles plantes d'appartement, restant vertes pendant de longues années (Phénix, etc.), mais ne fleurissant pas sous nos climats.

L'*Aréquier cachou* croît dans l'Inde et à Ceylan. Son amande, connue sous le nom de *Noix d'Arec*, saupoudrée de chaux et enfermée dans une feuille de Poivre Bétel, constitue une mixture appelée *Bétel*, qu'en Asie on se plaît à mâcher pendant des journées entières.

Le *Céroxyle des Andes* ou *Palmier à cire* est un des Palmiers les plus élevés que l'on connaisse, puisqu'il peut dépasser 60 mètres de haut, avec des feuilles de 7 mètres; son tronc laisse exsuder une cire, qui, mélangée de suif, sert à faire des bougies.

Le *Phytéléphas* croît au Pérou et à la Nouvelle-Grenade. Ses graines ont le volume de trois à quatre noix et renferment un albumen blanc, dur, tout à fait analogue, comme aspect, à l'ivoire : c'est l'ivoire **végétal** ou **corrozo**. Il sert d'ailleurs au même usage que l'ivoire ou l'os et notamment à faire des boutons.

Fig. 372. — Fleur de Chamérops nain.

Le **Dattier** est la richesse des régions désertiques de l'Afrique du Nord et aussi de beaucoup d'autres pays chauds, car ses fruits constituent la base de l'alimentation des indigènes. Pour assurer une bonne récolte, on procède tous les ans à la fécondation artificielle : des Arabes grimpent aux troncs et viennent secouer des fleurs mâles au-dessus des fleurs femelles (*fig.* 83).

Le *Chamérops nain*, ou Palmier nain, est souvent cultivé en plein air dans les jardins botaniques et les parcs. Ses fleurs (*fig.* 372) sont des glomérules de la grosseur d'un pois.

Fig. 373. — Cocotier.

Le *Copernicier à cire* se rencontre surtout au Brésil et dans la République Argentine. Sur ses jeunes feuilles on récolte la *cire de Carnauba*, dont on fait des bougies économiques.

Les *Rotangs* diffèrent des autres Palmiers en ce que leur tige est très longue, souvent grimpante, atteignant parfois plusieurs centaines de mètres, en un mot analogue aux Lianes. C'est avec ces tiges que l'on fait les cannes souples appelées rotins ou joncs.

Le *Sagoutier* se rencontre dans l'archipel Malais. De sa moelle on extrait une farine comestible, le *sagou*.

L'*Éléïs de Guinée* sert aux indigènes à toutes sortes d'usages. De son fruit notamment on tire l'huile de palme, qui sert à faire du savon et des graisses à machines.

Le **Cocotier** (*fig.* 373) est un grand Palmier de 25 mètres de haut, croissant dans l'Amérique tropicale. Son fruit (noix de coco) (*fig.* 374) est de la grosseur d'une tête humaine. Il comprend, de l'extérieur à l'intérieur, un péricarpe formé de fibres tassées dont on fait des cordes, une coque dure dont on fait des vases, un albumen blanc comestible, enfin une cavité remplie d'un liquide laiteux (*lait de coco*) d'un goût exquis et appartenant aussi à l'albumen. La hampe terminale de l'arbre est une sorte de Chou comestible, le *Chou palmiste*.

4. Familles voisines. — Les Palmiers n'ont presque aucune relation avec d'autres familles végétales. On peut, néanmoins, citer à côté d'eux les *Typhacées*, les *Aroïdées* et les *Lemnacées*.

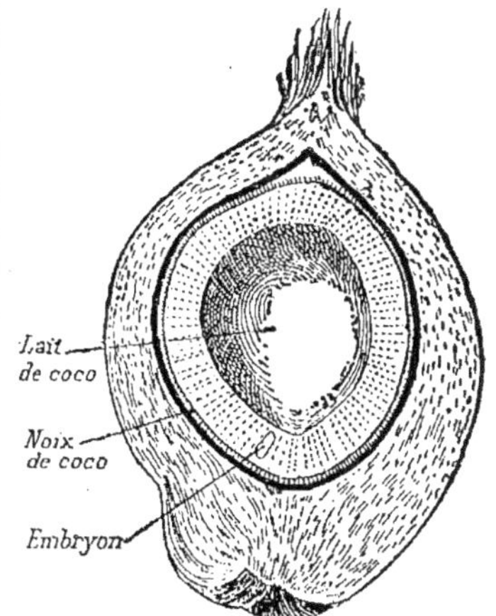

Fig. 374. — Noix de Coco, coupée en long.

Typhacées. — Les Typhacées croissent aux bords des eaux. La plus commune est la **Massette** dont les « massues » brunes, cylindriques, formées de fleurs femelles très tassées, donnent aux étangs un aspect tout particulier.

Aroïdées. — L'**Arum** *tacheté* ou *Gouet* (*fig.* 375) est très commun dans les bois au printemps et se fait remarquer par ses feuilles en fer de lance. Les fleurs sont réunies en un épi singulier enveloppé par une large feuille blanchâtre, la *spathe*, enroulée sur elle-même à la manière d'un cornet de papier. L'épi lui-même comprend en bas des fleurs femelles réduites à des carpelles (certains sont avortés), plus haut, des fleurs mâles réduites à des étamines. L'épi se termine par une massue tachetée de violet et renfermant une réserve de nourriture. Toute la plante renferme un alcaloïde dangereux qui fait mourir les bestiaux venant à en manger.

Dans les pays chauds, il y a de nombreuses espèces d'Aroïdées. Les plus connues sont l'*Anthurium* et le *Richardia*, que l'on cultive chez nous en serres.

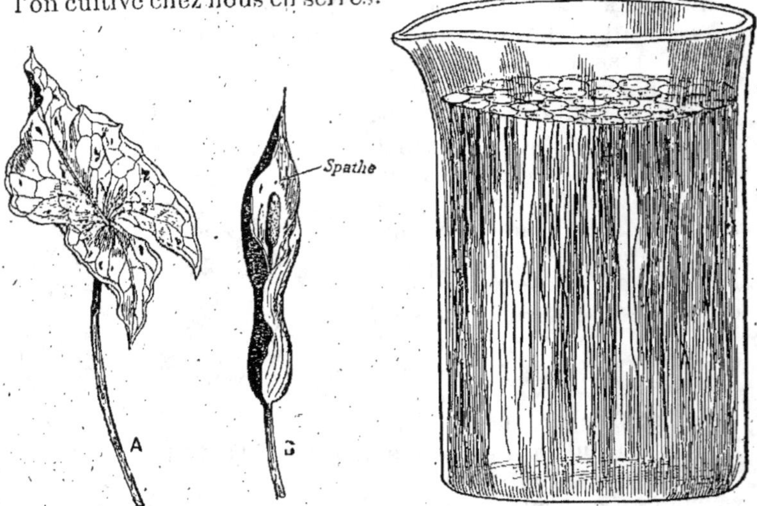

FIG. 375. — Arum tacheté ou Gouet.   FIG. 376. — Lentilles d'eau, cultivées
A, feuille ; — B, inflorescence.   dans un verre d'eau.

Lemnacées. — Les Lemnacées sont les plus petites phanérogames connues. Ce sont elles qui, sous le nom de **Lentilles d'eau** (*fig.* 376), recouvrent les étangs d'un tapis vert. La plante est réduite à une mince racine et à un disque vert (de 1 à 8 millimètres), qui représente à la fois la tige et les feuilles fusionnées. Ces *Lemna* ne fleurissent presque jamais; elles se multiplient d'elles-mêmes par boutures.

LECTURE

Les usages multiples du Dattier. — Les dattes du commerce n'acquièrent toutes leurs qualités que sous le ciel torride et sec des régions désertiques ou de celles qui en sont peu éloi-

gnées; c'est pourquoi les dattes qui se développent à Alger, à
Rio-de-Janeiro, à Dakar, à Saint-Louis du Sénégal et autres
contrées analogues, acquièrent moins de qualité, attendu
qu'elles vivent dans un climat humide, chargé de sel. Les
meilleures viennent des oasis du Sahara central, celles de
seconde qualité viennent des oasis plus septentrionales de
l'Algérie ou de la Tunisie.

En Afrique, les dattes sont récoltées mûres dans les mois de
septembre, d'octobre et de novembre; en Provence, il faut
qu'elles passent l'hiver et une partie du printemps suivant
sur les arbres, pour devenir mangeables, et encore ne sont-
elles nullement à comparer à celles de l'Algérie. Les meilleures sont celles qui ont une chair ferme et une couleur
jaunâtre.

Lorsqu'on recueille les grappes de dattes, on en distingue
trois sortes, selon leur degré de maturité. La première comprend celles qui sont prêtes à mûrir; la seconde, celles à moitié mûres; et la troisième, celles qui sont entièrement mûres.
On les récolte toutes en même temps, afin d'éviter de faire
tomber par terre celles qui sont mûres, car leur chute pourrait les meurtrir. Pour achever leur maturité, on les expose
au soleil sur des nattes, et, après les avoir percées, on les
enfile, puis on les suspend pour les sécher; ainsi préparées,
elles peuvent se conserver longtemps. Les Arabes font avec
ces fruits, dont ils enlèvent les noyaux, une sorte de sirop
très agréable; pour cela, ils en remplissent des vases percés
dans le fond, et ensuite ils les foulent et les compriment; il
en découle alors une sorte d'extrait mielleux produit par la
partie pulpeuse qui s'échappe à travers des trous. Cette
sorte de sirop est employée, dans quelques tribus, en guise de
beurre pour la préparation du riz; il sert aussi à faire de
bonnes pâtisseries et des gâteaux très délicats. La masse,
après l'expression, sert de nourriture aux pauvres, et les
riches conservent toute l'année les dattes fraîches dans de
grands vases remplis de ce sirop.

En faisant fermenter ces fruits avec de l'eau, les Anciens en
obtenaient une espèce de vin, qui se fabriquait autrefois en
Anatolie par le même procédé; au moyen de la distillation,
on en retire de l'alcool auquel on associe différents aromates,
et dont on fait usage dans une grande partie de l'Arabie. Les
Arabes font aussi de la farine de dattes, que l'on prépare en
exposant ces fruits au grand soleil, jusqu'à ce qu'ils soient
parfaitement secs et susceptibles de se réduire en une

poudre farineuse. Garantie de l'humidité, elle est presque incorruptible et peut se conserver pendant de longues années. Lorsqu'on veut s'en servir, on la délaye dans un peu d'eau. Cet aliment soutient les Arabes dans leurs longs voyages à travers les déserts.

Le Dattier est employé à divers autres usages. Le stipe procure aux Arabes du combustible, mais surtout du bois de construction ; on en fait des colonnes, des poutres pour la charpente des maisons, des rigoles pour conduire les eaux d'irrigation, des planches même pour construire des portes et pour cloisonner des puits ; il renferme aussi de l'amidon. Les feuilles servent de chaume pour recouvrir la toiture des maisons ; les pétioles sont utilisés pour garantir les jeunes Dattiers et établir des haies autour des cours extérieures des maisons ; on s'en sert aussi, dans le commerce, pour fabriquer des caisses très solides. Avec les folioles on fabrique des paniers, des nattes et des chapeaux très grands que l'on exporte dans l'intérieur de l'Afrique, parfois en Europe ; on imite aussi avec ces folioles les chapeaux de Panama.

Le stipe peut être taillé de telle façon que sa fibre donne une filasse propre au tissage ; les indigènes font avec elle des cordes assez résistantes ; il fournit aussi, par incision, un liquide sucré que l'on nomme *lait de Palmier*, qui, après avoir subi une fermentation, produit un liquide de saveur vineuse appelé *vin de palme*. Pour obtenir ce liquide, les Arabes ont soin de choisir les Dattiers que l'âge a rendus stériles ; ils en coupent les feuilles et font sur leur tronc, un peu au-dessous du sommet, une incision circulaire, puis un sillon profond et vertical ; ils placent ensuite un roseau dans l'incision, puis la sève se trouve recueillie dans une jarre que l'on descend quelques jours après, à l'aide d'une corde, jusqu'à portée du sol. Exposée au soleil, on en obtient du vinaigre ; distillé, ce liquide produit un alcool d'un très bon goût. Dans la crainte que le soleil n'arrête l'écoulement du liquide, les Arabes recouvrent les incisions avec des feuilles.

Les feuilles du Dattier servent de *palmes* aux fêtes de la Passion dans le culte catholique, ainsi qu'à celles de la Pâque juive. Depuis très longtemps, ces palmes sont l'emblème du triomphe : les poètes les ont consacrées aux héros et à la victoire. Elles ornent les médailles et les devises dont elles forment le cordon [1].

1. D'après M. H. Joret.

Leçon XXVII

Famille des Graminées et familles voisines.

RÉSUMÉ. — 1. Exemple d'une Graminée : le Blé. — Racine fasciculée. Tige cylindrique creuse ou *chaume*, à *nœuds pleins* d'où partent des *feuilles à longue gaine*, avec une petite languette ou *ligule* à la base du limbe. Fleurs réunies par 2 ou 3 en *épillets* groupés en *épi composé*. Chaque *épillet* comprend à la base 2 *glumes*, puis 2 ou 3 *fleurs* protégées chacune par 2 *glumelles*, et formées chacune de 3 *étamines* à *anthère en X* et d'un *ovaire* à *un seul ovule* surmonté de 2 *stigmates plumeux* et devenant un *caryopse* ou akène à graine soudée à la paroi. Cette graine est à *albumen farineux*.

2. Caractères généraux. — Ils rappellent ceux du Blé pour la racine, la tige, les feuilles, la disposition des *fleurs en épillets*, et celles de la fleur elle-même et du fruit. Les épillets sont groupés soit en *épis composés* (Blé), soit en sortes de grappes lâches appelées *panicules* (Avoine).

3. Graminées alimentaires ou Céréales. — *Blé, Seigle, Orge, Maïs, Riz*.

4. Graminées fourragères. — *Avoine*, et graminées des prairies, telles que *Pâturin, Brôme, Dactyle, Fléole, Vulpin, Flouve, Ivraie*.

5. Graminées industrielles. — *Canne à sucre, Alfa, Bambou*.

6. Familles voisines. — *Joncées* (Jonc), *Cypéracées* (Carex, Papyrus).

FAMILLE DES GRAMINÉES

La famille des Graminées est, après celle des Composées, l'une des plus vastes du règne végétal. Elle comprend près de 4.000 espèces réparties dans 300 genres, et encore ces chiffres n'expriment-ils pas la vaste extension de la famille, car les individus d'une même espèce sont généralement très nombreux. Ses caractères sont cependant très constants.

1. Exemple d'une Graminée : le Blé. — La *tige* du Blé, examinée à l'extérieur, se montre *cylindrique* et présente sur son trajet des parties renflées, plus dures et nettement visibles qu'on appelle des *nœuds*. En ces points, la tige est absolument pleine. Mais, dans leurs intervalles, la tige est creusée d'une vaste cavité centrale, ou, comme on dit, elle est **fistuleuse**. Cette structure particulière et son aspect extérieur lui ont fait donner un nom particulier, celui de **chaume**. Quoique creuse,

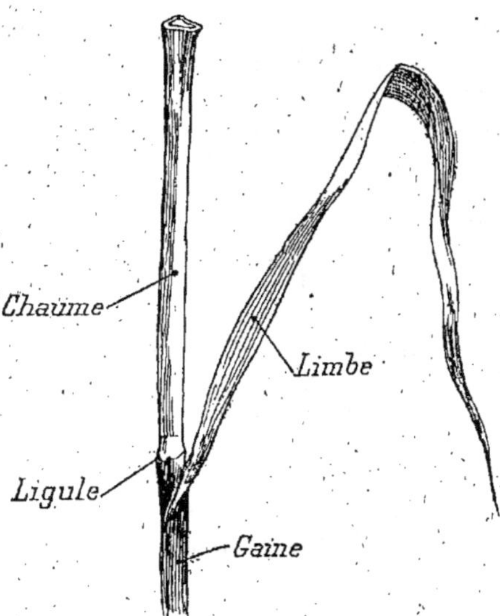

Fig. 377. — Feuille de Blé.

sa résistance est très grande, beaucoup plus que si elle était pleine.

La *racine primaire* avorte peu après sa naissance, et elle est alors remplacée par de nombreuses racines adventives naissant à la base de la tige, et formant un chevelu de radicelles que l'on désigne quelquefois sous le nom de *racines fasciculées*.

Les *feuilles* (*fig.* 377) sont dépourvues de pétiole. Sur une grande partie de leur parcours elles entourent étroitement la tige, et cela, même sur la longueur de plusieurs entre-nœuds. Cette **gaine** est en général fendue dans toute sa longueur, et alors ce sont les bords qui, s'appliquant l'un sur l'autre, complètent le cylindre. Quant au reste de la feuille, le *limbe*, il s'étale librement à l'air en affectant la forme d'une étroite lanière parcourue par des nervures parallèles. Un fait très caractéristique à relever dans ces feuilles, c'est qu'au niveau où se fait la jonction de la gaine avec le limbe, il y a une petite languette transparente, appelée **ligule**.

Les fleurs sont réunies à plusieurs en un petit amas, en un tout, auquel on a donné le nom d'**épillet**. Ces épillets sont, à leur tour, groupés en un **épi**, lequel par suite est un **épi composé** (*fig.* 378) Lorsqu'on enlève des épillets, on voit que l'axe de l'épi présente des crans alternativement à droite et à gauche : c'est là que les épillets étaient attachés.

Examinons maintenant un épillet (*fig.* 379). Nous trouvons d'abord, à la partie extérieure, **2 écailles sèches, les glumes.** Pour voir le reste de l'épillet, il faut enlever celles-ci. On distingue alors une toute petite tige sur laquelle s'insèrent **2 ou 3 fleurs.** La structure de celles-ci étant la même pour toutes les trois, il suffira d'en examiner une seule.

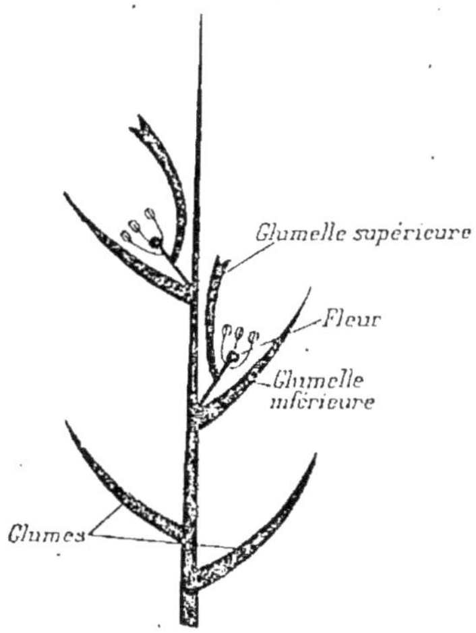

Chaque fleur (*fig.* 380) est limitée par deux écailles sèches : l'une au dos arrondi (chez d'autres espèces elle porte une longue arête), c'est la **glumelle inférieure**; l'autre au dos présentant 2 crêtes qui la font ressembler à une double carène, c'est la **glumelle supérieure**. Cette dernière doit sa forme à ce qu'elle est comme écrasée entre la fleur et l'axe de l'épillet.

Les *glumelles* ne sont qu'une partie accessoire de

Fig. 379. — Épillet d'une graminée, coupé en long et figuré schématiquement.

Fig. 378.
Épi de Blé.

la fleur. Celle-ci est comprise entre les deux; elle ne comprend

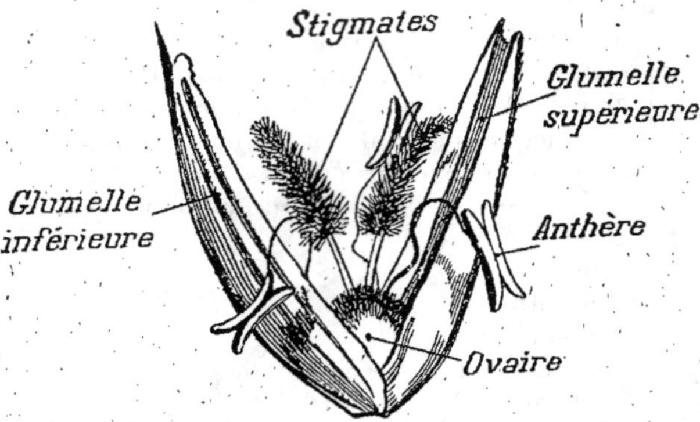

Fig. 380. — Fleur de Blé, avec ses deux glumelles.

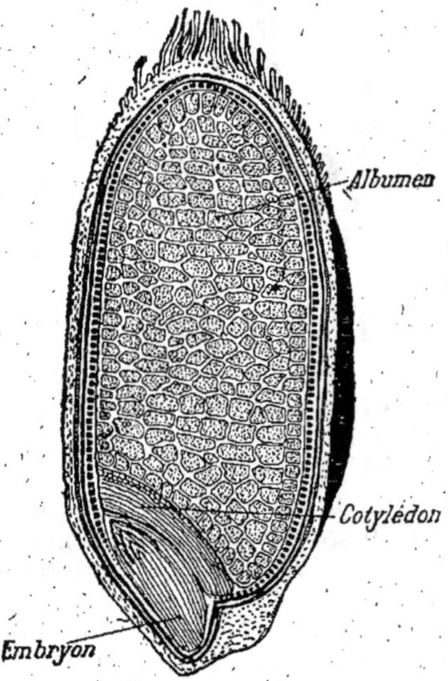

Fig. 381. — Grain de Blé (Caryopse)
coupé en long.

ni calice, ni corolle, c'est-à-dire **rien de comparable aux pièces florales des autres fleurs**, à part peut-être deux petites écailles, appelées *paléoles*, que l'on y rencontre, mais qui sont presque invisibles.

La fleur est donc **nue**. Elle est formée de **3 étamines** dont l'aspect est presque caractéristique de la famille. Ces étamines sont formées par un filet très fin et très mince, de telle sorte que les anthères pendent au dehors et s'agitent au moindre vent. Ce qui donne à chaque anthère un caractère particulier, c'est qu'à la maturité les deux extrémités se fendent en deux parties

qui s'écartent un peu l'une de l'autre. Il en résulte une forme
en X bien particulière.

L'ovaire est formé d'**un seul carpelle**, renfermant **un seul
ovule**. Il est surmonté de 2 longs **stigmates** très grêles et
couverts de poils blanchâtres leur donnant un aspect **plumeux**.

Fig. 382. — Un toit de chaume.

A la maturité, l'ovaire se transforme en une *sorte d'akène*
nommé **caryopse** (*fig.* 381), c'est-à-dire en un fruit sec ne renfermant qu'une graine, laquelle est intimement soudée aux
parois du fruit. Le « grain » de Blé n'est donc pas une graine,
mais un fruit : à son intérieur, on voit *l'embryon* (ne possédant
qu'un seul cotylédon) placé sur le côté d'une masse alimentaire de réserve, l'**albumen**, lequel ici est **farineux**, c'est-à-
dire constitué en grande partie par de *l'amidon*.

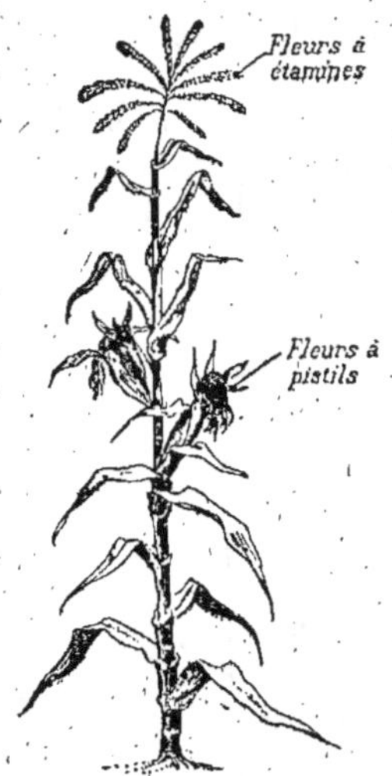

Fig. 383. — Maïs (2 mètres
de haut).

2. Caractères généraux. — Les caractères généraux des Graminées sont les suivants : **tige creuse,** garnie de *nœuds. Feuilles* ayant une **large gaine fendue** entourant la tige et portant une **ligule.** *Racine fasciculée. Inflorescence* constituée par un **épi composé d'épillets** ou par une **grappe lâche d'épillets** appelée **panicule. Épillets protégés par 2 glumes.** *Fleurs* protégées par **2 glumelles. Ni calice, ni corolle. Trois étamines** pendantes à **anthères en X. Ovaire à un seul ovule. Deux stigmates plumeux.** *Le fruit* est un **caryopse.** L'albumen est **farineux.**

Principaux types et applications. — Les Graminées nous sont très utiles, surtout au point de vue alimentaire.

3. Graminées alimentaires. — Les graminées qui servent à notre alimen-

Fig. 384. — Rizière.

tation sont désignées sous le nom général de **Céréales.** La plus

importante est le **Blé** ou **Froment**. En écrasant les grains, on
obtient la farine — mélange d'amidon et de gluten — avec
laquelle on fait le pain. Le son représente les parois externes
des grains, auxquelles adhère un peu de l'albumen farineux.
La paille sert à faire des litières, à nourrir les bestiaux, à
couvrir les toits
— dits toits de
chaume — dans
les villages pau-
vres (*fig.* 382).

Fig. 385. — Avoine.

Fig. 386. — Récolte de la Canne a sucre.

Le **Seigle** sert à faire un pain noirâtre et entre dans la constitution du pain d'épice.

Le grain de l'**Orge** sert, après germination, à faire de la bière.

Le **Maïs** est cultivé surtout dans le Midi et l'Est de la France ;
chez lui, il y a deux sortes de fleurs, des fleurs mâles dans le
haut, des fleurs femelles plus bas (*fig.* 383).

Le **Riz** est la richesse de l'Asie, il pousse dans des marais ou rizières (*fig.* 384).

4. Graminées fourragères.— Les Graminées fourragères sont celles qui servent à l'alimentation des animaux. Parmi elles on rencontre l'**Avoine** (*fig.* 385), dont les épillets ne sont pas disposés en épis, mais en une sorte de grappe lâche nommée

Fig. 387. — Bambous.

panicule, et toutes celles qui constituent ce qu'on appelle l' « herbe des prairies » ou le « gazon », pour, une fois sèches, devenir le « foin » : ce sont notamment le *Paturin des prés*, le *Brôme*, le *Dactyle aggloméré*, la *Fléole*, le *Vulpin*, la *Flouve*, l'*Ivraie* ou *Ray-grass*.

5. Graminées industrielles. — Parmi les Graminées susceptibles d'être exploitées industriellement, citons : la **Canne à sucre** (*fig.* 386), qui croît dans les pays chauds, et de la tige de

laquelle on extrait du sucre; l'*Alfa*, qui pousse en Algérie et dont on fait du papier; le **Bambou** (*fig.* 387), à la tige ligneuse, grosse parfois comme le bras ou la cuisse, que l'on rencontre surtout en Asie et qui sert à faire mille objets d'ameublement, à la fois solides et légers.

6. Familles voisines. — Parmi les familles voisines des Graminées, il faut citer les **Joncées**, qui croissent dans les lieux

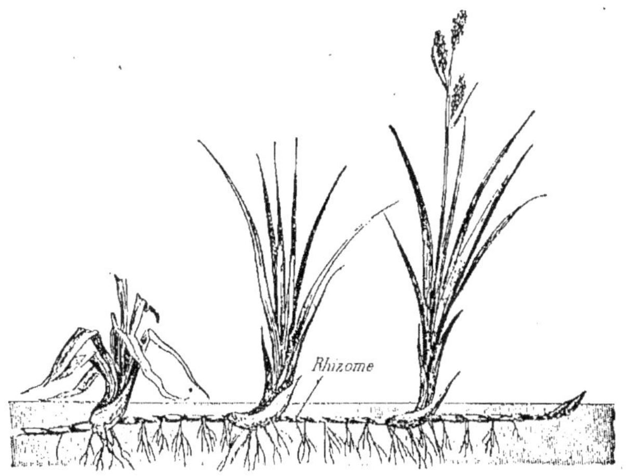

Fig. 388. — Pied de Carex.

humides, et dont la tige, dans le genre *Jonc*, est arrondie, ainsi que les **Cypéracées**. Chez ces dernières, la tige est ordinairement triangulaire, et les fleurs mâles sont disposées en épis distincts des épis femelles. La plupart possèdent dans la terre un long rhizome. La présence des *Carex* ou *Laiches* (*fig.* 388) dans un champ indique qu'il est humide et doit être drainé. Les Égyptiens employaient la moelle d'une Cypéracée pour faire une sorte de papier, le *papyrus*.

LECTURE

Les céréales et le pain. — C'est à la culture des céréales que beaucoup d'écrivains anciens et modernes attribuent la civilisation ; et, en effet, les hommes n'ont pu se livrer aux travaux de l'agriculture, qui exigent des soins continuels, qu'en se formant en sociétés régulières, qu'en partageant les terres, et en assurant la propriété du sol à ceux qui le mettraient en valeur. Les Egyptiens mirent au rang des dieux Osiris, qui leur avait enseigné l'agriculture. Les Grecs attribuaient l'invention de l'art de cultiver la terre à Triptolème et, particulièrement, à Cérès. Avant que cette déesse eût appris aux hommes à labourer les champs pour y semer le Blé, ils se nourrissaient de Glands.

Aujourd'hui un petit nombre d'hommes vivent uniquement des fruits des arbres, comparativement à la quantité innombrable de ceux qui cultivent les céréales pour en retirer leur principale nourriture. Ce n'est guère que dans les climats extraordinairement favorisés de la nature, dans lesquels règnent un printemps et un été continuels, qui font produire aux arbres des fruits en abondance et sans interruption, que quelques peuples sauvages ou à demi sauvages ont continué à se nourrir des fruits ou des substances tirées immédiatement des arbres. Ainsi le Cocotier, dans certaines parties des Indes, suffit aux besoins peu nombreux des hommes de ces contrées. Les naturels des îles de la mer du Sud se nourrissent presque uniquement des fruits de l'Arbre à pain ; les habitants des Moluques et des îles voisines, outre l'Arbre à pain, se nourrissent aussi de Sagou. Les Dattes et les Figues font encore une grande partie de la nourriture des Persans, des Egyptiens, des habitants de l'Archipel grec ; dans quelques provinces méridionales de l'Espagne et du Portugal, on mange encore les Glands doux de quelques espèces de Chênes ; dans les Cévennes, le Limousin, la Corse, les Apennins, les Châtaignes sont la nourriture presque exclusive des habitants des campagnes ; mais, dans tous ces pays, les classes aisées font usage du pain.

Les graines des céréales ont donc remplacé les fruits des arbres pour l'alimentation, dans la plus grande partie du monde. Ces végétaux géants, qui élèvent dans les airs leurs têtes superbes, et qui, pendant des siècles, bravent les rigueurs des hivers et le soleil brûlant des étés, ont cédé à d'humbles plantes que la même année voit naître et périr. Aujourd'hui, le Blé couvre de ses moissons dorées la plus grande partie de l'Europe et les contrées tempérées de l'Asie, de l'Afrique et de l'Amérique du Nord.

Après le Blé, les principales céréales cultivées pour la nour-

riture des hommes sont le Riz, que toutes les nations indiennes
de l'Asie préfèrent au pain; le Maïs, que nous devons à l'Amérique méridionale; plusieurs Millets, qui font la nourriture
presque unique de tous les peuples noirs de
l'Afrique; le Seigle et l'Orge enfin, qui remplacent le Froment dans les parties de l'Europe
où le Blé ne peut réussir, soit à cause de la
rigueur du climat, soit à cause de la qualité inférieure des terres.

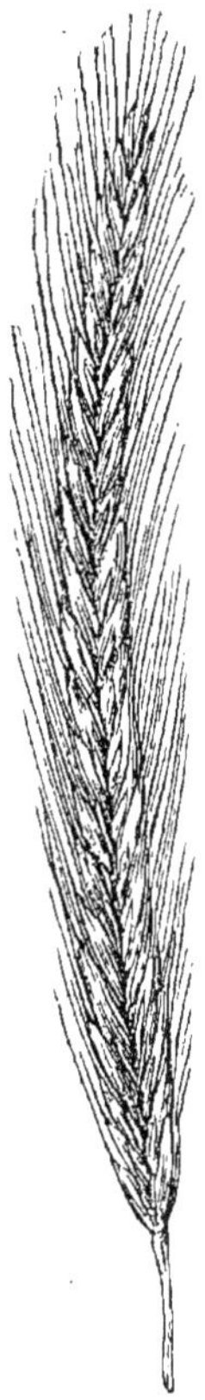

Le grain de Froment, réduit en farine, donne
le meilleur pain, celui qui est le plus usité dans
les villes et le plus propre à l'alimentation des
hommes. Il doit ses qualités à l'association de la
fécule et du gluten, qui entrent dans la constitution de la farine de Froment. Les autres céréales, dont la farine est toute de fécule ou à
peu près, ne peuvent former du pain à elles
seules, ou n'en donnent que de très mauvaise
qualité. Ainsi les pains de Riz, de Millet, de
Maïs, ne valent rien; ce ne sont que des masses
indigestes, des galettes compactes. Le Seigle
(*fig.* 389) et l'Orge sont, après le Froment, les céréales les plus propres à faire du pain; et encore,
comme ils contiennent beaucoup moins de gluten, leurs farines ne sont pas susceptibles de
lever et ne donnent qu'un pain lourd, compact
et difficile à digérer pour les personnes habituées
au Froment.

Ce n'est qu'avec le temps que l'art de faire le
pain s'est perfectionné au point où nous le voyons
aujourd'hui. Les premiers Romains ignoraient
les procédés de sa fabrication; et, pendant plus
de cinq cents ans, ils ne vécurent que d'une
sorte de bouillie ou de galettes sans levain. Les
soldats en campagne portaient dans un petit sac
de la farine qu'ils délayaient dans de l'eau pour
leurs repas. Il paraît qu'on faisait alors griller le
Blé avant de le moudre ou, plutôt, de le triturer
dans un mortier en pierre. Cette torréfaction lui
donnait un goût qui corrigeait sa saveur naturellement fade. Ce ne fut que l'an 580 de la fondation de Rome
qu'il y eut des boulangers dans cette ville, et qu'on y connut
les procédés pour faire de bon pain.

Fig. 389.
Épi de Seigle.

La manière de fabriquer du pain en mêlant du levain à la pâte, dans le but d'obtenir une fermentation, a été connue plus anciennement dans l'Orient. Du temps de Moïse, les Egyptiens connaissaient déjà l'emploi du levain, puisque ce législateur des Hébreux dit que, lorsque les Israélites quittèrent l'Egypte, ils furent forcés de partir si promptement qu'ils n'eurent pas le temps de mettre le levain dans la pâte. De l'Egypte, l'art de faire le pain passa chez les Grecs, et, de ceux-ci, chez les Romains, après leur victoire sur Persée, roi de Macédoine [1].

<hr>

Leçon XXVIII

SOUS-EMBRANCHEMENT DES GYMNOSPERMES

NOTIONS GÉNÉRALES

Les Gymnospermes diffèrent des Angiospermes que nous venons d'étudier en ce que les ovules ne sont pas **enfermés dans un ovaire clos**. Ces ovules sont attachés sur le bord d'une petite écaille que l'on peut considérer comme une feuille carpellaire et qui reste étalée. Il n'y a donc ni *ovaire clos, ni style, ni stigmate* (*fig.* 142).

Ce sont tous des végétaux ligneux, arbres ou arbustes, dont le *bois* est disposé *en couches concentriques* comme celui des arbres dicotylédones. Beaucoup d'entre eux sont résineux. La famille principale est celle des **Conifères**.

<hr>

Famille des Conifères et familles voisines.

RÉSUMÉ. — **1. Exemple d'une Conifère : le Pin.** — Arbre de grande taille très résineux. Feuilles *persistantes* en *aiguilles groupées par deux. Fleurs de deux sortes* portées sur le *même*

1. D'après Loiseleur.

pied et groupées en épis serrés nommés *cônes*. Chaque *fleur mâle* se réduit à *une écaille* portant *deux sacs polliniques* à sa face inférieure ; le *pollen* très abondant est facilement entraîné par le vent grâce à *deux poches à air*. Chaque *fleur femelle* comprend une bractée et une *écaille* portant 2 *ovules nus* qui retiennent le pollen. Chaque ovule devient une *graine ailée*, serrée entre les bractées durcies.

2. Caractères généraux. -- Ce sont généralement des arbres résineux. Les feuilles sont presque toujours étroites et à une seule nervure. Les fleurs, groupées en *cônes de deux sortes*, plus ou moins gros, rappellent celles du Pin par leurs *sacs polliniques* et leurs *ovules nus*.

3. Principaux types. — Nombreuses espèces de *Pins ; Cèdre, Mélèze, Sapin, Épicéa, Araucaria, Séquoia, Cyprès, Thuya, Genévrier, If, Gincko*.

4. Familles voisines.— *Cycadées* (Cycas au port de palmier), *Gnétacées* (Éphèdre à 2 épis, Welwitschia).

FAMILLE DES CONIFÈRES

1. Exemple d'une Conifère : le Pin. — Le Pin (*fig.* 390) est un *arbre* de haute taille, au *tronc dénudé* sur une assez grande longueur, à l'*écorce* crevassée et *cuivrée*, et se terminant en haut par des branches étalées. L'intérieur en est **très résineux** ; lorsqu'on fait une blessure à la surface, la résine s'écoule lentement.

Les feuilles sont en forme d'*aiguilles* et généralement réunies deux à deux. Elles sont **persistantes**, c'est-à-dire ne tombent pas en hiver ; le même fait a lieu pour les autres Conifères, sauf le Mélèze et le Gincko, ce qui leur a valu le nom d'arbres « **toujours verts** » et les fait cultiver dans les parcs.

Les fleurs mâles sont distinctes des fleurs femelles, mais portées sur le même pied.

Les **fleurs mâles** (*fig.* 391) sont disposées en spirale sur un rameau surmonté de feuilles vertes et formant un *épi serré*, dont

Fig. 390. — Vue d'une lande, autrefois stérile, et, aujourd'hui, grâce au répeuplement préconisé par Brémontier, couverte de forêts de Pins (cliché du *Manuel de l'arbre*, édité par le Touring-Club).

la couleur générale est brune. Chacune est constituée par **une étamine**, consistant en 2 *sacs polliniques* insérés à la face inférieure d'une écaille. Les sacs polliniques s'ouvrent longitudinalement à la maturité et laissent échapper le *pollen*. Les grains de ce dernier sont garnis, sur le côté, de *petits ballonnets* remplis d'air (*fig*. 88), qui leur permettent d'être emportés par le vent. La chute du pollen des Pins est si abondante qu'on l'a comparée à une « pluie de soufre ».

Les **fleurs femelles** (*fig*. 392) sont aussi disposées en *épis* dont la forme en **cône** a valu à la famille son nom. Ce cône est formé d'un *axe* portant une série de *bractées* suivant une *spirale serrée*. A l'aisselle de chaque bractée (*fig*. 393) se trouve un petit rameau très court portant une *écaille* dont la face tournée vers l'axe porte **2 ovules**. On peut considérer cette écaille comme une feuille carpellaire non enroulée en cornet, de sorte que les **ovules** sont **à nu**, au lieu d'être enfermés dans un ovaire clos. Il n'y a pas non plus de style ni de stigmate. Par suite de l'absence de stigmate, c'est l'ovule lui-même qui doit retenir le pollen. Il est pourvu, à cet effet, à son extrémité libre, d'une petite cavité nommée *chambre pollinique*, dans laquelle le pollen pénètre et germe.

Fig. 391. — Inflorescence mâle de Pin.

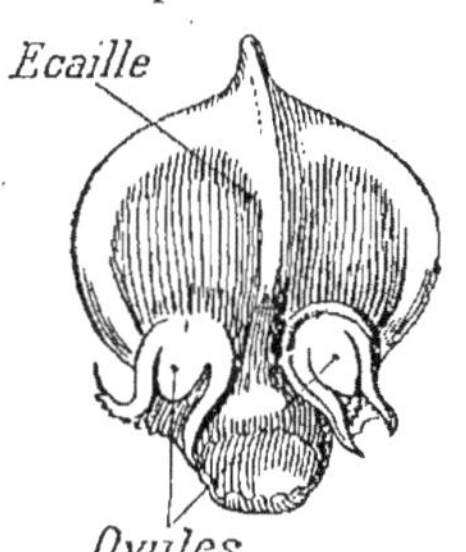

Fig. 392. — Inflorescence femelle de Pin.

Fig. 393. — Une écaille, isolée, d'une fleur femelle de Pin.

Après la fécondation, les ovules se transforment en *graines*, tandis que les *bractées s'épaississent* et *durcissent* pour constituer la « *pomme ou cône de Pin* » (*fig.* 394). Quand il fait sec, ces bractées s'écartent, et les *graines* peuvent alors tomber. Elles sont facilement *entraînées par le vent*, parce qu'elles emportent avec elles une sorte d'*aile* (*fig.* 395) provenant de l'écaille qui les portait.

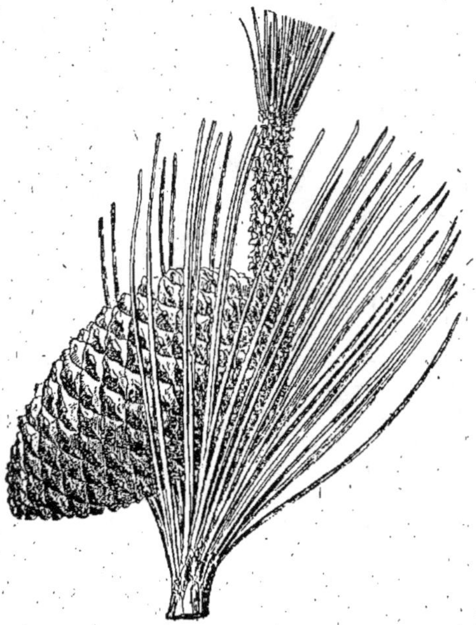

Fig. 395.
Graine de Pin.

Fig. 394. — Cône de Pin.

2. Caractères généraux. — Les Conifères sont des arbres généralement **résineux**, ou quelquefois des arbustes. Les *feuilles* sont le plus souvent longues et étroites, *à une seule nervure*. Les **fleurs mâles** sont formées de simples écailles portant **2 sacs polliniques**. Les **fleurs femelles**, en cônes plus ou moins gros, sont disposées comme celles du Pin, c'est-à-dire que les **ovules** y **sont nus** et groupés par 2 sur de petites écailles.

3. Principaux types et applications. — Les **Pins** sont très utiles, car ce sont à peu près les seuls arbres pouvant pousser dans certaines contrées sablonneuses, comme on en trouve fréquemment au bord de la mer. Ils sont abondants en France, par exemple, dans la Gironde et dans les Landes. C'est l'ingé-

. nieur Brémontier qui, à partir de 1786, commença à les planter dans les dunes de Gascogne. Il obtint ainsi, d'une part, la fixation de ces dunes, qui auparavant envahissaient les terres, et, d'autre part, leur mise en valeur et l'enrichissement du pays.

Les Pins nous donnent non seulement leur bois, mais aussi et surtout leur résine ou *térébenthine*, que l'on recueille (*fig.* 396) en faisant au tronc des incisions longitudinales et en plaçant un petit pot au bas de celles-ci. En distillant la résine, on obtient l'*essence de térébenthine* et un résidu solide, la *colophane*. Par combustion incomplète du bois de Pin, on obtient la *poix noire*, le *goudron* et le *noir de fumée*. — Les espèces les plus connues chez nous sont : le *Pin sylvestre*, à l'écorce rouge ; le *Pin maritime*, aux aiguilles longues et de teinte glauque ; le *Pin pignon*, dont les graines sont comestibles.

Fig. 396. — Récolte de la résine dans les Landes.

Les **Cèdres** ont des feuilles en aiguilles, dont la section est presque carrée, et qui sont réunies en sortes de petits pinceaux raides sur de courts rameaux latéraux. Leur cône est volumineux, formé d'écailles qui se détachent après la maturité. Leurs vastes branches sont étalées horizontalement. Le plus commun est le *Cèdre du Liban*, dont un très bel individu existe au Muséum d'Histoire naturelle de Paris (*fig.* 397) et y a été planté par le célèbre naturaliste Bernard de Jussieu, lequel — dit la légende

— l'aurait apporté tout petit d'Angleterre dans un chapeau (*fig.* 398).

Les **Mélèzes** ressemblent un peu aux Cèdres, mais leur taille ne devient pas aussi grande, et leurs feuilles, bien que disposées de la même façon, sont plus molles et tombent toutes chaque année. Ils se rencontrent surtout dans les montagnes. Le bois convient aux ouvrages hydrauliques parce qu'il résiste à l'humidité ; on en tire aussi des panneaux pour faire de la peinture à l'huile. Les feuilles laissent exsuder la *manne de Briançon*. La résine porte le nom de *térébenthine de Venise;* elle est très employée dans la confection des vernis.

Le **Sapin** (*fig.* 399) est essentiellement l'arbre des montagnes ; c'est lui qui, avec le Mélèze, y atteint les plus hautes altitudes. L'ensemble de

Fig. 397. — Le Cèdre du Liban du Jardin des Plantes de Paris.

l'arbre a une forme conique. Les feuilles sont courtes, un peu blanches à la face inférieure. Les cônes sont dressés, à écailles se détachant les unes après les autres. Le bois sert à faire des planches. Réduit en pâte, c'est lui qui fournit la majorité des papiers dont on se sert actuellement.

L'**Epicéa** est l'arbre des plaines, que l'on plante dans les parcs et que l'on appelle improprement Sapin, lequel, nous le répétons,

FIG. 398. — Jussieu apportant, dans son chapeau, au Jardin des Plantes, le jeune Cèdre du Liban dont la figure 397 montre l'état actuel.

ne se trouve guère que dans les montagnes. Il a d'ailleurs le même aspect, mais s'en distingue facilement par ses cônes (*fig.* 401), qui sont *pendants* et tombent d'une seule pièce, et ses feuilles, qui sur la section en travers (*fig.* 400) n'ont pas la même forme que celles du Sapin. Le bois sert en menuiserie et constitue un excellent combustible. C'est lui aussi qui donne la *poix de Bourgogne*.

Les *Araucarias* sont souvent cultivés chez nous dans des pots ; leur port, à cause de leur série de rameaux verticillés, est très gracieux. Dans leur

Fig. 399. — Sapin.
Remarquer sa forme pyramidale.

pays d'origine, c'est-à-dire dans les montagnes du Brésil et du Chili, ce sont des arbres gigantesques.

Les *Séquoias* (*fig.* 406) sont les plus grands arbres connus (après l'Eucalyptus d'Australie), car ils

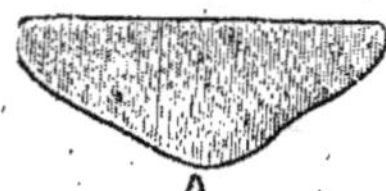

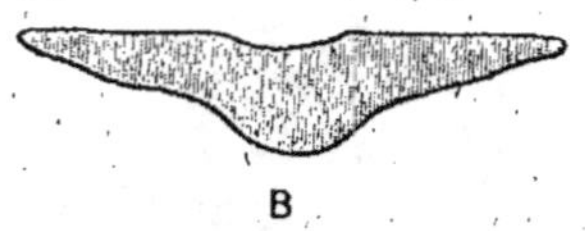

Fig. 400. — Comparaison de la coupe en travers de la feuille du Pin (*A*), du Sapin (*B*), de l'Épicéa (*C*).

peuvent atteindre 130 mètres de haut et 30 mètres de circonférence. Ils vivent dans les montagnes Rocheuses et atteignent un âge très avancé.

Les **Cyprès** sont bien connus pour leur teinte sombre, qui les fait cultiver dans les cimetières. Leurs feuilles sont petites et écailleuses, leurs cônes globuleux et durs (*fig.* 402), à écailles éparses. Leur bois passe pour incorruptible; autrefois on s'en servait sous le nom impropre de *bois de Cèdre*.

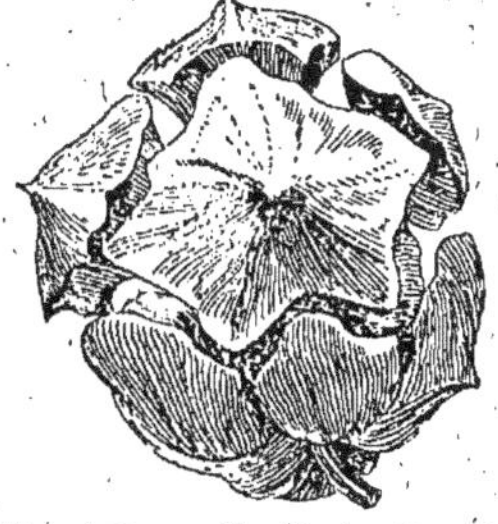

Fig. 402. — Fruit de Cyprès.

Fig. 401.
Cône d'Épicéa.

Les *Thuyas* (*fig.* 403) donnent un joli bois moucheté servant en ébénisterie.

Le **Genévrier** est un arbrisseau aux feuilles (*fig.* 404) en aiguilles très pointues, de teinte glauque. Le fruit est une sorte de baie noir bleuté, qui sert à aromatiser l'eau-de-vie de grains pour en faire le *gin* ou *eau-de-vie de genièvre*.

L'If est très fréquemment cultivé dans les parcs et se laisse tailler très facile-

Fig. 403. — Fruit de Thuya.

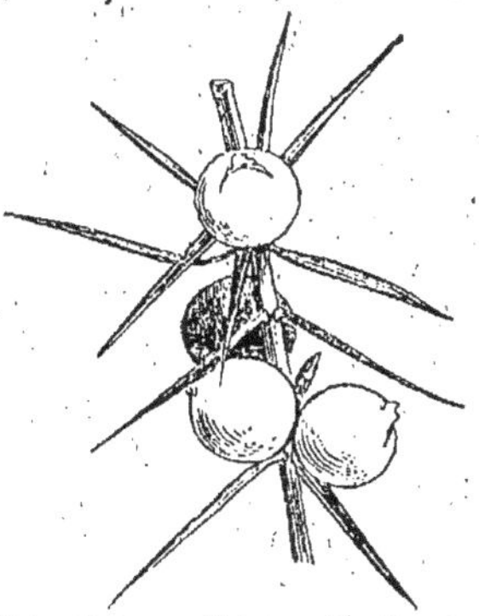

Fig. 404. — Fruits du Genévrier (baies de genièvre).

ment. Ses feuilles sont planes et persistantes, étalées horizontalement; elles sont dangereuses pour les animaux qui les broutent. La graine est entourée d'une épaisse collerette rouge et charnue.

Le *Gincko* est originaire de Chine ; il a une curieuse feuille échancrée au milieu. On le cultive dans plusieurs parcs. Autrefois les pépiniéristes le vendaient fort cher, d'où le nom d'*Arbre aux quarante écus* qu'on lui donne encore aujourd'hui.

4. Familles voisines. — Parmi les familles voisines des Conifères, citons les **Cycadées**, dont une espèce, les *Cycas*, a le même port que les Palmiers, et les **Gnétacées**, dont une espèce, l'*Ephèdre à deux épis*, est commune le long du littoral, où elle forme un épais tapis garni de fruits rouges, et dont une autre.

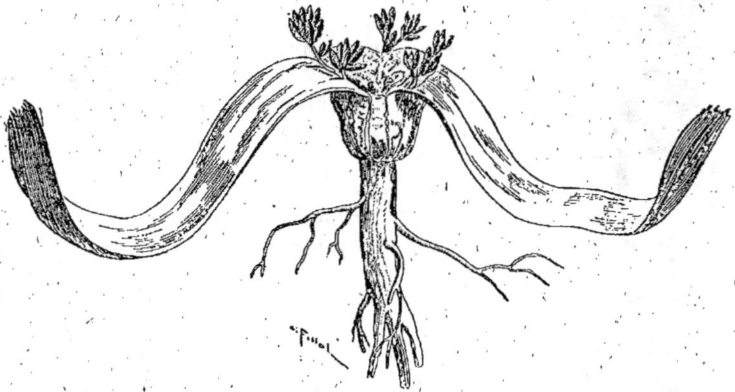

Fig. 405. — Welwitschia, arbre singulier qui n'a que deux feuilles, mais longues, chacune, de plus de 2 mètres.

le *Welwitschia* (*fig.* 405), est une plante extraordinaire, formée d'un gros tronc de 5 mètres de circonférence et seulement de 0^m,50 de haut, ne portant que deux feuilles ayant 2 mètres de long au moins, étalées sur le sol.

LECTURE

1. — *L'âge des Séquoias gigantesques.* — Depuis quelque temps, plusieurs des plus grands Séquoias (*fig.* 406) ont été abattus, et, si le fait est regrettable à plusieurs égards, il a au moins l'avantage qu'il a permis de compter les couches annuelles sur les sections transversales des troncs, ce qui établit positi-

vement le nombre des années. J'ai constaté, dit M. Lemmon, d'après plusieurs centaines d'arbres abattus, en particulier d'après quelques-uns des plus gros qui avaient des noms individuels souvent cités, que les plus vieux étaient âgés de 1.200 à 1.500 ans.

Je suis arrivé au mois de septembre 1871 dans le comté de Calaveras, au lieu dit *Mammoth Grove*, auprès des gros arbres. Après avoir admiré le groupe de quatre individus qui portent les noms célèbres de *Longfellow*, *Dana*, *Torrey* et *Asa Gray*, je me suis appliqué à compter les couches d'un arbre abattu en 1852, dont une coupe forme le plancher d'une maison et n'en est que plus polie à sa surface. La circonférence était de 97 pieds anglais [1] à la base du tronc. Le plus grand diamètre, à 5 pieds du sol, était de 24 pieds 10 pouces, et le plus petit de 22 pieds 8 pouces sans l'écorce. L'opération de compter les couches a pris à peu

Fig. 406. — Un Séquoia gigantesque.

près une journée, ayant eu soin de compter en suivant trois rayons différents. J'ai trouvé 1.260, 1.258 et 1.261 ans. A 4 pieds de hauteur, l'arbre avait 1.242 couches bien distinctes.

1. Le pied anglais vaut environ 30 centimètres.

D'après cet individu et plusieurs autres, la croissance devient régulière environ au tiers de la distance de l'écorce au centre. Près de l'écorce, les couches sont aussi minces que du papier. L'*Hercule*, renversé par un orage en 1862, avait 285 pieds de haut et 14 pieds de diamètre à 25 pieds de la base. Beaucoup de livres lui attribuent 3.000 ans. Le compte exact des couches en a donné 1.232. Le *Léviathan*, qui a été honteusement abattu et dépecé, et auquel on supposait 4.000 ans, devait avoir 300 pieds de hauteur, 18 pieds de diamètre à 6 pieds du sol, et environ 1.500 ans, d'après le calcul des couches fait partiellement en divers points de ce qui reste. On passe à cheval sous la voûte formée par la portion inférieure du tronc, qui est encore en place. D'autres pieds, plus gros à leur base, mais excavés, peuvent abriter jusqu'à 30 chevaux ; ils n'ont pas plus de 1.500 ans.

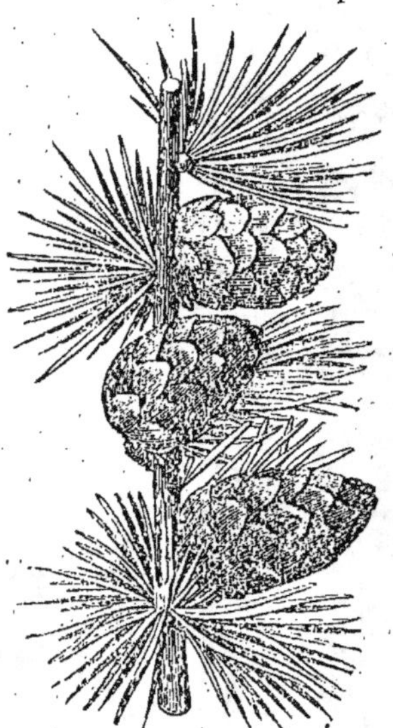

Fig. 407. — Portion d'une branche de Mélèze, portant des feuilles et des cônes.

2. — *Le Mélèze.* — Il est peu d'arbres plus méritants que le Mélèze (*fig.* 407). Son port est superbe ; dans les montagnes, son habitat d'élection, sa flèche touche aux nuages ; c'est le Peuplier des résineux. Ses branches vigoureuses s'étagent avec une régularité parfaite ; son feuillage est charmant : au printemps, vaporeux comme une buée, conservant sa tonalité d'un vert tendre, même quand ses aiguilles ont pris toute leur taille ; il perd son feuillage à l'automne, mais il est des premiers à revêtir sa nouvelle parure. Pendant l'été, cette verdoyante pyramide se couvre de petits cônes d'abord verdâtres, souvent colorés de brun rouge sur une de leurs faces, qui, le soir, ressemblent à des fleurs.

Le Mélèze est un septentrional ; dans les Alpes, il laisse le Sapin derrière lui et s'avance jusqu'à la limite des neiges où il est le dernier représentant arborescent de la vie végétale. Peu difficile, prenant racine dans les terrains les plus pierreux, les plus rocailleux, les plus stériles, à des altitudes où la neige séjourne

pendant des mois. il vit mal ou pas du tout sous une chaude
latitude ; dans nos plaines tempérées elles-mêmes, son bois n'a
jamais la qualité qu'il acquiert sur les hauteurs du Dauphiné,
de la Savoie, du pays de Vaud, etc. Comme les Lapons, ce fils
du Nord semble avoir la nostalgie des basses températures et
des milieux désolés ; le pays du soleil est pour lui une terre
d'exil. La croissance du Mélèze est extrêmement rapide ; la
flèche s'élève d'environ 1 mètre tous les ans [1].

1. D'après de Cherville.

TROISIÈME PARTIE

LES CRYPTOGAMES

NOTIONS GÉNÉRALES

Nous avons déjà signalé sous le nom de Cryptogames un groupe très nombreux de plantes qui ont pour caractère commun l'absence de fleurs, c'est-à-dire d'étamines ou de carpelles, et, par suite, l'absence de graines véritables formées d'un embryon accompagné d'une réserve nutritive.

Les corps qui, chez les Cryptogames, remplacent les graines sont, suivant les cas, des spores ou des œufs.

Les spores prennent naissance aux dépens de la substance vivante d'une *cellule unique*, tandis que les œufs résultent de la *fusion de deux petites masses* de substance vivante provenant de *deux cellules différentes*. L'une de ces petites masses, généralement *douée de mouvement*, est considérée comme *mâle*, et l'autre, *non douée de mouvement*, comme *femelle*. C'est pourquoi on dit que la *reproduction par œufs* est sexuée, tandis que la *reproduction par spores* est dite asexuée (du grec *a* privatif).

Ces plantes peuvent d'ailleurs présenter une organisation plus ou moins compliquée.

Ainsi les Fougères ont des *racines*, une *tige* et des *feuilles* parcourues par des *vaisseaux* pour la circulation de la sève. Ces végétaux sont le type de l'embranchement des Cryptogames à racines ou Cryptogames vasculaires, qui comprend les Cryptogames les plus parfaites.

Les Mousses ont aussi une sorte de *tige feuillée*, mais, au lieu de vraies racines pourvues d'une coiffe et de poils absorbants, elles n'ont que des sortes de *crampons les retenant au sol.* On n'y trouve pas de vaisseaux, et la sève ne peut circuler que de cellule à cellule. C'est le type de l'embranchement des **Muscinées**.

Enfin les Algues, les Champignons, les Lichens sont réduits à des sortes de *lames* ou de *filaments* que l'on a désignés sous le nom de thalle, et ils constituent l'embranchement des **Thallophytes** (de *thalle*, et du grec *phyton*, plante), comprenant les végétaux les plus simples.

Leçon XXIX

Embranchement des Cryptogames vasculaires.

RÉSUMÉ. — 1. Classe des Fougères : la Fougère mâle. — C'est une plante à *tige souterraine* émettant des *feuilles aériennes* vertes, roulées en crosse dans leur jeune âge, et à limbe très découpé. Sur la *face inférieure de certaines folioles*, on voit en été des taches brunes formées de plusieurs *sporanges* qui mettent en liberté un grand nombre de *spores.* Celles-ci, en germant, donnent un *prothalle*, petite feuille verte sur laquelle se forme un *œuf* par la fusion d'un *anthérozoïde* mobile, produit par une *anthéridie*, et d'une *oosphère* fixe, produite par un *archégone*. L'œuf, en se développant, donne une nouvelle Fougère feuillée.

2. Principaux types. — Les *Fougères de nos pays* sont toutes à *tige souterraine*. Ex. : *Fougère aigle*, très commune, *Polypode, Scolopendre, Capillaire*. Les *Fougères tropicales* ont une *tige aérienne* rappelant celle des Palmiers.

3. Classe des Prêles. — Ce sont des plantes des endroits humides, à *tige souterraine* et à *rameaux aériens* portant des *verticilles de rameaux* très fins qui partent d'une collerette de petites feuilles soudées. Certains rameaux aériens jaunâtres, non ramifiés, se terminent par un *épi de sporanges*, d'où sortent des *spores* qui se comportent comme celles des Fougères.

4. Classe des Lycopodes. — Ce sont de *petites plantes* des lieux humides, à *tige feuillée* et ramifiée par *bifurcations successives*. Certains rameaux se terminent par de petites feuilles portant chacune un *sporange*, qui met en liberté de *nombreuses spores* évoluant comme celles des Fougères.

5. Caractères généraux des Cryptogames vasculaires. — Ces plantes sont pourvues de vaisseaux et comprennent racines, tige et feuilles vertes. Elles se nourrissent comme les autres plantes vertes. Leur reproduction peut se résumer par le tableau suivant :

Pl. feuillée→Spores→Prothalle ⟨ Anthéridies→Anthérozoïdes ↘ / Archégones → Oosphères ↗ ⟩ Œuf Pl. feuillée.

L'embranchement des Cryptogames comprend trois classes. Examinons d'abord un exemple tiré de la classe des Fougères.

1. Exemple d'une Fougère : la Fougère mâle. — Cette plante (*fig.* 408) est très commune dans nos bois. La seule *partie aérienne* est la feuille ou **fronde**, atteignant quelquefois 1 mètre. Cette feuille est découpée comme une feuille composée pennée dont les folioles seraient elles-mêmes découpées en folioles plus petites. En creusant la terre, on voit que cette feuille se détache d'un *rhizome* ou tige souterraine pourvue de nombreuses *racines adventives*. Au printemps, ce rhizome porte de jeunes *feuilles*, enroulées en **crosse** à leur extrémité.

Au point de vue de la nutrition, ces plantes ne diffèrent donc pas sensiblement des plantes vertes déjà étudiées. Elles puisent dans le sol la sève brute et l'élaborent dans leurs feuilles vertes.

Voyons maintenant comment elles se reproduisent.

Sur la face inférieure de certaines folioles (*fig.* 409), on voit apparaître dans le courant de l'été de petites *taches* d'abord vertes, puis de plus en plus *brunes*. En examinant à la loupe (*fig.* 410) une de ces taches, on trouve, abrités par une mince membrane protectrice, plusieurs *petits sacs* d'abord jaunes, puis bruns (*fig.* 411). À leur maturité ces sacs s'ouvrent sous l'influence d'un anneau élastique qui les entoure pour laisser échapper de petits corps arrondis que l'on appelle des **spores** (*fig.* 412), d'où le nom de **sporanges** donné à ces sacs.

Les innombrables spores ainsi mises en liberté se disséminent au gré du vent, et, grâce à leur enveloppe dure,

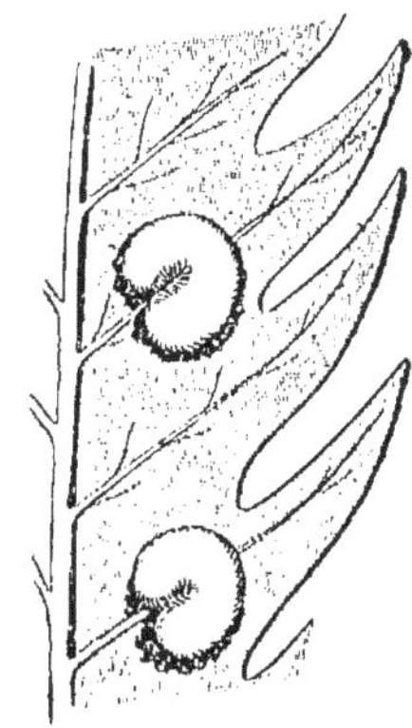

Fig. 409. — Portion d'une feuille de Fougère, vue par dessous à l'aide d'une loupe.

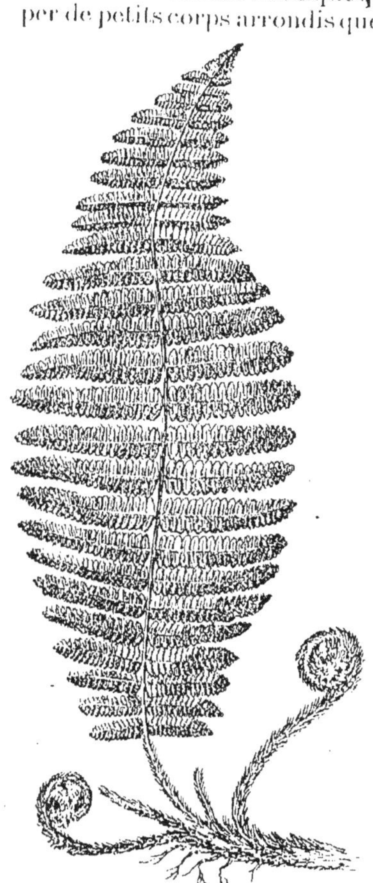

Fig. 408. — Fougère mâle.

elles peuvent attendre pendant quelque temps les circonstances favorables pour se développer. Beaucoup d'entre elles sont perdues. Quelques-unes seulement, plus favorisées par les hasards de leur chute, trouvent bientôt l'humidité et la température convenables pour *germer*. Mais le produit de cette germination ne ressemble guère à la Fougère primitive. C'est une *petite lame verte* (*fig.* 413), d'environ un demi-centimètre de diamètre, portant à la partie inférieure des poils qui pénètrent dans le sol. On l'a d'abord considérée comme une plante distincte,

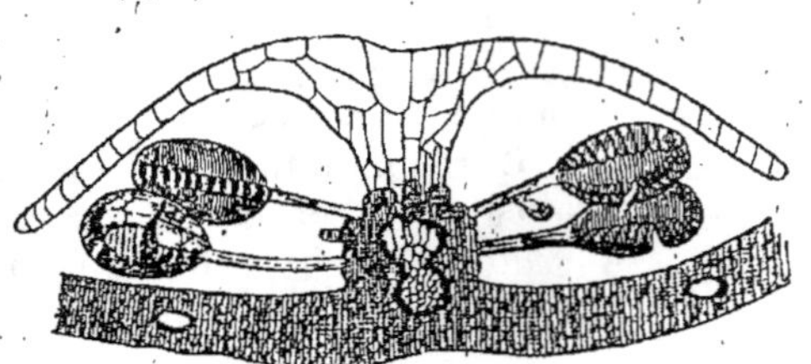

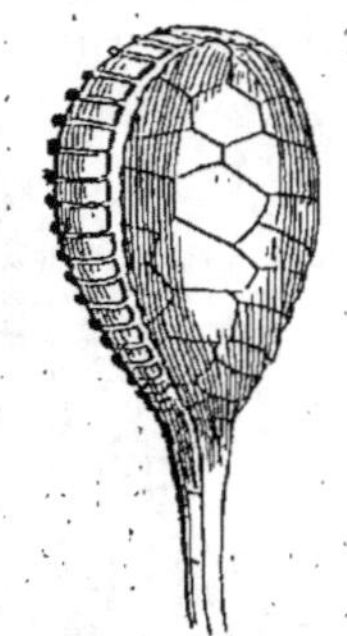

Fig. 410. — Coupe en travers des petites taches vertes que l'on voit à la face inférieure des feuilles de la Fougère mâle et qui sont représentées dans la *fig*. 409. On voit les sporanges abrités par une membrane.

Fig. 411. — Sporange fermé (grossi).

n'ayant aucune parenté avec la Fougère. C'est cependant de cette petite lame verte, nommée **prothalle**, que naîtra une nouvelle Fougère

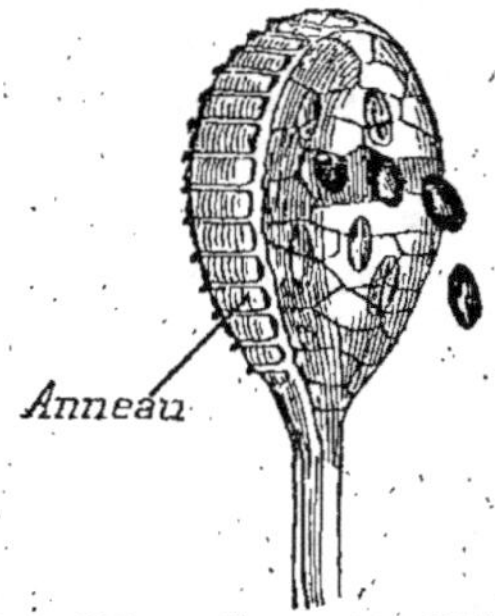

Fig. 412. — Sporange ouvert (grossi) : les spores s'en échappent.

semblable à la Fougère primitive.

En effet, sur la face inférieure de la partie centrale un peu plus épaisse, il se forme *deux sortes d'organes microscopiques* :

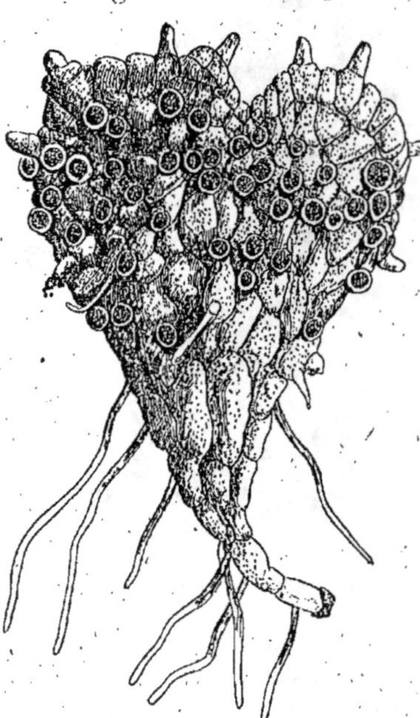

Fig. 413. — Prothalle d'une Fougère, vu par la face inférieure (grossi).

Les uns, qui font saillie, ont la forme de *petites boules*
nommées **anthéri-
dies** (*fig.* 414), et
s'ouvrent bientôt
pour laisser échap-
per des corpuscules
microscopiques
nommés **anthéro-
zoïdes**, en forme
de petits *tire-bou-
chons*, et mobiles
grâce au bouquet
de *cils vibratiles*
qu'ils portent.

Les autres, nom-
més **archégones**
(*fig.* 415), ont la
forme de *bouteilles
à long col*, enfon-
cées en partie dans
le tissu du prothalle.

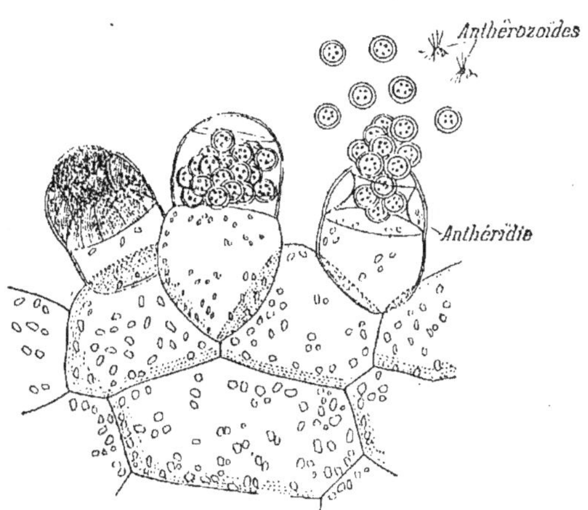

Fig. 414. — Anthéridies d'une Fougère,
et les anthérozoïdes qui s'en échappent.

La partie renflée de l'archégone contient
une grosse cel-
lule nommée
oosphère (du
grec *oos*, œuf, et
sphère), et le col
est rempli d'une
substance muci-
lagineuse qui
fait saillie au
dehors.

Quand, par
suite de la pluie
ou de la rosée, la

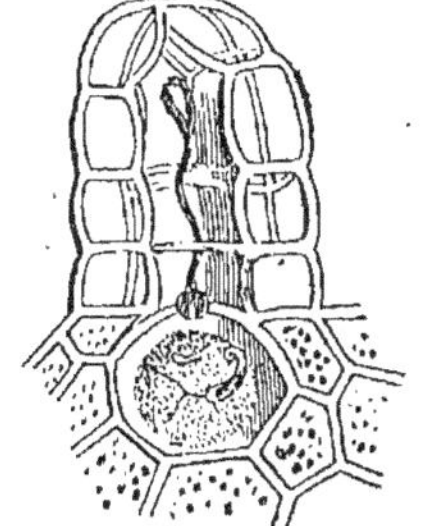

Fig. 415. — Archégone jeune
d'une Fougère (très grossi).

Fig. 416. — Archégone
d'une Fougère, dans
lequel a pénétré un
anthérozoïde. De la
fusion de celui-ci avec
l'oosphère va résulter
un œuf.

face inférieure du prothalle est humide, il
peut arriver qu'un *anthérozoïde*, en nageant, vienne s'attacher à la substance mucilagineuse; il suit alors cette substance et
arrive jusqu'à l'*oosphère* avec laquelle il se *fusionne* (*fig.* 416).

Le résultat de cette fusion est un œuf, qui se développe presque immédiatement en une **nouvelle Fougère feuillée** semblable à la Fougère primitive.

Si l'on veut comparer ce mode de reproduction avec celui des plantes à fleurs, on voit que la *spore* doit être considérée non comme une graine, mais comme un *bourgeon* qui se détacherait de la plante-mère avant de donner naissance aux deux sortes d'organes qui doivent concourir à la reproduction sexuée.

2. Principaux types de Fougères et applications. — Les autres Fougères de nos pays rappellent la Fougère mâle par leur tige souterraine et leur mode de reproduction. Elles en diffèrent par la forme de leurs feuilles, qui est très variée et qui en fait rechercher quelques-unes comme plantes d'ornement.

Fig. 417. — Capillaire.

Citons, par exemple, à côté de la *Fougère mâle*, dont le rhizome est employé comme vermifuge contre le Ténia :

La **Fougère aigle**, très commune, ainsi nommée parce que le pétiole coupé en biais montre une tache semblable au double Aigle des armes d'Autriche, et dont les feuilles servent de litière pour les bestiaux ou d'emballage pour les fruits ; —

Le **Polypode**, qui croît sur les vieux murs et dont les amas de sacs à spores ne sont pas protégés par une membrane ;

La **Scolopendre**, que l'on trouve souvent sur les parois des puits, et dont les feuilles sont entières ;

Et la **Capillaire** (*fig.* 417), dont le pétiole est noir et fin comme un cheveu, avec des folioles légères d'une grande délicatesse.

Fig. 418. — Une forêt de Fougères telle qu'elle devait exister, pense-t-on, à l'époque de la houille.

Dans les régions équatoriales, les Fougères ont des tiges aériennes et rappellent les Palmiers par le bouquet de feuilles qui termine cette tige : de là le nom de **Fougères arborescentes** (du latin *arbor*, arbre) (*fig.* 421), qu'on leur donne. De telles Fougères ont vécu autrefois dans nos pays et ont contribué à la formation de la houille, car on retrouve dans le terrain houil-

Il a existé autrefois, à l'époque houillère, des Lycopodiacées de très grande taille, qui ont contribué à la formation de la houille.

5. Caractères généraux des Cryptogames vasculaires. — On peut donc dire que les Cryptogames vasculaires contiennent des *vaisseaux* et sont pourvus de racines, de tiges et de feuilles, sur lesquelles se produisent des spores. Ces spores donnent naissance à un **prothalle** sur lequel se forme, par la **fusion de deux corps différents**, un œuf qui se développe en une **nouvelle plante feuillée**.

LECTURE

Les Fougères dans les serres. — Les Fougères exotiques de serre chaude se répartissent en deux groupes : les Fougères *terrestres* (c'est-à-dire poussant sur le sol), qui comprennent presque toutes les grandes espèces, celles surtout qui s'élèvent en arbres, et les Fougères *rupicoles*, ordinairement de faible taille, qui croissent dans les fissures des rochers, sur le tronc des arbres ou au moins sur les sols à pentes abruptes. Pour que la culture qu'on leur applique dans les serres fût aussi parfaite que possible, on comprend sans peine qu'elle devrait reproduire les sites naturels que ces plantes recherchent. Habituellement il n'en est point ainsi ; l'usage a prévalu de tenir toutes les Fougères en pots ou en caisses ; il est rare que même les plus grandes espèces arborescentes (*fig.* 421) soient soumises à une autre règle, c'est-à-dire plantées directement dans le terre-plein de la serre. Il faut reconnaître, toutefois, que la disposition du sol exerce moins d'influence ici que sa nature et que le milieu atmosphérique, et qu'au total le mode de culture adopté donne des résultats satisfaisants.

La serre à Fougères doit être basse et à une autre orientation que celle du Midi. On ne doit pas oublier que la très grande majorité des Fougères recherchent les lieux où l'air se conserve humide, les ravins des montagnes, le voisinage des rivières encaissées, les citernes, l'ombre des bois, etc., et que, si elles redoutent la lumière du soleil, c'est moins pour la lumière elle-même que pour la propriété qu'elle a de favoriser l'évaporation et la dessiccation de l'air.

La terre employée dans la culture des Fougères est exclusivement la terre de bruyère siliceuse mêlée de détritus végétaux. La meilleure est celle qui est un peu tourbeuse, et qui, ayant une certaine consistance, se laisse concasser en morceaux de toute grosseur sans tomber en poussière. On y mêle du terreau de feuilles ramassé dans les bois ou fabriqué artificiellement, de la Mousse de marais et des fragments de charbon de bois, substance à laquelle on attribue la propriété d'empêcher ou de retarder l'acidification des détritus organiques.

Fig. 421. — Fougères arborescentes, cultivées en serre chaude.

incorporés dans la terre. Si les Fougères doivent être cultivées sur rocailles, et alors ce sont toujours des espèces de petite taille, il suffit de remplir les interstices des pierres avec le compost indiqué plus haut et d'y introduire les plantes; dans le cas, au contraire, où elles sont destinées à la culture en pots, ces derniers doivent être drainés jusqu'aux deux tiers de leur hauteur à l'aide de tessons ou de fragments de brique. Les très grandes Fougères, telles que les *Angiopteris* et les *Also-phila*; et, généralement, les espèces arborescentes, presque toujours terrestres, ne viennent nulle part mieux qu'en pleine terre, c'est-à-dire dans de larges terre-pleins où leurs racines peuvent s'étendre en toute liberté. Il va de soi que ces terre-pleins, dont l'épaisseur peut dépasser 1 mètre, doivent être drainés avec le même soin que les pots et les caisses.

L'arrosage est un point important dans la culture des Fougères. Si l'on excepte un petit nombre d'espèces rupicoles (du latin *rupes*, rocher, et *colere*, habiter), principalement des pays méridionaux, qui résistent longtemps aux ardeurs du soleil et à la sécheresse, on peut dire que toutes veulent un sol encore plus constamment humide que l'air qui les baigne. Les arrosages devront donc être copieux, et le jardinier n'attendra jamais pour les faire que la terre soit desséchée même à la surface.

L'emploi décoratif des Fougères dans une serre ou dans un jardin d'hiver est une affaire de goût et sur laquelle on ne saurait formuler des règles. Comme plante d'appartement, leur rôle est très limité. Les espèces sans tiges, à feuilles retombantes, se plantent quelquefois dans des vases de forme élégante et propres à être suspendus à la toiture de la serre, et, dans ce cas, elles peuvent figurer aussi dans un salon, mais très passagèrement, parce qu'elles s'y flétrissent en peu de jours. Les espèces rupicoles, surtout les espèces indigènes, sont celles qui y réussissent le mieux [1].

Leçon XXX

Embranchement des Muscinées.

RÉSUMÉ. — **1. Classe des Mousses.** — Ce sont des plantes dépourvues de vaisseaux et formées d'une *tige feuillée ratta-chée au sol par de petits poils brunâtres*, et non par de vraies racines. Au cours du printemps, les rameaux se terminent par un pédoncule renflé à son extrémité en un *sporange* qui

1. D'après Decaisne et Naudin.

met en liberté de nombreuses *spores*. Ces spores, en germant, donnent des filaments (*protonéma*) sur lesquels bourgeonnent de *nouvelles tiges feuillées* qui forment à leur sommet un *œuf* par fusion d'un *anthérozoïde* et d'une *oosphère*. L'œuf en se développant donne le *sporange*.

2. Principaux types. — Les *Polytries*, les *Funaires*, les *Barbula*, préparent le sol à recevoir des plantes d'organisation plus élevée. Les *Hypnum* et les *Sphaignes* engendrent la tourbe dans les marécages.

3. Classe des Hépatiques. — Ce sont des plantes se reproduisant comme les Mousses, les unes à tige feuillée, et les autres en forme de lame aplatie. Ex. : le *Marchantia*.

4. Caractères généraux des Muscinées. — Cryptogames à tige feuillée, quelquefois en lame aplatie, dépourvues de vraies racines et de vaisseaux. Leur mode de reproduction peut se résumer par le tableau suivant :

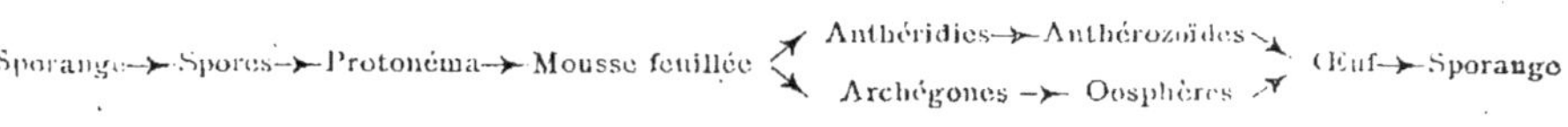

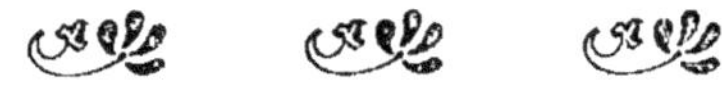

La classe la plus importante de l'embranchement des Muscinées est celle des Mousses.

1. Classe des Mousses. — Considérons l'*une quelconque des Mousses* que nous voyons pousser sur les murs, dans les bois, sur la terre humide ou même sur la partie inférieure de la tige des arbres. Nous y distinguons (*fig.* 422) une *tige* portant à sa partie supérieure de **petites feuilles vertes** très serrées. La tige est tantôt simple, tantôt ramifiée; elle est formée de cellules presque toutes semblables et ne contient pas de vaisseaux. Les feuilles sont toujours de petite taille, généralement alternes et portent quelquefois au milieu une ligne blanchâtre qui ressemble à une nervure. Les feuilles inférieures sont jaunes et desséchées. Plus bas encore la tige est dépourvue de feuilles et se rattache au sol par de *petits poils brunâtres*, qui **ne sont que des organes de fixation** et non de vraies racines.

A une certaine époque, au cours du printemps, on voit certaines des tiges surmontées d'un *long pédoncule* qui porte à son extrémité un renflement nommé **urne, capsule** ou **sporange**. Cette capsule est souvent coiffée d'un *petit chapeau* qui tombe à la maturité. La capsule s'ouvre alors par la chute d'un *petit couvercle* et le soulèvement de *petites dents*, et il en sort une

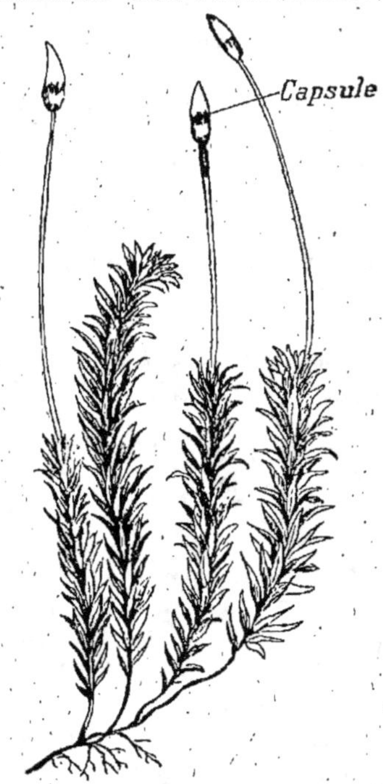

Fig. 422. — Une Mousse garnie de ses capsules.

énorme quantité de spores microscopiques qui se disséminent sur le sol. Quelques-unes d'entre elles, placées dans des conditions favorables, germent (*fig.* 423) en donnant un *filament vert*, ramifié, nommé **protonéma**, sur lequel les *tiges feuillées* apparaissent bientôt par *bourgeonnement*.

Au sommet de certaines de ces tiges, il se forme au printemps des organes de deux sortes, des **anthéridies** (*fig.* 424) qui donnent des **anthérozoïdes** pourvus de *2 cils vibratiles* (*fig.* 425), et des **archégones** (en forme de bouteilles) (*fig.* 426), qui contiennent une **oosphère**.

La *fusion* d'un *anthérozoïde* et d'une *oosphère* donne un *œuf* qui se développe sur place, en s'enfonçant en partie dans la Mousse feuillée, pour donner la *capsule et son support*.

2. Principaux types et applications. — Parmi les Mousses les plus communes, il faut citer les **Polytrics**, qui peuvent atteindre jusqu'à 20 centimètres de hauteur, les **Funaires**, dont le pédoncule supportant la capsule s'enroule ou se déroule suivant l'humidité de l'air, les *Barbula*, abondants sur les vieux murs, les **Hypnum**, aux tiges ramifiées, dont on se sert pour garnir les jardinières et y conserver l'humidité, et enfin les **Sphaignes**

(*fig.* 428), qui vivent dans les eaux limpides et froides et engendrent la tourbe.

Bien que n'ayant pas d'applications importantes, les Mousses n'en ont pas moins une grande utilité dans la nature, car elles sont capables de vivre en des endroits où aucune plante, sauf les Lichens, ne saurait subsister, et elles préparent le sol pour des plantes d'organisation plus élevée, en retenant la terre végétale à mesure qu'elle se forme et en l'enrichissant de leurs débris. Leur propriété d'absorber abondamment l'eau les rend très utiles dans les régions montagneuses, en empêchant l'eau de s'écouler aussi rapidement.

3. Classe des Hépatiques. — Les *Hépatiques* constituent une deuxième classe de Muscinées qui *rappellent les Mousses par leur mode de reproduction*. Quelques-

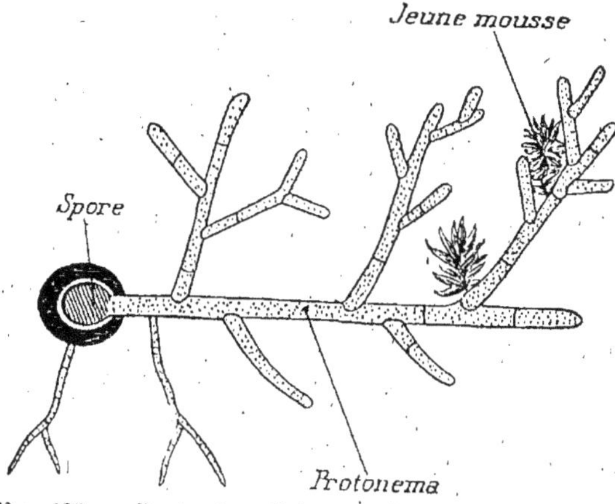

Fig. 423. — Protonéma (très grossi) provenant de la germination d'une spore de Mousse. A sa surface se forment de jeunes pieds feuillus de Mousses.

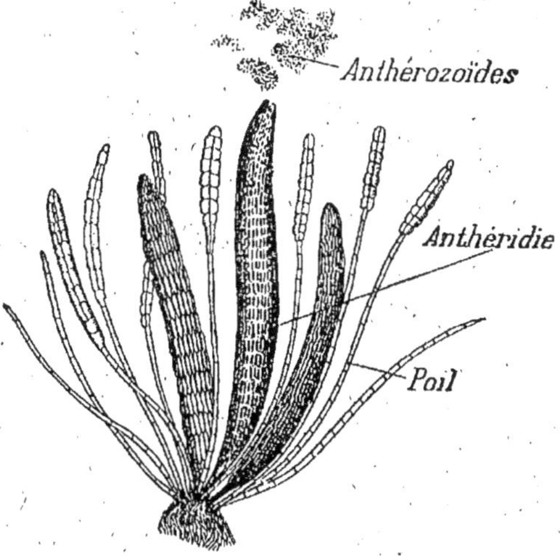

Fig. 424. — Anthéridies d'une Mousse, vues à un fort grossissement.

unes ressemblent aux Mousses par leur tige feuillée, mais les feuilles sont toutes dans un même plan avec la tige. D'autres se réduisent à une

Fig. 425. — Anthérozoïdes d'une Mousse, vus à un grossissement considérable.

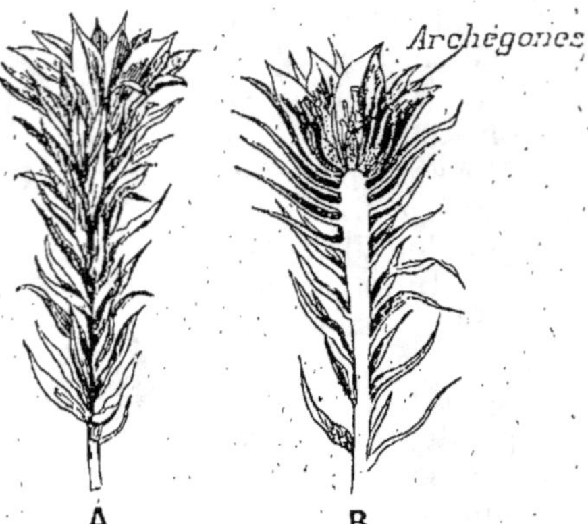

Fig. 426. — A, Mousse terminée par une collerette de feuilles; — B, la même coupée en long pour montrer les archégones qu'elle porte.

simple lame aplatie contre le sol et plus ou moins lobée. On les trouve dans les endroits humides. L'une des plus connues est le *Marchantia* (*fig.* 427). Ces plantes n'ont pas d'applications.

Fig. 427. — Une hépatique, le Marchantia (grandeur naturelle).

4. Caractères généraux des Muscinées. — Les *Muscinées* sont des Cryptogames de petite taille, ayant une **tige feuillée**, mais **dépourvues de vraies racines**, et ne contenant pas de vaisseaux. Elles produisent sur leurs tiges feuillées des **anthéridies** et des **archégones** d'où naît un **œuf**, qui se développe en un **sporange** contenant d'innombrables **spores**. Celles-ci, en germant, donnent des filaments verts (*protonéma*) sur lesquels apparaissent de *nouvelles tiges feuillées*.

LECTURES

1. — *La tourbe et ses usages.* — La tourbe est une substance noirâtre ou brune, très spongieuse, retenant beaucoup d'eau et formée de charbon mélangé de matières terreuses. Dans les régions tempérées et froides, la plupart des vallées sillonnées par de faibles cours d'eau contiennent de la tourbe dans les endroits marécageux, pourvu que les eaux ne soient pas complètement stagnantes et qu'elles ne charrient pas une grande quantité de limon.

En France, par exemple, la vallée de la Somme contient beaucoup de tourbières. Plusieurs petits affluents de la Seine, comme l'Essonne, et de l'Oise, comme le Thérain, en contiennent aussi. Dans la Loire-Inférieure, il y a près de Saint-Nazaire une région marécageuse nommée la Grande-Brière. qui a une longueur de 15 kilomètres et une largeur de 10, et qui n'est qu'une immense tourbière.

On trouve également des tourbières dans les régions montagneuses : Pyrénées, Alpes, Vosges, Ardennes.

La France contient au moins 600.000 hectares de marais tourbeux exploitables.

Les plus grandes tourbières d'Europe se trouvent en Irlande, dans l'Allemagne du Nord, en Russie et en Finlande.

L'épaisseur de la tourbe peut atteindre jusqu'à 15 mètres. Les couches supérieures sont formées de tiges et de feuilles de végétaux à peine décomposées, mélangées avec du sable ou de la terre : on l'appelle *tourbe moussue.*

Au dessous vient une tourbe brune où l'on trouve encore quelques débris de tige et de racines : c'est la *tourbe feuilletée.*

Puis enfin au dessous encore, la *tourbe noire*, où les traces d'organisation végétale ont à peu près complètement disparu. Cette tourbe noire est assez molle, mais elle devient dure en se desséchant à l'air.

Le passage d'une forme à l'autre se fait insensiblement et l'ordre de superposition est toujours le même, de sorte qu'il n'est pas douteux que la transformation ne soit l'effet du temps. La tourbe est donc le produit de la décomposition lente, par une sorte de fermentation sous l'eau, des végétaux qui poussent dans les endroits marécageux.

Les Mousses nommées *Sphaignes* (*fig.* 428) jouent un rôle important dans la formation de la tourbe. Elles vivent dans l'eau et, comme beaucoup de Mousses, la partie supérieure continue à végéter et à s'accroître, alors que la partie inférieure est déjà morte et en décomposition.

Elles ont des feuilles alternes, disposées sur plusieurs rangs, blanches avec une légère teinte roussâtre ou verdâtre. Elles se multiplient très rapidement, une seule capsule pouvant contenir plus de 2 millions de spores. De plus, leur croissance est très rapide; elles se ramifient beaucoup et finissent par former un feutrage épais qui recouvre le sol ou constitue à la surface de l'eau une sorte de plancher flottant sur lequel se développent d'autres plantes.

Parmi les végétaux autres que les Sphaignes qui jouent un rôle dans la formation de la tourbe, on peut citer certaines autres Mousses du genre *Hypnum* et un certain nombre de plantes de marais, comme les *Prêles*, les *Joncs*, les *Carex* et quelques *Roseaux*, qui, grâce à leurs tiges souterrai-

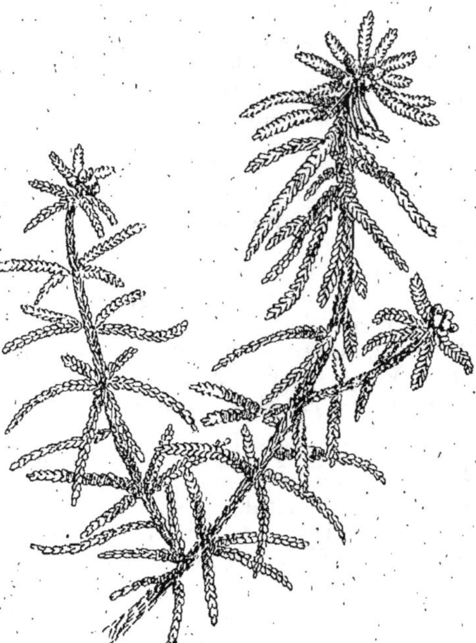

Fig. 428. — Sphaigne ou Sphagnum.

nes, envahissent rapidement le sol. Quelques arbres même, comme le *Bouleau*, poussent quelquefois dans les marais, mais ils sont facilement renversés par le vent, et leurs troncs submergés deviennent aussi de la tourbe.

La tourbe s'accroît avec une vitesse, variable suivant les endroits, de 0^m,60 à 1 ou 2 mètres par siècle.

La tourbe (*fig.* 429) s'extrait pendant la belle saison, de façon à pouvoir la faire sécher pendant l'été.

Quand on peut dessécher la tourbière au moyen de rigoles d'écoulement ou de pompes, les ouvriers enlèvent facilement la tourbe au moyen d'une sorte de bêche ou *louchet* qui la découpe en morceaux cubiques que l'on fait sécher dans le voisinage. On enlève ainsi des couches de plus en plus profondes jusqu'à ce qu'on ne puisse plus lutter contre l'envahissement de l'eau.

Lorsqu'on ne peut pas dessécher la tourbière, les ouvriers s'établissent sur des poutres jetées en travers ou sur de petits

Fig. 429. — Exploitation de la tourbe (cliché de *Fermes et Châteaux*).

bateaux plats et se servent de bêches à long manche, pourvu que la tourbe soit assez compacte pour ne pas se délayer dans l'eau.

Si la tourbe est boueuse, on se sert de dragues pour l'enlever et on la moule ensuite en petits cubes que l'on fait sécher.

La tourbe desséchée au soleil est employée au chauffage domestique dans les régions de production, à cause de son bon marché; mais la fumée et l'odeur désagréable qu'elle répand, en brûlant, empêchent l'extension de son emploi.

Dans certaines régions, on utilise la tourbe, après un

traitement préalable, au chauffage industriel dans la métallurgie et dans la verrerie.

On la transforme quelquefois en une sorte de charbon analogue au charbon de bois et brûlant sans fumée. Pour cela on procède comme le font dans les forêts les charbonniers qui préparent le charbon de bois, c'est-à-dire qu'on fait des meules de tourbe et qu'on les recouvre de terre pour régler l'accès de l'air au moyen de trous que l'on ouvre ou ferme à volonté.

On procède aussi à cette préparation par distillation dans des cornues pour recueillir, en plus du charbon qui reste comme résidu dans les cornues, les produits volatils, c'est-à-dire du goudron, dont on tire différents corps, et des sels ammoniacaux utilisés comme engrais.

On utilise aussi directement la tourbe comme engrais, après l'avoir additionnée de sable, d'argile, de marne, de chaux.

Sa faculté d'absorber les liquides la fait aussi employer comme litière pour les bestiaux. Elle retient alors énergiquement les déjections des animaux et sert ensuite comme engrais.

Les cendres de tourbe elles-mêmes sont utilisées comme engrais.

On voit donc que la tourbe est susceptible d'un grand nombre d'applications, mais son exploitation et son utilisation demanderaient encore bien des perfectionnements.

2. — *Les usages des Mousses.* — Les Mousses ont, dans la nature, un rôle économique fort important. S'implantant facilement sur la terre, sur les troncs d'arbres, sur les vieux murs, partout où elles trouvent une humidité suffisante et quelques parcelles de substances minérales, elles se propagent rapidement et forment bientôt un épais tapis, qui entretient la fraîcheur et produit une couche d'humus qui sert de support à des plantes d'un ordre plus élevé : c'est ce qui arrive pour les Sphaignes qui produisent la tourbe. Dans les serres, on emploie souvent les Mousses comme un sol artificiel se prêtant à la culture des plantes. Pour la décoration, on se sert volontiers des Mousses. On les utilise pour l'emballage. Il paraît qu'en Laponie les femmes emploient la Mousse, concurremment avec le poil des rennes, pour confectionner des berceaux où leurs bébés reposent mollement. Dans les plantations de Quinquina, on a reconnu que, si l'on dépouille les arbres de bandes d'écorce en réservant alternativement des surfaces intactes, et si l'on applique de la Mousse sur les

parties dépouillées, il se forme une nouvelle écorce qui contient plus de quinine que les bandes primitives. En Suède, au moyen de la Mousse, on fabrique non seulement du papier à écrire, mais encore des planches d'une épaisseur de 12 centimètres. Ces dernières ont la résistance du bois et supportent les vernis de toute espèce, ce qui les rend très propres à la confection d'ornements architecturaux, de meubles, de portes, de châssis, de fenêtres, de persiennes, de pots à fleurs, de roues de wagons ; on est même arrivé à construire, avec ce matériel d'un autre genre, des métairies entières [1].

Leçon XXXI

Embranchement des Thallophytes. — Classe des Algues.

RÉSUMÉ. — **1. Embranchement des Thallophytes.** — Les Thallophytes sont des plantes formées de cellules assemblées en *lames* ou en *filaments* constituant le *thalle*. On les divise en trois classes : *Algues*, *Champignons* et *Lichens*.

2. Classe des Algues. — Ce sont des plantes vivant dans l'*eau* ou dans les *lieux humides*, les unes *vertes*, les autres *brunes*, *rouges* ou *bleues*, mais contenant toutes de la *chlorophylle* et pouvant assimiler le carbone.

3. Exemple d'Algues se reproduisant uniquement par spores : les Conferves. — Ce sont des *Algues filamenteuses* des eaux douces. La *matière vivante de certaines cellules* se partage en *nombreuses spores* pourvues de 2 *cils vibratiles* (*zoospores*). Ces spores sont mises en liberté, nagent pendant quelque temps, puis se fixent et *germent* en donnant une *nouvelle Conferve*.

4. Exemple d'une Algue se reproduisant uniquement par œufs : le Fucus. — Les *Fucus* ou *Varechs*, de couleur brune, poussent au bord de la mer. Leurs *corps reproducteurs* prennent naissance à l'extrémité renflée de certaines divisions

1. D'après M. Piot.

du thalle, dans des *cavités de deux sortes*, les unes produisant des *anthérozoïdes* à 2 cils vibratiles, les autres des *oosphères*, qui, en se fusionnant chacune avec un anthérozoïde, deviennent des *œufs* capables de donner, en germant, de *nouveaux Fucus*.

5. Enfin, d'autres Algues, comme l'*Œdogonium* vivant dans les *eaux temporaires*, donnent des *spores* tant que l'eau est *assez abondante*, et des *œufs* quand l'eau disparaît.

6. Classification des Algues. — On les divise en *Algues vertes* (Protocoques, Conferves, Œdogonium, Ulves); *Algues brunes* (Fucus, Laminaires, Sargasses, Macrocystis, Diatomées); *Algues rouges* ou *Floridées* (Porphyra, Corallines); et *Algues bleues* (Nostocs, Oscillaires).

1. Embranchement des Thallophytes. — Nous arrivons maintenant aux plus simples des végétaux, dans lesquels on ne peut distinguer que des *cellules* assemblées en *lames simples* ou *ramifiées*, ou en *filaments*. Ces lames ou ces filaments ne rappellent que rarement une tige feuillée et constituent ce qu'on appelle le **thalle**, d'où le nom de **Thallophytes** donné à leur ensemble extrêmement varié. On les divise en 3 classes : les **Algues**, les **Champignons** et les **Lichens**.

2. Classe des Algues. — Les Algues sont des *Thallophytes* vivant généralement dans l'eau, *douce* ou *salée*, quelquefois *dans les lieux humides*, comme la surface du sol ou le pied des arbres.

Les unes, qui sont *vertes*, montrent clairement la présence de la *chlorophylle*. Les autres, qui sont de couleur *brune, rouge* ou *bleue*, contiennent cependant aussi la *substance verte*, mais elle y est masquée par une *autre matière colorante*. On peut y mettre la chlorophylle en évidence en enlevant l'autre matière colorante. Ainsi, en chauffant dans l'eau douce une Algue brune, comme le Fucus, l'Algue devient verte, tandis que l'eau devient brune, parce qu'elle dissout la deuxième matière colorante qui masquait la chlorophylle. De même, en chauffant au-dessus de la flamme d'une allumette un fragment de

Fucus, la partie chauffée devient verte, parce que la matière brune s'est volatilisée.

La présence de la chlorophylle permet à ces plantes de *vivre d'une façon indépendante*, comme les autres plantes vertes, aux dépens du *gaz carbonique* qu'elles trouvent dans l'eau ou dans l'air.

Quant à leur mode de reproduction, il est **extrêmement varié** dans les détails, et nous nous contenterons d'en donner quelques exemples.

3. Exemple d'une Algue se reproduisant uniquement par spores : les Conferves. — Les Conferves (*fig.* 430) vivent dans les *eaux douces* sous forme de *longs filaments* fixés par une extrémité à un corps submergé. Ces filaments sont formés de **cellules placées bout à bout.** Les cellules sont d'abord toutes semblables, mais bientôt certaines d'entre elles se modifient : leur contenu se fragmente en un *grand nombre de* petits corps (*fig.* 431) en forme de poires, munis à leur extrémité la plus fine de **2 cils vibratiles** (*fig.* 432). Bientôt une ouverture se produit dans la paroi de la cellule, et tous ces petits corps sortent en nageant avec leurs cils : on les appelle **zoospores** (du grec *zoon*, animal), à cause de leur faculté de se mouvoir. Bientôt les zoospores se fixent sur un corps submergé, perdent leurs cils, s'allongent et, en se divisant, donnent une *nouvelle Conferve.*

D'autres Algues, nommées **Protocoques**, qui forment une poussière verte sur l'écorce des arbres, se multiplient aussi par des *spores*, mais celles-ci sont dépourvues de cils vibratiles.

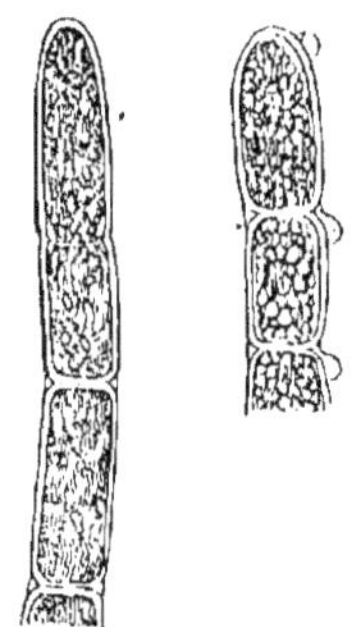

Fig. 430. — Filaments d'une Conferve, vus au microscope.

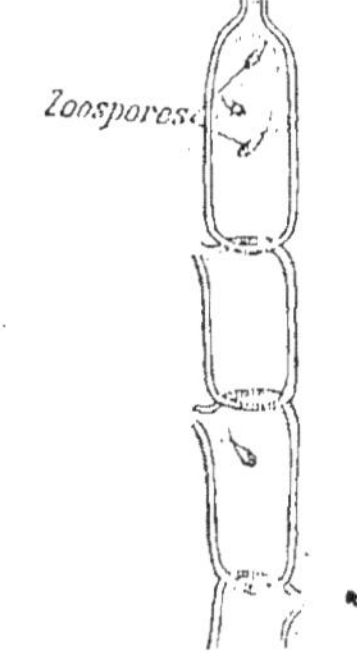

Fig. 431. — Filament d'une Conferve, au moment de la sortie des Zoospores (vu au microscope).

Fig. 432. — Zoospores d'une Conferve, vues à un très fort grossissement.

4. Exemple d'une Algue se reproduisant uniquement par des œufs : les Fucus. — Les Fucus (*fig.* 433), appelés aussi **Varechs** ou **Goémons**, vivent fixés sur les rochers submergés à haute mer,

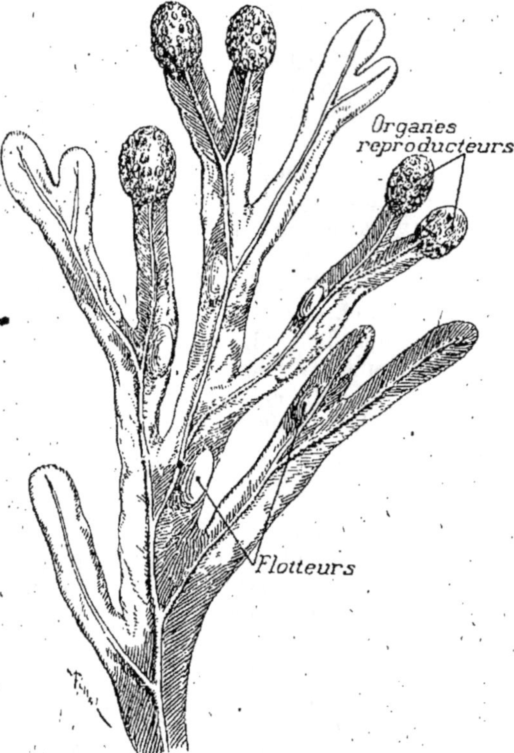

FIG. 433. — Fucus (un peu plus petit que la grandeur naturelle).

mais découverts à marée basse. Leur teinte est vert olivâtre ou brunâtre. Leur thalle est constitué par une lame plus ou moins épaisse et divisée, portant de place en place des renflements remplis de gaz et qui éclatent quand on les presse : ces petites **vessies** aident la plante à **flotter** dans l'eau.

Certaines des divisions du thalle sont terminées par des *masses ovoïdes* de 1 à 2 centimètres de longueur et à *surface mamelonnée* rappelant celle d'une Framboise. Chacun des mamelons présente un *petit orifice* qui correspond à une *cavité*. Certaines de ces cavités donnent naissance à de *petits corps microscopiques mobiles* grâce à 2 cils vibratiles et nommés **anthérozoïdes**. D'autres cavités (*fig.* 434) donnent naissance à des *sortes de boules* plus grosses que les anthérozoïdes, quoique microscopiques elles-mêmes ; ces boules, mises en liberté, flottent dans l'eau sans se mouvoir d'elles-mêmes ; on les appelle oosphères. Lorsque les anthérozoïdes, en nageant, rencontrent une de ces oosphères, ils s'y attachent (*fig.* 435), et l'un d'eux arrive à pénétrer dans l'intérieur. Sa substance se fusionne avec celle de l'oosphère, qui est ainsi fécondée et devient un œuf. Celui-ci s'enveloppe d'une

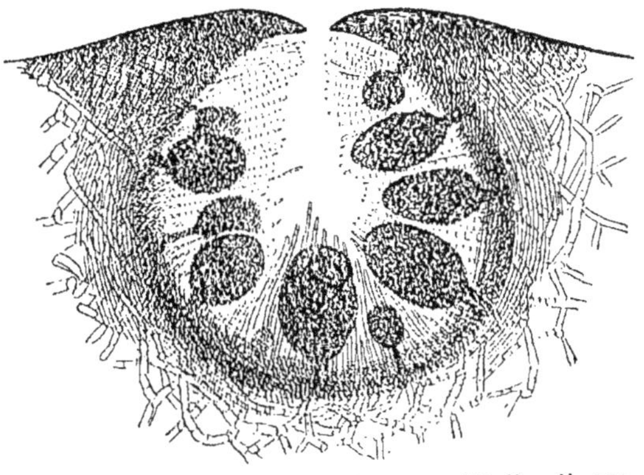

Fig. 434. — Coupe en long d'une cavité d'un Fucus, renfermant des oosphères (vue au microscope).

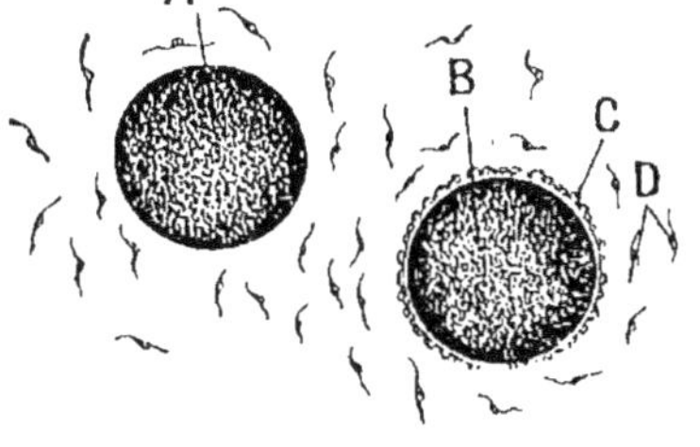

membrane et finalement tombe au fond de l'eau. Là, après un temps de repos plus ou moins long, l'œuf se développe en un *nouveau Fucus.*

Fig. 435. — La fécondation chez les Fucus.

A, oosphère flottant dans l'eau ; — B, oosphère entourée d'anthérozoïdes C, qui la font tourner ; D, anthérozoïdes nageant dans l'eau (le tout vu à un très fort grossissement).

5. Exemple d'une Algue se reproduisant par spores ou par œufs suivant les circonstances. — Considérons, par exemple, l'Œdogonium, *Algue filamenteuse* qui vit dans les mares, les flaques d'eau, les ornières. Tant que les *conditions de végétation sont favorables,* c'est-à-dire tant qu'il y a de l'eau, ce sont des **spores** qui se produisent et qui germent rapidement pour propager l'espèce. Si, par suite de *sécheresse,* l'eau diminue et menace de manquer, ce sont des **œufs** qui prennent naissance, comme s'ils étaient mieux organisés pour attendre sans périr le retour des conditions favorables à la végétation de l'espèce.

6. Classification des Algues. — On divise la classe des Algues en quatre ordres : les *Algues vertes*, les *Algues brunes*, les *Algues rouges* et les *Algues bleues*.

Algues vertes. — Nous avons déjà cité : les *Protocoques*, petites Algues unicellulaires qui vivent sur l'écorce des arbres,

Fig. 436. — Récolte du Goémon à marée basse.

surtout du côté de la tige tourné vers le Nord ; les *Conferves*, qui vivent dans les ruisseaux sous forme de longs filaments très fins ; et les *Œdogonium*, qui vivent dans les mares et les flaques d'eau. Citons encore les *Ulves*, grandes lames vertes très communes sur les plages.

Algues brunes. — Les Algues brunes sont caractérisées par un pigment brun qui se superpose à la chlorophylle et leur donne une teinte marron. Les *Fucus*, cités plus haut, sont également connus sous le nom de *Varechs* ou de *Goémon* (*fig.* 436); on les répand sur les champs comme engrais.

Les *Laminaires* (*fig.* 437) forment des lames, souvent de plusieurs mètres de longueur, simples ou divisées ; rejetées sur la plage, elles se couvrent d'une poudre blanche, qui est du sucre. Les *Sargasses* (*fig.* 438) sont des Algues brunes munies de vésicules pleines d'air, leur permettant de flotter. Elles vivent fixées sur les rochers, le long de la côte américaine ; à la suite des tempêtes, fréquentes dans ces régions, elles sont arrachées et flottent dans la mer. C'est alors qu'entraînées par les cou-

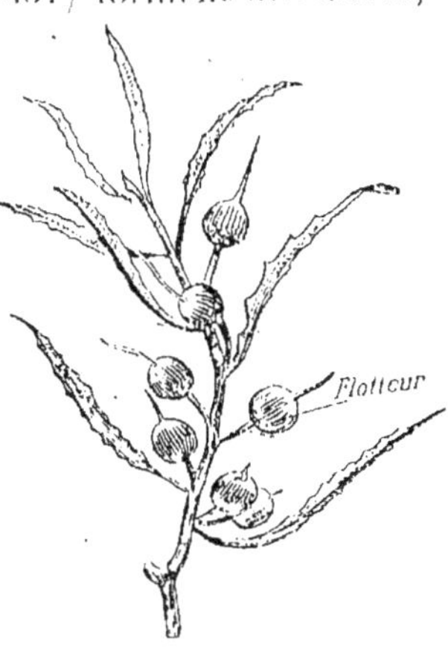

Fig. 438. — Sargasse
(demi-grandeur naturelle).

Fig. 437. — Laminaire (1 à 2 mètres de long).

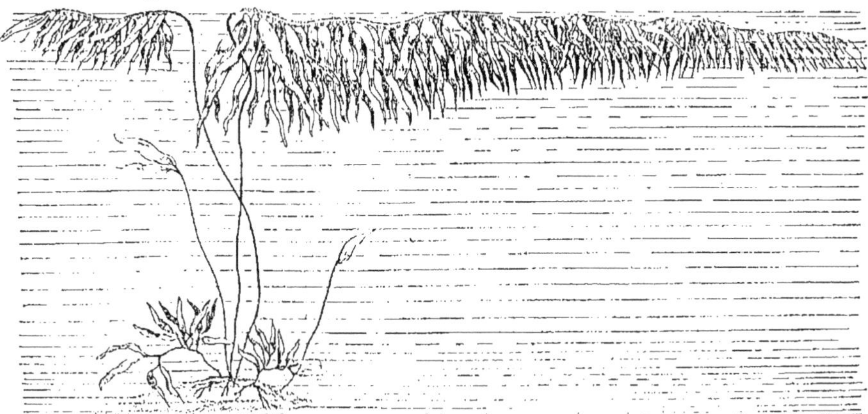

Fig. 439. — Algue du genre Macrocystis : elle peut atteindre un demi-kilomètre de longueur.

rants marins elles vont s'accumuler en très grand nombre

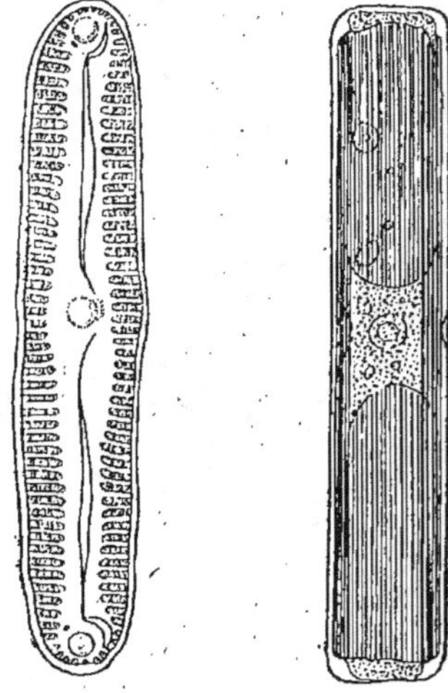

FIG. 440. — Deux Diatomées, vues à un grossissement considérable.

sur une surface de plus de 6.000 milles carrés pour constituer la « mer des Sargasses », véritable prairie flottante qui se trouve entre les Canaries, les Açores et les Bermudes. Les *Macrocystis* (*fig.* 439) sont des Algues fixées pouvant atteindre 500 mètres de long; grâce à des flotteurs, elles peuvent flotter dans la mer.

C'est aussi parmi les Algues brunes que prennent place les **Diatomées**, Algues qui, par opposition avec les précédentes, sont microscopiques (*fig.* 440). Chacune d'elles est constituée par une seule cellule enfermée dans une sorte de boîte **en**

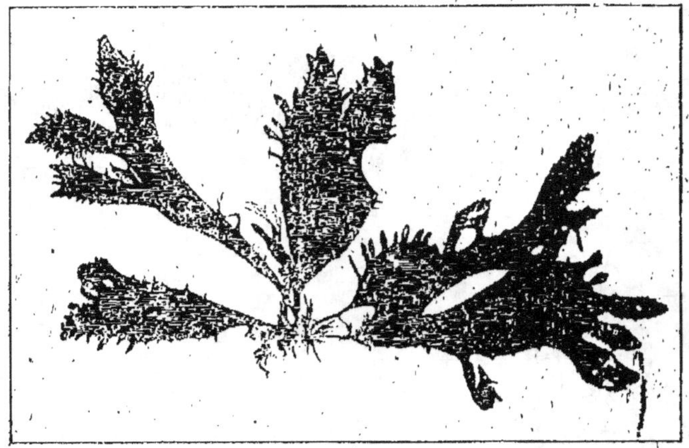

FIG. 441. — Une Algue rouge de la famille des Floridées.

silice, munie d'un couvercle également siliceux et garnie

d'ornements d'une extrême délicatesse. Elles abondent dans les eaux douces et dans les eaux marines. — Certaines Diatomées se retrouvent à l'état fossile : ce sont elles, par exemple, qui constituent le tripoli, pierre servant à polir les métaux.

Algues rouges. — Les Algues rouges sont caractérisées par un pigment rouge qui leur communique de brillantes couleurs. Elles sont si jolies qu'on les a comparées à des fleurs, d'où le nom de *Floridées* (*fig.* 441) qu'on leur donne également. Elles vivent presque toutes dans la mer et se montrent sous forme de lames ou de filaments très divisés. A citer : les genres *Ceramium*, *Plocamium*, *Porphyra*, etc., que l'on emploie à décorer les lettres de correspondance ; les *Corallines* (*fig.* 442), qui sont encroûtées de calcaire. L'une d'elles donne la *gélose*, matière employée pour la culture des microbes.

Fig. 443. — Nostoc (grandeur naturelle).

Fig. 442. — Rameau de Coralline.

Algues bleues. — Les Algues bleues sont teintes uniformément en bleu plus ou moins verdâtre. A citer particulièrement les *Nostocs* (*fig.* 443), boules gélatineuses communes dans les chemins, surtout après la pluie, et les *Oscillaires*, qui, dans l'eau, présentent de légers mouvements.

LECTURE

Une récréation de bains de mer. — Pour récolter des Algues, rien n'est plus facile : il suffit de se promener sur la plage, notamment aux endroits où la mer, en se retirant, a abandonné divers détritus. On aperçoit alors les Algues plus ou moins pelotonnées, plus ou moins enchevêtrées, et il faut avouer qu'ainsi elles ne paient pas de mine. Ne vous laissez pas influencer par cette première impression ; emportez-les à la maison, par exemple, dans un mouchoir mouillé, et, en les plongeant dans l'eau, vous les verrez s'épanouir en montrant leurs formes graciles et délicates. Ce que je viens de dire s'adresse surtout à ceux qui ne recherchent, dans la récolte des Algues, qu'un amusement : les espèces ainsi récoltées sont en effet en assez petit nombre et, de plus, sont quelquefois détériorées par le flot qui les a arrachées aux rochers sous-marins. Toutefois les exemplaires ainsi recueillis sont loin d'être négligeables ; après une tempête même, on peut trouver ainsi des espèces rares que l'on n'aurait pas pu trouver autrement, car elles viennent de profondeurs que la mer ne découvre jamais.

Celui qui veut collectionner des Algues d'une façon plus scientifique et plus complète doit aller les chercher en place, *in situ*. Croyez-moi, cette pêche d'un nouveau genre vaut bien celle à la crevette qui finit par être monotone. Et si l'on attrape quelques écorchures aux jambes, — vite cicatrisées d'ailleurs, — on est bien payé au retour par l'examen d'une belle récolte. Donc, il faut se mettre en quête des lieux où poussent les Algues, c'est-à-dire des rochers qui sont plus ou moins mis à l'air à marée basse. On explore d'abord les rochers tout à fait émergés, on gratte leur surface, on regarde sous les paquets de Fucus, on retourne les moins volumineux ; après quoi, on entre dans l'eau jusqu'aux genoux ou même plus haut, et on explore à nouveau les parois des rochers et les flaques d'eau de mer. C'est là que la récolte sera particulièrement riche et variée. Pour transporter les espèces récoltées, — on les coupe par exemple tout à fait à la base avec un vieux couteau, — on les place, comme je le disais plus haut, dans un mouchoir dont les quatre coins sont réunis deux à deux ou encore dans un seau de toile, comme ceux dont se servent les pompiers dans les villages. Ne jamais employer un bocal de verre, qui, dans l'ardeur de la chasse, aurait beaucoup de chances d'être brisé.

Chaque jour, la mer se retirant de plus en plus loin, on peut explorer de nouveaux rochers, et chaque fois leur flore varie. Mais c'est surtout aux marées d'équinoxe que l'on peut s'en donner à cœur joie : la mer découvre à des distances énormes, mettant à nu des richesses pour les « alguologues ». Mais il faut se hâter de récolter pour ne pas être surpris par le flot montant : le mieux, pour éviter cet accident, est de suivre le flot qui s'en va et d'abandonner la chasse, — ou la pêche, comme vous voudrez, — dès qu'il s'arrête.

Nous voici de retour à la maison. Il nous faut préparer sans tarder les échantillons récoltés. Hâtons-nous de dire que la description en question pourra être beaucoup simplifiée quand on se contentera de préparer les Algues pour orner, par exemple, le coin de feuilles de papier à lettre ou une carte postale ; dans ce cas, une simple assiette d'eau de mer suffira.

Les objets dont on se sert pour préparer les Algues sont les suivants :

Une cuvette rectangulaire en fer-blanc, longue de 60 centimètres, large de 47 et profonde de 6. Un de ses petits côtés est remplacé par un plan incliné, large de 16 centimètres, qui se continue avec le fond. Cette cuvette est revêtue intérieurement d'une couche de peinture blanche vernie ;

Une planchette en bois de Tilleul dépassant un peu le papier le plus grand sur lequel on prépare les Algues, soit 44 centimètres sur 28, avec une épaisseur de 6 millimètres ;

Un ou deux grands aiguillons de Porc-épic, à pointe aiguë, lisse et blanche ou de simples cure-dents ;

Des ciseaux, des pinces : en fer, ces objets s'altèrent avec rapidité ; en cuivre, en bronze, ils résistent très bien ;

Une éponge fine, un pinceau très doux, gros et comprimé ;

Un égouttoir, qui se compose d'un cadre en bois léger, de 92 centimètres sur 46, sur lequel on tend un morceau de calicot ou de toile blanche. L'égouttoir se place à côté du préparateur ; il est destiné à recevoir les plantes préparées, à mesure qu'elles sortent de la cuvette. On l'incline de 45 degrés environ ; sa base repose sur une assiette dans laquelle se rassemble l'eau qui en découle. Afin de faire tomber l'eau tout entière par le milieu de l'égouttoir, il faut ajouter sur son côté inférieur deux petites traverses de bois légèrement inclinées vers le centre et écartées d'environ 10 centimètres ;

Une solution de gomme adragante, assez épaisse pour être filante, est destinée à fixer les échantillons qui refusent d'adhérer. On s'en sert en faisant couler doucement sur l'échantillon récemment préparé quelques gouttes de liquide au moyen d'un gros pinceau. La gomme arabique ne peut remplacer la gomme adragante, elle fait crisper le papier et le rend luisant ;

Du papier à préparer, blanc, fort, bien collé, dépourvu de particules ferreuses qui forment après l'immersion dans l'eau des taches de rouille, dont on ne peut se débarrasser. On découpe à l'avance du papier à divers formats ;

Des morceaux de calicot, de qualité moyenne, ayant environ 30 ou 35 fils par centimètre et dépourvus d'apprêt. Le calicot a pour effet d'éponger rapidement l'eau dont sont imprégnées les plantes que l'on vient de préparer. Il adhère moins à celles-ci que le papier gris ; sa souplesse et sa demi-transparence permettent de l'enlever facilement sans déranger les plantes ;

Du papier suiffé, qui a deux avantages. Il n'adhère pas aux Algues et il les recouvre d'une légère couche de matière grasse, qui agit à la manière d'un enduit imperméable et les rend moins hygrométriques. Pour le préparer, on frotte rapidement un pain de suif ou une chandelle sur la feuille de papier, de manière à faire pénétrer le corps gras dans toutes ses parties. Puis, avec un tampon ou un rouleau de peau douce, on étale uniformément la couche de suif, en frottant assez fort tantôt dans un sens, tantôt dans l'autre. Il est important de ne pas mettre trop de suif et de l'étendre bien également, car le papier à préparer serait inévitablement taché et d'une manière irréparable. On reconnaît que le papier est bien fait, lorsque sa surface est lisse et brillante et qu'elle adhère très légèrement au doigt. Le papier à suiffer doit être blanc, fortement collé, lisse et très épais ; le papier bullé ordinaire est impropre à cet usage. Il est bon de suiffer un seul côté de la feuille et de tracer sur l'autre un signe très apparent, qui permette de reconnaître sans hésitation et sans perte de temps le côté suiffé ;

Des planchettes ou des cartons très forts, de la grandeur du papier à sécher ;

Un poids de 20 kilogrammes ;

Une presse à une ou deux vis.

Voici maintenant les opérations à faire pour la préparation des Algues.

La cuvette étant remplie d'eau de mer, on place un échantillon sur son bord incliné. Après l'avoir étalé grossièrement avec les doigts, on enlève avec les pinces et les ciseaux les corps étrangers, les plantes parasites, et, si l'individu est trop touffu, on l'éclaircit en le divisant ou en supprimant quelques-unes des branches. Cela fait, on prend une feuille de papier de grandeur proportionnée à la dimension de la plante, et on la glisse sous l'échantillon. Cette opération s'exécute avec facilité, si on a eu soin de mouiller légèrement, en l'appliquant à la surface de l'eau, un côté du papier dans une étendue de 4 ou 5 centimètres, et en introduisant d'abord la partie mouillée tournée en dessus.

On écarte alors les diverses parties de la plante (*fig.* 444), qui

est maintenue en place avec un doigt de la main gauche posé
sur sa base, en se servant de l'aiguillon de Porc-Épic. Il
faut chercher autant que possible à conserver le port de l'individu vivant, à étaler et à ouvrir les rameaux de manière à
laisser voir la ramification. Puis on retire doucement le papier,
en dérangeant l'échantillon le moins possible, et on le dépose

sur la planchette
mise à plat sur un
des angles de la
cuvette. Saisissant
alors la planchette
de la main gauche,
on nettoie avec
l'éponge les bords
du papier ; on fait
couler de l'eau en
divers sens, de
manière à enlever
toutes les impure-
tés interposées
entre les rameaux.
Plaçant enfin obli-
quement la plan-
chette sur le bord
de la cuvette le plus
rapproché de l'opé-
rateur, de façon
qu'elle soit bien ho-
rizontale ; on verse
doucement de l'eau
sur le centre de
l'échantillon, qui
devient à demi flot-
tant et auquel on
met la dernière
main avec l'aiguil-
lon et le pinceau, en ayant soin d'étirer les rameaux le moins

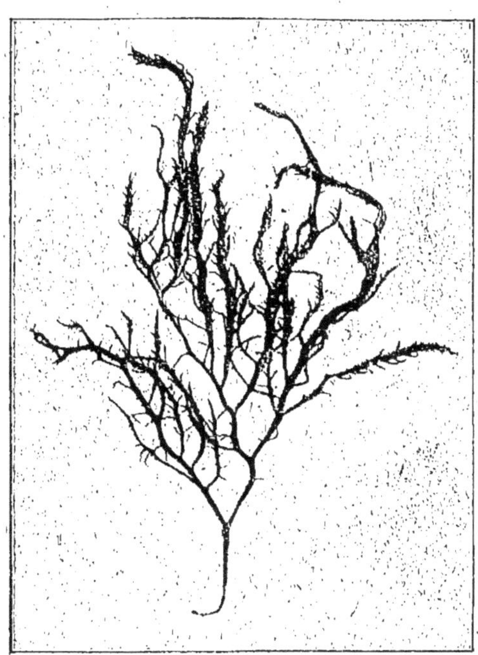

Fig. 444. — Algue étalée pour être conservée
en collection.

possible. Cette dernière précaution est indispensable pour
empêcher les échantillons de se décoller. Il suffit de faire
basculer légèrement et lentement la planchette pour que l'eau
s'écoule dans la cuvette et que la plante, suffisamment épon-
gée, puisse être disposée avec précaution sur l'égouttoir.
C'est à ce moment qu'on fait tomber sur la base de l'échan-

tillon quelques gouttes de solution de gomme destinée à fixer au papier les plantes qui n'y adhèrent pas.

Lorsque l'égouttoir est couvert d'échantillons, et dans tous les cas avant que le papier ait fini de sécher, on procède à la dessiccation. On place sur une planche un coussin de six feuilles doubles de papier gris, une quantité suffisante d'échantillons pour le couvrir, un morceau de calicot, un coussin, et on répète cette superposition jusqu'à épuisement des échantillons préparés. On met une planche sur le dernier coussin et sur la planche un poids de 20 kilogrammes. On continue d'opérer ainsi jusqu'à la fin de la préparation.

Une demi-heure, au moins, après que la dernière plante a été mise sous poids, il est temps de songer au changement de papier et à la mise en presse. Après avoir ôté le poids et la planche, on introduit un doigt entre le coussin supérieur et le calicot, de manière à pouvoir enlever le premier sans soulever le calicot en même temps. On reploie par-dessus un des bords du calicot et on le tire par saccades, en commençant du côté de la base de la plante, qu'il est bon de fixer avec le doigt ou l'aiguillon.

Si le calicot adhère ou s'enlève difficilement parce qu'une plante disposée en éventail présente de tous les côtés le sommet de ses ramules qui s'enlèvent avec lui, on introduit l'aiguillon de Porc-Epic entre le calicot et la plante, et l'on en opère la séparation en commençant par la base. Enfin, si ce moyen ne suffisait pas, on passerait une éponge humide sur le calicot et on l'enlèverait avant que le liquide ait pénétré jusqu'au papier.

Les échantillons, disposés sur une feuille double de papier gris sec, sont recouverts de carrés de papier suiffé de grandeur convenable, puis d'une feuille de papier gris, et ainsi de suite. Les espèces dures, épaisses ou à base très grosse, doivent être séparées au moyen de planchettes qu'on intercale d'ailleurs de distance en distance, de manière à diviser le paquet en un certain nombre de plus petits. On met alors le tout en presse et on serre légèrement; une heure ou deux après, on change le papier gris sans toucher au papier suiffé, on comprime davantage et on abandonne les choses à elles-mêmes. Le lendemain, on fait la même opération matin et soir; le surlendemain, on recommence de la même façon. La plupart des espèces étant sèches alors, on supprime le papier suiffé qui doit s'enlever sans effort, et on termine par une pression assez énergique des échantillons placés entre des feuilles de papier lisse, afin de rendre au papier à préparer le grain uni que l'immersion dans l'eau lui a fait perdre.

Leçon XXXII

Champignons.

RÉSUMÉ. — 1. Champignons. — Les *Champignons* sont des *Thallophytes dépourvus de chlorophylle* et vivant plus ou moins en *parasites*.

2. Exemple d'un Champignon se reproduisant uniquement par spores : le Champignon de couche. — La partie comestible, qui n'est que l'*appareil reproducteur*, se développe sur des *filaments blancs* souterrains (*mycélium* ou *blanc de Champignon*) formant le thalle. Elle s'épanouit en un *chapeau* dont la face inférieure est formée de *lamelles* d'abord roses, puis violet foncé, qui laissent tomber des *spores* noirâtres reproduisant les filaments blancs.

3. Reproduction par spores ou par œufs suivant les circonstances : la Moisissure blanche. — Ces Moisissures, formées aussi de *filaments blancs*, donnent naissance, dans une *atmosphère humide*, à des *sporanges* en boules contenant de nombreuses *spores*, et, si l'*atmosphère devient sèche*, à des *œufs* par combinaison du contenu de 2 cellules.

4. Principaux types. — Les *Amanites*, les *Chanterelles*, etc., forment leurs spores sur des *lamelles* comme le *Champignon de couche*; les *Bolets* et les *Polypores* les forment dans des *tubes ouverts*; les *Morilles* et les *Truffes*, dans des *cellules*. L'*Oïdium*, le *Mildiou*, le *Black-Rot* sont des parasites de la Vigne; la *Rouille des Blés* vit successivement sur l'Épine-Vinette et sur le Blé.

5. Champignons comestibles et Champignons vénéneux. — Le *Champignon de couche*, la *Morille*, la *Truffe* peuvent être consommés en *toute sécurité*. Beaucoup d'*autres Champignons comestibles* poussent dans les bois, mais peuvent être *confondus avec des espèces dangereuses*. On ne peut les *distinguer* *sûrement que par leurs caractères botaniques. Les plus dangereux ont le pied enveloppé dans une volve.*

1. Classe des Champignons. — Les **Champignons** sont extrêmement variés. L'un de leurs caractères généraux les plus importants est l'**absence de chlorophylle**. Par suite, ils *ne peuvent assimiler le carbone*, et ils doivent vivre **en parasites** sur d'autres *végétaux* ou sur des *animaux*, ou simplement **sur des matières organiques**, c'est-à-dire provenant des végétaux ou des animaux, comme le pain, les fruits, le fumier, etc. Leur *mode de reproduction* varie beaucoup dans les détails, comme pour les Algues; mais on peut dire, comme aperçu général, que *les uns se reproduisent uniquement par des spores*, tandis que *d'autres forment soit des spores, soit des œufs suivant les circonstances*.

2. Exemple de reproduction uniquement par spores : le Champignon de couche. — Le Champignon de couche ou **Psalliote champêtre** pousse naturellement à la fin de l'été dans les *prairies*, mais celui que l'on vend sur les marchés provient le plus souvent des *Champignonnières*, carrières souterraines où on le cultive sur du fumier de cheval.

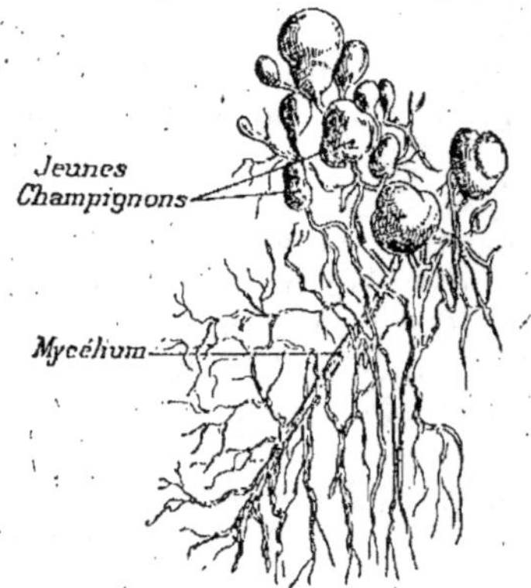

Fig. 445. — Blanc de Champignon sur lequel commencent à se former de jeunes Champignons de couche.

La partie que *nous mangeons* n'est que l'*appareil reproducteur*. La partie végétative ou *thalle* est formée de *filaments blancs* qui se développent dans le fumier (*fig.* 445) et qu'on appelle **blanc de Champignon**. C'est ce *« blanc »*, que l'on trouve dans le commerce, qui sert à ensemencer les cultures de champignons. Il suffit de le mettre dans du fumier bien préparé pour qu'il se développe : c'est une sorte de *bouturage*

D'une façon générale, le *thalle des Champignons*, formé de *filaments enchevêtrés*, s'appelle **mycélium**.

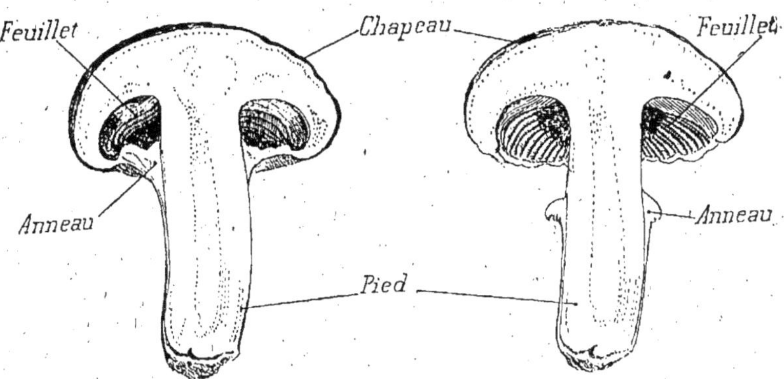

Fig. 446. — Champignon de couche coupé en long.
A gauche : encore jeune. — A droite : un peu plus tard, quand l'anneau se détache du chapeau.

De place en place il se développe sur ce mycélium des organes qui sortent à l'air sous forme de *tiges renflées* au sommet en une *boule*, qui s'épanouit bientôt en un **chapeau** (*fig.* 446). A la surface inférieure de ce chapeau, on remarque des **feuillets** *disposés suivant des rayons* allant du pied vers le bord du chapeau. Au début, ces feuillets ou *lamelles* sont

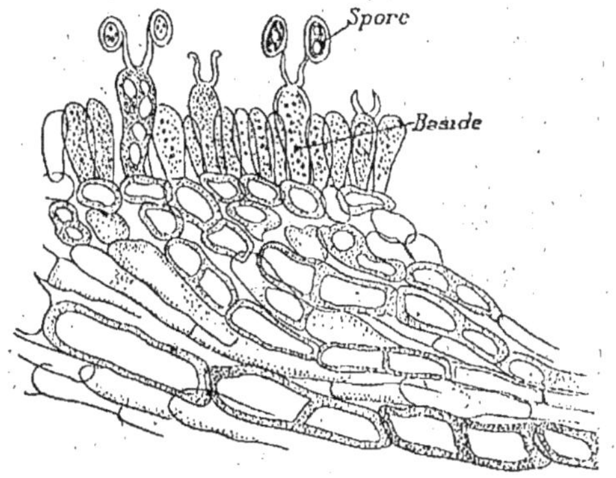

Fig. 447. — Portion d'un feuillet du Champignon de couche, vue au microscope : il s'y forme des spores.

roses, puis elles deviennent *d'un violet de plus en plus foncé*. Si on place alors le chapeau, séparé du pied, sur une feuille de papier blanc, on voit, au bout de quelques heures, une *poussière brune* extrêmement fine recouvrir le papier en y reproduisant le dessin des lamelles.

Le microscope montre que cette poussière brune est formée de **spores**, et l'examen des lamelles au microscope (*fig.* 447) montre que ces spores se forment au nombre de *deux à l'extrémité de certaines cellules*.

Ces *spores* innombrables sont capables

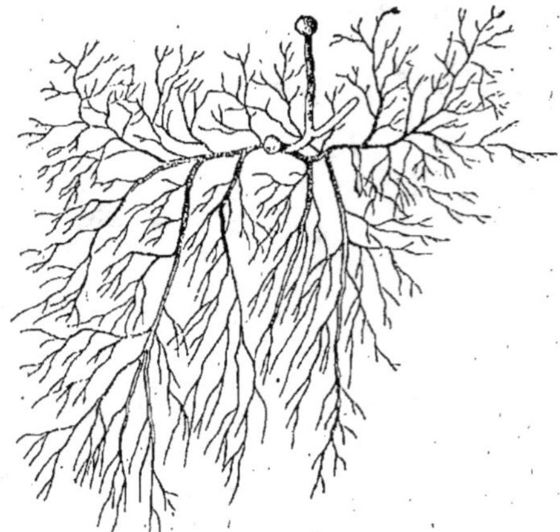

Fig. 448. — Moisissure blanche (vue à la loupe). Un jeune sporange commence à s'y former.

de germer pour donner un *nouveau mycélium*, si elles tombent dans un milieu favorable.

3. Reproduction par spores ou par œufs suivant les circonstances. Exemple de la Moisissure blanche. — On voit quelquefois se développer sur diverses substances une Moisissure de couleur blanche (*fig.* 448). On provoque facilement son apparition en enfermant du pain humide ou du crottin de cheval sous une cloche de verre pendant quelques jours. Cette Moisissure est formée de *filaments blancs* dont les uns suivent la surface du pain et dont les autres pénètrent à l'intérieur. En de nombreux points, les filaments émettent de petites tiges également blanches, terminées par des *boules*,

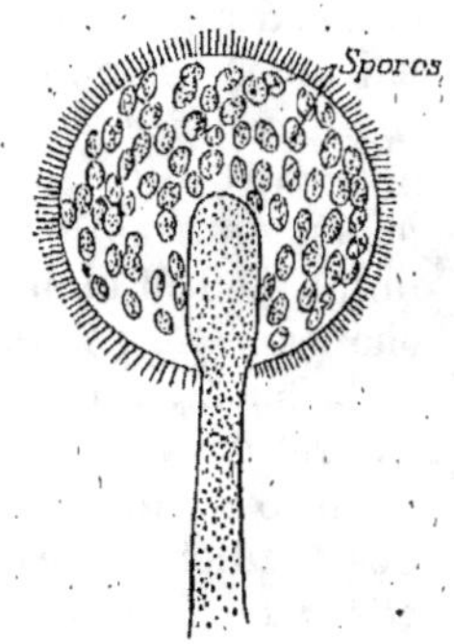

Fig. 449. — Extrémité d'un sporange de la Moisissure blanche (vue au microscope).

d'abord blanches, puis noires. Ces boules sont des **sporanges** (*fig.* 449) contenant un nombre considérable de **spores**, qui bientôt sont mises en liberté. Celles qui tombent sur le pain humide ne tardent pas à germer pour donner une nouvelle Moisissure. *Si le pain se dessèche*, par exemple, par suite de l'enlèvement de la

Fig. 450. — Deux filaments de la Moisissure blanche venant au contact et se fusionnant pour donner un œuf (très grossi).

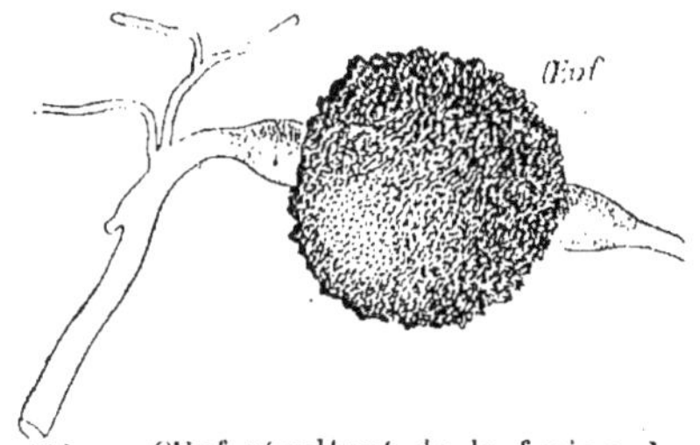

Fig. 451. — Œuf résultant de la fusion de deux filaments chez la Moisissure blanche (très grossi).

cloche, ce ne sont plus des spores qui se forment, mais des **œufs. Deux filaments voisins** se dirigent l'un vers l'autre et se renflent un peu à l'extrémité (*fig.* 450). Ils arrivent bientôt au contact. A ce moment, chaque renflement terminal s'isole par une cloison du reste du filament, une *communication* s'établit *entre les deux renflements*, et **leur contenu se fusionne** pour former un œuf (*fig.* 451), qui s'entoure d'une épaisse membrane rugueuse et qui peut attendre sans périr le retour des circonstances favorables.

4. Principaux types. — Beaucoup de Champignons poussent dans des conditions qui ne sont pas encore très bien connues. *Les uns* forment leurs *spores* comme le Champignon de couche, c'est-à-dire que ces spores naissent par *deux ou par quatre à l'extrémité de certaines cellules* placées sur des *lamelles rayonnantes*, comme chez les *Amanites*, les *Chanterelles* ou *Gyroles*, etc., ou sur des *tubes ouverts*

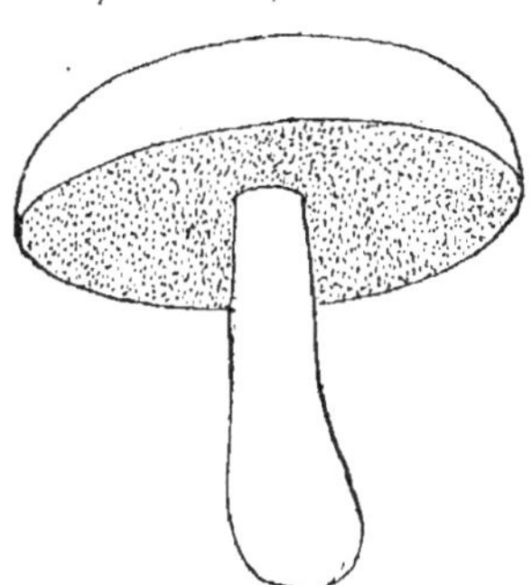

Fig. 452. — Cèpe ou Bolet.
Remarquer les tubes qui s'ouvrent la partie inférieure du chapeau.

visibles sous le chapeau, comme chez les *Bolets* ou Cèpes (*fig.* 452), les **Polypores**, Champignons durs comme du bois, qui poussent sur les arbres et donnent l'amadou.

D'autres forment leurs *spores à l'intérieur de certaines cellules*, qui s'ouvrent ensuite pour les mettre en liberté. Telles sont les **Morilles** (*fig.* 453),

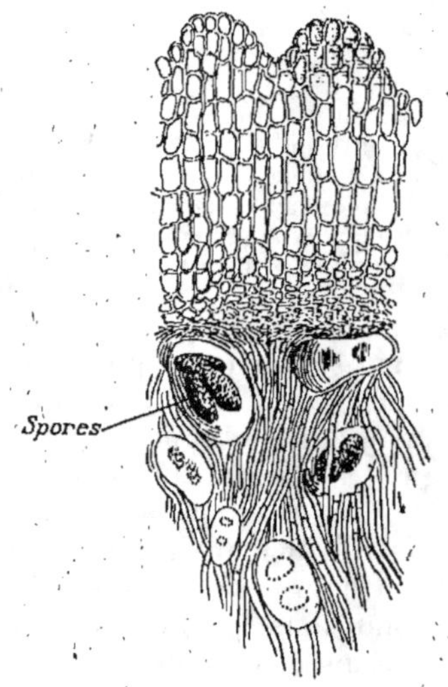

Fig. 454. — Truffe entière.

facilement reconnaissables à leur chapeau conique à surface gaufrée, et les **Truffes** (*fig.* 454 et 455), Champignons souterrains très recherchés pour leur parfum.

Parmi les nombreuses espèces de Champignons aujourd'hui connues, quelques-unes se sont fait particulièrement remarquer par les dégâts qu'elles produisent dans les récoltes. Telles sont :

L'**Oïdium**, le **Mildiou** (*fig.* 456), le **Black-Rot**, qui attaquent les feuilles et les fruits de la Vigne, et que l'on combat, le premier avec le soufre, et les deux autres avec de la bouillie bordelaise (voir p. 39);

La **Rouille des Blés**, qui produit sur les feuilles du Blé des taches couleur de rouille, et qui passe une première partie de

Fig. 453. — Morille.

Fig. 455. — Portion du tissu d'une Truffe, vue au microscope : les spores se forment dans certaines cavités.

son existence sur une autre plante nommée *Épine-Vinette*, de sorte qu'on a pensé — mais la chose a été mise en doute —

qu'il suffirait de supprimer les pieds d'Épine-Vinette dans le voisinage des champs de Blé pour empêcher la propagation de la maladie.

5. Champignons comestibles et Champignons vénéneux. — Un certain nombre de Champignons sont utilisés dans l'alimentation, parce qu'ils ont une saveur agréable, en même temps que certaines qualités nutritives. Les uns peuvent être consommés en toute sécurité, comme le *Champignon de couche*, cultivé abondamment dans les carrières des environs de Paris (*fig. 457*), les *Morilles*, qu'on ne peut confondre avec aucune espèce dangereuse, et les *Truffes*, que l'on recherche à l'aide de Porcs dressés à cet effet (voir la *Lecture*, p. 375).

Le genre *Bolet*, facilement reconnaissable aux tubes que l'on voit sous le chapeau, fournit plusieurs espèces très estimées sous le nom de *Cèpes*, mais il comprend aussi quelques espèces dangereuses.

Beaucoup d'autres espèces que l'on trouve dans les bois sont également *comestibles*, quelques-unes même *excellentes*; mais malheureusement *elles peuvent être confondues avec des espèces dangereuses et même mortelles*.

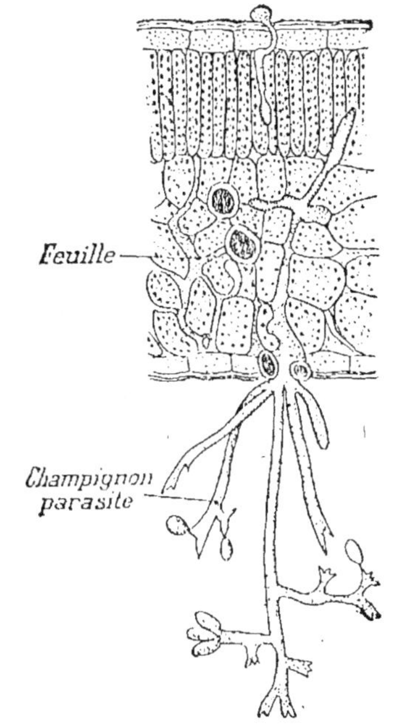

Fig. 456. — Mildiou (vu au microscope), avec une partie de la feuille de Vigne qu'il a attaquée.

Il ne faut se fier à aucun des moyens préconisés dans les campagnes pour distinguer les mauvais Champignons des bons, comme, par exemple, l'épreuve de la pièce d'argent qui noircirait, pendant la cuisson, au contact des mauvais Champignons, et qui resterait blanche au contact des bons. **Aucun** de ces moyens n'est valable pour tous les. cas. Le seul moyen sûr est la détermination exacte du Champignon d'après ses caractères botaniques, détermination d'ailleurs souvent délicate.

Sans entrer dans des détails qui seraient trop longs, nous dirons seulement quelques mots d'un *caractère commun aux six ou sept espèces de Champignons les plus dangereux, dont*

Fig. 457. — Intérieur d'une Champignonnière (cliché Cauchois).

cinq très souvent mortelles. Ces Champignons conservent, *autour de la base de leur pied,* les *traces d'une sorte de sac,* dans lequel le chapeau était d'abord enfermé avant de s'épanouir. Les restes de ce sac, désignés sous le nom de **volve** (*fig.* 458), forment soit une *membrane déchirée,* soit des *écailles* qui font ressembler la base du pied à une sorte de bulbe.

Il ne faut pas confondre cette volve avec l'anneau qui entoure le pied dans sa partie moyenne, comme une *sorte de bague,* et qui existe aussi bien dans certaines espèces comestibles, comme le Champignon de couche (*fig.* 446), que dans certaines espèces vénéneuses.

FIG. 458. — Mode de formation de la volve.

A. Le Champignon, tout jeune, est entièrement enveloppé par la volve ; — *B* et *C*, le Champignon étant sorti, la volve subsiste sous forme d'une large bourse à la base du pied (ne pas confondre avec l'*anneau* ou *bague*, qui se trouve au milieu du pied) ; *D*, autre cas, où la volve subsiste sous forme de pellicules à la surface du chapeau et de cicatrices à la base du pied, lequel est renflé.

On ne saurait donc trop recommander aux amateurs de Champignons de cueillir ceux-ci en dégageant le pied jusqu'à sa base, de façon à s'assurer de la non-existence de cette volve, car celle-ci n'est pas toujours visible au niveau du sol.

LECTURE

La recherche des Truffes. — L'éducation d'une jeune Truie pour la recherche des Truffes (*fig.* 459) est achevée en quelques leçons. La Truie s'accoutume vite à son service, toujours le même en hiver. On dresse généralement la Truie chez soi, dans la cour. On la traite avec douceur, on lui parle, on flatte sa gourmandise en lui donnant à la main quelques grains de Maïs ou des Châtaignes. Quand elle commence à être assez forte pour travailler, on la sort dans un enclos, où, de place en place, des petits monticules de sable ont été disposés. Sous le sable, sont cachées des pommes de terre bouillies et des débris de Truffes ; la Truie a bientôt fait de découvrir la petite butte, de la culbuter et d'engouffrer tout ce qu'elle y trouve de bon à manger. On s'arrange de manière que la bête ait satis-

faction, soit que les Pommes de terre accompagnent les pelures
de Truffes, soit qu'on se tienne à proximité du tas démoli pour
lui offrir immédiatement une poignée de Maïs ou de Châtaignes. La Truie sait à quoi s'en tenir : elle a acquis la certitude
que chaque fois qu'elle affouillera la terre et s'approchera de
la Truffe, dont elle profitera plus ou moins, elle aura sa part
au gâteau.

Fig. 489. — La recherche des Truffes à l'aide du Porc.

Le ramasseur de Truffes est appelé *rabassiaïré* en provençal ;
en Périgord et dans le Quercy, on dit en très bon français :
caveur, du latin *cavus*, creux. Le caveur est un type extrêmement intéressant à suivre dans ses différentes adaptations,
depuis le caveur du Causse, nature primitive, assez peu sociable,
épaisse, jusqu'au caveur des environs de Cahors, infiniment
plus dégourdi, plus rusé, de profil plus fin, d'allure plus
dégagée. Le caveur est quelquefois une caveuse, journalière
sèche, infatigable, prête à labourer ou à conduire le char à
bœufs ; c'est encore une bonne grosse maman, propriétaire d'un
carré de terre ; elle est dans l'aisance et n'aurait pas besoin de
se livrer à la recherche des Truffes, mais la Truie est dressée,

il faut bien l'occuper, et puis les cent sous, les dix francs, le louis d'or qu'on rapportera du prochain marché ne sont point tout de même indifférents. Et le Bourricot donc ! Si cela est nécessaire, elle se fera aider par une servante qui tiendra la Truie en laisse, mais elle a encore bon pied, bon œil ; son plaisir est d'aller à la Truffe, elle y va, comme elle l'a fait depuis vingt ans.

Ah ! le doux métier que celui de caveur ! Rien à faire durant sept mois de l'année, d'avril à novembre, à moins qu'on ne compte pour des travaux les parties de chasse, de pêche à la Truite, ou les visites aux proches avec les longs dîners, les ballades en charrettes, et les lampées sous la tonnelle ; pas grand'chose ensuite, car la recherche de la Truffe ne demande ni souci ni peine. S'il fait vilain temps, que la bise souffle violemment au visage, qu'il pleuve, ou que le brouillard enveloppe le Causse, le caveur a garde de mettre le nez dehors ; la Truie ne s'accommoderait pas du tout des intempéries. Le soleil se montre-t-il au contraire, la terre est-elle bien sèche, qu'une promenade est tout indiquée.

On part. Le caveur, armé de son bâton et suivi de la Truie qui ne cesse de flairer et de happer au passage tout ce qu'elle peut ramasser d'ordures sur la route, se dirige vers la chênaie de Chênes truffiers, que l'on finit par distinguer facilement des autres. Le Chêne ordinaire est érigé, droit, vigoureux, ses branches s'étendent régulièrement autour de lui jusqu'à la cime, tandis que le Chêne truffier présente un aspect malingre qui ne se dément jamais ; on devine que l'arbre a de la difficulté à croître ; il n'émet pas un tronc principal rigide, superbement dressé vers le ciel ; très près du sol il forme une sorte de bouquet, ses forces s'éparpillent en brindilles maigrelettes, il ressemblerait assez de loin à un petit pommier. Sur une inclinaison du sol, il a poussé sans ordre, ici se groupant par trois ou quatre, plus loin s'isolant. A ses pieds, le sol est presque nu ; à peine quelques mauvaises herbes poussent-elles par-ci par-là. Cette sorte de pelade est très caractéristique ; elle permettrait, au besoin, de marquer depuis combien de temps la production de Truffes a commencé. Elle est circulaire, avec le tronc de l'arbre pour centre ; au début, le cercle n'a que quelques centimètres de diamètre ; tous les ans, il s'élargit, au fur et à mesure que la taille de l'arbre s'élève, et la Truffe suit le même dessin ; on dirait que celle-ci ne peut se développer qu'à l'extrémité des racines, et au moment où l'arbre lui donne sa nourriture par la chute des feuilles qui se décomposent, sans toutefois la couvrir de son ombre. En trufficulture raisonnée, on a tablé sur cette sorte de phénomènes ne se démentant pas, pour la plantation du Chêne. On plante, dans le Quercy, à 10 mètres, et les truffières donnent pendant vingt ans. Le Périgord qui a planté à 4 mètres voit la production s'arrêter à dix ans.

La recherche à l'aide de la Truie ressemble étonnamment à une quête de Chien de race. Le sol étant en quelque sorte imprégné du fumet de la Truffe, l'animal, laissé à son propre mouvement, affouillerait sans raison, pour des tubercules gros comme des noisettes. Le caveur intervient alors; il partage avec la Truie un instinct particulier; ils se doublent : l'Homme ordonne, et la bête travaille sous ses ordres avec plus de méthode. L'important est de passer les territoires dépourvus de truffes marchandes pour arriver tout de suite aux bons endroits. Le Chêne est un point de repère, la tonsure de l'herbe une indication, la nature du sol un renseignement important. La Truie, surveillée de près, fouille avec ardeur, son groin se couvre de terre, ses narines fumantes sont extraordinairement agitées; il n'est pas jusqu'à sa petite queue tirebouchonnée qui ne se trémousse activement.

On pratique la recherche depuis novembre; mais, à vrai dire, la Truffe n'a tout son parfum qu'à partir de Noël, quand le Chêne quitte ses dernières feuilles. En voilà jusqu'au carnaval, à moins qu'il ne survienne des gelées trop fortes et surtout trop prolongées, auquel cas la Truffe pourrit en terre et n'est plus comestible [1].

Leçon XXXIII

Classe des Lichens. — Bactéries et Levures.

RÉSUMÉ. — 1. Classe des Lichens. — Les *Lichens*, en forme de *lamelles* ou de *filaments ramifiés*, résultent de l'association d'une *Algue*, qui nourrit l'ensemble, et d'*un Champignon*, qui protège l'Algue contre la sécheresse. Ces végétaux sont les premiers qui puissent s'établir sur un sol dépourvu de terre végétale. Ils poussent sur les rochers, les

1. D'après M. Renoir.

vieux murs, l'écorce des arbres. Quelques-uns sont utilisés : *Lichen d'Islande*, *Roccella*, *Lecanora*.

2. Bactéries et Levures. — Ce sont des *Algues* ou des *Champignons microscopiques* très abondants dans la nature et se multipliant très vite. *Les unes sont utiles* (*Mycoderme du vinaigre*, *Levure de bière*, etc.). Beaucoup sont *indifférentes*. D'autres sont *nuisibles* en provoquant les *maladies transmissibles*, comme le *Charbon*, la *Diphtérie*, la *Fièvre typhoïde*, la *Tuberculose*, etc., que l'on cherche à combattre par des *vaccins* et par des *antiseptiques*.

1. Classe des Lichens. — Les Lichens vivent surtout sur les troncs des arbres et les rochers, quelques-uns sur le

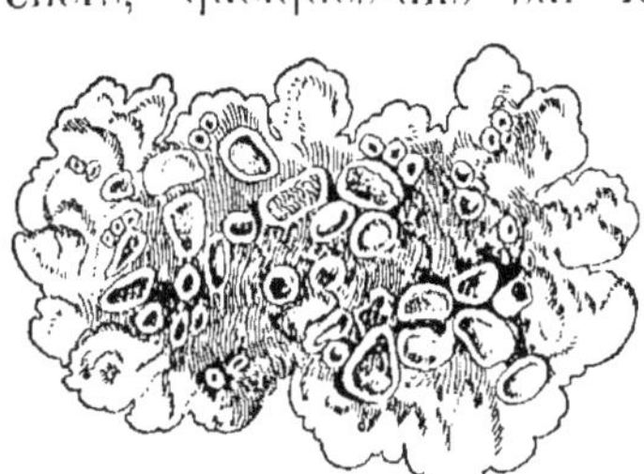

Fig. 460. — Parmélie
(grandeur naturelle).

sol. Ils se présentent sous l'aspect de **plaques coriaces** à contours irréguliers, étroitement appliquées sur le support (*Parmélie*) (*fig.* 460), ou de **lanières** plus ou moins ramifiées (*Lichen d'Islande*) (*fig.* 464), ou encore d'**arbuscules** tout petits et très divisés (*Lichen des Rennes*, *Usnée barbue*) (*fig.* 461).

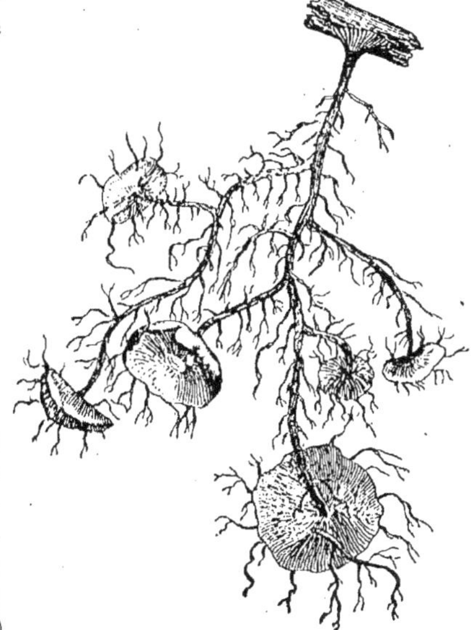

Fig. 461. — Usnée barbue
(grandeur naturelle)

Ce ne sont pas des végétaux homogènes : ils résultent de l'association d'un Champignon et d'une Algue. En étudiant leur structure (*fig.* 462), on se rend compte, en effet, qu'ils sont constitués par des filaments blancs enchevêtrés dans tous les sens et identiques à ceux des Champignons. C'est dans l'intervalle des lacis que forment ces filaments, que l'on rencontre des boules vertes, tout à fait analogues à des *Algues terrestres*, par exemple celles du genre Protococque. **Ces algues sont indépendantes du Champignon**; par place, cependant, celui-ci se cramponne aux premières par des sortes de griffes (*fig.* 463).

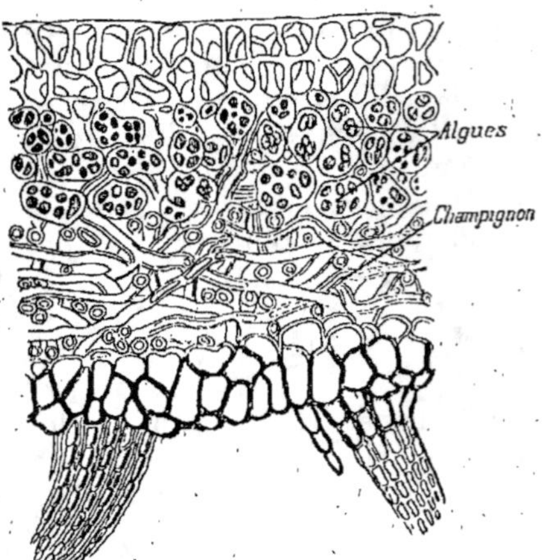

Fig. 462. — Portion de lichen coupée en travers et vue au microscope. Remarquer que les Algues sont indépendantes des filaments du Champignon.

On a pu isoler les Algues et les Champignons d'un même Lichen et les faire végéter séparément. On a pu aussi reconstituer des Lichens en mettant des Algues et des Champignons en contact, de manière à leur permettre de s'enchevêtrer.

La réunion que forment les Lichens doit être considérée comme une **association à bénéfice réciproque** : en effet, d'une part, le Champignon met l'Algue à l'abri de la sécheresse; et, d'autre part, l'Algue, grâce à sa matière verte, peut, à la lumière, fabriquer diverses matières nutritives, dont elle cède une

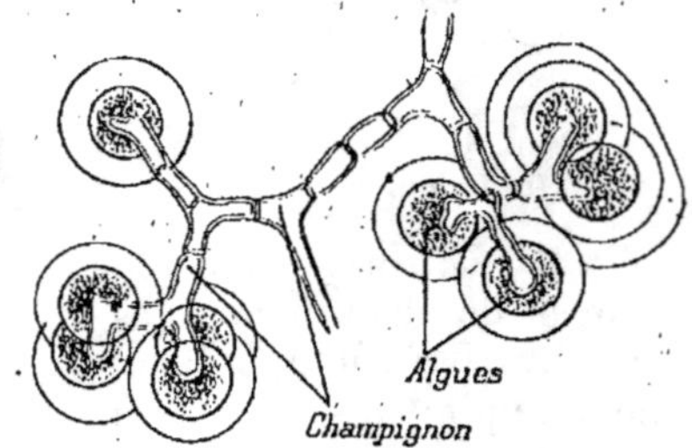

Fig. 463. — Très petite partie d'un Lichen, vue à un grossissement considérable, et montrant les relations entre l'Algue et le Champignon.

partie à son associé, lequel, n'ayant pas de chlorophylle, ne peut en faire autant.

Grâce à cette association bien comprise, **les Lichens prospèrent là où nul autre végétal ne saurait subsister.** En s'élevant sur une montagne, on voit disparaître peu à peu tous les représentants du règne végétal, tandis que les Lichens continuent à vivre et à prospérer jusqu'au sommet. En se dirigeant vers le pôle, on observe le même fait, et, dans le Groenland, par exemple, les Lichens des Rennes constituent presque à eux seuls toute la flore.

Grâce à cette prodigieuse rusticité, les Lichens sont dans bien des cas les premiers agents de fertilisation d'un sol. Supposons, en effet, qu'un éboulement ait mis à jour une certaine quantité de rochers sous un climat aride. Quels sont les végétaux qui vont en devenir maîtres? Ce ne sont pas les Phanérogames : leur fragile racine ne pourrait jamais percer le roc. Ce ne sont pas non plus les Cryptogames vasculaires, ni les Mousses, qui ne sont guère mieux armés. Ce ne sont pas, à plus forte raison, les Champignons, qui, dépourvus de chlorophylle, ne peuvent créer eux-mêmes des matières nutritives. Ce ne sont pas même les Algues, que la chaleur du soleil, le froid des nuits et la sécheresse des vents feraient bientôt périr. Seul, le Lichen, enveloppant le roc de ses plaques ou de ses buissons coriaces, va faire pénétrer ses filaments entre les particules du rocher; il va l'émietter, le pulvériser et créer, en un mot, de la terre arable. Le sol, une fois émietté, donnera bien-

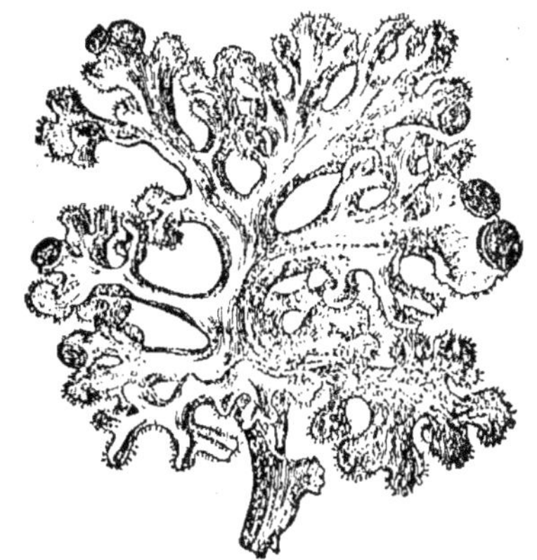

Fig. 464. — Lichen d'Islande, employé en pharmacie (grandeur naturelle).

tôt asile aux graines et aux spores que le vent lui aura amenées. Des plantes basses s'installeront et continueront l'œuvre de désagrégation commencée par les Lichens. Finalement, de grands tapis et de grands arbres recouvriront ces rochers, qui, sans les Lichens, seraient restés éternellement stériles.

Quelques Lichens sont utiles. Le **Lichen d'Islande** (*fig.* 464) est employé en médecine comme émollient. Le *Roccella* donne l'Orseille employé en teinture, et la teinture de Tournesol, utilisée par les chimistes. Le *Lecanora comestible* sert d'aliment, au Caucase; il croît autour de grains de sable et peut être entraîné au loin par les vents, qui, alors, peuvent, plus loin, le laisser tomber comme la *Manne* des Hébreux, laquelle, sans doute, n'avait pas d'autre origine.

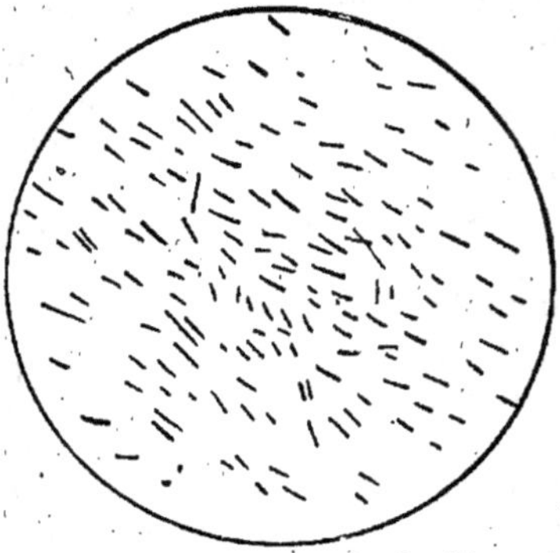

Fig. 465. — Bactéries de la fièvre typhoïde, vues à un grossissement considérable.

2. Bactéries et Levures. — Pour terminer cette revue des Thallophytes, il nous reste à dire quelques mots de certains végétaux microscopiques, désignés sous le nom des **Bactéries** (*fig.* 465) et de **Levures** (*fig.* 466), ou même sous le nom vague de **Microbes** (du grec *micros*, petit, et *bios*, vie) et que l'on rattache, les premières aux Algues, et les deuxièmes aux Champignons.

Ces infiniment petits abondent dans la nature. Les *poussières* que nous voyons flotter *dans l'air*, quand un rayon de soleil pénètre dans une pièce un peu obscure, en contiennent toujours à l'état de *germes* ou

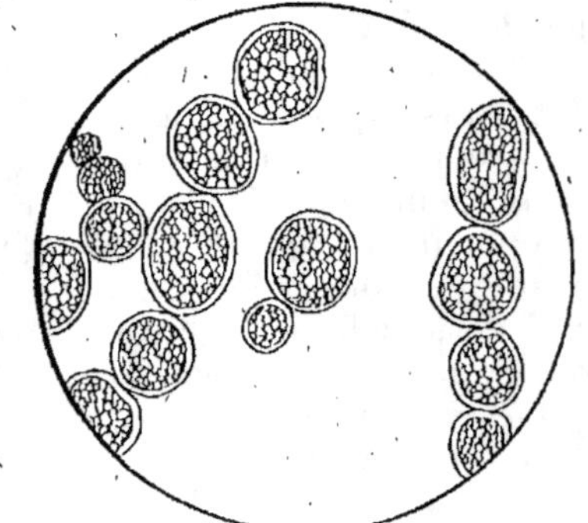

Fig. 466. — Levure de bière, vue à un grossissement considérable.

spores. La *terre*, l'*eau*, le *corps des animaux* et quelquefois les *tissus des plantes* en contiennent aussi. Il faut les plus forts grossissements du microscope pour les distinguer.

Quelquefois cependant on peut distinguer leur masse quand ils sont agglomérés en grandes quantités. Ainsi, en faisant bouillir du foin sec dans de l'eau, puis filtrant et abandonnant à l'air le liquide, on le voit se couvrir au bout de quelques jours d'un voile gélatineux. Une parcelle de ce voile, examinée au microscope, montre des myriades de *petits bâtonnets* désignés sous le nom de **Bacille subtil**. Chaque bâtonnet s'allonge peu à peu, puis se divise en deux bâtonnets semblables, qui se comportent de la même façon, tant que le liquide ou *bouillon de culture* dans lequel ils se trouvent n'est pas épuisé. Enfin, lorsque les bâtonnets ne trouvent plus les substances favorables à leur multiplication rapide, le contenu de chaque bâtonnet forme une *spore*, qui peut attendre le retour des circonstances favorables à son développement. Le voile qui recouvre le vin aigri par une longue exposition à l'air est de même formé par un végétal infiniment petit nommé **Mycoderme du vinaigre**, parce qu'il transforme le vin en vinaigre. Parmi les innombrables espèces de microbes aujourd'hui connues, certaines jouent un rôle utile à l'homme : telles sont le *Mycoderme du vinaigre*, cité ci-dessus, les *Levures*, qui transforment le sucre en alcool dans la fabrication du vin, de la bière, du cidre, et *beaucoup d'autres* qui transforment les matières végétales mortes en produits utiles à la végétation.

Un grand nombre d'espèces ne paraissent ni directement utiles, ni directement nuisibles à l'homme.

Il n'en est pas de même malheureusement pour *certains autres*, qui, introduits dans l'organisme de l'homme ou des animaux, s'y multiplient très rapidement et provoquent des **maladies souvent graves**, comme le *Charbon*, la *Diphtérie*, la *Fièvre typhoïde*, la *Tuberculose* et, d'une façon générale, les *maladies dites transmissibles* ou contagieuses, parce qu'elles se transmettent de la personne malade aux personnes saines qui l'entourent.

C'est **Pasteur** qui a prouvé le premier d'une façon rigoureuse ce rôle dangereux de certains microbes. Ses travaux et ceux de ses élèves ont déjà fait connaître des moyens pratiques de combattre quelques-unes de ces maladies en se servant de *vaccins convenables*, et ont permis en tous cas d'établir des *règles hygiéniques* pour en empêcher la propagation par l'*isolement des malades* et l'emploi des *antiseptiques*, qui tuent les microbes.

Rappelons, en terminant, que ces infiniment petits végétaux se relient insensiblement aux infiniment petits animaux par lesquels nous avons terminé l'étude de la Zoologie.

LECTURE

Vin rouge, vin blanc, vin de Champagne. — Bien qu'on puisse vivre sans vin, ce liquide n'est pas tout à fait à dédaigner. A condition de n'en user que modérément, il excite l'appétit et favorise la digestion. De plus, il donne de la saveur à l'eau qui, par elle-même, est un peu fade.

Le vin provient du *raisin*, qui est le fruit de la *Vigne*. La récolte du raisin, ou *vendange* (*fig.* 467), a lieu vers le commencement de l'automne. Le raisin, coupé par les vendangeurs, est mis dans des paniers que l'on vide ensuite dans des vases plus grands, puis ces vases eux-mêmes sont transportés et vidés dans de vastes cuves.

Là, le raisin est *foulé*, c'est-à-dire *écrasé* en grande partie, soit avec des pilons, soit même avec les pieds. Le jus sucré ou *moût* ne tarde pas à entrer en fermentation, c'est-à-dire que, sous l'influence de germes de *levure* qui se trouvent toujours sur les grains de raisin, le *sucre* du moût se transforme en *alcool* et en *gaz carbonique* qui se dégage en produisant un bouillonnement : de là le danger d'asphyxie que présentent les cuves en fermentation.

La matière colorante qui se trouve dans l'écorce du grain de raisin noir, insoluble dans l'eau, mais soluble dans l'alcool, peut alors se dissoudre, et le moût se colore peu à peu pour donner du *vin rouge*.

Lorsque la fermentation est à peu près achevée, on soutire le liquide par un robinet placé près du fond de la cuve, et on le met dans des tonneaux où la fermentation s'achève ; après quoi on ferme le tonneau avec une *bonde*.

Le *résidu solide* de la cuve, ou *marc*, contenant encore des grains non écrasés, est généralement soumis à l'action d'un pressoir (*fig.* 468), qui en fait sortir un vin de qualité inférieure. On peut encore en retirer ensuite, par distillation, de l'*eau-*

Fig. 467. — Les Vendanges.

de-vie de marc, c'est-à-dire les dernières traces d'alcool qui s'y trouvent.

Pour obtenir le *vin blanc, même avec du raisin noir*, il suffit de soumettre le raisin immédiatement à l'action du pressoir, avant toute fermentation, la matière colorante ne se dissolvant que dans l'alcool. La fermentation s'effectue ensuite.

Fig. 468. — La fabrication du vin : le pressoir.

Quant au *vin de Champagne*, la première phase de sa fabrication rappelle celle du vin blanc fait avec les précautions les plus minutieuses : triage des grappes par qualité, séparation des grains avariés, transport au pressoir en évitant le moindre écrasement, pressurage immédiat, puis fermentation.

Pour le rendre mousseux, on le met en bouteilles, que l'on ferme hermétiquement après y avoir ajouté une quantité convenable de sucre de première qualité. La fermentation de ce sucre donne une nouvelle quantité d'alcool et de gaz carbonique qui reste en dissolution et ne se dégagera que quand on débouchera la bouteille, en produisant la mousse et le pétillement qui contribuent au charme de ces vins si universellement appréciés.

TABLEAU SYNOPTIQUE DE LA CLASSIFICATION DES VÉGÉTAUX

Végétaux :

Phanérogames (graines issues de fleurs)	**Angiospermes** (ovules dans un ovaire clos)	**Dicotylédones** (2 cotylédons dans l'embryon)	**Dialypétales** (pétales libres)	Renonculacées.....	Renoncule.
				Crucifères.........	Giroflée.
				Papavéracées......	Pavot.
				Caryophyllées.....	Œillet.
				Légumineuses......	Pois.
				Rosacées..........	Rosier.
				Ombellifères......	Carotte.
			Gamopétales (pétales soudés)	Borraginées.......	Bourrache.
				Solanées..........	Pomme de terre.
				Scrofulariées.....	Gueule-de-loup.
				Labiées...........	Lamier blanc.
				Primulacées.......	Primevère.
				Composées.........	Marguerite.
				Rubiacées.........	Caille-Lait.
			Apétales (sans pétales)	Amentacées........	Chêne.
				Urticées..........	Ortie.
				Cannabinées.......	Chanvre.
		Monocotylédones (1 seul cotylédon dans l'embryon)		Liliacées.........	Lis.
				Amaryllidées......	Narcisse.
				Iridées...........	Iris.
				Orchidées.........	Orchis
				Palmiers..........	Dattier.
				Graminées.........	Blé.
	Gymnospermes (ovules nus)........		Conifères........		Pin.
Cryptogames (spores et œufs)	**Cryptogames vasculaires** (Racine, tige, feuilles)		Fougères..........		Fougère mâle.
			Prêles............		Prêle des tourneurs.
			Lycopodes.........		Lycopode à massues.
	Muscinées (tige et feuilles)		Mousses...........		Polytric.
			Hépatiques........		Marchantia.
	Thallophytes (thalle)		Algues............		Fucus.
			Champignons.......		Champignon de couche.
			Lichens...........		Parmélie des murailles.

Leçon XXXIV

Répartition géographique des plantes.

RÉSUMÉ. — 1. Les diverses espèces des plantes ont des exigences différentes quant à la chaleur, l'humidité, la nature du sol, etc. Elles ne prospèrent que là où elles rencontrent les conditions nécessaires et ne se trouvent pas partout indifféremment : c'est ce qui explique leur *répartition géographique*. L'ensemble des plantes d'un pays constitue *sa flore*.

2. La *chaleur* a une importance particulière pour la répartition géographique des plantes. Il faut surtout considérer : 1° la *somme des températures moyennes* de l'année; 2° les *températures extrêmes* de l'hiver et surtout de l'été. — L'humidité a aussi une importance particulière. — Quant au sol, il permet de diviser les plantes en : 1° *silicicoles;* 2° *calcicoles;* 3° *indifférentes.*

3. Pour montrer l'importance de la répartition géographique des plantes cultivées en France, on peut citer l'Olivier, l'Oranger et la Vigne.

4. En s'élevant dans les montagnes (répartition en *altitude*), on trouve successivement : 1° la *région des plaines;* 2° la *zone subalpine* occupée par des forêts; 3° la *zone alpine,* comprenant des prairies de plantes rabougries et aux fleurs éclatantes; 4° la *zone des Lichens;* 5° la *zone dépourvue de végétation.*

5. En s'élevant des régions tempérées vers le nord, la répartition des plantes *en latitude* est la même que celle en *altitude*.

6. Dans la région moyenne de la terre, il y a une *zone tropicale*, occupée par des *forêts vierges* et bordée de déserts.

1. Les plantes ont particulièrement besoin, pour se développer, de **chaleur**, d'**humidité**, d'un **sol** susceptible de les nourrir. Chaque espèce a, à cet égard, des **exigences bien particulières**. Les Palmiers, par exemple, demandent beaucoup de chaleur, tandis que les Betteraves ne sauraient résister à une trop grande élévation de température. De même les Nénuphars ne peuvent croître que dans l'eau, alors qu'il serait impossible de cultiver des Luzernes au fond d'une rivière. De même aussi on n'obtiendrait qu'un résultat médiocre en cherchant à obtenir des Châtaigniers sur un sol calcaire et des Tilleuls sur un sol siliceux.

Ces besoins divers expliquent pourquoi la *nature des espèces varie d'un point à un autre* de la surface de la terre. Celles qui ont les mêmes exigences se groupent pour former ce qu'on appelle la **flore** d'une région. C'est ainsi que les Carex caractérisent les lieux marécageux, les Salicornes le rivage de la mer, les Roseaux et les Massettes (*fig.* 469) le bord des eaux douces, etc.

Chaque espèce a ainsi à la surface du globe une **répartition géographique** qui dépend des facteurs que nous avons énumérés plus haut.

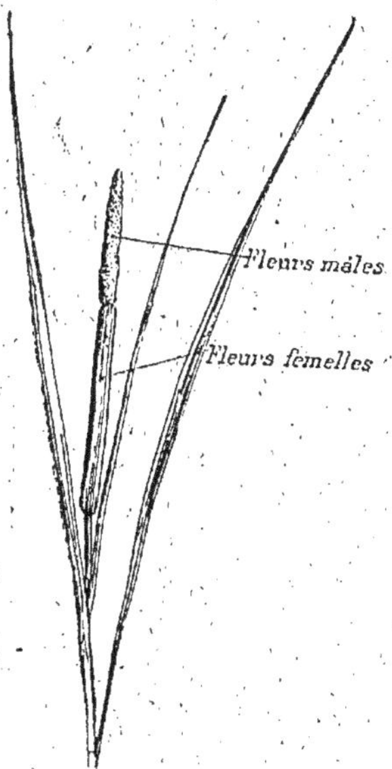

Fig. 469. — Massette ou Typha, plante du bord des eaux douces.

2. Parmi ces facteurs l'un des **plus importants est la chaleur**; il suffirait presque à lui seul à expliquer la différence qu'il y a entre un paysage africain et un paysage polaire. Pour donner un exemple de la sensibilité des plantes à la température, on peut citer le cas de la Vigne. Celle-ci ne donne un raisin bien mûr que si, en additionnant **toutes les températures moyennes** de chaque jour, on arrive au bout de l'année à un total de 2.900°; de plus, il faut qu'en été il y ait une chaleur suffisamment forte. Cette dernière remarque explique pourquoi on obtient du vin sur les bords du Rhin et non en Irlande, deux régions qui ont cependant la

même température moyenne annuelle, mais où l'été est chaud dans la première et très modéré dans la seconde.

L'**humidité** est aussi un **facteur important**. Ainsi les Saules ne poussent que dans un terrain humide, et les Pins dans un terrain sec. De même les espèces des déserts sont habituées à une atmosphère très sèche, tandis que les Mousses de nos forêts exigent l'atmosphère humide qu'elles trouvent abondamment dans les sous-bois.

La **nature du sol** a également une grande influence sur la répartition géographique des plantes. Les unes exigent un sol siliceux : ce sont les **espèces silicicoles** (Châtaignier, Bouleau, Pin). Les autres exigent un sol calcaire : ce sont les **espèces calcicoles** (Hêtre, Tilleul). D'autres sont **indifférentes**, c'est-à-dire qu'elles poussent indifféremment sur un sol calcaire ou siliceux, mais, parfois, exigent dans celui-ci certains éléments particuliers : ainsi les plantes du bord de la mer demandent du sel marin, ce qui explique qu'on les retrouve aussi dans l'intérieur des terres, au voisinage, des mines de sel gemme.

Certaines, enfin, ont des exigences singulières et dont la véritable nature n'apparaît pas toujours très nettement : c'est de la sorte qu'on trouve des flores très spéciales sur les vieilles murailles, sur les toits de chaume, dans les lieux incultes, dans les moissons, entre les pierres des vieilles cours, le long des routes, etc.

3. Tous ces faits sont intéressants pour les plantes sauvages. Ils le sont encore plus **pour les plantes cultivées**. Celles-ci ne prospèrent que dans des régions bien déterminées et qu'il faut connaître pour s'éviter des mécomptes.

Citons-en quelques exemples en France (*fig.* 470).

L'**Olivier** ne réussit bien qu'en Provence et dans la vallée du Rhône jusqu'à Valence.

L'**Oranger** ne mûrit guère que dans le Var et les Alpes-Maritimes.

La **Vigne** occupe une grande partie de la France, sauf la Bretagne et les départements qui bordent la Manche.

Le **Maïs**, comme on le voit sur la carte, présente une répartition assez irrégulière en apparence, mais qui s'explique par la présence du Massif central, sur les flancs duquel il ne peut venir à bien.

4. On se rend très bien compte de la diversité des « flores »
d'un pays quand on le parcourt en chemin de fer et que,

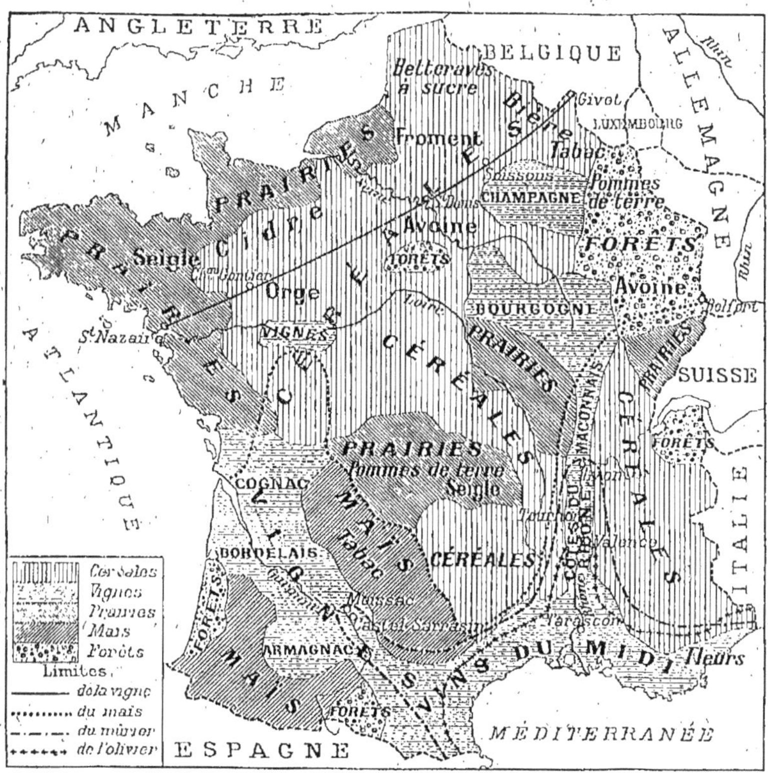

Fig. 470. — Carte de France indiquant la limite septentrionale de la culture
de l'Olivier, de la Vigne, du Maïs.

durant le trajet, on cherche à se rendre compte de la végétation. Mais où elle devient encore plus nette — tant les
changements sont rapides — c'est **lorsqu'on s'élève dans les
montagnes.** A peine a-t-on quitté la région des plaines, qu'on

Fig. 471. — Région des forêts dans les montagnes.

Fig. 472. — Pâturage alpin.

arrive à la région des forêts (*fig.* 471). Ce sont d'abord des Châtaigniers, des Chênes, des Hêtres. Puis, vers 1.000 mètres d'altitude, les **Chênes disparaissent**, suivis bientôt par les Hêtres. A leur place se montrent les Bouleaux et les Sapins. Vers 1.500 mètres, il n'y a plus que des **Conifères** (Sapins, Pins, Mélèzes), accompagnés de quelques Bouleaux et de quelques Aulnes. Toute cette région est la **zone subalpine.** Dans les clairières qui, de place en place, apparaissent dans les forêts, il y a une riche flore de plantes basses d'espèces particulières, mélangées à des espèces de la plaine.

Plus haut, tandis que les Mélèzes persistent encore à 2.300 mètres, les Pins et les Sapins disparaissent. On est alors dans la **zone alpine.** C'est le lieu des **verts pâturages** (*fig.* 472), occupés par des plantes remarquables, d'un côté par leur **petite taille** — elles « gazonnent » — d'un autre côté par la **grandeur et l'éclat de leurs**

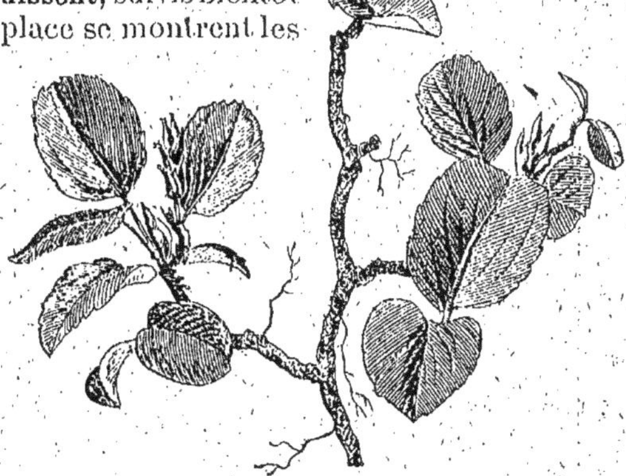

Fig. 473. — Saule nain (grandeur naturelle).

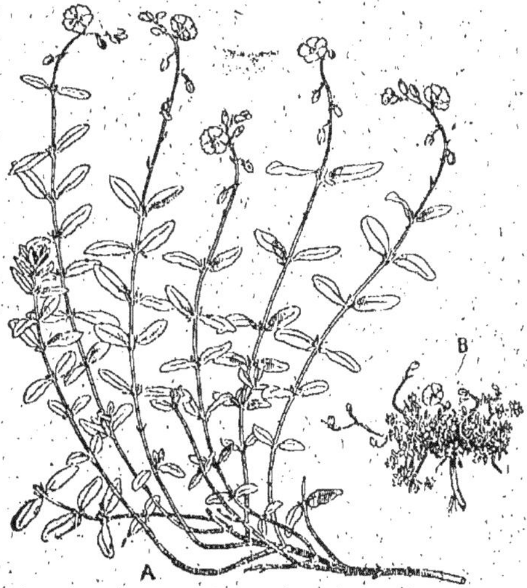

Fig. 474. — Hélianthème vulgaire.
A, cultivée en plaine; — B, cultivée en montagne
(d'après M. Gaston Bonnier).

fleurs, dont l'apparition est d'ailleurs fugace. C'est là que les alpinistes se plaisent à cueillir le cotonneux Edelweiss (*fig.* 307), le coriace Rhododendron ferrugineux ou Rose des Alpes (*fig.* 287), les gentilles Androsaces (*fig.* 277); les éclatantes Gentianes (*fig.* 283), les innombrables Saxifrages, sans oublier le Saule nain (*fig.* 473) qui, contrairement à ses congénères, est étalé sur le sol en ne s'élevant pas à plus de 10 centimètres. La faible taille des plantes alpines est bien franchement due aux conditions ambiantes qu'elles rencontrent dans les hautes régions. En effet, en cultivant des plantes provenant *d'une même touffe*, les unes dans la plaine, les autres sur les montagnes (*fig.* 474), on voit les premières avoir un port élancé, et les secondes des dimensions beaucoup moins considérables. Les plantes alpines sont tellement habituées à vivre dans des conditions très rustiques, que, dans les jardins, on ne peut les obtenir qu'en les faisant pousser dans des rocailles (*fig.* 475).

FIG. 475. — Un coin d'un jardin alpin: les plantes poussent dans des rocailles.

Plus haut encore, toutes ces plantes deviennent de plus en plus rabougries et finissent par disparaître. C'est alors la **région des glaciers,** très peu riche en plantes à fleurs. C'est là que l'on trouve la curieuse Soldanelle et la minuscule Gentiane des neiges. Enfin toutes les Phanérogames disparaissent, et il n'y a plus que des **Mousses** et surtout des **Lichens**. Finalement la vie végétale s'éteint complètement.

5. Nous venons d'étudier la répartition des plantes dans ses rapports avec l'altitude ; il est intéressant de l'étudier de même dans ses rapports avec la **latitude**. Supposons, par exemple, que nous partions des plaines de France pour *nous diriger vers*

Fj . 476. — Forêt vierge.

le pôle nord. Nous trouverons **exactement les mêmes zones** de végétation — mais beaucoup plus étendues — que dans les montagnes. Les plaines de l'Europe centrale appartiennent à la zone des arbres à feuilles caduques (Hêtre, Chêne), puis vient la zone des arbres à feuilles persistantes (Pin, Sapin, Mélèze), qui couvre le nord de la Suède et de la Russie. Ensuite, lorsque nous arrivons dans la région arctique, les plantes deviennent rabougries et l'éclat des fleurs plus vif. Puis vient la zone des **Lichens** et des **Mousses** (région des **toundras**); enfin, les régions désolées dépourvues de végétation. Toutes ces modifications dans la flore sont *surtout dues à l'influence de la chaleur*, qui diminue aussi bien lorsqu'on s'élève dans les montagnes que lorsque l'on va vers les régions septentrionales du globe.

6. Ce que nous venons de dire est relatif aux régions tempérées et froides du globe. Elles se trouvent aussi bien au sud de la terre qu'au nord. Entre les deux « calottes » qu'elles forment, il y a une vaste région où la chaleur, très forte, donne à la flore des caractères très particuliers. Cette **flore tropicale** est surtout caractérisée, dans les parties humides, par des **forêts**

Fig. 477. — Désert.

vierges (*fig.* 476) (riches en **Lianes**), où la végétation est exubérante, et, dans les parties sèches, par des **savanes** (riches en graminées) ou des **déserts** (*fig.* 477) [qui ne renferment que des plantes grasses (*fig.* 240) ou épineuses] semés d'**oasis** (où se trouvent des Palmiers) (*fig.* 371).

Certaines plaines ont des caractères particuliers en raison du climat. Tel est le cas des *steppes* (*fig.* 478) de la Russie, où le climat est très froid en hiver et très chaud et très sec en été. Il n'y a que des graminées et des arbrisseaux épineux ; on ne peut y tenter aucune culture, et seuls les troupeaux des peuplades nomades peuvent y trouver de quoi s'alimenter.

Fig. 478. — Steppe.

LECTURES

1. — *Comment on fait un herbier.* — On prend du papier gris sans colle du format de l'herbier, et l'on prépare un certain nombre de coussins, formés de deux, trois ou quatre feuilles doubles placées l'une dans l'autre; on dispose, en outre, de deux planchettes solides ou de

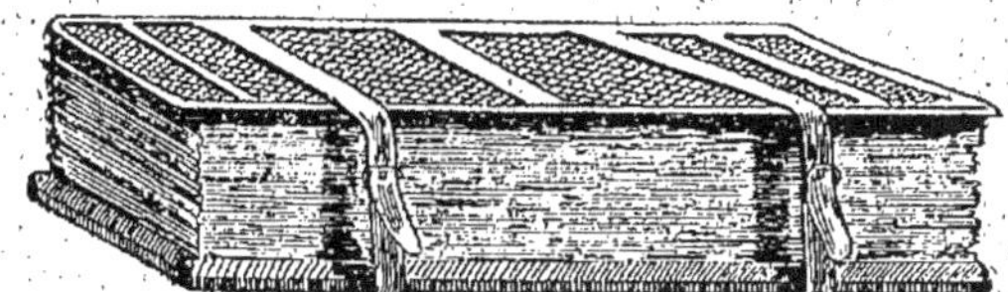

Fig. 479. — Presse en toile métallique pour aplatir et faire sécher les plantes.

grillages métalliques (*fig.* 479) de dimensions telles qu'ils débordent légèrement le papier. Sur l'une des planchettes, on pose un coussin, et sur ce coussin une feuille double de papier gris ouvert (chemise), de manière que le bord ouvert soit appliqué sur le dos du coussin; sur la moitié droite de la face intérieure de la chemise, on dispose les plantes

au fur et à mesure qu'on les sort de la boîte à botanique
(*fig.* 480), en ayant soin qu'elles conservent leur port habi-
tuel et qu'elles ne se recouvrent pas. Ne mettre qu'une seule
espèce par chemise. On ajoute une étiquette (portant surtout
le nom de la plante, la localité où elle a été cueillie et la date
de la récolte), on ferme la chemise, on pose un coussin, le dos
sur le bord ouvert de la chemise, et l'on continue jusqu'à ce
qu'on ait épuisé le contenu de la boîte à herboriser. Recouvrir
ensuite le tout par une seconde planchette et presser à l'aide

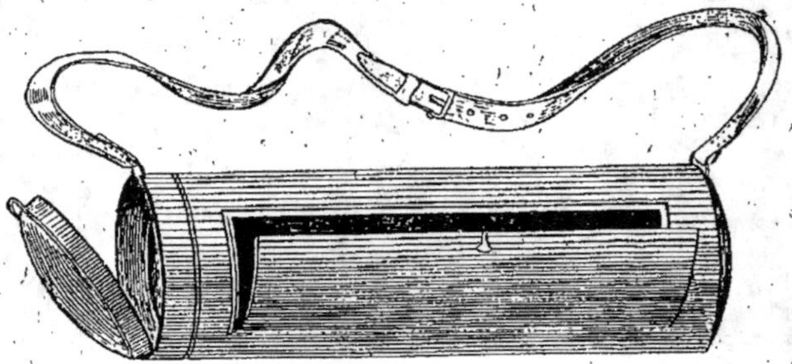

Fig. 480. — Boîte de botanique.

de courroies ou de poids. Un grenier convient très bien comme
lieu de dessiccation. Toutes les vingt-quatre heures, on enlève
les coussins devenus humides et on les remplace par des
coussins secs. L'opération se fait rapidement si l'on a pris soin
de disposer chemises et coussins comme il est dit plus haut.
Puis on met les coussins humides à sécher pour s'en servir de
nouveau. Il vaut mieux que les plantes restent constamment
dans les mêmes chemises. Le lendemain de la mise en presse,
les plantes sont encore assez molles pour qu'on puisse redres-
ser les feuilles qui auraient pris de faux plis. Lorsqu'on a
changé les coussins une fois ou deux, on peut exposer les
plantes au soleil ou devant le feu pour hâter la dessiccation.
Celle-ci est complète lorsque l'échantillon est devenu rigide
et cassant et qu'il ne donne plus à la main une sensation de
fraîcheur.

Les échantillons d'une même espèce recueillis dans une même
localité sont attachés sur une feuille simple (*fig.* 481) de papier
bulle avec des bandelettes de papier gommé de la même
nuance que le papier bulle. L'opération demande quelques

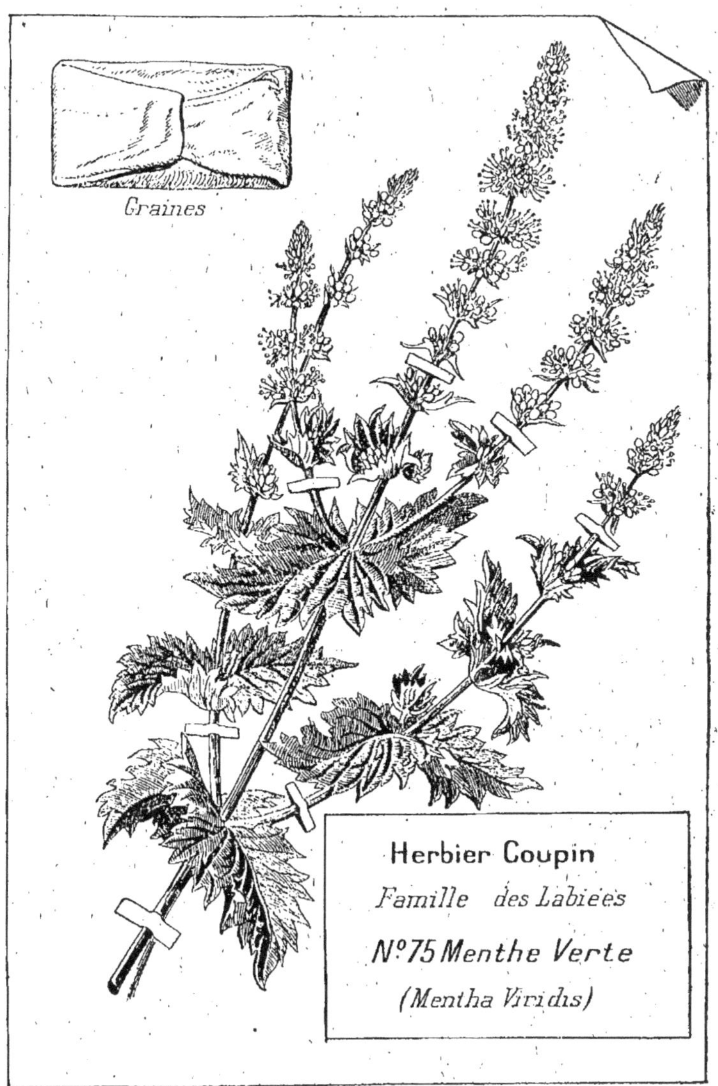

Fig. 481. — Une page d'herbier

précautions : il faut, lorsque la tige à fixer a quelque volume, appuyer de chaque côté avec un couteau, jusqu'à ce que la gomme soit sèche et que la tige ne puisse plus soulever la bandelette. On place à côté de la plante un ou plusieurs sachets en forme d'enveloppe dans lesquels on place les graines, ou encore les pétales fugaces de certaines fleurs ou d'autres organes délicats qui pourraient se perdre autrement. L'étiquette se colle au bas de la feuille à droite. Chaque espèce est placée dans une feuille double ou chemise, également de papier bulle, légèrement plus grande dans tous les sens que les feuilles simples. Les feuilles doubles sont réunies par familles en paquets que l'on place entre deux cartons serrés modérément [1].

On classe les plantes dans ces cartons en attribuant à chacune un numéro d'ordre, ainsi que cela est indiqué dans un *Carnet d'herborisation et d'herbier* [2], qui est indispensable à tous ceux qui collectionnent des plantes, et sur lequel on marque ou on dessine divers renseignements très utiles. Rien n'est plus utile à la connaissance de la Botanique que de faire un herbier ; il permet de se graver dans la mémoire le nom des plantes et — de plus — de constituer une mine inépuisable de souvenirs charmants et sains comme la belle vie au grand air.

2. — *Comment on trouve le nom d'une plante.* — On « détermine » une plante, c'est-à-dire on trouve son nom à l'aide d'ouvrages spéciaux appelés *Flores*. Il en existe de nombreuses qui diffèrent entre elles à la fois par la région à laquelle elles s'adressent et par la nature de leur « clef », c'est-à-dire par la manière d'arriver à trouver le nom des espèces. Cette « clef » consiste, d'ailleurs, toujours en une série d'accolades qui offrent au botaniste le choix entre deux ou plusieurs caractères. Celui de ces caractères qui est reconnu applicable à la plante considérée conduit à une autre accolade.

Prenons une *Flore* quelconque et supposons que nous voulions trouver le nom du Pois (que nous sommes censés ne pas connaître, bien entendu) (voir les *fig.* 203 à 209). La première accolade est celle-ci :

$$1\ \begin{cases} \text{Plantes avec étamines ou pistils} \dots\dots\dots\dots & 2 \\ \text{Plantes sans étamines ni pistils (Cryptogames)} \dots\dots & 187 \end{cases}$$

1. D'après V. Martel.
2. Ce *Carnet* se trouve à la librairie Vuibert et Nony, à Paris.

Évidemment il y a des étamines et un pistil. Notre plante n'est pas une plante cryptogame, et nous devons aller à l'accolade 2 :

$$2 \begin{cases} \text{Fleurs réunies dans un involucre commun.} \dots & 3 \\ \text{Fleurs non réunies dans un involucre commun} \dots & 5 \end{cases}$$

Nos fleurs sont bien isolées les unes des autres. Elles ne sont pas réunies dans un involucre commun, comme cela a lieu chez les Composées. Nous sommes ainsi conduit à l'accolade 5 :

$$5 \begin{cases} \text{Fleurs ayant à la fois étamines et pistils} \dots & 6 \\ \text{Fleurs n'ayant que des étamines ou que des pistils} \dots & 53 \end{cases}$$

Les fleurs ont à la fois des étamines et un pistil :

$$6 \begin{cases} \text{Fleurs ayant à la fois un calice et une corolle} \dots & 7 \\ \text{Fleurs n'ayant que le calice ou que la corolle} \dots & 103 \end{cases}$$

Il y a un calice et une corolle :

$$7 \begin{cases} \text{Corolle dialypétale} \dots & 8 \\ \text{Corolle gamopétale} \dots & 98 \end{cases}$$

La corolle est formée de 5 pétales ; elle est donc dialypétale :

$$8 \begin{cases} \text{Ovaire adhérent au calice, c'est-à-dire infère} \dots & 90 \\ \text{Ovaire non adhérent au calice, c'est-à-dire supère} \dots & 9 \end{cases}$$

L'ovaire est franchement libre ; il est supère :

$$9 \begin{cases} \text{Un seul ovaire} \dots & 15 \\ \text{Plusieurs ovaires} \dots & 10 \end{cases}$$

Il n'y a qu'un seul ovaire :

$$15 \begin{cases} \text{Corolle régulière} \dots & 16 \\ \text{Corolle irrégulière} \dots & 85 \end{cases}$$

La corolle est nettement irrégulière, puisque l'étendard, les ailes et la carène sont inégaux (voir la *fig.* 206, p. 177) :

$$85 \begin{cases} \text{1 seul style} \dots & 89 \\ \text{Plusieurs styles} \dots & 86 \end{cases}$$

Il n'y a qu'un seul style :

$$89 \begin{cases} \text{Calice d'une seule pièce, } \textit{Légumineuses} \dots & 103 \\ \text{Calice formé de sépales distincts} \dots & 90 \end{cases}$$

Le calice est d'une seule pièce, avec 5 dents. Voici donc un premier point acquis : notre plante appartient à la famille des *Légumineuses*. En nous reportant à cette famille, nous trouvons :

403 { Etamines réunies toutes par leurs filets............... 404
      Etamines réunies au nombre de 9 par leurs filets, tandis que la 10ᵉ est libre........................... 405

C'est évidemment cette dernière alternative qu'il faut prendre (voir la *fig.* 207, p. 177) :

405 { Feuille à 3 folioles................................ 407
      Feuille à plus de 3 folioles........................ 410

Il y a plus de 3 folioles (voir la *fig.* 203, p. 176) :

406 { Feuilles terminées par une vrille, *Pois (Pisum)*........ 430
      Feuilles non terminées par une vrille................ 420

Chaque feuille étant terminée par une vrille, nous avons affaire au genre *Pois*, — *Pisum* en latin. Nous arrivons ainsi à l'accolade 430.

430 { Fleurs blanches, *Pois cultivé (Pisum sativum)*.........
      Fleurs non blanches.............................. 431

Notre détermination est terminée. Nous avons affaire au *Pois cultivé*, — en latin : *Pisum sativum*, — de la famille des *Légumineuses*.

INDEX ALPHABÉTIQUE

TABLE DES MATIÈRES

PREMIÈRE PARTIE

ÉTUDE GÉNÉRALE DES PLANTES A FLEURS

DEUXIÈME PARTIE

LES PHANÉROGAMES

CLASSE DES DICOTYLÉDONES

Ordre des Dialypétales

Ordre des Gamopétales

Ordre des Apétales

CLASSE DES MONOCOTYLÉDONES

GYMNOSPERMES

TROISIÈME PARTIE

LES CRYPTOGAMES

Tours. — Imp. DESLIS FRÈRES, 6, rue Gambetta.